天线测量实用手册

（第3版）

王玖珍　薛正辉◎编著

人民邮电出版社
北　京

图书在版编目（CIP）数据

天线测量实用手册 / 王玖珍，薛正辉编著. -- 3版
. -- 北京 : 人民邮电出版社，2023.4
ISBN 978-7-115-61090-4

Ⅰ. ①天… Ⅱ. ①王… ②薛… Ⅲ. ①微波天线—测
量技术—技术手册 Ⅳ. ①TN822-62

中国国家版本馆CIP数据核字(2023)第022322号

内 容 提 要

本书从天线远场测量和近场测量两个方面介绍了天线测量的基本方法、测量仪器设备、系统设计、场地选择等，此外还介绍了天线主要参数的测量方法、步骤与技巧。各章内容都配有具体的操作方法，可以指导相关人员完成实际工程任务。

本书可供从事天线研究、生产的工程技术人员参考使用，同时还可以作为高等院校天线工程专业师生的参考书。

◆ 编　　著　王玖珍　薛正辉
　责任编辑　王海月
　责任印制　马振武
◆ 人民邮电出版社出版发行　　北京市丰台区成寿寺路 11 号
　邮编　100164　　电子邮件　315@ptpress.com.cn
　网址　https://www.ptpress.com.cn
　北京七彩京通数码快印有限公司印刷
◆ 开本：787×1092　1/16
　印张：20.75　　　　　　　　2023 年 4 月第 3 版
　字数：517 千字　　　　　　　2025 年 1 月北京第 4 次印刷

定价：119.80 元

读者服务热线：(010)53913866　印装质量热线：(010)81055316
反盗版热线：(010)81055315
广告经营许可证：京东市监广登字 20170147 号

前 言

从 2013 年 1 月第 1 版面世，到 2018 年 3 月再版，本书印数 8000 册、6 年售罄，不是本书编者的编写水平如何高，而是表明了在现代天线行业的飞速发展中，人们对天线测量知识的渴求。目前，经常听到热心读者说市面上难以购得此书，欣闻人民邮电出版社有再版意向之时，我们也非常乐意促进第 3 版上市。

第 3 版在前两版的基础上略作增补，主要增加了天线噪声温度测量的具体步骤和利用卫星信标测量天线增益、G/T 值的详细方法，并引入了实例。

第 7 章增加了基于工业机器人的近场、远场、混合场测量系统。

书越写越厚，但我们反复翻阅后反而觉得又太薄。科学技术的发展日新月异，新型天线层出不穷，测量技术、方法不断更新，用一本书来概括完全不可能，但本书是编者长期工作的经验积累。如果你读了这本书，对天线测量产生了学习兴趣，并由此进行更深层次的探索，我们可以说："我们的努力没有白费！"

《天线测量实用手册（第 3 版）》突出的是实用，并具有内容的广泛性、工程的实用性、技术的先进性、书写的规范性等特点。

希望本书在普及天线测量知识、促进天线产品的质量提高、推动我国通信与航空航天事业的发展中能起到举足轻重的作用！

感谢中山香山微波科技有限公司董事长东君伟博士为本书部分章节提供资料。

虽然我们在编著此书时付出了不懈的努力，但由于我们水平和经验有限，本书一定有不少不足之处，甚至可能存在错误，诚挚希望相关领域的读者批评指正。

目　录

第 1 章 天线测量入门知识

1.1 天线测量的意义、任务、内容、发展历史

1.1.1 意义

测量是人类认识和改造客观世界的一种必不可少的手段。没有测量，就没有科学。科学的发展推动了测量技术的进步，测量技术的进步反过来又促进了科学技术的发展。测量技术的水平已被公认为一个国家的科学技术水平和现代文化水平的重要标志之一。

天线是无线电设备的重要组成部分，是人们见闻世界的“耳目”。从1886年赫兹建立第一个天线系统，到今天门类众多的天线大家族，天线测量技术水平不断提高，测量设备不断改进，这离不开人们对天线的认识和改造所付出的不懈努力。

在我国，随着卫星通信、卫星导航定位、微波通信、移动通信、遥测遥控、雷达等领域的飞速发展，天线行业已在国民经济中占据重要地位，移动通信天线、卫星通信天线、微波通信天线等生产厂家遍布我国各地。为了适应客户高质量的需求，许多厂家花巨额资金建造测量场地、购置精良仪器，在此情况下，建立测量队伍、培训技术人才、普及天线测量知识、提高测量技术就显得非常重要。

1.1.2 任务

众所周知，由于天线有两方面的特性：电路特性（输入阻抗、辐射电阻、噪声温度、频带宽度等）和辐射特性（方向图、增益、极化等），所以天线测量的任务就是用试验的方法测定和检测天线的这些特性。天线测量是研究天线的一种重要手段：检验理论分析的正确性、抽样检验批量生产中天线参数的合格率，以及定期检查现场使用中天线性能的变动。特别是研究一种新型天线时，天线参数的测量更是必不可少的。因此天线测量技术就成了解决天线问题的重要途径，特别是天线技术中某些理论上难以进行定量分析的新课题，更依赖于试验数据对其进行分析研究。

1.1.3 内容

由于天线测量以测量仪器为手段，以测量天线参数为目的，所以天线测量的主要内容是：正确使用测量仪器；设计、搭建测量系统；针对不同用途的天线参数给出具体的测量方法步骤；依据书中推荐的国家、行业等标准对测量结果进行分析判定。

天线测量的意义表现在给设计者正确的依据及导向，然而任何一种测量都是有误差的，所以测量的过程就是对误差控制的过程。天线测量技术水平的高低主要体现在对测量误差的分析处理上，所以天线测量应以如何正确组建测量系统、正确操作仪器和以正确的方法准确

测量天线参数为主要内容。

1.1.4 发展历史

在 20 世纪 20 年代以前，人们用圆弧上逐点移动法测试 HF 频段固定天线的水平方向图；20 世纪 30 年代中期，人们则发明了用于天线测量的波导测试元器件和系统；20 世纪 40 年代，天线测量技术进步很快，有关天线的基本测量方法和问题得到解决；20 世纪 50 年代，Antlab 和 Scientific-Atlanta（S-A）两个公司可专业化研制和生产成套天线的测量设备；20 世纪 60 年代，天线测量方法开始更新，大量测量技术文献出现，并逐步开始研究紧缩场法和近场法；20 世纪 70 年代和 80 年代是天线测量自动化的年代，美国成立了天线测量技术协会（AMTA）；20 世纪 90 年代以后，近场测量技术得到广泛应用。通过硬件的改进及软件的升级，测量精度和效率在不断提高，测量成本也在逐步降低。

经过几十年的发展，目前国内、国外都有比较成熟的天线自动测量系统产品，例如，以色列 Orbit 公司生产的天线测量系统、美国 MTI 公司生产的天线自动测量系统等。测量系统的产品性能指标不断提高，功能进一步增强，可以在 0.1～90GHz 的频带内自动完成天线远场和近场测量任务。

我国在天线测量技术研究方面起步较晚，直到 20 世纪 80 年代才颁布测量方法的标准，一些天线测量技术论著也陆续问世，这奠定了我国天线测量技术的理论基础，我国逐步开始对天线测量设备及技术进行研究。近年来通过开放、引进、消化、创新，我国的天线测量仪器设备正逐步缩小与国际水平的差距，测量技术水平也随之提高。国内相关企业、院校，如河北威赛特科技有限公司、西安科技大学等，自主创新研发并生产了天线自动测量系列产品。该产品借用强大的测量软件功能，不仅能快速高精度测量天线的性能，而且操作简单、系统稳定可靠，目前在国内得到较为广泛的应用。

1.2 电磁波的特性

天线测量是在开放性系统中进行的，电磁波承载着测试信号通过自由空间传播。天线测量离不开电磁波。它造福人类，但同时也污染环境。为了有效地进行天线测量和分析测量误差，增强安全防护意识，避免电磁波辐射的伤害，对从事天线测量的人员来说，学习、了解并且掌握电磁波的相关知识是必要的。

1.2.1 电磁波的频率、波长

1. 频率与波长

单位时间内电磁波重复的次数，称为电磁波的频率，用 f 表示，单位是赫兹（Hz）。常用单位有千赫兹（kHz）、兆赫兹（MHz）、吉赫兹（GHz）。

波长是频率的“倒数”，用 λ 表示。它是波周期性振荡时相位相同的两点的最小距离。单位是米（m），常用单位有厘米（cm）、毫米（mm）。波长和频率一样，我们在天线测量中也会经常遇到，在分析问题时用波长更为直观方便。波长和频率的关系见式（1.2.1）。

$$\lambda = c/f = 3\times10^{8}\ (\mathrm{m/s})\ /f\ (\mathrm{Hz}) = 300/f\ (\mathrm{MHz}) = 0.3/f\ (\mathrm{GHz}) \qquad (1.2.1)$$

其中，c 是电磁波在自由空间的传播速度（$c=3\times10^8$m/s）。

2. 电磁波的频谱

电磁波的频谱广阔，不同频率的电磁波的特性和传播方式是不同的，所以我们在天线测量中会遇到各种情况。电磁波频谱按频段划分如表 1.2.1 所示。雷达和空间无线电通信频段划分如表 1.2.2 所示。

无线电频率以 Hz 为单位，其表达方式如下：

① 3000kHz 以下（包括 3000kHz），以 kHz 表示；

② 3MHz 以上至 3000MHz（包括 3000MHz），以 MHz 表示；

③ 3GHz 以上至 3000GHz（包括 3000GHz），以 GHz 表示。

表 1.2.1　电磁波频谱按频段划分

带号	频带名称	频率范围	波段名称	波长范围
–1	至低频（TLF）	0.03～0.3Hz	至长波或千兆米波	1000～10000mm
0	至低频（TLF）	0.3～3Hz	至长波或百兆米波	100～1000mm
1	极低频（ELF）	3～30Hz	极长波	10～100mm
2	超低频（SLF）	30～300Hz	超长波	1～10mm
3	特低频（ULF）	300～3000Hz	特长波	100～1000km
4	甚低频（VLF）	3～30kHz	甚长波	10～100km
5	低频（LF）	30～300kHz	长波	1～10km
6	中频（MF）	300～3000kHz	中波	100～1000m
7	高频（HF）	3～30MHz	短波	10～100m
8	甚高频（VHF）	30～300MHz	米波	1～10m
9	特高频（UHF）	300～3000MHz	分米波	1～10dm
10	超高频（SHF）	3～30GHz	厘米波	1～10cm
11	极高频（EHF）	30～300GHz	毫米波	1～10mm
12	至高频（THF）	300～3000GHz	丝米波或亚毫米波	1～10dmm

表 1.2.2　雷达和空间无线电通信频段划分

字母代码	雷　达		空间无线电通信	
	频谱区域	举例（GHz）	标称频段	举例（GHz）
L	1～2	1.215～1.4	1.5GHz	1.525～1.710
S	2～4	2.3～2.5 2.7～3.4	2.5GHz	2.5～2.690
C	4～8	5.2～5.85	4/6GHz	3.4～4.2 4.5～4.8 5.85～7.075

续表

字母代码	雷　达		空间无线电通信	
	频谱区域	举例（GHz）	标称频段	举例（GHz）
X	8～12	8.5～10.5	—	—
Ku	12～18	13.4～14.0 15.3～17.3	11/14GHz 12/14GHz	10.7～13.25 14.0～14.5
K	18～27	24.05～24.25	20GHz	17.7～20.2
Ka	27～40	33.4～36.0	30GHz	27.5～30.0
V	40～75	46～56	40GHz	37.5～42.5 47.2～50.2

1.2.2 电磁波的辐射、传播和衰减

电磁波由辐射源发出，如果在自由空间中传播，由于没有介质和障碍物的影响，则会以光速直线传播。电磁波在自由空间中传播辐射，这是一个能量不断扩散的过程。其能量不会被吸收，也不会发生反射、折射、衍射和散射等现象，电磁波的能量密度与距离的平方成反比。在自由空间中，电磁波传播距离越远，频率越高，能量损耗就越大，传播距离每增加一倍，衰减就增加 6dB。但实际上，自由空间是不存在的，地表和对流层对电磁波的影响会使其衰减，所以在我们在天线测量中要尽可能地架高天线。

1.2.3 电磁波的反射、散射和二次辐射

电磁波在传播过程中，当遇到与其波长相比拟的物体或者进入另一种介质以后，它的传播方向会改变。这就是电磁波的反射、折射、衍射、散射现象。当电磁波遇到线性导体时，特别是其线长为电磁波波长（λ）的 1/4、1/2 或整数倍时，电磁波会在导体中感应出振荡电流并产生比较大的交变电磁场，如同又出现了一个辐射体，它产生了新的二次辐射波。在天线测量中，尤其是在选择测试场地时要尽量避开高压线、电话线等。

1.2.4 对电磁辐射的防护

天线测量是在开放性系统中进行的，天线测量人员每天都在和看不见摸不着的电磁波打交道，电磁波也会在不知不觉中对天线测量人员造成伤害，那么如何了解并防护它呢？事实上，我们身边就有电磁辐射，辐射源有微波通信及移动通信基站、手机、微波炉、电子医疗器械等。我国有关政府部门于 1979 年提出了一个暂行标准。该标准规定：在一日 8h 连续辐射环境中，最大平均辐射功率密度不得超过 0.038mW/cm²；而在一日 8h 短时间间断辐射环境中，日辐射量不得超过 0.3mW•h/cm²，最大平均辐射功率密度不允许超过 5mW/cm²；当功率密度超过 1mW/cm² 时，个人必须采取防护。

1989 年，我国颁布了《作业场所微波辐射卫生标准》（GB 10436—1989），修改和规定了新的电磁辐射卫生标准限量值。《电磁辐射防护规定》（GB 8702—1988）中也提到：职业辐射环境中，在每天 8h 工作期间，个人任意连续 6min 全身平均的比吸收率（SAR）应小于 0.1W/kg；公众辐射环境中，在一天 24h 内，个人任意连续 6min 全身平均的比吸收率（SAR）应小于 0.02W/kg。

1.3　天线的基本概念

1.3.1　天线的定义、功用和分类

1. 天线的定义

我们知道，通信、雷达、导航、广播、电视等无线电设备，都是通过电磁波来传递信息的，都需要有电磁波的辐射和接收。在无线电设备中，用来辐射和接收电磁波的装置称为天线。天线为发射机或接收机与传播电磁波的媒介之间提供所需要的耦合。天线和发射机、接收机一样，也是无线电设备的一个重要组成部分。

2. 天线的功用

天线辐射的是电磁波，接收的也是电磁波，然而发射机通过馈线送入天线的并不是电磁波，天线也不能直接把电磁波经馈线送入接收机，其中必须经过能量转换。下面我们以无线电通信设备为例来分析信号的传输过程，进而说明天线的能量转换作用。

在发射端，发射机产生的已调制的高频振荡电流（能量）经馈电设备输入发射天线（馈电设备可随其频率和形式不同，直接传输电流波或电磁波），发射天线将高频电流或导行波（能量）转变为电磁波（能量）后，电磁波向周围空间辐射（见图 1.3.1）；在接收端，电磁波（能量）通过接收天线转变成高频电流或导行波（能量），它们经馈电设备传送到接收机。从上述过程可以看出，天线不仅是发射和接收电磁波的装置，同时也是一个能量转换器，是电路与空间的界面器件。

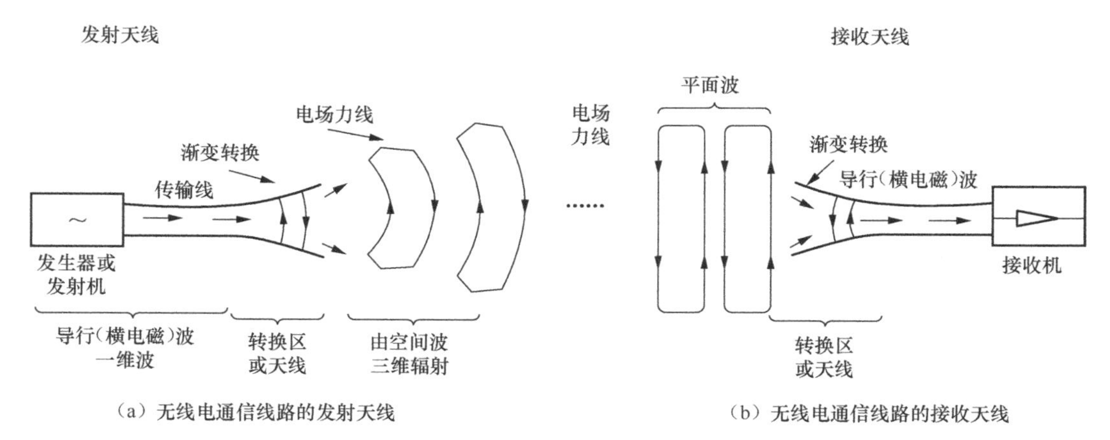

（a）无线电通信线路的发射天线　　（b）无线电通信线路的接收天线

图 1.3.1　天线能量转换原理示意图

3. 天线的分类

要给品种繁多的天线分类是一件非常困难的事情。但不同用途、不同频段的天线，在测量技术要求及方法上都有所不同，下面对天线进行大致分类。

（1）按工作性质分：发射天线、接收天线和收发共用天线。

（2）按用途分：通信天线、雷达天线、广播天线、电视天线、导航天线、跟踪天线、遥测天线等。

（3）按工作波长分：长波天线、中波天线、短波天线、超短波天线、微波天线及毫米波天线等。

（4）按频段分：极低频天线、超低频天线、甚低频天线、中频天线、高频天线、特高频天线等。

另外，我们还可以按结构形式，将天线分为面天线和线天线等。

1.3.2 天线测量的典型配置

大多数普通天线的测量是测定其远场的辐射特性，如方向图（幅度、相位、极化）、旁瓣电平、增益、频带宽度等。

图 1.3.2 所示为测量天线辐射特性的典型配置。基本步骤是将一副发射或接收的源天线放在相对于待测天线（AUT）的远场位置上，待测天线架设在可旋转平台上，旋转待测天线，采集大量方向图并取样值，实现天线辐射特性的测量。由于天线是开放系统，测试环境会对测量结果产生影响，因此必须合理选择测试场地，尽量实现无反射的环境，如建造微波暗室等。

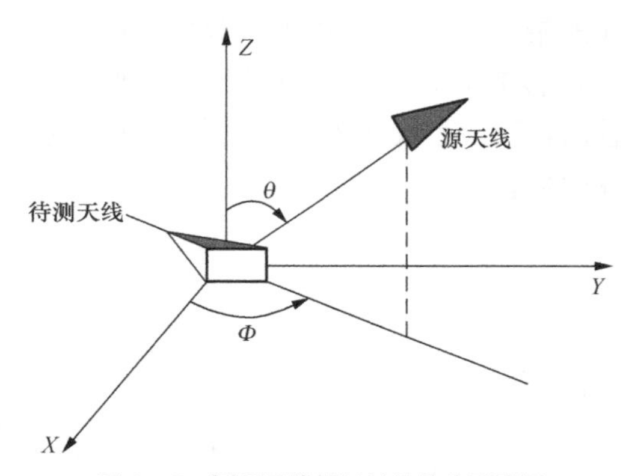

图 1.3.2 测量天线辐射特性的典型配置

1.3.3 天线测量中的互易性

在天线测量中，被测天线的工作状态可以是发射状态，也可以是接收状态。这可根据测量的内容、设备、场地条件等因素灵活选择。由天线互易原理得知，在两种工作状态下测量该天线参数的结果应该是一致的。

然而在实际测量中，互易原理必须在一定条件下才能应用。

（1）天线必须是线性的、无源的，如卫星电视接收天线，其馈源与高频头（LNB）是一体化的，不能用作发射。

（2）收发系统阻抗匹配要良好。虽然在待测天线和源天线之间电磁波存在多次反射，但由于其在自由空间中传播会产生衰减，这种影响并不严重。源天线、馈线、信号源、待测天线、接收机，它们之间的阻抗匹配是满足互易原理的重要条件。

（3）调换天线时，收发支路中应无有源器件，如功率放大器、低噪声放大器、混频器等。

1.3.4　近场和远场

天线是一种能量转换装置，发射天线将导行波转换为电磁波，接收天线则把电磁波转换为导行波。因此，一副发射天线可以被视为辐射电磁波的波源，其周围的场强分布与离开天线距离和角坐标有关。通常，根据观察点与天线的距离不同，可将观察点周围的场区划分为感应近场区、辐射近场区和辐射远场区，如图 1.3.3 所示。

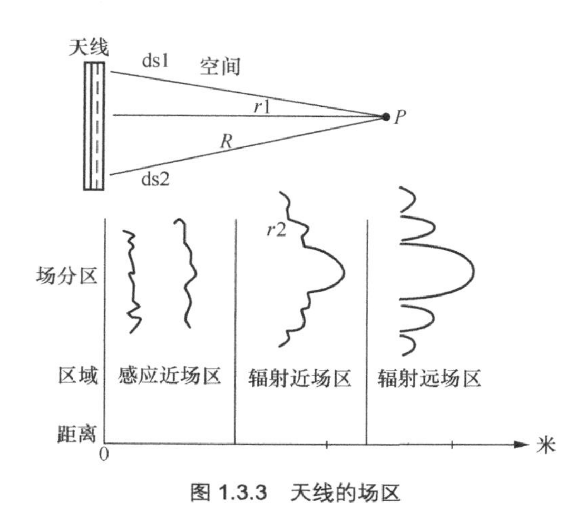

图 1.3.3　天线的场区

1. 感应近场区

感应近场区是指很靠近天线的区域。在这个感应近场区里，不辐射电磁波，电场能量和磁场能量交替地存储于天线附近的空间内。电小尺寸的偶极子天线，其感应场区的外边界条件：$r<\lambda/2\pi$。这里，λ是工作波长。

2. 辐射近场区

在辐射近场区（又称菲涅耳区）里，电场的相对角分布（即方向图）与离开天线的距离有关，即在离开天线不同距离处的方向图是不同的，其原因如下。

（1）由天线各辐射源所建立的场的相对相位关系是随距离而变的。

（2）这些场的相对振幅随距离而改变。在辐射近场区的内边界处（即感应近场区的外边界处），天线方向图是一个主瓣和旁瓣难分的起伏包络。

（3）随着离开天线距离的增加直到靠近远场辐射区，天线方向图的主瓣和旁瓣才明显形成，但零点电平和旁瓣电平均较高。按通用标准规定，辐射近场区的外边界见式（1.3.1）。

$$r=\frac{2D^2}{\lambda}\ \ (\mathrm{m}) \tag{1.3.1}$$

式（1.3.1）中，r 是观察点到天线的距离；D 是天线孔径的尺寸。

3. 辐射远场区

辐射近场区的外边是辐射远场区（又称夫琅禾费区），该区域的特点如下。

（1）场的相对角分布与离开天线的距离无关。

（2）场的大小与离开天线的距离成反比。

（3）方向图主瓣、旁瓣和零值点已全部形成。

辐射远场区是进行天线测试的重要场区，天线辐射特性所包含的各参数的测量均需在该区进行。在实际测量中必须遵守式（1.3.1）所示的近场、远场的分界距离。

图 1.3.4 所示是电小（$L/\lambda<1$，L 是线天线的最大尺寸）天线的场区。由图 1.3.4 可见，电小天线只存在感应近场区和辐射远场区，不存在辐射近场区。常把到辐射远场区与感应近场区相等的边界定义为 $L/\lambda<1$ 一类天线感应近场区的外界，越过了这个距离（$R>2\pi/\lambda$），辐射远场区就占优势。

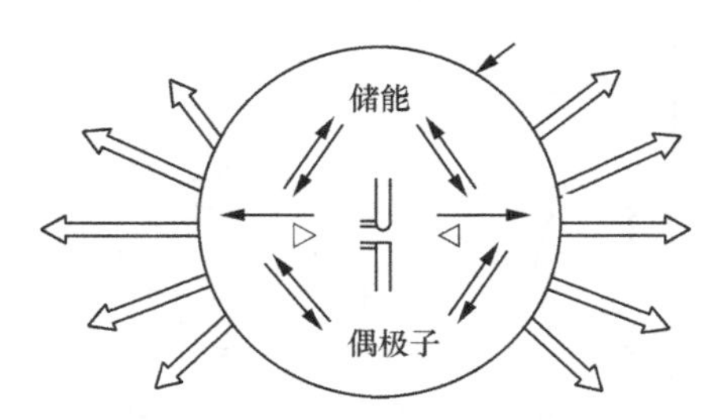

图 1.3.4　电小天线的场区

为了表征辐射远场区相对感应近场区的场强大小，常用它们的相对比值。由电基本振子的场方程可以求得感应近场区与辐射远场区之比，若用 dB 表示则为

$$\rho_E(\mathrm{dB}) = 20\lg\left(\frac{\lambda}{2\pi R}\right) = -16 + 20\lg\frac{\lambda}{R} \tag{1.3.2}$$

不同距离上的场强比值如表 1.3.1 所示。

表 1.3.1　不同距离上的场强比值

R	1λ	2λ	3λ	4λ	5λ	6λ	7λ	8λ	9λ	10λ
ρ_E (dB)	−16.0	−22.0	−25.5	−28.0	−29.9	−31.5	−32.9	−34.0	−35.0	−36.0

1.3.5　天线辐射特性测量法分类

天线辐射特性测量方法分类如图 1.3.5 所示。远场法可分为室外场法、室内场法及紧缩场法；近场法可分为平面扫描法、柱面扫描法、球面扫描法。

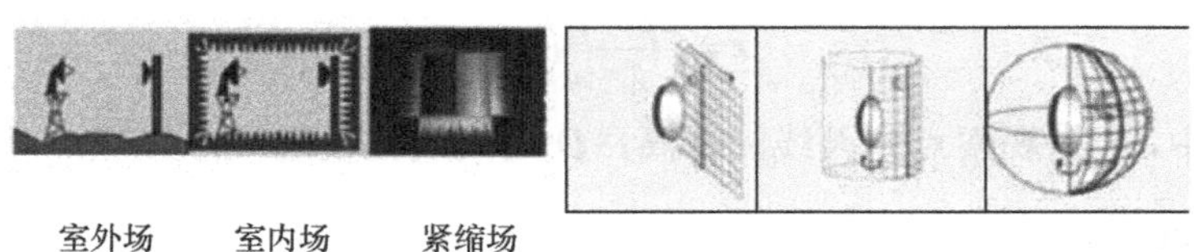

图 1.3.5　天线辐射特性测量方法分类

1. 远场法

远场法又称为直接法，所得到的远场数据不需要计算和后处理。但是使用这种方法往往需要很长的距离才能测试天线的特性，所以大多数的远场法都在室外测试场地进行。室外场又分高架场和斜架场，统称为自由空间测试场，主要缺点是容易受外界的干扰和场地反射的影响。远场法如果在暗室里进行就称为室内场法。因为所需空间很大，室内场法往往成本高。紧缩场不用很大的测试场，而是用一个抛物面天线和馈源，馈源放在抛物面天线的焦点区域，经过抛物面反射的波是平面波，这样被测天线就在平面波区域。紧缩场法使用的设备加工精度要求很高，改变工作频段需要更换馈源，费用较高。

2. 近场法

近场法就是在天线的近场区的某一表面上采用一个特性已知的探头来取样场的幅度和相位特性，通过严格的数学变换而求得天线的远场辐射特性的技术。根据取样表面的形状，近场法分为 3 种，即平面扫描法、柱面扫描法和球面扫描法。

近场法的主要优点有 3 点。一是其所需要的场地小，可以在微波暗室内进行高精度的测量，解决了建造大型微波暗室的困难。二是其受周围环境的影响极小，保证全天候都能顺利进行。三是其测量的信息量大，通过在近场区的某一表面的取样可以精确地得出天线任意方向的远场幅度相位和极化特性。

1.4　天线的基本电参数

天线是无线电设备系统实现能量转换的装置，天线性能的好坏直接影响无线电设备系统性能的优劣。人们用天线的电参数来衡量天线性能的好坏。例如，描述天线能量转换和方向特性的电参数有输入阻抗、方向图、增益和天线效率等；描述天线极化特性的电参数有轴比和极化隔离度等。本章简述这些参数的概念和定义。另外，由天线互易原理可知，按照发射天线定义的电参数，同样适用于接收天线。

1.4.1　方向图

1. 方向图的定义

天线方向图是表征天线辐射特性（场强振幅、相位、极化）与空间角度关系的图形，可用来说明天线在空间各个方向上所具有的发射或接收电磁波的能力。

2. 方向图的表示法

完整的方向图是一个三维空间图。它是以天线相位中心为球心（坐标原点），在半径 r 足够大的球面上，转动天线方位角或俯仰角，逐点测定其辐射特性绘制而成的，如图 1.4.1（a）所示。

三维空间方向图尽管可以利用已有软件方便地进行测绘，但在实际工程应用中，一般只需测得垂直面 E 和水平面 H 方向图即可，如图 1.4.1（b）所示。

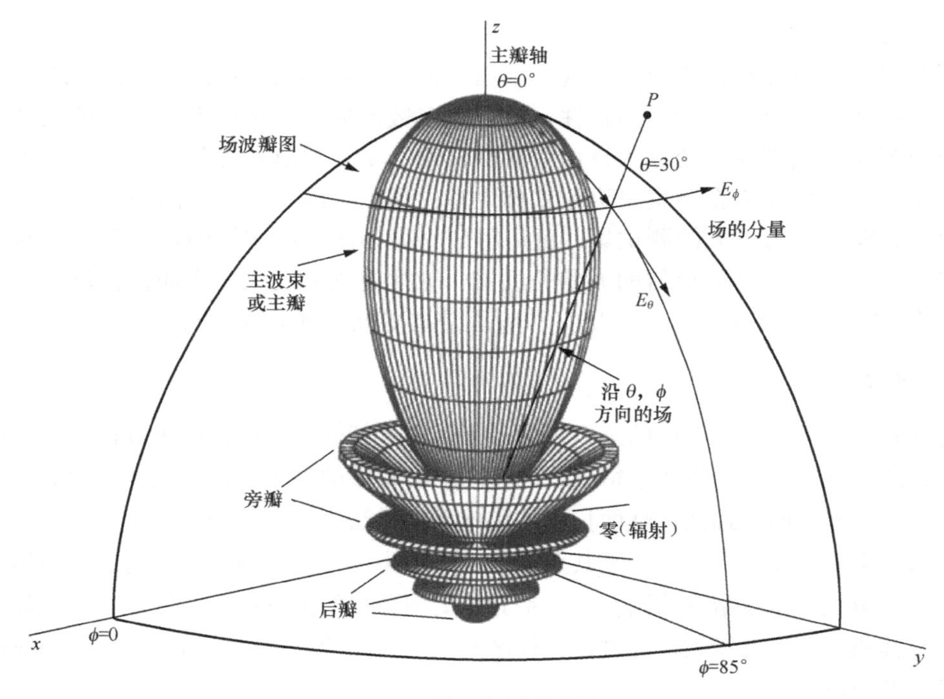

（a）天线三维空间方向图

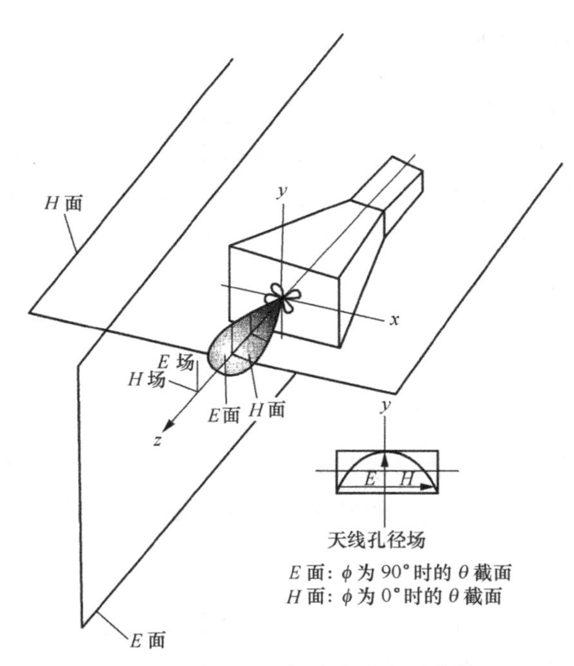

（b）垂直面 E 和水平面 H 方向图

图 1.4.1　三维空间图

图 1.4.2 为 4 种典型的天线方向图，分别是（a）常规抛物面天线；（b）喇叭天线；（c）半波振子天线；（d）鞭状天线。

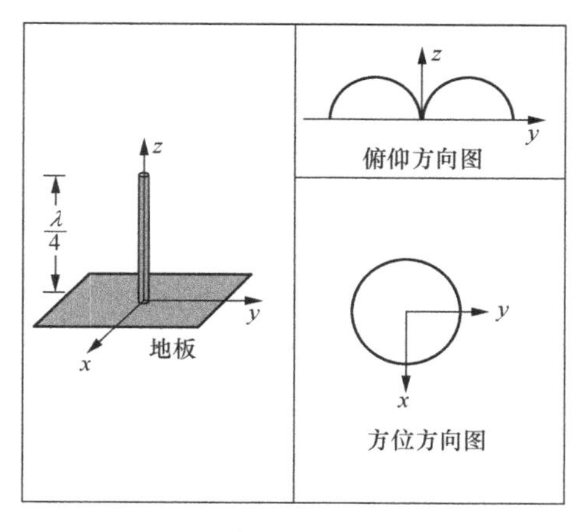

（a）常规抛物面天线

（b）喇叭天线

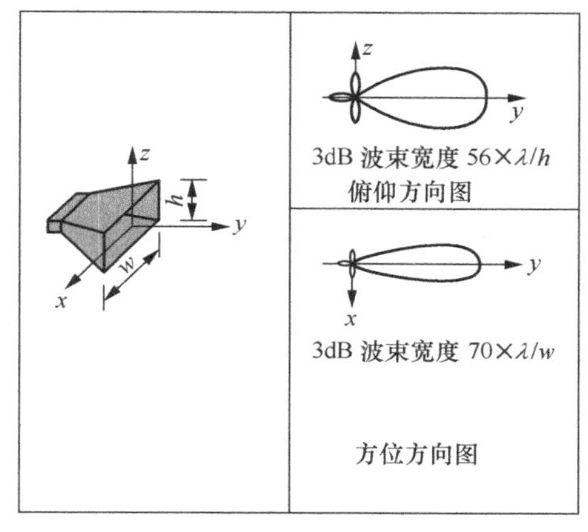

（c）半波振子天线

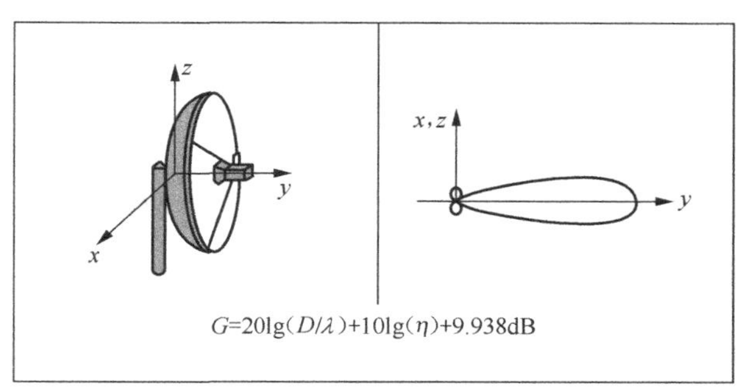

（d）鞭状天线

图 1.4.2　4 种典型的天线方向图

3. 方向图的测量坐标

绘制天线的平面方向图通常采用极坐标[见图 1.4.3（a)、(b)]和直角坐标[见图 1.4.3（c)]形式，还可以采用 3D 坐标[见图 1.4.3（d)]形式。采用极坐标绘制的方向图形象、直观，但难以精确地表示方向性很强的天线；采用直角坐标绘制的方向图恰与其相反，它虽不直观，但可以精确地表示强方向性天线。方向图纵坐标有相对功率、相对场强和对数 3 种形式，常用的是对数形式。方向图是用波瓣最大值归一的相对方向图。

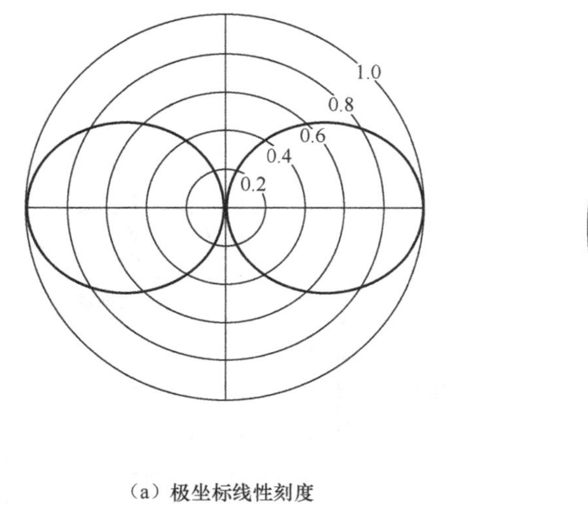

（a）极坐标线性刻度

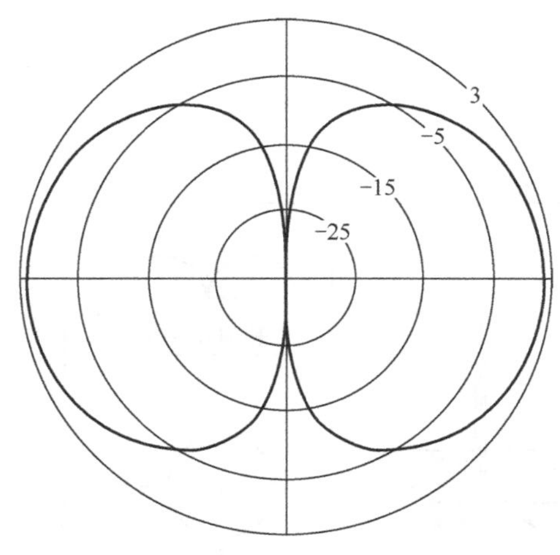

（b）极坐标对数刻度

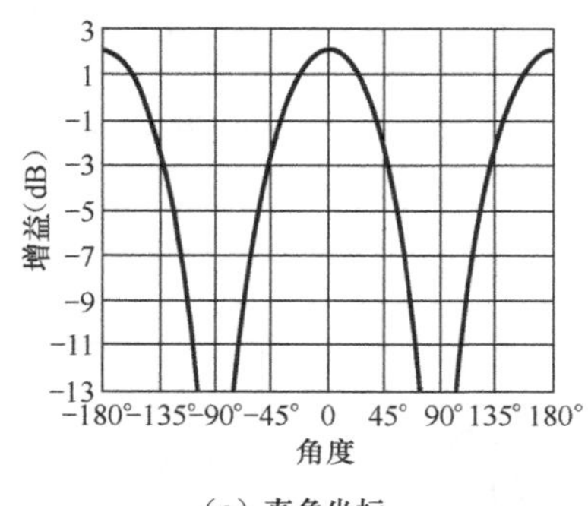

（c）直角坐标

（d）3D 坐标

图 1.4.3　半波偶极子天线方向图坐标

1.4.2　旁瓣和半功率波束宽度

1．旁瓣电平

天线方向图通常有许多波瓣，除最大辐射强度的主瓣之外，其余均称为旁瓣（或副瓣），与主瓣相反方向的旁瓣称为后瓣（或背瓣）[参见图 1.4.1（a）]。为了定量表示旁瓣的大小，我们还定义了旁瓣电平，它为旁瓣信号强度的最大值与主瓣最大值之比，记为 *SL*，通常用分贝表示。

$$SL=10\lg P/P_{\max} \tag{1.4.1}$$

式（1.4.1）中，P 和 $P_{\max}$ 分别表示旁瓣和主瓣的最大功率值。

2．半功率波束宽度

波束宽度是指方向图的主瓣宽度，一般是指半功率波束宽度。

定义为：在归一化功率方向图的主瓣范围内，功率下降到主瓣最大值的一半（用分贝表示时，也就是功率下降 3dB）的两个方向之间的夹角。

如图 1.4.4 所示，图 1.4.4（a）为场方向图（与电场 E 成正比），在 θ=0° 方向上归一化场 E_n（θ）=1，由 E=0.707 电平测得的半功率波束宽度（*HPBW*）为 40°；图 1.4.4（b）为功率方向图（与电场 E^2 成正比），在 θ=0° 方向上归一化场 P_n（θ）=1，由 P=0.5 电平测得 *HPBW*=40°；图 1.4.4（c）为场波瓣的分贝（dB）图，在−3 dB 处测得 *HPBW*=40°。

半功率波束宽度通常可以采用表 1.4.1 估算。

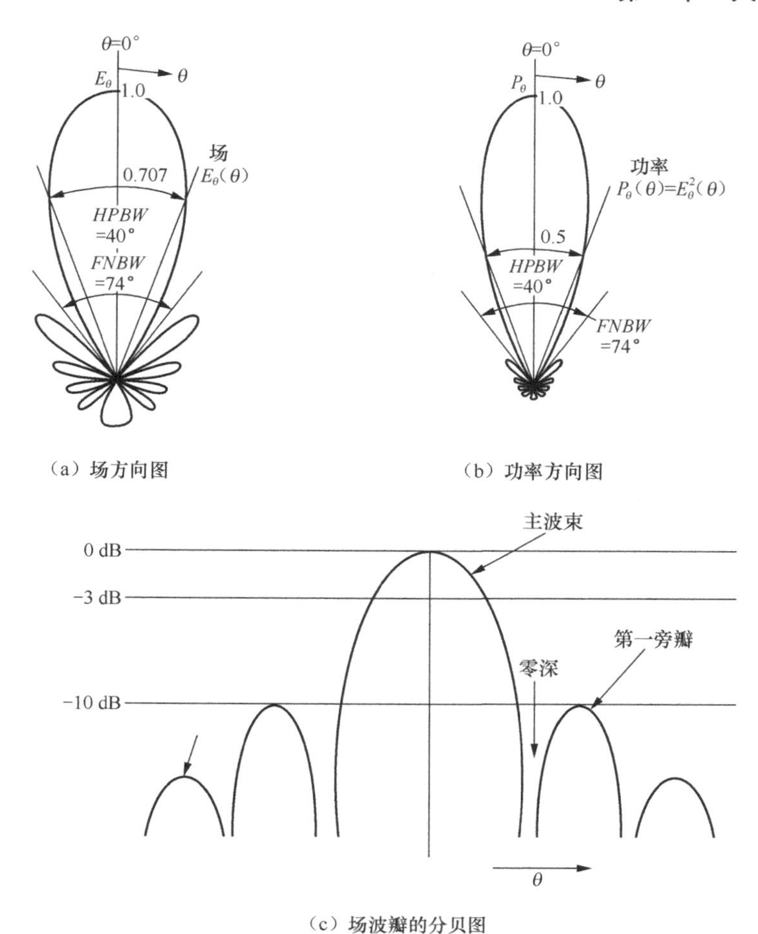

图 1.4.4　波束宽度示意图

表 1.4.1　　　　半功率波束宽度估算

天线形式	*HPBW*	*FNBW*
均匀照射圆口径	(65° ～ 70°) $\frac{\lambda}{D}$	140° $\frac{\lambda}{D}$
均匀照射大圆口径	58° $\frac{\lambda}{D}$	140° $\frac{\lambda}{D}$
矩形口径（或直径阵）	51° $\frac{\lambda}{L}$	115° $\frac{\lambda}{L}$
最优 E 矩形喇叭	56° $\frac{\lambda}{a_E}$	115° $\frac{\lambda}{a_E}$
最优 H 矩形喇叭	67° $\frac{\lambda}{a_H}$	172° $\frac{\lambda}{a_H}$

1.4.3　增益

1. 增益的定义

增益是天线极为重要的一个参数，用它可以衡量天线辐射能量的集中程度。天线增益可分为方向增益和功率增益。

当辐射功率相同时，把天线在（θ,ϕ）方向上的辐射强度 P（θ,ϕ）与理想点源辐射强度之比定义为天线的方向增益 D（θ,ϕ）。

$$D(\theta,\phi)=\frac{4\pi P(\theta,\phi)}{P_t} \tag{1.4.2}$$

当输入功率相同时，把天线在（θ,ϕ）方向上的辐射强度 P（θ,ϕ）与理想点源辐射强度之比定义为天线的功率增益 G（θ,ϕ）。

$$G(\theta,\phi)=\frac{4\pi P(\theta,\phi)}{P_0} \tag{1.4.3}$$

式（1.4.2）、式（1.4.3）中，P（θ,ϕ）为天线在（θ,ϕ）方向上的辐射强度；P_t 为天线的辐射功率；P_0 为天线的输入功率。

由式（1.4.2）和式（1.4.3）可得

$$G(\theta,\phi)=\eta D(\theta,\phi) \tag{1.4.4}$$

式（1.4.4）中，天线效率 η 为天线辐射功率除以天线输入功率。由此可知，天线增益等于天线效率乘以方向增益。

2. 增益的理论计算

天线增益可以通过理论计算而得，如口面直径为 D 的抛物反射面天线的增益可用式（1.4.5）和式（1.4.6）近似计算。

$$G=(\frac{\pi D}{\lambda})^2\eta \tag{1.4.5}$$

用对数表示为

$$G\text{（dBi）}=9.94+10\lg\eta+20\lg D/\lambda \tag{1.4.6}$$

在一个频段内，已知中心频率 f_0 的增益 G_0，高低两端频率或任意频点 f 的增益由式（1.4.7）计算。

$$G\text{（dBi）}=G_0+20\lg f/f_0 \tag{1.4.7}$$

说明：天线增益单位 dBi 是相对各向同性天线而言的。如果采用半波振子天线作为标准进行比对增益，其单位是 dBd，dBi 与 dBd 的关系：G（dBi）=2.15+ G（dBd）。半波振子天线的增益为 2.15dBi。

3. 波束宽度计算法

天线的波束范围通常可近似表示成两个主平面内主瓣半功率波束宽度 θ_{3AZ} 和 θ_{3EL} 之积，即

$$\text{波束范围}\approx\Omega_A\approx\theta_{3AZ}\theta_{3EL}\ \text{（sr）} \tag{1.4.8}$$

用 D 表示天线定向性，波束范围越小，定向性越高。若一个天线仅对上半空间辐射，其波束范围 $\Omega_A=2\pi$（sr），天线定向性 D 为

$$D=4\pi/2\pi=2(\approx 3.0\text{dBi}) \tag{1.4.9}$$

若已知某天线的半功率波束宽度，其定向性还可表示为

$$D=41253/\theta_{3AZ}\theta_{3EL} \tag{1.4.10}$$

其中，41253、θ_{3AZ}、θ_{3EL} 为球内所张的平方度数，41253=4π（180/π）^{2}；

球面积为 $4\pi r^2$，4π表示完整球面所张的立体角，单位为 sr；

1 立体弧度的立体角≈3283 =（180/π）^{2}；

θ_{3AZ} 和 θ_{3EL} 分别是方位和俯仰主平面的半功率波束宽度。

由于在式（1.4.10）中忽略了旁瓣，因此该式还可表示为

$$D=40000/\theta_{3AZ}\ \theta_{3EL} \tag{1.4.11}$$

如果某天线在两个主平面内半功率波束宽度都是 20°，其定向性 D=40000/400=100 或 20dBi（10lg100），这意味着天线沿主方向辐射的功率是相同输入功率下非定向的各向同性天线的 100 倍。定向性波束宽度乘积取值 40000 是一种粗略的近似，对特定的天线通常采用简化公式来计算天线增益。

$$G=10\lg\frac{C}{\theta_{3AZ}\theta_{3EL}} \tag{1.4.12}$$

C 是常数项（15000～40000），对于大型天线则必须考虑天线馈源网络的插入损耗和天线表面公差引起的增益损失，详见第 6 章中的波束宽度法测量天线增益。

1.4.4　输入阻抗

天线和馈线的连接端，即馈电点两端感应的信号电压与信号电流之比，称为天线的输入阻抗。输入阻抗有电阻分量和电抗分量。输入阻抗的电抗分量使从天线进入馈线的有效信号功率衰减。因此，必须使电抗分量尽可能为零，使天线的输入阻抗为纯电阻。

阻抗概念对中频、低频天线特别有用，因为中频、低频天线容易确定一对输入点，单值阻抗测量起来比较容易。阻抗概念虽在较高频率上也仍有效，但直接确定和测量阻抗值却比较困难。例如在微波频率上，天线大都与波导相连，波导阻抗具有多值性，因此几乎不可能直接测量天线的阻抗值，一般采用测量驻波系数或反射损耗的办法来计算天线的输入阻抗。

1.4.5　反射系数、电压驻波比、回波损耗

1. 反射系数

波的反射系数是描述波在传输线中传输时被反射的参数。电压反射系数和电流反射系数的模相等，相位相反。电压反射系数定义为距终端 Z 处的电压反射波与电压入射波之比。

反射波和入射波幅度之比叫作反射系数（Γ）。

$$\Gamma=\frac{\text{反射波幅度}}{\text{入射波幅度}}=\frac{Z-Z_0}{Z+Z_0} \tag{1.4.13}$$

反射系数的模的变化范围为 $0\leqslant|\Gamma|\leqslant1$。当传输线用特征阻抗进行端接时，所有的能量都传给负载，能量没有被反射，即ρ=0；当传输线用开路器或短路器进行端接时，所有的能量都被反射，即ρ=1。

2. 电压驻波比

天线和馈线不匹配时，也就是天线阻抗不等于馈线特征阻抗时，天线就不能将馈线上传输的高频能量全部吸收，而只能吸收部分能量。

入射波的一部分能量反射回来形成反射波，入射波和反射波叠加形成驻波。

驻波波腹电压与波节电压之比称为电压驻波比（*VSWR*）。

$$VSWR=\frac{\text{驻波波腹电压幅度最大值}V_{\max}}{\text{驻波波节电压幅度最小值}V_{\min}}=\frac{1+\Gamma}{1-\Gamma} \tag{1.4.14}$$

根据电压驻波比定义，可知 *VSWR* 的取值范围为 1≤*VSWR*<+∞，按大小，通常将 *VSWR* 分 3 类：*VSWR*<3 为小驻波比；3≤*VSWR*≤10 为中驻波比；*VSWR*>10 为大驻波比。

3. 回波损耗

回波损耗（RL）定义为传输线某点上的入射功率与反射功率之比。它是以分贝表示的标量反射系数，即入射波到反射波的损耗量，故称为回波损耗。它与反射系数的关系为

$$RL=-20\lg|\Gamma| \tag{1.4.15}$$

回波损耗的取值范围为 0≤*RL*<+∞；0dB 为全反射（开路/短路）；∞为无反射（全吸收）。所以，用回波损耗作为测量的量值非常方便、直观。

例如，*RL*=30dB，则 0dBm 入射波将产生一个–30dBm 的反射波。

例如，在图 1.4.5 中，由于天线阻抗为 75Ω，馈线的阻抗为 50Ω，回波损耗为 10lg（10/0.4）=14dB。

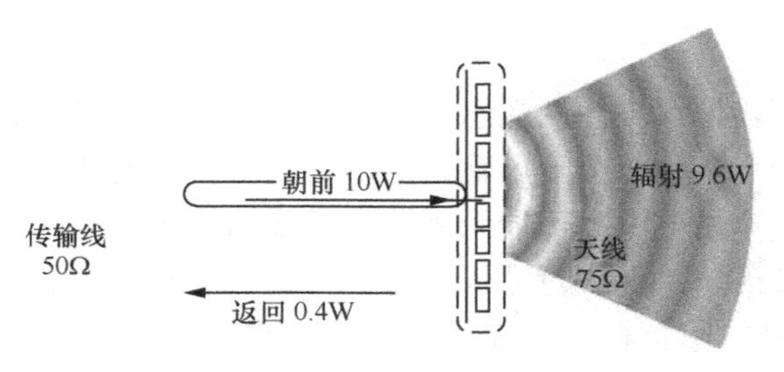

图 1.4.5 回波损耗的例子

4. 反射系数、电压驻波比、回波损耗的关系

从前面介绍不难看出，电压驻波比、反射系数、回波损耗三者的关系可以转换，所以，只要测量一个参数就可以计算另一个参数。如通过回波损耗可计算电压驻波比（*VSWR*）。

$$VSWR=\frac{1+10^{\frac{-RL}{20}}}{1-10^{\frac{-RL}{20}}} \tag{1.4.16}$$

例如：$RL=20\text{dB}$，$VSWR=\dfrac{1+0.1}{1-0.1}=1.22$。

电压驻波比与反射系数的关系为

$$|\Gamma|=\left|\frac{E_r}{E_i}\right|=\left|\frac{Z_1-Z_0}{Z_1+Z_0}\right|=\frac{VSWR-1}{VSWR+1} \tag{1.4.17}$$

反射系数、回波损耗、电压驻波比、传输功率及失配损耗列表见表 1.4.2。通过该表，可以快速地查找它们之间的对应关系。

表 1.4.2　　反射系数、回波损耗、电压驻波比、传输功率及失配损耗列表

反射系数	回波损耗(dB)	电压驻波比	传输功率	失配损耗 $\Delta P=10\lg(1-\Gamma^2)$
1.00	0.00	∞	100%	
0.90	0.92	19.00	81%	–7.2
0.80	1.94	9.00	64%	–4.44
0.70	3.10	5.67	49%	–2.92
0.60	4.44	4.00	36%	–1.94
0.50	6.02	3.00	25%	–1.25
0.40	7.96	2.33	16%	–0.97
0.30	10.46	1.86	9%	–0.41
0.20	13.98	1.50	4%	–0.177
0.10	20.00	1.22	1%	–0.044
0.09	20.92	1.20	0.81%	–0.035
0.08	21.94	1.17	0.64%	–0.028
0.07	23.10	1.15	0.49%	–0.021
0.06	24.44	1.13	0.36%	–0.016
0.05	26.02	1.11	0.25%	–0.011
0.04	27.96	1.08	0.16%	–0.007
0.03	30.46	1.06	0.09%	–0.004
0.02	33.98	1.04	0.04%	–0.002
0.01	40.00	1.02	0.01%	–0.0004
0.00	∞	1.00	0	0

1.4.6　天线的有效长度和有效面积

1. 有效长度

在天线最大辐射方向产生相同场强的条件下，用一均匀电流分布代替该天线（以该天线输入端电流为参考），则均匀电流分布天线的长度为该天线的有效长度。

接收天线的有效长度定义为天线输出到接收机输入端的电压与所接收的电场强度的比值，它在数值上与该天线作发射时的有效长度相等。

对称线天线的有效长度可用式（1.4.18）计算。

$$L_e = \frac{\lambda}{\pi}\lg\frac{kl}{2} \tag{1.4.18}$$

式（1.4.18）中，$k = 2\pi/\lambda$ 为自由空间波数；l 是对称天线一臂的长度。

2. 有效面积

发射天线的有效面积定义为在保持该天线辐射场强不变的条件下，天线孔径场为均匀分布时的孔径等效面积，接收天线的有效面积则定义为接收天线所截获的电磁波总功率与电磁波通量密度的比值。这就是说，假如接收点处有一个垂直于来波方向的口面，该口面将电磁

波能量全部接收，并转为接收天线的输出功率送给接收机，此口面的大小就是该天线的有效面积。

孔径天线的有效面积一般都小于天线的几何孔径面积，它们的比值称为孔径利用系数或孔径效率，即

$$\eta_i = \frac{A_e}{A} \tag{1.4.19}$$

式中，A 为孔径天线的孔径面积。

1.4.7　天线效率

天线效率一般定义为天线的辐射功率与输入功率之比，即

$$\eta = \frac{P_r}{P_i} = \frac{P_r}{P_r + P_l} \tag{1.4.20}$$

相应的电阻关系表示为

$$\eta = \frac{R_r}{R_i} = \frac{R_r}{R_r + R_l} \tag{1.4.21}$$

由于天线效率是辐射功率与输入功率之比，很自然地把方向性系数和增益联系起来，其关系为

$$G = \eta D \tag{1.4.22}$$

对高增益孔径天线而言，天线总效率 η_a 与天线增益之间的关系为

$$G = \frac{4\pi}{\lambda^2} A\eta_a \tag{1.4.23}$$

式（1.4.23）中，天线总效率 η_a 应是多个因子的乘积，即

$$\eta_a = \eta\eta_i\eta_1\eta_2\eta_3\cdots \tag{1.4.24}$$

式（1.4.24）中，η是式（1.4.20）所述的天线效率，η_i 是式（1.4.19）所述的孔径效率，$\eta_1\eta_2\eta_3\cdots$ 包括了其他影响天线增益的因子，如照射漏失、孔径遮挡、表面公差、去极化损失等。

1.4.8　天线极化

1. 极化的基本概念

无线电波在空间传播时，其电场方向是按一定的规律而变化的，这种现象称为无线电波的极化。天线极化是描述天线辐射电磁波场矢量空间指向的参数，是指在与传播方向垂直的平面内，场矢量变化一周期矢端描出的轨线。由于电场与磁场有恒定的关系，一般都以电场矢量的空间指向作为天线辐射电磁波的极化方向（见图 1.4.6）。电场矢量在空间的取向固定不变的电磁波为线极化。若以地面为参数，则电场矢量方向与地面平行的电磁波为水平极化，与地面垂直的电磁波为垂直极化。电场矢量与传播方向构成的平面为极化平面。垂直极化电磁波的极化平面与地面垂直；水平极化电磁波的极化平面则垂直于入射线、反射线和入射点地面的法线构成的入射平面。

如果电磁波在传播过程中电场的方向是旋转的，即场矢量的矢端轨线是圆形，并在旋转过程中，电场的幅度（即大小）保持不变，我们就叫它为圆极化波。圆极化可分为右旋圆极化和左旋圆极化。向传播方向看去顺时针方向旋转的电磁波叫作右旋圆极化波，逆时针方向旋转的电磁波叫作左旋圆极化波。如果场矢量的矢端轨线是椭圆的电磁波就叫作椭圆极化波。

圆极化波、椭圆极化波都可由两个相互正交的线极化波合成。当两正交线极化波振幅相等，相位差为 90° 时，则合成圆极化波；当振幅不等或者相位差不是 90° 时，则合成椭圆极化波。

圆极化和线极化都是椭圆极化的特例，描述椭圆极化波的参数有 3 个：（1）轴比指极化椭圆长轴与短轴之比；（2）倾角指极化椭圆长轴与水平坐标之间的夹角；（3）旋向指左旋或者右旋。

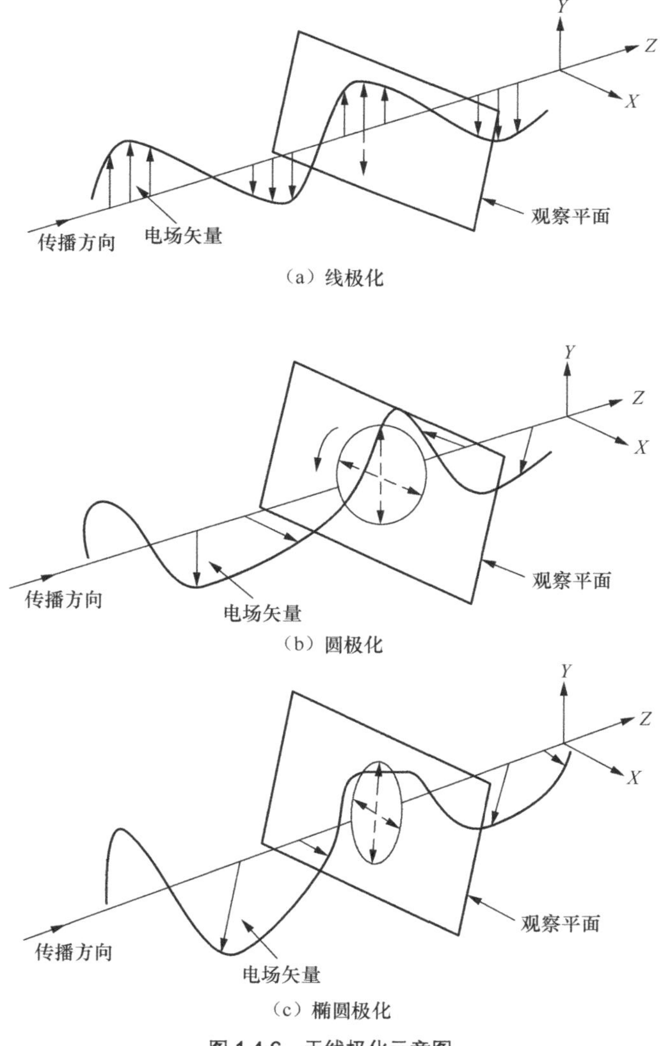

图 1.4.6　天线极化示意图

2. 极化参数

（1）极化效率

当接收天线的极化方向与入射波的极化方向不一致时，由于极化失配，从而引起极化损失。极化效率的定义为天线实际接收的功率与在同方向、同强度且极化匹配条件下的接收功率之比。

例如，当用圆极化天线接收任一线极化波或用线极化天线接收任一圆极化波时，都要产生 3dB 的极化损失，即只能接收来波的一半能量。

（2）轴比

轴比的定义：椭圆比，极化平面波的长轴和短轴之比。天线的电压轴比用公式表示为

$$r=\frac{E_{\max}}{E_{\min}} \tag{1.4.25}$$

用分贝表示的轴比为

$$AR=20\lg|r| \tag{1.4.26}$$

众所周知，圆极化和线极化是椭圆极化的两种特殊情况，即当 $r=\pm1$ 时，为圆极化；当 $r=\infty$时，为线极化；当 $1<|r|<\infty$时，为椭圆极化。

（3）交叉极化隔离度

天线可能会在非预定的极化上辐射（或接收）不需要的极化分量能量，例如辐射（或接收）水平极化波的天线，也可能辐射（或接收）不需要的垂直极化波，这种不需要的辐射极化波称为交叉极化。对线极化天线来说，交叉极化与预定的极化方向垂直；对圆极化波来说，交叉极化与预定极化的旋向相反；对椭圆极化波来说，交叉极化与预定极化的轴比相同、长轴正交、旋向相反。所以，交叉极化又称为正交极化。

交叉极化隔离度的定义为天线反极化时的接收功率与同极化接收功率之比。

椭圆极化天线的交叉极化隔离度 XPD 与 r 有如下关系。

$$XPD=20\lg(r+1)/(r-1)\quad(\text{dB}) \tag{1.4.27}$$

如果 $r=1.06$，则 $XPD=20\lg(1.06+1)/(1.06-1)=30.71$（dB）。

用分贝表示的轴比为 $AR=20\lg|r|=20\lg1.06=0.506$（dB）。

1.4.9 天线带宽

带宽是指就某个参数而言，天线的性能符合规定标准的频率范围。

无论是发射天线还是接收天线，它们总是在一定的频率范围内工作，通常工作在中心频率时天线所能输送的功率最大，偏离中心频率时它所输送的功率则会减小，据此可定义天线带宽，如式（1.4.28）所示。

$$\Delta f=\frac{f_{\max}-f_{\min}}{f_0}\times100\% \tag{1.4.28}$$

对天线带宽定义有两种不同的理解：一种是指天线增益下降 3dB 时的频带宽度；另一种是指在规定的驻波比下天线的工作频带宽度。

在移动通信系统中是按后一种定义的，具体来说，就是当天线的输入驻波比不超过 1.5 时天线的工作带宽。

当天线的工作波长不是最佳时，天线性能要下降，在天线工作频带内，天线性能下降不多是可以接受的。

对于带宽天线，带宽一般用可允许工作的上下限频率之比表示，例如，10:1 的带宽表示上限频率是下限频率的 10 倍。对于窄带天线，带宽用上下限频率差与频带中心频率的百分比表示，例如，5%的带宽表示可允许的工作频率差是频带中心频率的 5%。

1.4.10　天线噪声温度

通常用噪声温度来度量一个系统产生的噪声功率大小。天线从周围环境接收噪声功率，天线噪声可以用给定频带内与噪声功率有关的等效噪声温度表示，即

$$N=kT_AB \tag{1.4.29}$$

式（1.4.29）中，$k=1.38\times10^{-23}$ J/K，为玻尔兹曼常数；T_A 为天线等效噪声温度；B 为接收机带宽。

天线噪声可分为内部噪声和外部噪声。内部噪声主要包括天线传输损耗和欧姆损耗等产生的热噪声；外部噪声是由天线所处的环境中的噪声源产生的噪声组成的，主要有宇宙噪声（太阳、银河系）、大气衰减噪声（雷、雨、雪）、地面热辐射噪声等，图 1.4.7 所示的是天线外部噪声与天线波束在不同仰角（θ）时，与频率的关系。从图中可以看出，当频率低于 500MHz 时，噪声温度（主要是银河系）与天线仰角无关；天线仰角越低，波束穿过大气的路程越长，噪声温度越高。

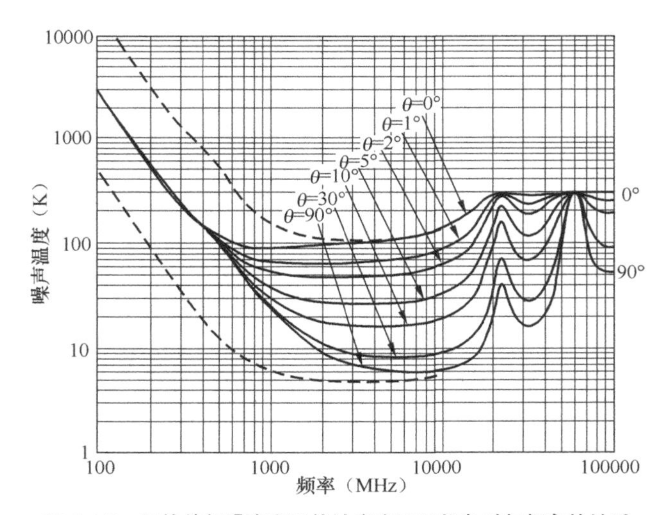

图 1.4.7　天线外部噪声和天线波束在不同仰角时与频率的关系

天线从环境中接收的噪声，取决于天线方向图的形状和主波束的方向，即取决于天线的主瓣、旁瓣及后瓣。图 1.4.7 中的曲线是在假定天线无损耗和无旁瓣情况下得出的。

对于一个接收系统，如卫星地面接收站，其系统噪声温度 T_{SYS} 不仅包括天线噪声温度 T_A，还包括天线到低噪声放大器（LNA 或 LNB）之间的传输损耗 L_f 和低噪声放大器本身的噪声温度（噪声系数）T_{LNA}。若测得天线增益 G，就可以计算卫星地面站（地球站）的品质因数（G/T_{SYS} 值）。

第2章 天线测量仪器设备介绍

天线测量以仪器设备为手段，对天线各项参数进行测量。组成天线测量系统的仪器以电路技术（含微波电路及同轴、波导器件技术）为基础，融合了测试测量技术、计算机通信技术、数字技术、软件技术、总线技术等多种技术，组成单机或自动测量系统。仪器设备的先进程度直接影响着天线测量技术的先进程度，也直接影响着测量数据的精确程度。先进的天线测量仪器对天线测量技术水平、天线的研发水平、产品质量的提高起到巨大的推动作用。尤其是现代新型天线的研发，更需要大量的先进仪器来支持天线基本参数的测量。

用于天线测量的仪器很多，常用的如信号发生器、频谱分析仪、标量网络分析仪、矢量网络分析仪等。网络分析仪是近代最为先进而复杂的测量仪器，在天线测量中，应熟练应用和掌握这些仪器。

2.1 频谱分析仪

2.1.1 概述

频谱分析仪和示波器一样，都是用于信号观测和分析的工具。频谱分析仪主要用于测量频域，可用于测量载波功率、谐波寄生、交调和互调、信号边带等。由于它可以作为高灵敏度接收机使用，所以被广泛用于天线测量中。

频谱分析仪主要有快速傅里叶变换（FFT）频谱分析仪和超外差式频谱分析仪。由于模数（A/D）转换器的带宽受限，FFT 频谱分析仪仅适合测量低频信号，在微波频段的测量就要采用超外差式频谱分析仪。近年来又出现了实时频谱分析仪等。

频谱分析仪参数较多，与频率有关的参数有频率范围（起始频率、终止频率、中心频率、扫频宽度）、分辨率带宽、视频带宽、扫描时间、噪声边带等；与幅度有关的参数有噪声电平、参考电平、最大输入电平、动态范围等，还有信号失真参数，如二阶交调失真、三阶交调失真、1dB 压缩点、带外抑制、镜像抑制、剩余响应等。在时域中，电信号的振幅是相对时间来定的，通常用示波器来观测。为了清楚地说明这些波形，通常用时间作为横轴，振幅作为纵轴，将波形的振幅随时间变化绘制成曲线。而在频域中，电信号的振幅是相对频率来定的，通常用频谱分析仪来观测。进行频谱测量时，横轴代表频率，纵轴代表有效功率，频谱分析仪则是观测信号的频率与功率的集合，用图形来表示。

尽管频谱分析仪有许多技术指标，但在天线测量中，我们主要要求其具有高灵敏度、宽频带、大动态范围等特性，并且能够测量在时域中不易得到的信息，如频谱纯度、信号失真、寄生、交调、噪声边带等各种参数。另外频谱分析仪还有与计算机的各种接口，如 GPIB 等通用数据总线接口，以便与其他设备组建天线自动测量系统。

国内、国外频谱分析仪的制造商有很多，如美国安捷伦科技（Agilent Technologies）公司（原 HP 公司）、德国 R&S 公司、日本安立（Anritsu）公司、日本 Advantest 公司、美国安捷伦科技泰克公司、中国电子科技集团公司第四十一研究所等。这些厂商竞相推出种类齐全、型号各异的产品。它们都有极为优异的品质，例如，安捷伦 8560 E 系列频谱分析仪的频率覆盖范围在 30Hz～50GHz（上限频率按 2.9GHz、6.5GHz、13.2GHz、26.5GHz、40GHz、50GHz 分档），采用外部混频器，上限频率可达 325GHz。通常频谱分析仪的灵敏度用来表示在 1Hz 的分辨带宽下所显示的平均噪声电平高低，如安捷伦 E4440A 频谱分析仪的平均噪声为–145dBm，不过不同频段的平均噪声电平值是有差别的。

目前，微波频谱分析仪普遍具有宽频带、高分辨率、高灵敏度、低相位噪声、大动态范围等特点，与矢量网络分析仪相比，它的价格相对便宜，所以在天线测量中得到了很广泛的应用。

2.1.2　组成及工作原理

频谱分析仪通常基于超外差工作原理，主要由输入衰减器、混频器、中频放大器、中频滤波器、检波器、视频滤波器、扫描产生器（本振）和显示器等组成。待测射频信号经过输入衰减器在混频器与扫描产生器生成的本振信号相混频产生中频，中频信号经放大、峰值检波及视频滤波器后显示测试信号。

2.1.3　参数定义及相互关系

1. 扫描时间、扫频宽度、分辨率带宽和视频带宽

扫描时间（ST）是频谱分析仪从起始频率到终止频率所花费的扫描时间。扫频宽度（SPAN）对应的是起始频率到终止频率之间的频率宽度。分辨率表征频谱分析仪在响应中明确地分离出两个输入信号的能力，它对应中频带宽，常用分辨率带宽（RBW）表示。视频带宽（VBW）是包络检波器的输出滤波器带宽，用于平滑视频显示信号。

以上 4 个参数之间相互关联，在使用时必须注意它们之间的配合才能得到准确的测量结果。使用频谱分析仪进行测量时，正确地理解扫描时间、扫频宽度、分辨率带宽之间的关系是非常重要的，如扫频宽度和分辨率带宽都很窄，而扫描速度过快，频谱分析仪中频滤波器不能够充分响应，不能准确地显示信号频率和幅度值，如显示信号的幅度降低，频率向上移（峰值偏右）。现代智能频谱分析仪一个主要的特点就是采用自适应算法，CPU 根据当前 SPAN 的大小为用户选择适当的 RBW 和 VBW，再由以上的参数决定当前的 ST，通过调节扫描时间来维持一个经校准的显示。它们之间的关系式如下。

当 VBW＞RBW，$\mathrm{ST} \geqslant K \cdot \mathrm{SPAN}/(\mathrm{RBW})^2$；

当 VBW＜RBW，$\mathrm{ST} \geqslant K \cdot \mathrm{SPAN}/(\mathrm{RBW} \cdot \mathrm{VBW})$；

对于同步调谐模拟滤波器，$K>2.5$；对于数字滤波器，$K>1$。

2. 参考电平和 RF 衰减

参考电平是指显示器上已校准的垂直刻度位置被用作幅度测量的参考，通常选择刻度线顶格。RF 衰减是指频谱分析仪信号输入端的衰减器的衰减量。

频谱分析仪的动态范围取决于显示平均噪声电平与允许最大输入电平。现代频谱分析仪的输入电平范围通常为–145～+30dBm，约 175dB，但同时达到两个极限是不可能的，因为它

们对应不同的参数设置。通过选择合适的参考电平，只能显示两个极限的其中之一。

为避免过载和保护后级电路，大信号必须衰减。最大允许输入电平既可指混频器前输入衰减器最大允许的承受功率，也可指第一混频器的输入衰减器允许的最大输入电平所规定的衰减值。超过该电平的信号输入频谱分析前端可引起设备烧毁。当被测信号为连续波或窄带信号时，一般以功率（dBm）给出；当被测信号为脉冲或宽带信号时，一般以（mW/MHz）给出。目前常用的频谱分析仪最大安全输入电平为+30dBm。

3. 噪声系数和灵敏度

频谱分析仪的灵敏度是指在指定带宽下，频谱分析仪测量最小信号的能力。最佳灵敏度可在最窄分辨率带宽、最小点输入衰减（0dB）和充分的视频滤波的仪器状态下获得。但是要减小分辨率带宽就要增大扫描时间，0dB 衰减器的设置会使输入驻波比增大，这也就增大了测量的不确定度。

4. 动态范围

动态范围是指在所给定的不确定条件下，频谱分析仪能够测量的同时存在于输入端的最大信号与最小信号之比，用 dB 表示。它表征了测量同时存在的两个信号幅度差的能力。在天线测量中，同样也表征了测量主瓣峰值电平与最小旁瓣电平幅度差的能力。

频谱分析仪的动态范围示意图如图 2.1.1 所示。

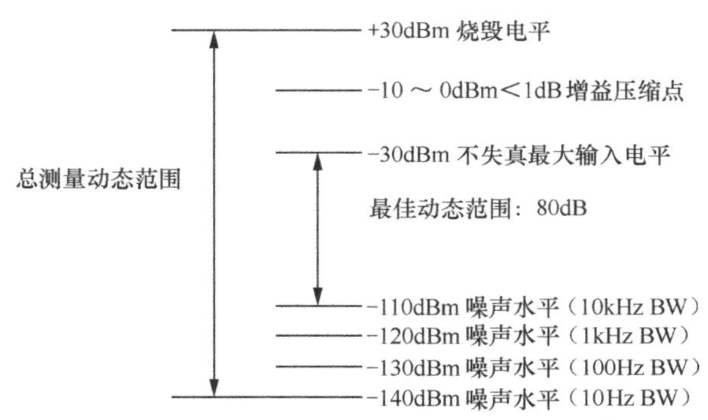

图 2.1.1　频谱分析仪的动态范围示意图

由图 2.1.1 计算：

最佳动态范围=不失真最大输入电平−指定带宽下最小输入电平（dB）

RBW=10kHz= −30−（−110）=80（dB）

RBW=10Hz= −30−（−140）=110（dB）

影响频谱分析仪的动态范围的因素有以下 4 个。

① 最大输入电平（损坏）：+30dBm。

② 增益压缩：典型的 1dB 压缩点为−10～0dBm。

③ 内部失真：混频器内部三阶互调失真。

④ 灵敏度：主要由噪声影响。

2.1.4　频谱分析仪的自校准

频谱分析仪的自校准是检查仪器功能是否正常的关键步骤，对频率、幅度自校准，产生修正系数，使仪器保持良好的工作状态，确保测试结果的准确性。

在进行仪器设备自校准前，频谱分析仪需预热 30min。

自校准时首先执行下述步骤。

① 在频谱分析仪校准时，确保基准连接器连接在后面板 10MHz OUTPUT 和 EXT REF IN 之间，如图 2.1.2 所示。如果希望用外部 10MHz 作基准源，则掀开后面板的基准连接器，将外部基准源连接至后面板上的 EXT REF IN 上。

② 连接仪器电源线，并按 LINE。

③ 如果频谱分析仪配用选项 021（HP-IB 接口），将在荧屏上显示接口地址：HP-IB ADRS:XX。如用选项 023（RS-232 接口），则在荧屏上显示波特率：RS-232：XXXX。

④ 自校准连接：用一根装有 N（m）型和 BNC（f）型连接器的射频电缆，连接前面板 INPUT、50Ω和 CAL OUT，如图 2.1.2 所示。

⑤ 按“CAL”和菜单键“CAL FREQ & AMPTD”，进行频率、幅度自校准。校准由仪器自动完成，不可人为干预。

⑥ 待仪器完成自校准，恢复原始全频段显示状态后，按软键“CAL STORE”，存储修正系数。在以后的测量中频谱分析仪自动使用这些修正系数，如果不按“CAL STORE”，修正系数一直保留到频谱分析仪被切断电源时。

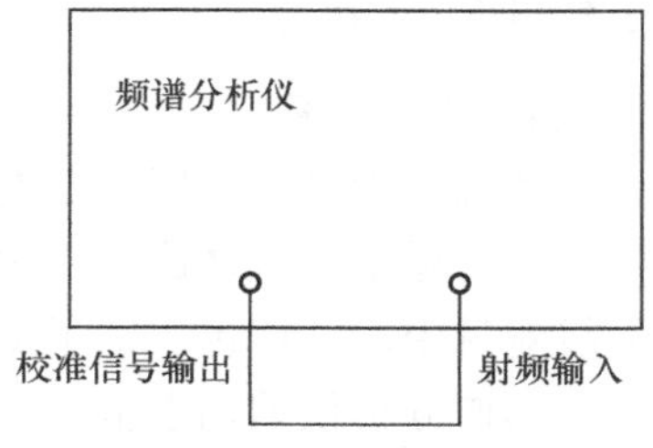

图 2.1.2　校准连接

2.1.5　使用频谱分析仪应注意的问题

是否能正确使用频谱分析仪，直接影响测试结果的准确性，在使用中我们应注意以下几个问题。

（1）频谱分析仪的校准

频谱分析仪都内置有校准器及校准程序，校准功能不但可对仪器随时间和环境变化产生的测量误差进行修正，确保仪器的测量精度，而且可发现分析仪是否有问题。所以要对频谱分析仪进行校准，但并非每次测量前都要校准，如果工作环境稳定，每月校准一次即可。

（2）如何确保频谱分析仪的安全

① 输入信号过强，会损坏频谱分析仪输入衰减器、混频器，频谱分析仪可承受的最大输入功率显现在前面板上，如最大输入功率为+30dBm。

② 防止静电影响。每天第一次将同轴电缆连接频谱分析仪时，应使电缆芯线和外皮瞬间暂时接地。

③ 不允许输入直流电压，它会烧毁频谱分析仪，信号会输入混频器，要特别注意当 RF 信号和直流供电信号同用一根电缆时，要连接隔直流器，并严格区分各端口，以免损坏仪器。

（3）正确设置中频分辨带宽，否则会影响灵敏度和测量动态范围

（4）扫频宽度、分辨率带宽及扫描时间的配合

为了正确使用频谱分析仪，要特别注意扫频宽度、分辨率带宽及扫描时间的配合问题，若采用不同组合测量同一信号幅度，会得出不同的测量结果。

当分析仪扫频宽度（$SPAN$）和扫描时间 T_s 固定时，最佳分辨率带宽为

$$RBW=\sqrt{SPAN/2.27T_s} \tag{2.1.1}$$

通常，当扫频宽度与分辨率带宽之比大于 100 时，扫描时间按式（2.2.2）确定。

$$T_s=SPAN/2.27RBW^2 \tag{2.1.2}$$

（5）防止频谱分析仪失真

在测量中，要计算链路电平，在确保输入频谱分析仪的功率电平不超过 1dB 压缩点。

2.2　信号发生器

2.2.1　概述

信号发生器又称信号源，是天线测量必备的仪器之一，是产生测试激励信号的装置，是构成现代微波系统和微波测量系统最基本的成分。

信号发生器种类繁多，但目前产品主要涵盖模拟信号发生、矢量信号发生、捷变频信号发生及复杂信号模拟仿真等领域。产品类型主要有合成信号发生器、合成扫频信号发生器、矢量信号发生器、捷变频信号发生器及信号模拟仿真器等。

天线测量通常使用模拟信号发生器，要求其能产生频率稳定的、大功率的连续波信号，为了实现天线的自动测量，信号发生器还必须有 GPIB、RS-232 等通信接口及软件支持。目前国内、国外各厂商推出的该类产品，有的频率覆盖范围很宽，可从几赫兹一直覆盖到吉赫兹，如 40Hz～50GHz，甚至高达 110GHz。

下面以中国电子科技集团公司第四十一研究所的 AV1487 合成扫频信号发生器为例进行介绍。

2.2.2　主要技术性能指标

1. 主要性能特点

① 1Hz～40GHz 超宽频带覆盖。

② 0.1Hz 频率分辨率。

③ 全频段锁相跟踪扫描，扫频精度达万分之一。

④ 模块化结构，多选项方式，便于升级配置。

⑤ 全中文界面、大屏幕菜单控制，方便用户操作。

⑥ 支持 GPIB 通信，符合 SCPI 规范。

⑦ 支持 RS-232 通信，软件智能升级。

⑧ 内嵌使用说明、智能在线帮助，故障自动检测告警。

⑨ 软硬件结合，具备完善的自测试、自校准功能。

⑩ 支持脉冲、幅度、频率、相位调制及组合调制，另外还具有线性调频功能，提供内部调制输出。

2. 主要技术指标

① 频率范围。

a. 射频输出在 10MHz～40GHz。

b. 低频信号发生器选项：1Hz～10MHz。

② 频率分辨率为 0.1Hz。

③ 内部时基日老化率：1×10^{-9}（连续通电7天后，典型值）。

④ 扫描时间：10ms～100s。

⑤ 扫频准确度：小于扫频宽度的万分之一（扫描时间大于500ms）。

⑥ 扫描模式：步进、列表、功率、斜坡。

⑦ 最大稳幅输出功率：+8dBm。

⑧ 最小可置输出功率：标准–20dBm。

a. 支持90dB程控步进衰减器选项。

b. 90dB程控步进衰减器插入损耗小于3.5dB。

⑨ 功率平坦度（0dBm）：±1.5dB。

⑩ 单边带相位噪声（10GHz典型值）。

a. 频偏：–72dBc/Hz。

b. 10kHz频偏：–80dBc/Hz。

c. 频偏：–95dBc/Hz。

⑪ 调制性能（典型值）：AM（幅度调制）、FM（频率调制）、PM（相位调制）、LM（脉冲调制）、ΦM（线性调频）。调制参数如下。

a. 幅度调制。

- ◆ 调制频率：DC-100kHz。
- ◆ 灵敏度：线性100%/V，对数10dB/V。
- ◆ 线性调制准确度（30%，1kHz）：5%。

b. 频率调制。

- ◆ 调制频率：DC-1MHz。
- ◆ 灵敏度：1MHz/V。
- ◆ 调制指数小于5。
- ◆ 准确度（1MHz调制率，1MHz频偏）：10%。

c. 相位调制。

- ◆调制频率：DC-1MHz。
- ◆ 最大相位偏移小于5。

d. 脉冲调制。

- ◆ 开关比：60dB。
- ◆ 上升、下降时间小于50ns。

e. 线性调频。

- ◆ 最大速度为1MHz/μs。

2.2.3 组成及工作原理

AV1487合成扫频信号发生器整机原理方框图如图2.2.1所示。由图可知，整机主要由频率合成部分、射频部分、显示、CPU与数字接口、电源等部分组成；频率合成部分主要包括10MHz恒温控制式晶体振荡器（OCXO）、高纯本振环、高分辨率小数本振环、取样变频、扫频控制等；射频部分主要包括调制功分放大滤波组件、开关倍频滤波组件、定向耦合检波组件、低频组件、程控步进衰减器选件等。

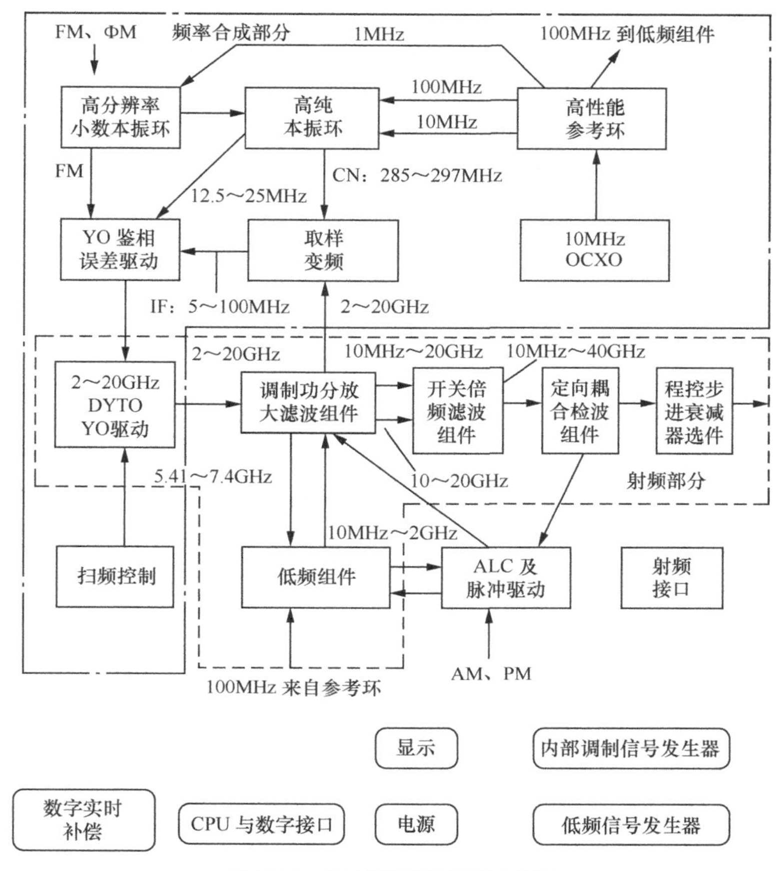

图 2.2.1　AV1487 整机原理方框图

主振电路在频率合成器和扫频控制电路的协同作用下，输出 2～20GHz 的锁相点频或扫频基波信号。该信号在微波主路的调制功分放大滤波组件作用下实现放大、衰减或脉冲调制等电平变换，而其中 5.41～7.4GHz 信号通过主振电路中的微波开关输入低频组件，与固定的 5.4GHz 信号混频，得到 10MHz～2GHz 的低端频率覆盖。2～20GHz 的微波主路和 10MHz～2GHz 的低频段在调制功分放大滤波组件中合并输出。调制功分放大滤波组件还可以对 2～20GHz 的主路信号进行功率放大和滤波。调制功分放大滤波组件的倍频输出 10～20GHz 进入开关倍频滤波组件进行二倍频并滤波，以实现 20～40GHz 的频率覆盖。调制功分放大滤波组件的主路输出 10MHz～20GHz 也进入开关倍频滤波组件，和倍频器的倍频输出经过开关合并后得到 10MHz～40GHz 的宽带同轴覆盖。定向耦合检波组件的作用是检测实际输出功率，通过稳幅调制电路控制调制组件实现稳幅输出。

为了便于指标分配和器件制作，低频组件具有独立的检波和调制功能。90dB 程控步进衰减器选件可将输出功率直接拓展到–110dBm，但这样会不可避免地引入一定的插入损耗。考虑部分装备测试的特殊需求，可在倍频组件内增加大功率选项，将最大输出功率提高到+8dBm。

调频、调相功能在主振驱动和频率合成电路中实现。调幅功能在稳幅调制电路中实现，其中线性调幅可以在稳幅环闭环条件下实现，深度调幅则受制于环路动态范围，与调制器本身特性有关。

仪器的智能控制利用嵌入式计算机完成，操作系统选用嵌入式实时多任务操作系统Vxworks，以中央处理器为主完成自检、I/O 控制、程控和同步协调，其中扫描、数字补偿等复杂的时序同步还需要数字实时补偿电路的参与。

微波主振的频率范围在 2～20GHz，这样避免了倍频方式带来的分谐波难以抑制及功率起伏较大的问题。2～20GHz 的 YIG 振荡器将频率分成 2～8GHz 和 8～20GHz 两段，分别用两个振荡电路实现，然后通过微波开关把它衔接起来。两个振荡电路和微波开关都放在一个微波腔体中。

频率预置和扫频控制是通过驱动电路实现的，驱动电路核心是一个增益可调的高性能电压电流转换器。

频率合成部分的作用是形成频率参考，并把微波信号下变频后锁相到频率参考上，频率合成部分主要影响整机的频率分辨率、频率稳定度、单边带相位噪声、非谐波指标。频率稳定度和准确度指标取决于内部时间基准的性能，本机采用高性能的 10MHz 恒温晶体振荡器作为内部频率参考，日老化率可以达到 1×10^{-9}。为使最终射频输出也保持稳定性，需通过参考环路将内部时基输出变换为其他锁相环路所需的频率参考信号，参考环路主要由一个100MHz 压控晶体振荡器组成的锁相环路构成。

微波信号下变频是通过宽带（2～20GHz）取样的方式实现的。为保证整机边带噪声和非谐波指标，整机采用双本振方式实现微波信号的取样下变频。在整机内设计有两个本振环路，一个为高纯本振环，另一个是小数本振环。高纯本振环的输出为 285～297MHz，它以参考环的 100MHz 输出作为参考，在高纯本振环内采取了 3 个措施以尽可能地降低高纯本振环的噪声：采用终端短路同轴传输线作为振荡器谐振回路电感，以提高谐振回路 Q 值；采用混频方式实现压控振荡器输出信号的下变频，以减小分频方式带来的附加噪声；采用变增益放大器作为环路误差放大器以补偿因不同频率点压控灵敏度的变化而带来的环路带宽的变化。小数本振环的输出为 250～500MHz，频率分辨率在兆赫兹以下，它采用小数分频技术实现，并采用 $\Sigma-\Delta$ 调制技术实现尾数抑制，整机输出频率分辨率的指标由小数本振环保证。整机在扫频工作模式下，由宽带小数本振环路同时实现分辨率和微波信号的取样下变频，此时 YO 环路参考为固定的 10MHz，以实现宽带锁相跟踪扫描。在点频工作模式下，采用窄带高纯本振实现微波信号下变频，以提高频谱纯度。同时，利用小数本振环的高分辨率特性作为 YO 环的参考，以实现整机频率分辨率。

整机微波信号的处理主要通过调制功分放大滤波组件来实现。它包括信号预稳幅、功率分配、线性调制、脉冲调制、功率放大、开关滤波及信号合成等功能单元，在一个微波腔体内实现了前一代信号源中需要四五个微波器件才能实现的功能，集成度相当高。来自 DYTO 的 2～20GHz 的信号经过放大后首先进入预稳幅环节，以减小输入信号的功率起伏。信号经过预稳幅后分成三路：一路作为锁相所需的反馈信号，一路作为低频组件的本振信号，主路经过线性调制器、脉冲调制器后进入开关滤波环节。前级变增益行波放大器提供主振隔离，并与线性调制器共同实现电平控制。后级行波放大器与脉冲调制器共同完成大开关比的脉冲调制功能。调制器之间以微波高通形式连接，以消除视频馈通。整机采用开关滤波方式进行 2～20GHz 的谐波抑制，它主要由开关电路、低通滤波器、功率放大电路构成，来自调制功分放大滤波组件的 2～20GHz 微波信号首先进行两级功率放大，然后信号经过由双刀五掷电子开关控制选通的五组（2～3GHz、3～5GHz、5～8GHz、8～13GHz、13～20GHz）低通滤波器滤除谐波后输出，其中 15.4～26.5GHz 频段单独加了一级放大器。由低频段输出的 10MHz～2.4GHz 信号通过电子开关输入放大开关滤波组件的输出端口，保证其能输出 10MHz～20GHz 的信号。

为保证仪器的指标，弥补硬件电路的不足，需对整机在不同状态下的 YO 预置准确度、功率准确度、扫描斜坡电压准确度、倍频器偏置电压等进行软件补偿校准，而这个补偿必须是实时动态补偿，需要在时间基准发生器的同步控制下实时进行。因为补偿的数据量很大，如果由仪器的主 CPU 进行，难以保证补偿的实时性，所以拟采用高速 RAM 加多路数模转换器（DAC）的方式同步进行补偿。由主 CPU 进行补偿数据的计算并按照一定的规则将数据存入 RAM 中，由补偿序列定时器在整个扫描过程中均匀产生 1601 个触发脉冲，时序控制器接到触发脉冲后按顺序从补偿数据存储器取出补偿数据送入补偿 DAC 中并输出，输出信号分别作为数字扫描、功率电平、YO 驱动、倍频偏置的补偿信号。为获得万分之一的扫频准确度，频率扫描的预置准确度就显得非常重要，为此，需要在补偿序列定时器的同步控制下实时校准扫描锯齿电压，使得它跟踪在数字扫描输出上。

作为信号源的系统控制软件，其基本功能就是根据用户的要求产生具备特定特征的输出信号，同时还要有良好的可靠性、实时性、易操作性和可维护性。从软件的整体角度出发，系统的主要任务就是接受包括用户输入在内的所有控制信息，进行必要且正确的处理，并控制相应的硬件处于某种特定的状态且以适当的方式显示给用户。

为实现上述功能，将软件系统划分为以下几个功能模块，它们分别为主控模块、自测试模块、外部连接模块、错误检测及处理模块、维护与自校准模块、算法与 I/O 控制模块、帮助及存储模块、键处理模块、扫描触发模块等。

2.2.4　典型产品的操作使用

信号发生器前后面板示意如图 2.2.2 所示。

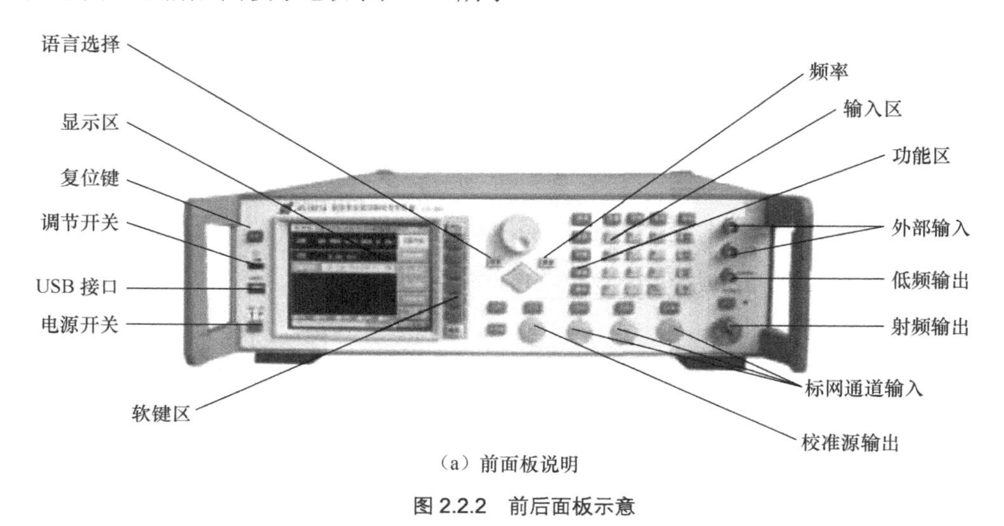

（a）前面板说明

图 2.2.2　前后面板示意

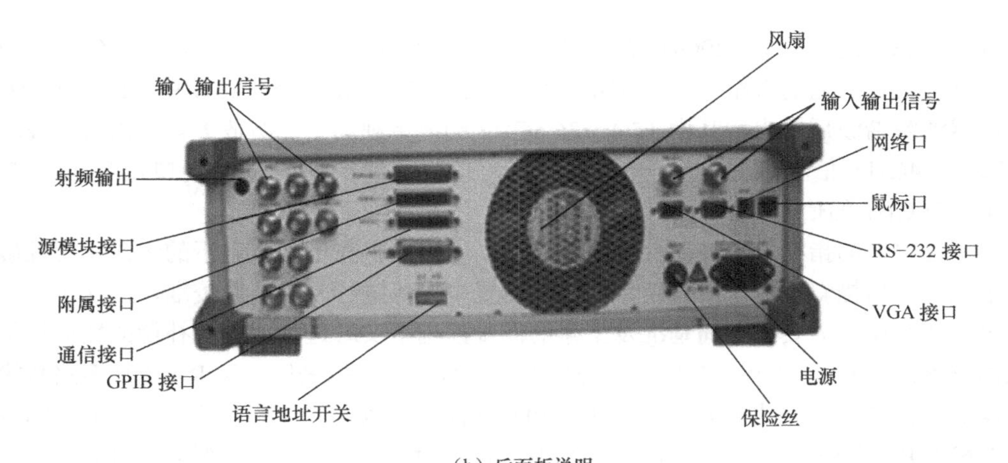

（b）后面板说明

图 2.2.2　前后面板示意（续）

1. 初级操作步骤

点频操作和起始/终止频率扫描。

① 点频操作。

◆ 按“频率”键。

◆ 按“设置点频”软键。

◆ 输入数据值。

◆ 按单位键。

② 起始/终止频率扫描。

◆ 按“频率”键。

◆ 按“设置起始和终止频率”软键。

◆ 输入数据值。

◆ 按单位键。

2. 功率电平和扫描时间操作

信号发生器可以在点频、扫频或功率扫描方式下提供稳幅功率。功率范围可以从–20dBm 覆盖到+2dBm（带选项步进衰减器和选项大功率输出的信号发生器可以从–110dBm 覆盖到+8dBm）。

3. 设置功率电平

① 按“功率”键。

② 按“功率电平”软键，功率电平为 XXdBm。

4. 设置扫描时间

在这项操作中，频率扫描时间可以变化很大，可以从网络分析系统所需的毫秒级到功率计所需的分钟级。

① 按“扫描”键。

② 选择“扫描时间”软键，可选“自动”或“手动”。

③ 在输入显示区显示：扫描时间。

2.2.5　主要性能检验

1. 频率特性的检验

图 2.2.3 所示为频率特性检验连接框图。

（1）频率范围检验

① 按图 2.2.3 所示连接设备。

② 开机复位，预热至少 30 min。

③ 将信号发生器设置为点频模式，频率为 10MHz，功率电平为 0dBm。

④ 在信号发生器指标范围内调整输出频率，用微波频率计验证输出信号频率，使其满足规范要求。

⑤ 记录或打印测试结果。

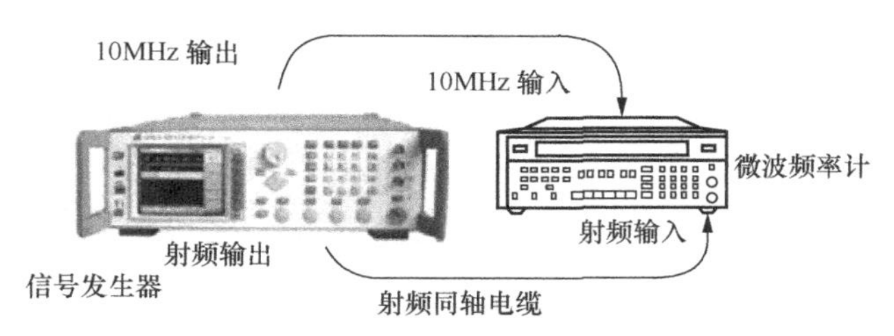

图 2.2.3　频率特性检验连接框图

（2）频率分辨率检验

① 按图 2.2.3 所示连接设备。

② 开机复位，预热至少 30min。

③ 将信号发生器设置为点频 10GHz，功率电平为 0dBm。

④ 按下频率计“SMOOTH”键，设置平滑功能，记录频率计测量结果。

⑤ 把信号发生器输出向下步进 1Hz，验证频率计读数，读数增加 1Hz。

⑥ 分别在 2GHz、20GHz、40GHz 重复步骤④、步骤⑤。

如果每次验证通过，则在性能测试记录表中记录通过，否则记录失败。

2. 谐波寄生和分谐波寄生检验

谐波是信号发生器输出频率的整数倍。在信号发生器的整个频率范围手动调节输出频率，同时用频谱仪观察并找出谐波危害最大的点。谐波寄生与分谐波寄生检验连接框图如图 2.2.4 所示。

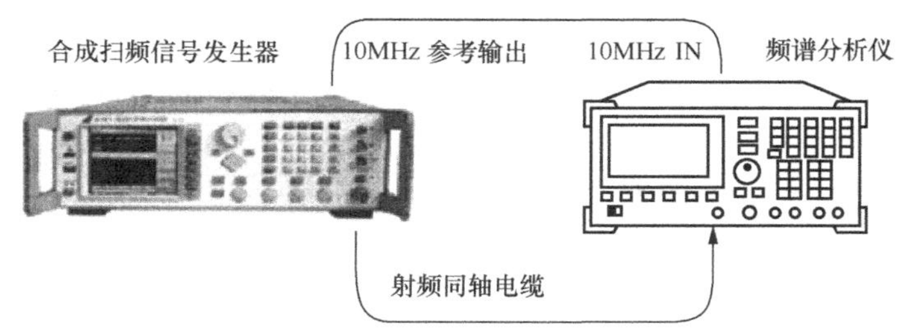

图 2.2.4　谐波寄生与分谐波寄生检验连接框图

① 按图 2.2.4 所示连接设备。

② 开机复位，预热至少 30 min。

③ 将信号发生器设置为点频模式，功率电平为最大指标功率。

④ 在信号发生器指标范围内调整输出频率，用频谱分析仪观察并找出谐波及分谐波最差的点。

⑤ 记录或打印测试结果。

3. 单边带相位噪声的检验

功率特性测试连接框图如图 2.2.5 所示。

① 按图 2.2.5 所示连接设备。

② 开机复位，预热至少 30min。

③ 将信号发生器设置为点频 10GHz，功率电平为 0dBm。

④ 按如下方式设置频谱分析仪。

中心频率：10GHz。

扫频宽度：500kHz。

参考电平：5dBm。

视频平均：开。

⑤ 在频谱分析仪上用频标和频标差值功能测量单边带相位噪声。

频标差值：10kHz。

噪声测量：开。

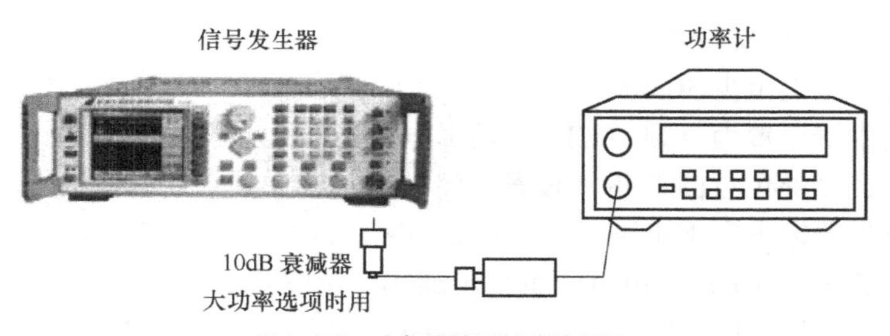

图 2.2.5　功率特性测试连接框图

4. 功率特性测试

（1）最大输出功率检验（25℃±5℃）

将信号发生器的输出功率设置为最大指标功率之上 3dB，利用功率计在整个频率范围内以 100MHz 为步进值搜索最差点，然后精确标定最大输出功率值。

① 开机复位，预热至少 30min。

② 校准功率计，按图 2.2.5 所示连接设备，使用大功率选项时应在信号发生器的输出端另加10dB 衰减器。

③ 按如下方式设置信号发生器。

点频：100MHz，射频开。

频率步进：100MHz。

功率电平：最大指标功率之上 3dB。

④ 以 100MHz 为步进逐步增加信号发生器的输出频率到最大指标频率，记录功率计指示最小功率点时的信号源频率。

⑤ 将信号发生器设置为点频 f；将功率计设置为在当前频率点的校准参数。

（2）功率准确度的检验

① 开机复位，预热至少 30min。

② 校准功率计，按图 2.2.5 所示连接设备，去掉 10dB 衰减器。

③ 按如下方式设置信号发生器。

点频：1GHz，射频开。

衰减器手动：0dB（采用程控步进衰减器选项时）。

功率电平：–10dBm（标准型）/ –5dBm（大功率型）。

功率步进：1dB。

④ 在功率计上设置对应频率的功率探头校准常数，记录功率计读数与信号发生器显示值之间的差值，在信号发生器上利用方向键把功率逐步步进 1dB 直到最大指标功率，把出现的最大差值记入性能测试记录表。

⑤ 将信号发生器的输出频率改为 10GHz，重复步骤③、步骤④。

2.3　网络分析仪

2.3.1　概述

网络分析仪是用来测量射频、微波和毫米波网络特性的仪器，它通过施加合适的激励源到被测网络并接收和处理响应信号，计算和量化被测网络的网络参数。网络分析仪有标量网络分析仪和矢量网络分析仪之分。标量网络分析仪只能测量网络的幅度特性，可测功率、增益、损耗等；反射测量可测电压驻波比、回波损耗等；矢量网络分析仪是比标量网络分析仪更为先进的仪器，它不但可测量网络的幅度特性还可测量相位和群时延特性，同时还具有频率覆盖范围宽、测量动态范围大、测量速度快、测量精度高等特点。它的多端口、多通道的测量能力和强大的软件功能，使得它在我国航空航天、卫星通信、导航定位等领域得到广泛应用，尤其在天线和雷达反射截面的测量中的应用，大大促进了天线设计技术的提高。由于具有灵敏度高、系统动态范围大和测量精度高、速度快等特点，矢量网络分析仪已经成为以相控阵雷达为代表的新一代电子装备研制、生产和维修保障过程所必需的测量仪器之一。根据提供的激励信号不同，矢量网络分析仪可分为连续波矢量网络分析仪、毫米波矢量网络分析仪和脉冲矢量网络分析仪；根据结构体系的不同，矢量网络分析仪可分为分体式矢量网络分析仪和一体化矢量网络分析仪；根据测试端口数量的不同，矢量网络分析仪又可分为两端口矢量网络分析仪、三端口矢量网络分析仪、四端口矢量网络分析仪和多端口矢量网络分析仪。

2.3.2　基本组成

图 2.3.1 所示的是网络分析仪信号流程图，由图可见，网络分析仪主要由信号源、信号分离器件、检波器或接收机、微处理器等组成。

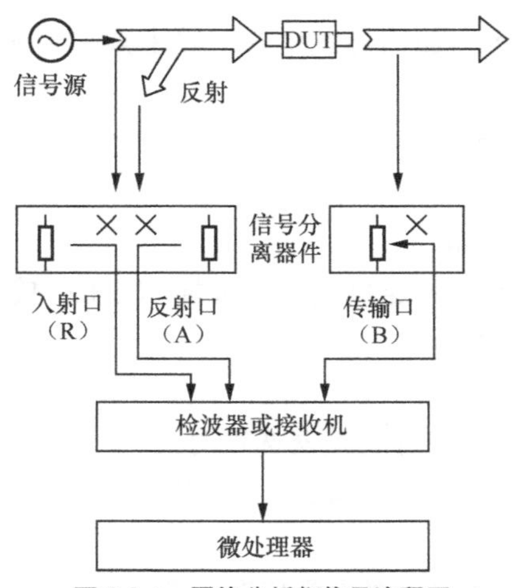

图 2.3.1　网络分析仪信号流程图

1. 信号源

信号源提供被测件所需的激励信号，它具有频率和功率扫描功能。网络分析仪在扫频测量时，先要接收微波信号源同步输出的触发信号，使数据采集与微波信号源扫频同步。

信号源还提供一个功率扫描校准源，校准源一方面为网络分析仪提供绝对功率参考，使功率可溯源，其符合厂家的标准或国家标准；另一方面以 0.1dB 为步进在一定功率范围内（如 –40～+20dBm）进行功率扫描校准，建立检波器准确的功率线性数据。对于标量网络分析仪，信号源有内置和外置之分，内置信号源通常在工作频段受限，外置信号源由所选合成扫频信号源决定其工作频段。

2. 信号分离器件

信号分离器件是网络分析仪主要组成部分之一，主要有功率分配器、定向耦合器（分同轴定向耦合器和矩形波导型定向耦合器）、定向电桥等。信号分离器件有两个功能：一个是为比值测量提供参考信号的取样端口，功率分配器或定向耦合器是具有该功能的理想器件；另一个是分离输入到待测件（DUT）的入射信号和反射信号，定向耦合器和定向电桥是具有该功能的理想器件。下面简单介绍这些器件。

（1）功率分配器

功率分配器简称功分器，用于将源功率等分后输出，可分两路、三路、四路、多路等，如安捷伦两电阻型功分器（见图 2.3.2），它是一个无源、无方向性、宽带器件，两个输出端口损耗相同（一般 6dB 或更大）。

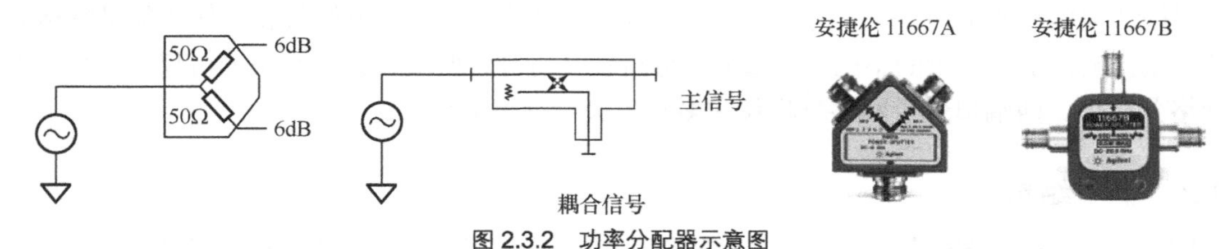

图 2.3.2　功率分配器示意图

（2）定向耦合器

定向耦合器是隔离两个相对传输（正向和反向）信号的方向性器件，也就是说，定向耦合器是一个单向传输信号的器件。定向耦合器分同轴和波导两种类型，如图 2.3.3 所示，图（a）所示为同轴定向耦合器（又分单端口和双端口）；图（b）所示为矩形波导型定向耦合器。

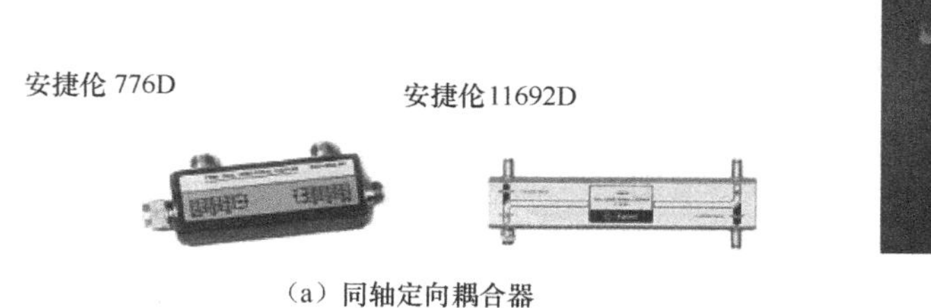

（a）同轴定向耦合器　　（b）矩形波导型定向耦合器

图 2.3.3　定向耦合器

定向耦合器的基本工作原理如下。

定向耦合器为四端口器件，如图 2.3.4 所示，端口①→②为主线；端口③→④为辅线。图 2.3.4（a）：当在端口 1 输入信号时，从端口 2 输出信号，端口 3 输出耦合信号，端口 4 输出隔离信号。同样，图 2.3.4（b）：当在端口 2 输入信号时，从端口 1 输出信号，端口 4 输出耦合信号，端口 3 输出隔离信号。图 2.3.4 中，实线箭头表示主路信号传输方向，虚线箭头表示耦合到辅端（也称耦合端口或取样端口）的信号传输方向。

因此，利用定向耦合器可以测量反向传输功率，也可以测量正向传输功率，见图 2.3.4（c）和图 2.3.4（d）。

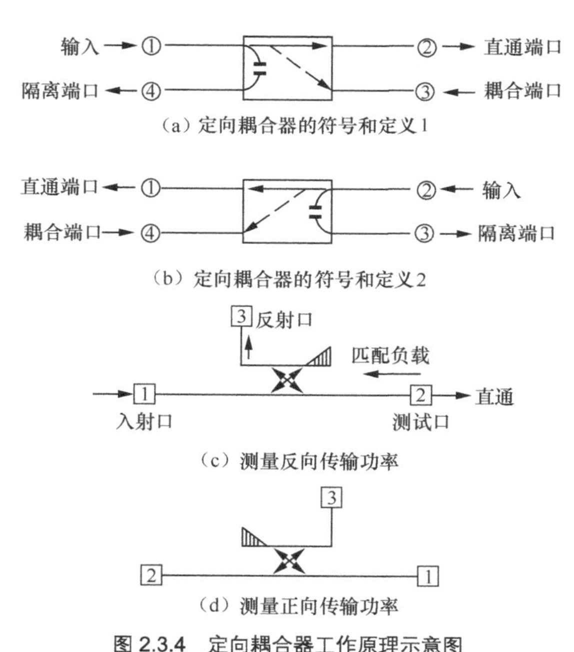

（a）定向耦合器的符号和定义 1

（b）定向耦合器的符号和定义 2

（c）测量反向传输功率

（d）测量正向传输功率

图 2.3.4　定向耦合器工作原理示意图

定向耦合器主要性能指标是耦合度、方向性、传输损耗（插损）、驻波比及频段宽度等。如图 2.3.5 所示，耦合器的第 4 个端口接终端匹配负载。

定向耦合器的主要技术指标定义与要求概述如下。

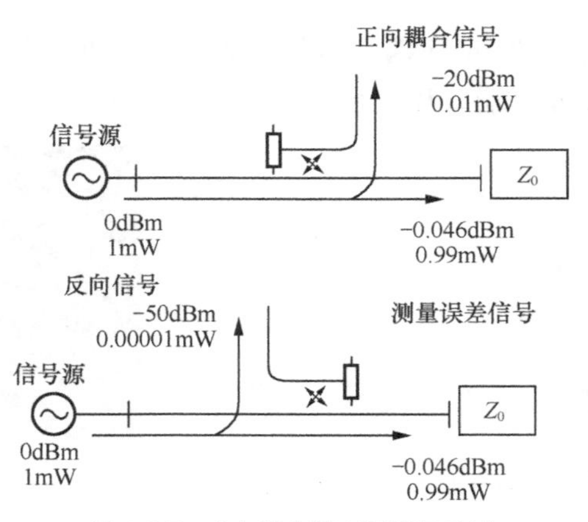

图 2.3.5　定向耦合器主要指标示例

① 耦合度（耦合系数）

定义：输入端输入功率 P_1 与耦合端输出功率 P_3 之比。若以分贝为单位，并记为 C，则

$$C = 10\lg\frac{P_1}{P_3} = P_1(\text{dBm}) - P_3(\text{dBm}) \tag{2.3.1}$$

在图 2.3.5 中耦合器耦合度为 20dB，输入功率为 1mW（功率电平为 0dBm），耦合端输出功率为 0.01mW（功率电平为–20dBm）。

② 隔离度

隔离度表示定向耦合器反向隔离信号的能力。由图 2.3.4 给出定义：输入功率 P_1 与隔离端输出功率 P_4 之比，若以分贝为单位，并记为 D，则

$$D = 10\lg\frac{P_1}{P_4} = P_1(\text{dBm}) - P_4(\text{dBm}) \tag{2.3.2}$$

理想的耦合器反向隔离度（方向性）应为无穷大，在图 2.3.5 中，当输入端口功率为 1mW（功率电平为 0dBm），隔离端口测得功率为 0.00001mW（功率电平为–50dBm），即隔离度为 50dB。

③ 方向性

方向性是定向器件最重要的品质因数，它表明了一个定向器件能够分离正反向行波的良好程度。方向性指标是在定向耦合器反射测量中产生不确定度的主要因素。方向性定义为当信号在正方向行进时，辅端出现的功率与信号反向行进时辅端出现的功率的比值，用分贝表示。

方向性=隔离度–耦合度–插损=50–20=30（dB）。

注意：插损很小，可忽略。

（3）定向电桥

定向电桥采用的是惠斯通平衡电桥技术，其基本原理如图 2.3.6 所示。

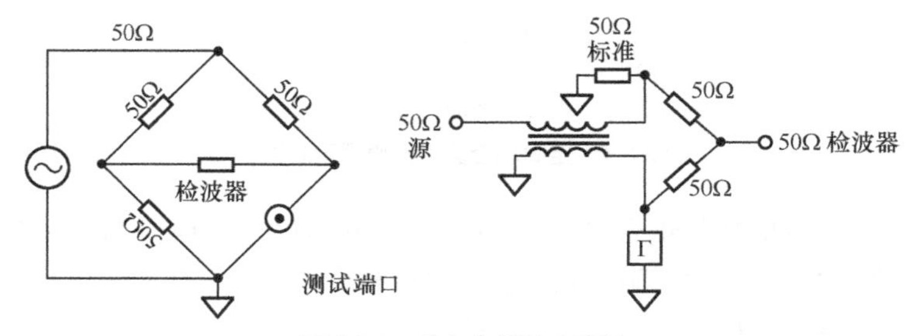

图 2.3.6　定向电桥基本原理

如果测试端口连接一个 50 Ω电阻，且 4 臂阻抗相等，检波器检测到的电压为零，此时电桥为平衡状态；如果测试端口连接的阻抗不是 50Ω，则检波器上的电压与待测件（DUT）的失配阻抗成正比，如果在检波器上能够测试到信号的幅度和相位，则测试端口的复合阻抗可由计算得出。

电桥的等效方向性是指电桥在理想平衡状态下和在短路或开路状态下测试结果的比值，主要指标列举如表 2.3.1 所示。

表 2.3.1　　主要指标

型号	频率范围	额定阻抗（Ω）	连接器类型		方向性（dB）
			输入	测试端口	
85027A	10MHz～18GHz	50	N（阴）	7mm	40
85027B	10MHz～26.5GHz	51	3.5mm	3.5mm	36
85027C	10MHz～18GHz	52	N（阴）	N（阴）	36
85027D	10MHz～50GHz	53	2.4mm（阴）	2.4mm（阳）	30
85027E	10MHz～26.5GHz	54	3.5mm（阴）	3.5mm（阳）	36

3. 二极管检波器或调谐接收机

在网络分析仪中有两种提供信号处理和检测的设备：一种是采用二极管检波器的标量网络分析仪，如图 2.3.7（a）所示；另一种是采用调谐接收机的矢量网络分析仪，如图 2.3.7（b）所示。二极管检波器是特有的标量检波器，不能检测相位信息，主要优点是低成本和宽频带。

标量网络分析仪测量微波信号的原理是利用二极管检波器将微波信号变换成直流电压信号来实现的，直流电压的大小与输入信号幅度成正比（见图 2.3.8），所以这种测量方式在检测过程中忽略了微波信号的相位信息。由于信号源的谐波和噪声的影响，二极管检波器的灵敏度和动态检测范围往往受限。

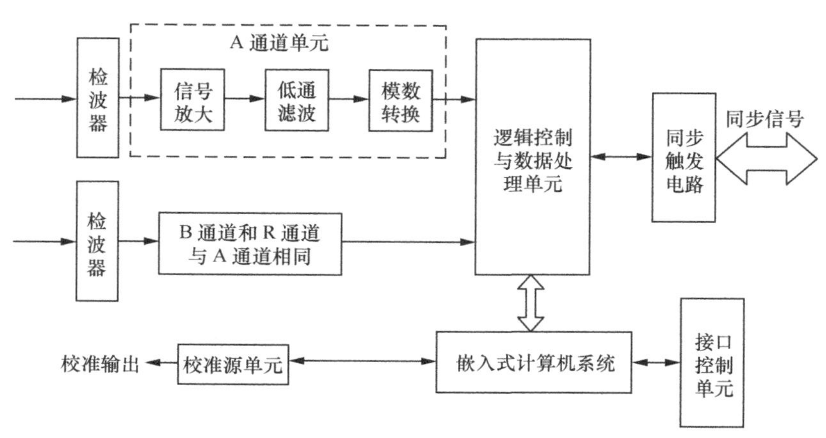

（a）采用二极管检波器的标量网络分析仪

图 2.3.7　网络分析仪信号处理和检测原理图

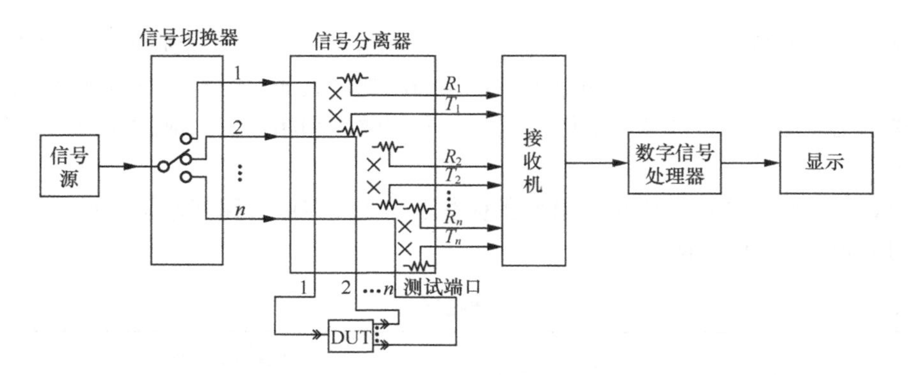

（b）采用调谐接收机的矢量网络分析仪

图 2.3.7　网络分析仪信号处理和检测原理图（续）

标量网络分析仪

微波信号　微波检波器　检波器输出电压

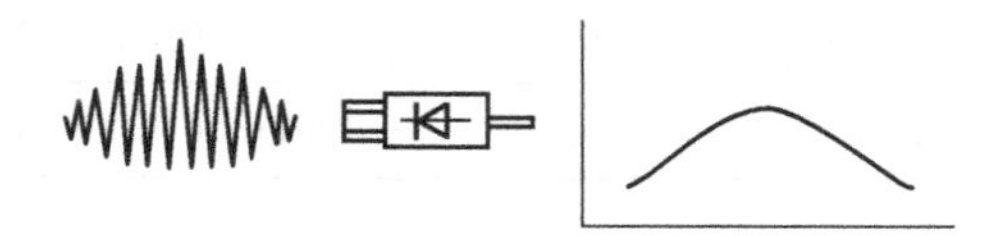

检波器输出电压与输入信号幅度成正比

图 2.3.8　检波过程示意图

标量网络分析仪采用了 A、B、R 3 个性能相同的二极管检波器，如图 2.3.7（a）所示。通常 A 检波器用作反射测量，B 检波器用作传输测量，R 检波器用作参考信号检测。它采用比值测量（A/R，B/R）的方式，系统的测量精度会更高。

先进的矢量网络分析仪用调谐接收机代替了二极管检波器，并采用谐波采样和谐波混频方法，先将输入信号下变频到一个较低的中频上，然后利用一个调谐接收机对中频信号直接进行测量。调谐接收机极大地提高了灵敏度和动态检测范围，同时也抑制了系统内包括谐波信号等的干扰信号。矢量网络分析仪就是一台下变频调谐接收机（见图 2.3.9）。

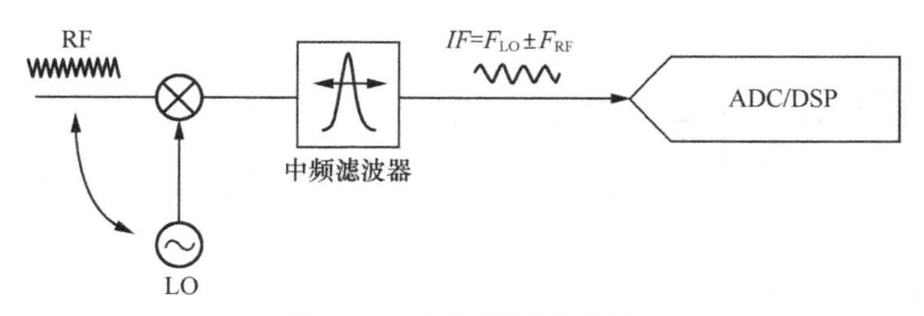

图 2.3.9　下变频调谐接收机

矢量网络分析仪采用了一个模拟—数字转换器（ADC）和数字信号处理器（DSP）处理中频信号的幅度和相位信息。

2.3.3　基本工作原理

本节以中国电子科技集团公司第四十一研究所的 AV3629 为例详细叙述矢量网络分析仪的整机

工作原理：从图 2.3.10 不难看出，其整机主要包括 45MHz～40GHz 合成信号源、53MHz～24GHz 本振源、S 参数测试装置模块、幅相接收模块、数字信号处理与嵌入式计算机模块和液晶显示模块。合成信号源产生 45MHz～40GHz 的测试激励信号，此信号通过整机锁相电路与本振源同步进行扫描。

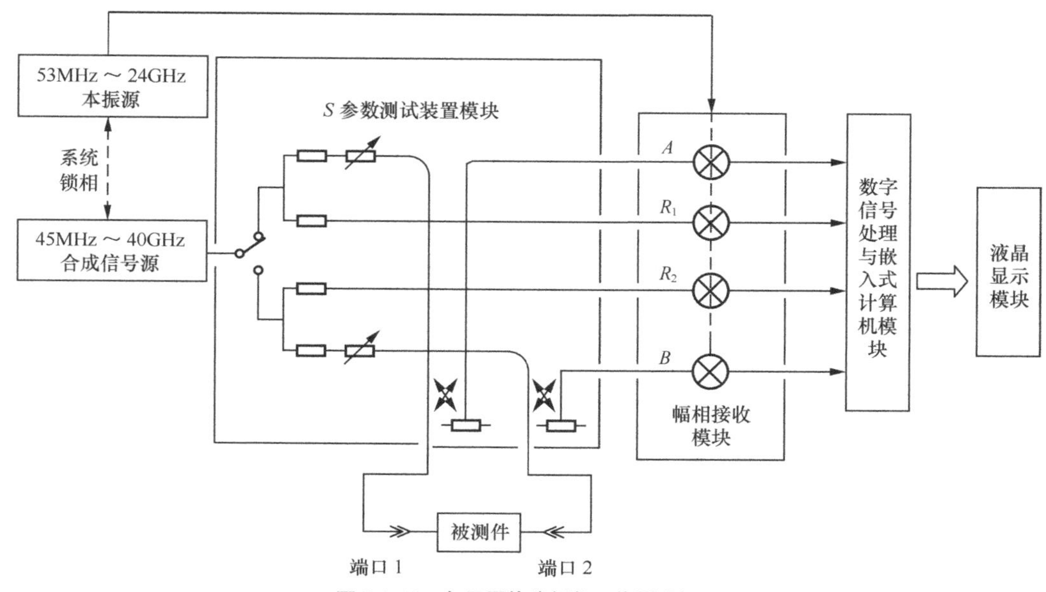

图 2.3.10　矢量网络分析仪工作原理框图

S 参数测试装置模块由开关功分器、程控衰减器、定向耦合器等组成，用于分离被测件的入射信号、反射信号和传输信号。当源在端口 1 时，产生入射信号 R_1、反射信号 A 和传输信号 B；当源在端口 2 时，产生入射信号 R_2、反射信号 B 和传输信号 A。

幅相接收模块将射频信号转换成固定频率的中频信号，由于采用系统锁相技术，本振源和信号源锁相在同一个参考时基上，保证在频率变换过程中，被测件信号的幅度和相位信息不丢失。

含有被测网络幅相特性的四路信号送入四通道混频接收机，与本振源提供的本振信号进行基波和谐波混频，得到第一中频信号，第一中频信号再经过滤波放大和二次频率变换得到第二中频信号，第二中频信号通过采样/保持和 A/D 电路转换成数字信号，数字信号处理器对数字信号进行处理，提取被测网络的幅度信息和相位信息，通过比值运算求出被测网络的 S 参数，并将结果送给显示模块，液晶显示模块将被测件的幅相信息以用户需要的格式显示出来。

如前所述，双端口网络有 4 个 S 参数，其中 S_{11} 和 S_{21} 为正向 S 参数，S_{22} 和 S_{12} 为反向 S 参数。在测量过程中，开关功分器是实现正向 S 参数与反向 S 参数自动转换的关键部件。以正向 S 参数为例，开关功分器中的开关位于端口 1 激励位置，来自信号源模块的微波信号通过开关功分器，一路信号作为激励信号通过程控步进衰减器和端口 1 定向耦合器的主路加到测试端口连接器，作为被测网络的入射波。被测件的反射波由端口 1 定向耦合器的耦合端取出，用 A 表示。被测件的传输波通过被测件由端口 2 定向耦合器的耦合端取出，用 B 表示。来自开关功分器的另一路信号作为参考信号，间接代表被测件的入射波，用 R_1

表示。为了减少参考信号与被测网络实际入射波之间的差异，必须实现参考通道和测试通道的幅度和相位平衡，通过改变开关功分器的公分比实现幅度平衡，在参考通道中通过合适的电长度补偿措施实现相位平衡。目前，由于采用完善的误差修正技术，即使不采取任何硬件补偿措施仪器也能进行高精度测试，因此在新型的矢量网络分析仪中取消了幅度和相位补偿，幅度和相位的差异作为稳定、可表征的系统误差。被测件的正向 S 参数为

$$S_{11} = A/R_1\,,\quad S_{21} = B/R_1$$

当测量反向 S 参数时，开关功分器的开关位于端口 2 激励位置，同理可获得被测件的反向 S 参数。

$$S_{22} = B/R_2\,,\quad S_{12} = A/R_2$$

在微波、毫米波甚至射频频段，两路信号的矢量运算是很困难的，因此要通过频率变化将射频和微波信号变换成频率较低的中频信号，以便于进行 A/D 转换，A/D 转换后的数字信号由嵌入式计算机运算得出被测网络的 S 参数。频率变换的方法主要有两种：取样变频和基波/谐波混频。

A/D 转换后的数字信号进入数字电路，矢量网络分析仪的数字电路以嵌入式计算机系统为核心，是一个包括数字信号处理器、图形处理器的多 CPU 系统，负责完成系统的测试、测量控制（包括对信号源、测试装置、输出绘图和打印、接收翻译外部控制命令并执行命令的控制）、误差修正、时域和频域转换、信号分析与处理、多窗口显示等功能。嵌入式计算机系统采用多用途、分布式处理方式，大大提高了数据的运算能力和处理速度，使实时测量成为可能。矢量网络分析仪采用三总线结构，内部总线是高速数据总线，是网络分析仪内部的测量控制、系统锁相和数字信号处理的高速数据通道；系统总线用于连接和控制 S 参数测试装置、激励信号源和外部打印机等，以便组成以矢量网络分析仪为核心的测量系统；外部总线为 GPIB 总线，是外部主控计算机控制矢量网络分析仪的数据通道，矢量网络分析仪接受并翻译外部主控计算机的控制命令，通过系统总线去控制其连接的其他分机或外部设备，形成以主控计算机为指挥中心、矢量网络分析仪及其系统为受控对象的测量系统。最新的矢量网络分析仪还带有 USB、LAN 等总线接口。

2.3.4 如何实现传输与反射测量

网络分析仪是如何实现传输与反射测量的？现在我们简单地介绍它最基本的测量原理。假定，我们测量的是一个双端口网络，它有一个输入端和一个输出端，于是有输入和输出反射特性之分；传输特性有正向、反向传输特性之别。

为了简单明了地区别和定义它们，我们使用 S 和两个数字下标的不同组合来替代“正向”“反向”“反射”“传输” 4 种特性，“S”代表散射，其后的第一个数字表示信号输出端口号，第二个数字表示信号输入端口号。例如 S_{11}，表示信号从端口 1 输入，又从端口 1 离开，4 个散射参数的意义为 S_{11}：正向反射；S_{21}：正向传输；S_{22}：反向反射；S_{12}：反向传输。

首先，我们测量 DUT（被测量设备）端口（输入或输出）的反射特性。测量时，一个端口接网络分析仪，另一个端口接 50 Ω短路器。如果指定某一端口作为提供参考信号的输入端，我们就可以定义参考端的正向反射特性，以及另一个端口的反向反射特性（见图 2.3.11 和图 2.3.12）。

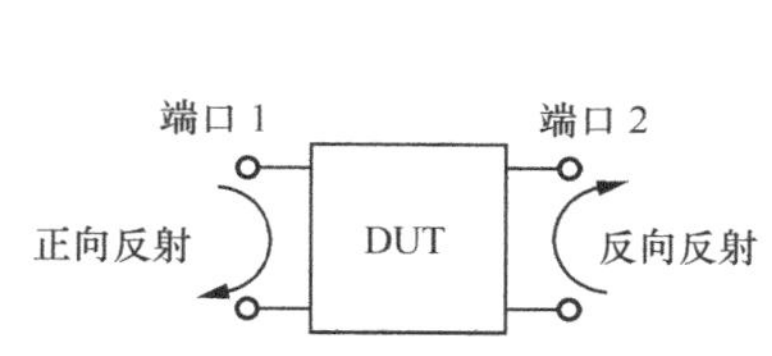

图 2.3.11　正向、反向反射测量示意图

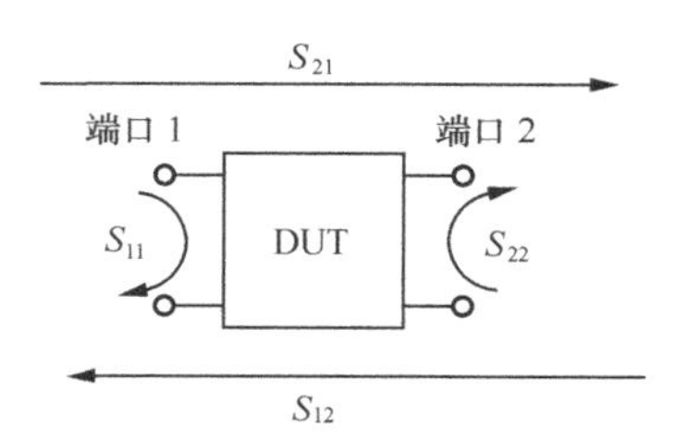

图 2.3.12　正向、反向 S 参数示意图

其次，我们可以测量 DUT 的正向、反向传输特性，如 S_{21} 为正向传输，S_{12} 则为反向传输。

S 参数可以用任何方式显示，一个 S 参数由幅度和相位组成。同标量网络分析仪一样，幅度可以用 dB 显示，我们称之为对数幅度。

相位的显示可以采用“线性相位”方式（如图 2.3.13 所示）。正如前面提到的，我们无法得到一个周期与下一个周期之间的相位差，所以信号经过 360° 相移后又回到起始点。一般情况下，网络分析仪只显示–180° ～+180° 的相位差，相位参考位于 0° 相位的邻域内（+180° ～–180 °）将使得显示出来的相位是不连续的。

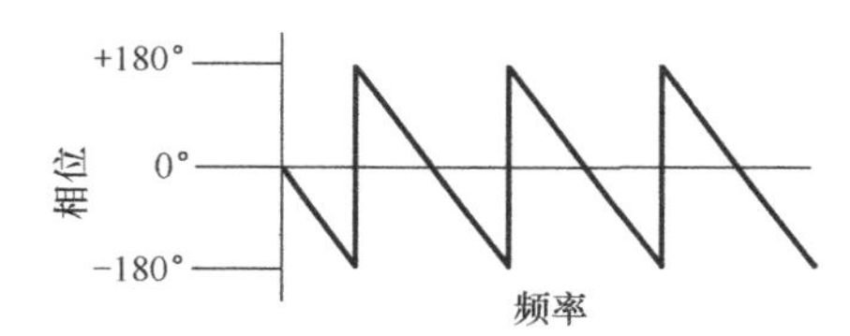

图 2.3.13　线性相位—频率关系

在一条轨迹上显示信号所有信息的实现方法有多种。其中一种方法是极平面显示，如图 2.3.14 所示。径向参数（到中心的距离）为信号幅度，绕圆周旋转的角度参数为信号相位。有时我们会利用极平面来显示传输测量参数，特别是在级联设备（多个设备串接在一起）的测量中用得更普遍，得到的传输测量结果（相位与对数幅度 dB）是每一个设备极平面参数显示的结果。前面我们已经讨论过，来自被测量设备（DUT）的反射信号同时具有相位和幅度两个特性参数，这是因为设备的阻抗包含两个部分：电阻和电抗，可表示为 r+jx，我们将实部 r 称为电阻部分，虚部 x 称为电抗部分，j 为虚部标示符，有时也记为 i。

如果 x 为正，则系统的阻抗是电感性的；如果 x 为负，则系统的阻抗是电容性的。

在阻抗匹配过程中，电抗 x 的大小和极性是非常重要的。复数阻抗的最佳匹配阻抗是其共轭复数，也就是说匹配阻抗与原阻抗具有相同的 r 和 x 值，但 x 的符号相反。史密斯（Smith）图表（如图 2.3.15 所示）是进行阻抗分析的最佳方法，它绘出了 r 和 x。

要通过单个的 S 参数显示所有的参数信息需要一条或两条轨迹，这取决于我们想要的格式。一个非常普遍的要求是，在观察正向传输参数的对数幅度和相位（两条轨迹）的同时，在一个 Smith 图表（一条轨迹）上观察前向反射特性。

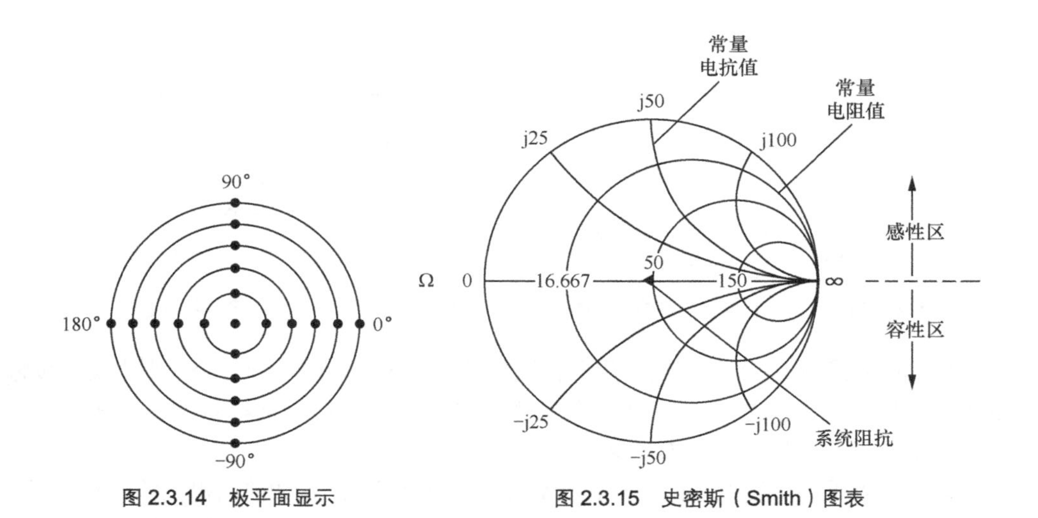

图 2.3.14　极平面显示

图 2.3.15　史密斯（Smith）图表

下面讨论网络分析仪是如何实现这一要求的。

矢量网络分析仪有 4 个通道，每个通道都能显示一个完整的 S 参数，你可以用任意要求的格式同时观察到 4 个 S 参数，同一时刻最多可看到 8 条轨迹，此时需要从显示图形中分辨和提取大量信息，提高颜色分辨率显示会使得识别和分析数据变得非常容易。在可以获得相位信息的情况下，另一个重要的测量参数就是群时延。在线性系统中，信号通过 DUT 后的相位是与频率呈线性关系的，所以频率增加一倍，相位也会增加一倍。所以一个系统的相位随频率变化的速率（即群时延）是一个非常重要的测量参数，特别是在通信系统中，这一参数非常重要。如果相位随频率变化的速率不是一个常数，则说明 DUT 是非线性的，这种非线性特性在通信系统中会导致信号失真。

2.3.5　优化测量

1. 降低附件的影响

在测量配置中，电缆或附件的插入损耗是不容忽视的，在整个工作频段上，频率越高损耗越大，这种情况应利用功率斜坡功能进行补偿。

补偿电缆损耗的操作程序：在“通道”菜单中，单击“功率”，选中“斜坡”复选框。

在 dB/GHz 框中，输入想要的源功率在频率扫描时增加的比率，单击“确定”按钮。

2. 提高低损耗双端口器件的反射精度

为了测量单端口校准下的反射精度，在被测件不测量的端口连接一个高性能的终端负载（可以是校准件）。这种方法产生的测量精度接近于全双端口校准的精度。把被测器件的不测量端口直接连接到网络分析仪上，在器件输出和网络分析仪之间插入一个 10dB 的精密衰减器，这可将网络分析仪的有效负载匹配近似提高到衰减器量值的 2 倍，即 20dB。

3. 增加动态范围

动态范围是指网络分析仪允许输入的最大功率和最小可测功率之间的差值（噪声基底）。要使测量正确有效，输入信号必须在这个范围内。如果需要测量的信号幅度变化很大，如滤波器通带和阻带，则增加动态范围是很重要的，图 2.3.16 所示为一个典型测量中的动态范围。

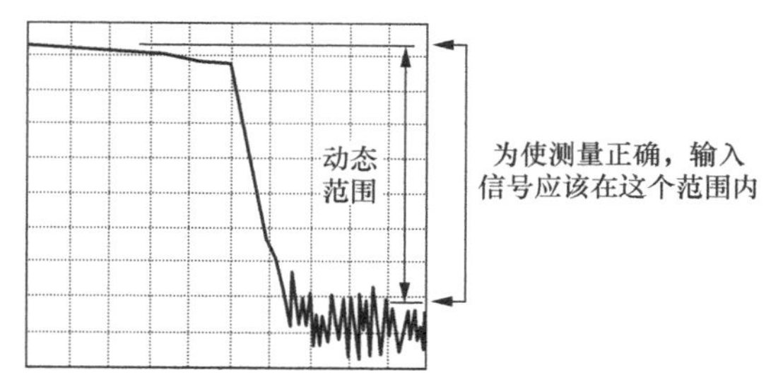

图 2.3.16　典型测量中的动态范围

为了减小测量的不确定性，网络分析仪动态范围高于噪声基底 10dB 时，应该仍能比被测件所要求的动态范围大。提高动态范围的方法有：提高被测件的输入功率、减小接收机的噪声基底、减小中频带宽及利用扫描平均等。

扫描平均是减小测量中的随机噪声的一种方法。网络分析仪是在对若干次连续扫描下同一数据点进行平均的基础上计算每一个数据点的。平均的次数越多，噪声被削减得就越多，动态范围也就越大，其效果见图 2.3.17。

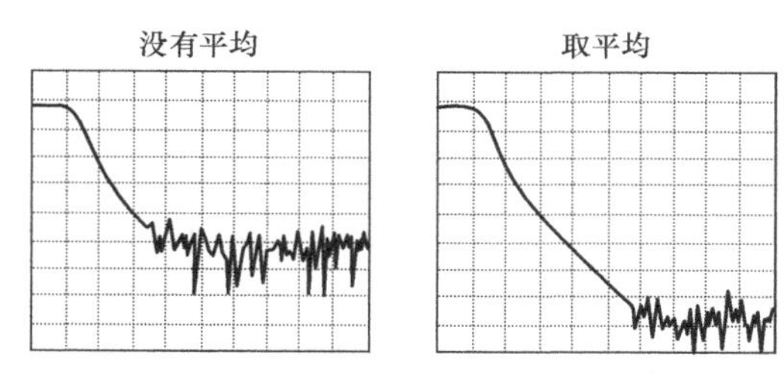

图 2.3.17　扫描平均减小噪声

4. 改进器件电长度的方法

如果网络分析仪正在测量一根长电缆，电缆末端的信号的频率将滞后于网络分析仪的源频率。如果该频率相对于网络分析仪的中频检波带宽的偏移是明显的（典型是几千赫兹），那么测量结果就会产生差错。

补偿电长度时延的操作方法有：增加扫描时间、减小中频带宽、增加扫描点数等。

5. 提高相位测量精度

利用网络分析仪的电时延、端口扩展、相位偏移及频率点的间隔等特性可以提高相位测量的精度。

6. 降低迹线噪声

可以应用网络分析仪的扫描平均、轨迹平滑等功能来减小测量轨迹上的噪声。平均的次数越多，噪声被削减得就越多，动态范围也就越大。应用扫描平均来降低噪声的效果和减小中频带宽的效果是一样的。

平滑功能可以减小宽带测量数据的峰-峰噪声，网络分析仪通过对显示轨迹的某一部分数据实施平均，将被平均的相邻数据点数目称为平滑孔径，可以将孔径指定为数据点数目或 x 轴跨度的百分数。

7. 降低接收机串扰

串扰是网络分析仪信号路径之间的能量泄露，这是高损耗传输测量的一个难题。然而，可以通过将扫描方式设置为交替扫描和测量校准来降低串扰的影响。降低接收机串扰的方法是设置模式为交替扫描和进行隔离校准。

8. 增加数据点数

为了得到最好的迹线分辨率，可以采用最大的数据点数；为了实现更快的吞吐量，应利用能给出可接受的精度的最少数据点数；为了确保一个精确的测量校准，应采用相同点数进行测量校准。

9. 提高测量稳定性

网络分析仪频率精度基于一个内部 10MHz 的频率振荡器。如果测量应用需要更高的频率精度和稳定度，则可以不考虑内部频率标准，在后面板上，通过一个 10MHz 参考输入连接器提供一个高稳定度的外部频率源。

为了保证校准件的温度稳定性，降低温度漂移在测量中的影响，应调节周围环境温度与测量校准温度的偏差，使其达到±1℃。

2.3.6 如何进行系统校准

1. 什么是校准

测量校准通过测量特性已知的校准件，将测量结果与标准结果比较来确定系统误差，然后在测量被测件时去除系统误差，通过校准可减小测量误差，提高网络分析仪的测量精度。

校准利用误差模型来消除一项或多项系统误差，网络分析仪通过测量高质量的校准件（如开路器、短路器、负载和直通件）求解误差模型中的误差项。测量时要根据测量类型和测量精度的要求选择合适的校准方法，校准后的测量精度取决于校准件的质量和其模型定义精度。校准件定义文件保存在网络分析仪中，为了确保测量的精度，实际所用的校准件必须与校准件定义文件中的一致。

2. 正确的测量校准

为了保证校准是正确的，应该从以下几个方面来考虑。

（1）对连接测试装置的那些点也就是参考面处应进行测量校准。

（2）如果在进行了一次测量校准后，要在测试装置中插入任何额外的附件（电缆、适配器、衰减器），则可以用端口扩展功能来补偿附加的电长度和时延。

（3）应用与校准过程中的定义一致的校准件。

（4）检查和清洁测试装备中所有组件的连接器，它们应采用正确的连接方法。

（5）避免在测量中移动电缆等。

3. 校准的简要过程

（1）按测量要求连接网络分析仪。

（2）选择合适的分析仪设置优化测量。

（3）移走被测件，利用校准向导选择校准类型和校准件。

（4）按照校准向导的提示，连接已选校准类型中需要的校准件进行测量。网络分析仪通过对校准件进行测量计算误差项，将其存储在网络分析仪的存储器里。

（5）重新测量，当在器件测量中使用误差修正功能时，误差项的影响将从测量中移除。

4. 校准的详细过程

（1）选择校准类型：开路、短路、直通、直通和隔离、单端口（反射）、全双端口 SOLT 等。

（2）单击“校准”，在“校准”菜单中单击“校准向导……”，显示校准向导对话框。在校准向导对话框中点击“校准频率”按钮，显示频率起始/终止对话框，完成频率设置后单击“确定”按钮，关闭对话框。

（3）在校准向导对话框中单击“校准类型”按钮，显示校准类型对话框，单击“确定”按钮，关闭对话框。可选择的校准类型与当前激活通道的测量参数有关，如测量参数为 S_{11} 时，不能选择直通响应及隔离校准。在全双端口校准时，如果不需要进行隔离校准，勾选“忽略隔离（2_端口类型）”复选框。

（4）在校准向导对话框中单击“测量机械标准”按钮，显示测量机械标准对话框。

（5）如果需要改变校准件，单击“选择校准件”按钮，显示选择校准件对话框，完成校准件选择后单击“确定”按钮，关闭对话框。

（6）如果需要设置校准标准，单击“选择标准”按钮，显示选择标准信息对话框，设置完成后单击“确定”按钮，关闭对话框。

（7）在测量机械标准对话框中单击要测量的校准标准按钮，如单击“开路”按钮，显示多标准件测量对话框。

（8）在多标准件测量对话框中单击与校准标准对应的按钮，如单击“APC 2.4mm Male OPEN”按钮，显示连接校准标准对话框，按照对话框的提示连接好校准标准，单击“确定”按钮开始测量，测量完成后，仪器自动勾选对应的“捕获”复选框，完成需要的校准标准测量后单击“确定”按钮，关闭多标准件测量对话框。在测量机械标准对话框中完成测量的校准标准，其按钮会变成绿色。

（9）重复步骤（7）和步骤（8）完成所有的标准件测量后，单击“确定”按钮，关闭测量机械标准对话框，完成校准。

5. 高精度的测量校准

校准的精度由选择的校准类型、校准件的质量和校准过程决定。

（1）测量参考平面

绝大多数的测量都不是将被测件直接连接到网络分析仪的端口上，更多的可能是通过测试夹具或电缆来连接。如果要获得最高的测量精度，必须在被测件的连接点进行校准，这个点称为测量参考平面。如果在测量参考平面上进行校准，与测量设备（如电缆、测试夹具和网络分析仪端口和参考平面间的适配器）相关的误差通过校准后被去除。

（2）使用错误的校准件带来的影响

在正常情况下，校准件与被测件的连接器相匹配，但在有些情况下，可能没有与被测件连接器相匹配的校准件，如被测件端口为 3.5mm，而网络分析仪和校准件的连接器规格为 2.4mm。

如果使用 2.4mm 校准件，再连接 2.4mm/3.5mm 的适配器进行测量，则在测量时特别是反射测量会引入明显的测量误差。如果使用的校准件与校准过程中指定的校准件不同，则同样会降低校准的精度，精度降低的程度取决于指定校准件与实际使用校准件间的差别。

（3）内插测量的精度

当仪器设置状态与校准时的状态不同时，网络分析仪可以自动内插校准数据，这时就会无法预测测量精度，测量精度可能会显著下降，也可能不受影响，必须根据实际情况来确定。当两个测量点增加的相移超过 180° 时，由于网络分析仪不能内插正确的相位数据，测量精度会显著降低。

（4）功率电平的影响

为了获得最高的误差修正精度，执行校准后不要改变功率电平。不过可在衰减器设置状态与校准状态相同的情况下改变功率电平，这时 S 参数测量的精度会下降，如果改变了衰减器的设置，误差修正精度会进一步下降。

（5）设置系统阻抗

当对非 50Ω 阻抗器件（如波导器件）进行测量时，必须改变系统阻抗，默认的系统阻抗为 50Ω。

（6）端口延伸

测量参考平面的改变会引入附加的相移，如校准后连接附加的电缆、适配器或夹具会改变参考平面，这时可以使用端口延伸功能来补偿附加的相移。

（7）正确进行隔离校准

全双端口校准的隔离校准部分可修正端口间的串扰误差，当进行高插入损耗测量（如滤波器的带外抑制、开关的隔离度）时才需要进行隔离校准。当串扰信号非常接近网络分析仪的噪声基底时，隔离校准测量会在误差模型中引入噪声，因此，可从以下 3 点来提高校准精度。

① 只有必要时才进行隔离校准。

② 使用窄中频带宽。

③ 使用扫描平均减小噪声。

在进行隔离校准测量时，需要在网络分析仪的测试端口连接负载，为了获得最高的校准精度，最好在两个测量端口上同时连接负载进行隔离校准测量，如果只有一个负载，可以在非测量端口连接一个与之匹配的器件。

2.4 传输线（馈线）

连接天线和发射机（或接收机）输出（或输入）端的导体称为传输线或馈线。传输线的主要任务是有效地传输信号能量。因此，它应能将天线接收的信号以最小的损耗传送到接收端和输入端，或将发射机发出的信号以最小的损耗传送到发射天线输入端，同时它本身不应拾取或产生杂散干扰信号。这就要求传输线必须具有屏蔽或平衡能力，它不应改变天线的方向图特性。

工作在微波频段（300MHz 以上）的传输线叫作微波传输线。该传输线种类很多，大体分 3 类：第一类是双导体传输线，有平行双线、同轴线、带状线及微带线等，这类传输线传输横电磁波，故又称为 TEM 波传输线；第二类是均匀填充介质的金属波导管，有矩形波导管、圆波导管等，这类传输线传输横电磁波或横磁波，即传输 TE 波或 TM 波；第三类是介质波导，有介质线等，这类传输线上的电磁波沿传输方向既有电场分量又有磁场分量，电磁波沿线的表面传输，故这类传输线又称为表面波传输线。

微波传输线除用来传输电磁波能量外，还用来构成各种形式的微波器件，如阻抗匹配器、谐振器、定向耦合器、滤波器等。

用于天线测量的传输线主要有矩形波导传输线和射频电缆两种。

2.4.1　矩形波导传输线

附录 B1 列出了各种波导传输线的主要技术参数。这里主要介绍常用的矩形波导传输线的参数及计算方法。

矩形波导传输线是地面站天线常用的传输线，特别是在传输长距离、高频率的信号时，更能显示出波导传输线损耗小的优越性。图中 2.4.1 所示为矩形波导结构示意图，a 为波导宽边的内尺寸，b 为波导窄边的内尺寸。

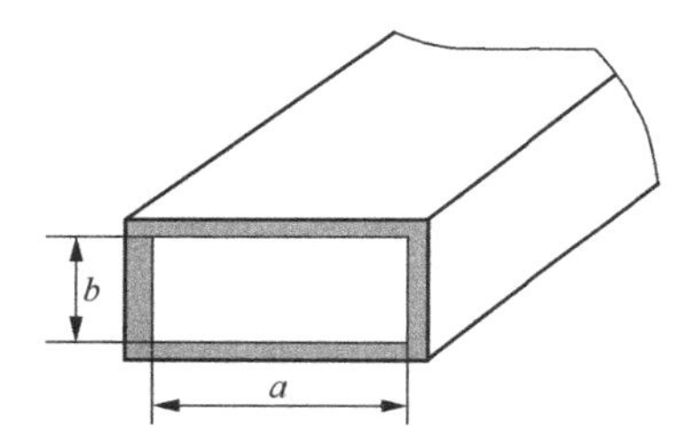

图 2.4.1　矩形波导结构示意图

在金属矩形波导中，传输主模为 TE10，则矩形波导传输主模时，主要传输特性如下。

1. 截止波长

矩形波导传输 TE10 时，其截止波长为 $2a$，则其截止频率 f_c 为

$$f_c=\frac{30}{2a} \tag{2.4.1}$$

2. 波导波长

矩形波导传输 TE10 时，其波导波长 λ_g 为

$$\lambda_g=\frac{\lambda}{\sqrt{1-\left(\frac{\lambda}{2a}\right)^2}} \tag{2.4.2}$$

3. 波阻抗

矩形波导传输 TE10 时，其波阻抗 Z_{TE10} 为

$$Z_{TE10}=\frac{120\pi}{\sqrt{1-\left(\frac{\lambda}{2a}\right)^2}} \tag{2.4.3}$$

4．传输衰减

矩形波导传输 TE10 时，且波导管中的介质为空气时，则其衰减 a_c 由式（2.4.4）计算。

$$a_c=\frac{8.686R_s}{120\pi b}\frac{1+\frac{2b}{a}\left(\frac{\lambda}{2a}\right)^2}{\sqrt{1-\left(\frac{\lambda}{2a}\right)^2}}\ \text{(dB/m)} \tag{2.4.4}$$

式（2.4.4）中，R_s 为波导的表面电阻，表 2.4.1 给出了常用金属的表面电阻值。

表 2.4.1　常用金属的表面电阻值

金属材料	银	紫铜	铝	黄铜
表面电阻（Ω）	$2.52\times10^{-7}\sqrt{f}$	$2.61\times10^{-7}\sqrt{f}$	$3.26\times10^{-7}\sqrt{f}$	$5.01\times10^{-7}\sqrt{f}$

注：表中 f 表示频率，单位为 GHz。

5．功率容量

空气填充的矩形波导，且传输主模时，其功率容量 P_{br} 为

$$P_{br}=\frac{1}{480\pi}abE_{br}^2\sqrt{1-\left(\frac{\lambda}{2a}\right)^2} \tag{2.4.5}$$

2.4.2　椭圆波导

椭圆波导已被广泛应用于微波通信、雷达和卫星通信地面站等电子设备中。椭圆波导易于大长度制造，矩形波导一般只能制造几米，且椭圆波导可达数百米而不需要法兰盘；另外，椭圆波导易于弯曲，而矩形波导不能弯曲，需用弯波导或扭波导来实现弯曲。因此，在地面站天线长馈线系统应用中，常使用椭圆波导。

图 2.4.2 所示为椭圆波导结构示意图。椭圆的长半轴为 a，短半轴为 b，F 和 F' 为椭圆的两个焦点。

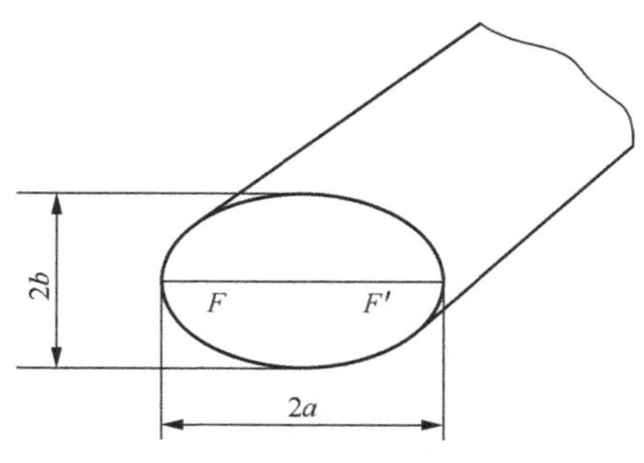

图 2.4.2　椭圆波导结构示意图

椭圆波导与矩形波导一样可以传输很多模式，但椭圆波导的主模为 TE11。椭圆波导传输主模时，其主要传输特性如下。

1. 截止波长

椭圆波导传输 TE11 时，其截止波长λ_c可近似用式（2.4.6）计算。

$$\lambda_c = 2\pi a\sqrt{\frac{1}{6}\frac{\left(5+2r^2\right)}{\left(3+r^2\right)}} \tag{2.4.6}$$

式（2.4.6）中，r 为椭圆短轴与长轴之比，即 $r=b/a$。利用式（2.4.6）计算截止波长，误差小于 1%。

2. 衰减常数

当椭圆波导传输主模时，其衰减常数 a_c 近似为

$$a_c = 1.45\times10^{-8}\sqrt{\frac{10^7}{\sigma}}\frac{\sqrt{f}}{2a}F \tag{2.4.7}$$

式（2.4.7）中，σ 为波导管壁的电导率；F 为 b/a、工作频率 f 和截止频率 f_c 所决定的系数。

3. 功率容量

椭圆波导主模传输时，容许传输的最大功率容量 P_{max} 的近似计算公式为

$$P_{max} = \frac{\pi ab}{12Z_{TE}}\frac{15a^4+11a^2b^2+2b^4}{\left(2a^2+b^2\right)^2}\left|E_{max}\right|^2 \tag{2.4.8}$$

$$Z_{TE} = \frac{120\pi}{1-\left(\dfrac{\lambda}{\lambda_c}\right)^2} \tag{2.4.9}$$

式（2.4.8）中，E_{max} 为波导内最大容许场强。

若波导内最大容许场强等于空气的击穿场强（$E_{br}=3\times10^6\,\mathrm{V/m}$）的一半，则椭圆波导传输主模 TE11 时的最大容许传输功率为

$$P_{max} = \frac{3\pi ab}{16Z_{TE}}\frac{(3+r^2)(5+2r^2)}{(2+r^2)^2}\times10^{12} \tag{2.4.10}$$

2.4.3 同轴电缆

1. 同轴电缆的构造

同轴电缆是由内导体和屏蔽网构成的两根导体，由于这两根导体的轴心是重合的，故称同轴电缆，通常由内导体铜芯、绝缘体、金属屏蔽网及铝复合薄膜、护套等组成。同轴电缆的构造如图 2.4.3 所示，其中 a 表示内导体的外半径，b 表示外导体的内半径，μ、ε 分别为内外导体间介质的磁导率和介电常数。

2. 同轴电缆的技术性能

在同轴线中可以传输 TEM 波，TEM 波是无色散型波，故 TEM 波是同轴线中的主模。图 2.4.4 所示为同轴线中 TEM 波的电磁场结构。

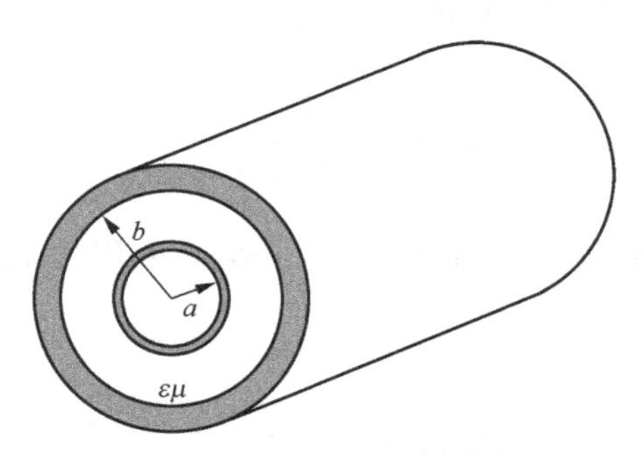

图 2.4.3 同轴电缆的构造

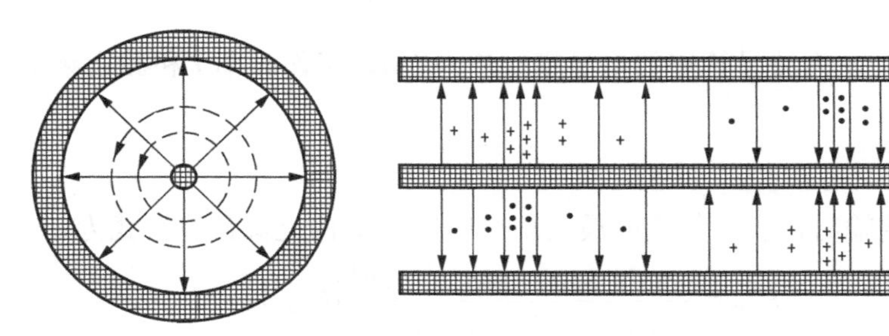

图 2.4.4 同轴线中 TEM 波的电磁场结构

同轴线的特性阻抗 Z_0 为

$$Z_0 = \frac{138}{\sqrt{\varepsilon_r}} \lg\frac{b}{a} \quad (\Omega) \tag{2.4.11}$$

式（2.4.11）中，ε_r 为同轴线内外导体之间介质的相对介电常数。

同轴线单位长度的导体衰减 α_c 为

$$\alpha_c = 0.398\frac{1}{\sqrt{\sigma\lambda}}\frac{1}{\ln\frac{b}{a}}\left(\frac{1}{a}+\frac{1}{b}\right) \quad (\text{dB/m}) \tag{2.4.12}$$

式（2.4.12）中，σ 为同轴线导体的电导率，单位为 Ω/m；λ 为工作波长，单位为 m。

同轴线的功率容量 P_{br} 为

$$P_{br} = \sqrt{\varepsilon_r}\frac{a^2E_{br}^2}{120}\ln\frac{b}{a} \tag{2.4.13}$$

式（2.4.13）中，E_{br} 为介质的击穿电场强度，空气的击穿电场强度为 30000V/cm。

为了具体了解射频电缆的性能，在这里引入罗森伯格（Rosenberger）公司的典型射频电缆的技术性能，如图 2.4.5 所示。

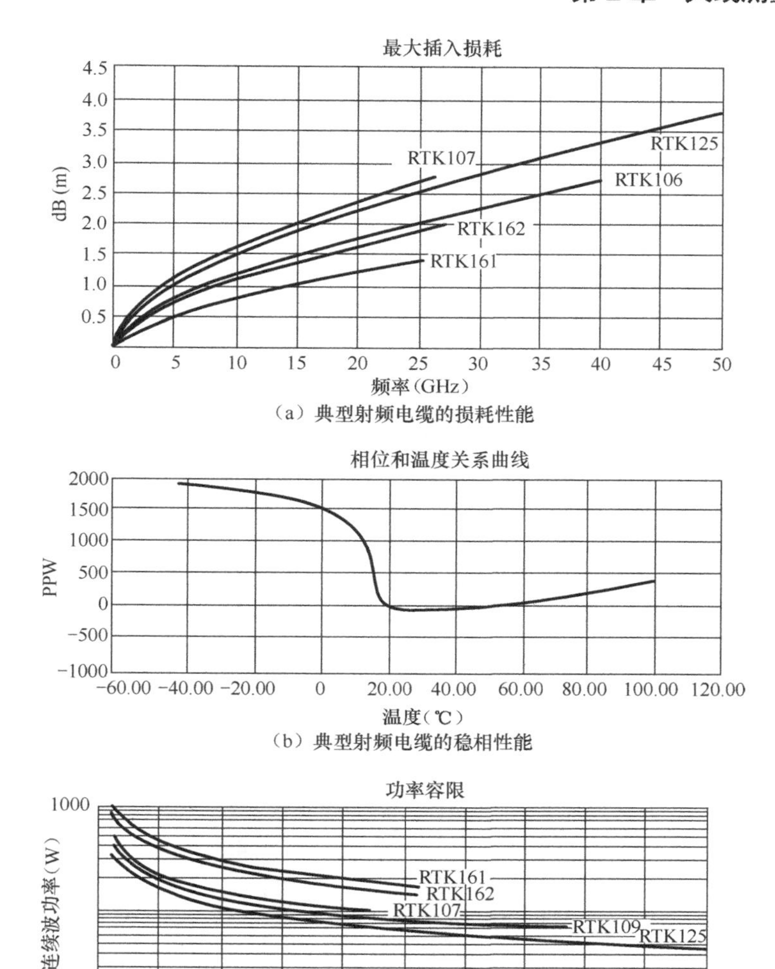

（a）典型射频电缆的损耗性能

（b）典型射频电缆的稳相性能

（c）典型射频电缆的功率容量性能

图 2.4.5　典型射频电缆的技术性能

3. 电缆的类型

常用的同轴电缆有 75Ω和 50Ω两类。75Ω同轴电缆常用于 CATV（有线电视）网，故称为 CATV 电缆。50Ω同轴电缆被广泛应用于雷达和无线电设备中，在天线测量系统中也被广泛采用。

在雷达和无线电设备中广泛采用 50Ω作为基准阻抗，这是在选择同轴电缆内外导体直径比时，对最小损耗和最大功率容量折中的结果。对空气介质同轴电缆来说，其外导体内径与内导体外径的最佳比值为 3.6，对应阻抗 Z_0 为 77Ω。虽然从损耗的角度看，这时电缆性能最佳，但这一尺寸比不能提供介质被击穿前允许的最大峰值功率容量。在最大功率容量时，外导体内径与内导体外径的最佳比值应为 1.65，对应阻抗 Z_0 为 30Ω。77Ω和 30Ω的几何平均近似为 50Ω。

4. 同轴电缆选购注意事项

同轴电缆是天线测量系统的连接馈线，是影响天线测量系统动态范围、稳定度、测量精度等的重要因素。最好在专业厂家订购同轴电缆组件，尤其是选择毫米波段电缆连接件时，既要考虑工作频段，又要考虑其与天线和仪器的接口等。射频同轴电缆技术性能摘录在附录 B2，供选购时参考。

2.5 同轴连接器

2.5.1 同轴连接器分类

在微波波段使用的大部分同轴电缆和同轴接头，其特性阻抗都为 50Ω，特殊的是用于电视系统的 75Ω同轴电缆和同轴接头。对同轴接头的主要要求为：低驻波比（SWR）、插入损耗小、工作在射频时无高次模、多次接拆后有高度重复性和较好的机械强度等。

大部分接头成对使用，有一个阳接头和一个阴接头。下面列出一些通用的微波同轴连接器的特性。

1. N 型连接器：DC-18GHz

螺纹有英制和公制之分，这两种制式的接头不能混用。阳接头的外径为 15.88mm 时，也称它为 L16 接头。

N 型连接器有 50Ω和 75Ω两种阻抗。75Ω阳接头插针和阴接头插孔较小，因此将 N 型 50Ω阳接头连接器配接到 75Ω阴接头上会使阴接头齿形孔永久性撑开甚至折断，从而损坏 75Ω阴接头连接器，具体如图 2.5.1 所示。

图 2.5.1　N 型连接器

2. BNC 连接器：DC-4GHz

BNC 是低频应用的通用连接器，阳接头和阴接头是卡口咬合。BNC 连接器有 50Ω和 75Ω两种形式。

3. SMA 连接器：DC-18GHz

SMA 即超小 A 型连接器，是一种最通用的微波连接器。SMA 连接器可与 3.5mm 和 2.92mm 连接器配接，如图 2.5.2 所示。

图 2.5.2　SMA 连接器

4. 7mm（APC-7）连接器：DC-18GHz

7mm 精密连接器包括 APC-7（Amphenol 精密连接器–7mm）连接器，被广泛应用于要求高精度和高重复性的实验和测试场合，如图 2.5.3 所示。

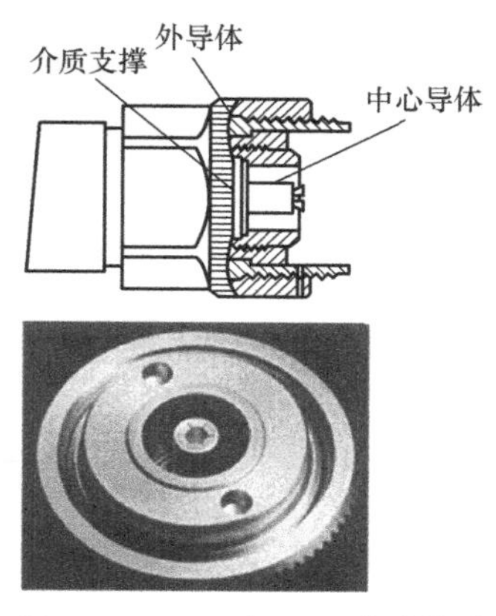

图 2.5.3　7mm（APC-7）连接器

5. 3.5mm（APC-3.5）连接器：DC-34GHz

3.5mm 精密连接器，又称 APC-3.5 连接器（Amphenol 3.5mm 精密连接器），它可以与 SMA 连接器配接，如图 2.5.4 所示。

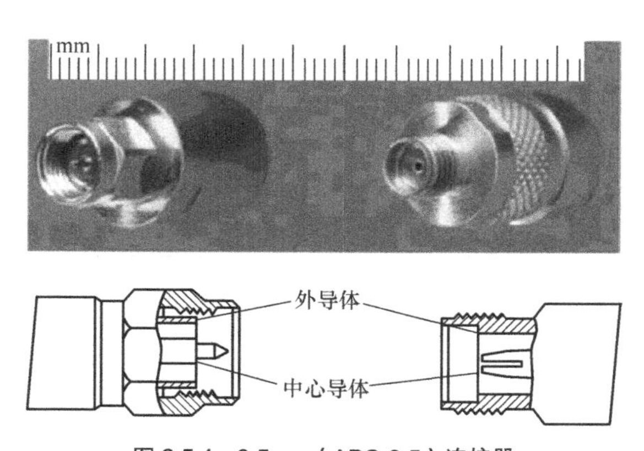

图 2.5.4　3.5mm（APC-3.5）连接器

6. 2.92mm 连接器：DC-46GHz

2.92mm 精密连接器是空气介质填充的连接器。2.92mm 连接器可与 SMA 连接器、3.5mm 连接器或 2.4mm 连接器相连，如图 2.5.5 所示。

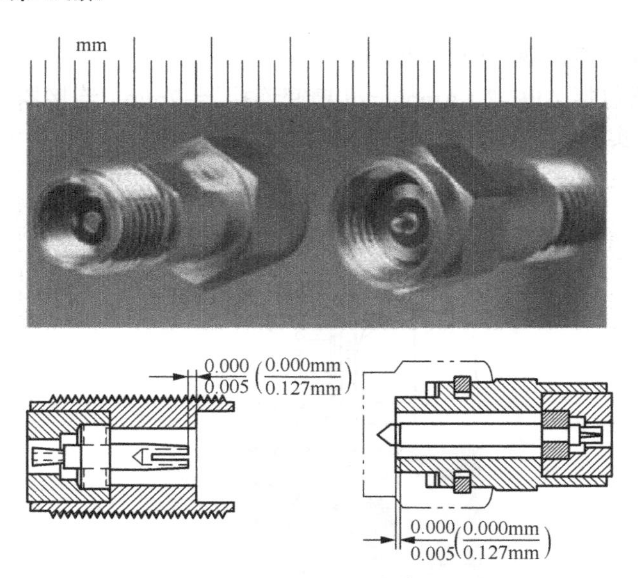

图 2.5.5　2.92mm 连接器

7. 2.4mm 连接器：DC-50GHz

一个 2.4mm 连接器可与 SMA 连接器、3.5mm 连接器或 2.92mm 连接器配接，如图 2.5.6 所示。

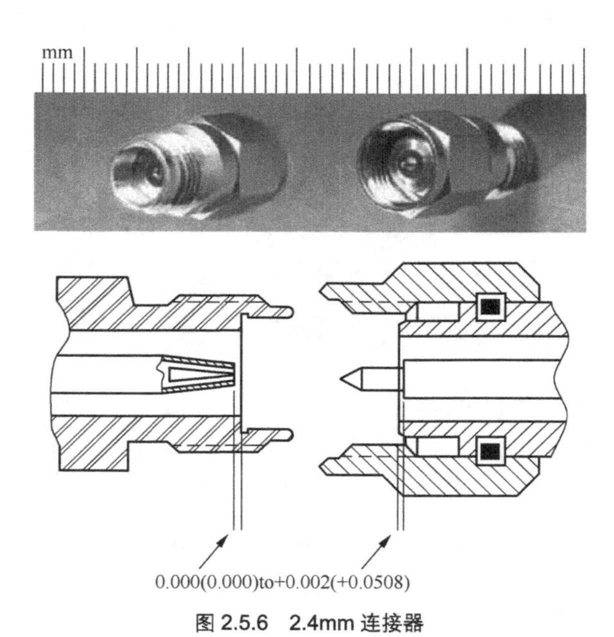

图 2.5.6　2.4mm 连接器

2.5.2　使用注意事项

微波连接器的尺寸很小，并且其机械公差是非常精密的。较小的缺陷、损伤和灰尘都可能降低其一致性和精度。另外，大多数精密连接器的表面是镀金的铍铜合金，它们非常容易受到机械损伤。

（1）连接器必须保持清洁，存放时应保护好配接面，使其免受损伤。

（2）每次连接前应对连接器进行外观检查，受损的连接器应立即报废。

（3）连接器须用压缩空气清洗，要用棉签或不起毛的软布和尽可能少的溶剂，决不能将溶剂喷进连接器中。塑料支撑垫圈不应与溶剂接触。

（4）连接器在第一次使用前必须进行机械检查，以后则应定期检查。

（5）连接器在配接时应仔细对准，先轻微地转动连接器螺母使之靠拢，再采用力矩扳手配接。

（6）连接或卸开连接器时，决不能相对于一个连接器转动另一个连接器的壳体。

（7）皮肤上的天然油脂和灰尘中的微小粒子很容易转移到连接器界面且很难清除。除此之外，界面与任何表面的接触都很容易引起金属镀层和配接面的受损。不应在其配接端头暴露状态下存储连接器。精密连接器带有塑料盖，这些盖子应该在拆箱时保存，并在存储前套在连接器端头上。

2.6　放大器

为了确保测量所需的动态范围，在发射端可配置功率放大器（PA），在接收端配置低噪声放大器（LNA）。如果系统中只配置 LNA 就能满足动态范围的要求，可无须再加 PA。

2.6.1　功率放大器

PA 在天线测量系统中用来放大信号源的功率电平。在毫米频段测试路径及馈线的损耗很大，仅在接收链路加 LNA 是不够的，必须再加入 PA，对 PA 的主要技术要求有工作频率范围、功率增益、输出功率等。即便满足指标，其价格也非常昂贵，可根据市场现有的产品进行购买。频段可根据自己所需而定，如 2～18GHz、18～26.5GHz 和 26.5～40GHz。通常增益有 20～30dB 就可以了，假定信号源直接馈入 PA 的功率电平为 10dBm，则 PA 的输出功率电平为 30～40dBm，该电平不能超过 1dB 压缩点的功率电平值，否则放大器就会进入非线性工作区段。最好根据信号源的输出功率来确定此值，如在 26.5～40GHz 频段，信号源的输出功率为 8dBm，PA 的 1dB 压缩点的功率电平值应为 28dBm（PA 增益为 20dB）。典型产品参数见表 2.6.1。

表 2.6.1　典型产品参数

频率范围（GHz）	*G*（min）（dB）	*NF*（max）（dB）	P1dB（dBm）	IP3（dBm）	VSWR	平坦度（dB）
12.0～18.0	30	6.0	33	40	1.5：1	3
18.0～26.5	40	7.0	35	42	1.5：1	3
26.5～40.0	35	8.0	29	36	2.0：1	7

2.6.2　低噪声放大器

在天线测量中，为了提高系统灵敏度和动态范围，需在接收链路中接入低噪声放大器（LNA）。LNA 的主要参数有工作频率范围、噪声系数或噪声温度、增益、动态范围及输入输出 VSWR 等。LNA 的输入端口结构形式可分为同轴和波导两种。波导输入端口的 LNA 可以和具有波导输出端口的待测天线直接相连，以提高系统的灵敏度。在天线噪声温度的测量中，必须采用波导输入端口的 LNA。但波导输入端口的 LNA 工作频率范围受限于波导本身的工作频段。如针对卫星通信的 C 频段的 LNA，其输入端口为 BJ-40（WR-229）的矩形波导满足 3.4～4.2GHz 范围的测试要求；Ku 频段的 LNA，其输入端口可用 BJ-120（WR-75），满足 10.95～12.75GHz 范围的测试要求。其典型参数见表 2.6.2 和表 2.6.3。

表 2.6.2　同轴输入端口 LNA 的典型参数

频率范围（GHz）	*G*（min）（dB）	*NF*（dB）	P1dB（dBm）	VSWR	平坦度（dB）
2～8	40	3.0	15	1.2∶1	1.5
2～18	35	4.5	15	1.5∶1	2.0
18～26.5	35	5.5	12	1.5∶1	2.5
26.5～40	35	5.5	12	2.0∶1	3.0

表 2.6.3　波导输入端口 LNA 的典型参数

频率范围（GHz）	*G*（min）（dB）	噪声温度（K）	P1dB（dBm）	平坦度（dB）
3.4～4.2	50	40	10	1.5
10.95～12.75	50	80	10	2.0

2.7　转台及控制器

2.7.1　主要性能

不管测量什么样（平面或立体）的天线方向图，待测天线和辅助天线之间都要做相对运动，这就需要转台及控制器。

由于转台要承载天线转动，所以转台的垂向总载荷是它的重要指标，转台的垂向总载荷主要根据所测试天线口径大小，即天线重量而定，在室外测试场使用的转台，设计时还要考虑风力因素，由于天线安装在转台上，其前后受力是不相等的，所以还要考虑传递扭矩因素。

转台定位精度通常选在 0.05°～0.1°；机械齿隙在 0.02°～0.05°，可满足较高测量精度的要求。

转台需带有转台控制器，转台控制器有本地手动操作模式和远程命令控制操作模式，可通过控制器的开关进行操作模式的切换。对于远程命令控制操作模式，可以选择 RS-232 通信（MODBUS 通信规约）或 GPIB 通信，通过该通信功能完成转台的所有操作。

2.7.2　转台的分类

天线测试转台按轴系可分为单轴、两轴、三轴及多轴等；按功能可分为方位（AZ）型、方位/俯仰（AZ/EL）型、俯仰/方位（EL/AZ）型、方位/俯仰/方位（AZ/EL/AZ）型、方位/俯仰/方位/极化（AZ/EL/AZ/PL）型、方位/极化（AZ/PL）型等。为了测量天线相位中心还需在转台上安置 *X*-*Y*-*Z* 三坐标位移装置，构成多轴测试转台。

1. 单方位转台

单方位转台是最简单、最经济的天线测量工具，适用于收发天线等高架设的天线测试。图 2.7.1 所示的是一个直径为 6m 的载天线测试单方位转台，转台中心的垂直负荷能力为 2500kg，是用来测试汽车 AM/FM 天线的。在摆臂上安装的是源天线。系统工作频段为 70～1000MHz，转台控制器及测试仪器安放在地下测试房。

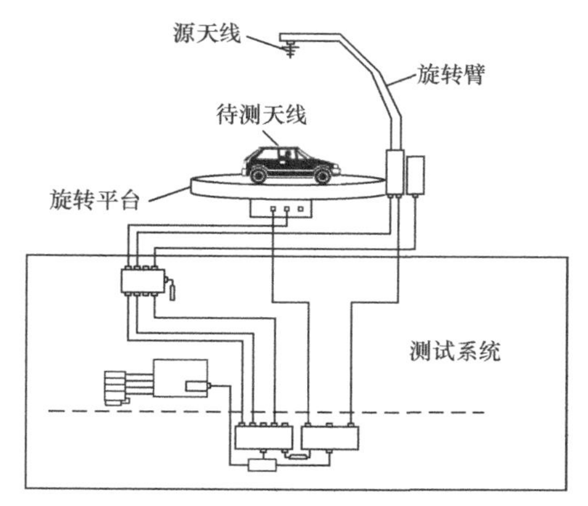

图 2.7.1　车载天线测试单方位转台

2. 方位/俯仰（AZ/EL）型转台

方位/俯仰（AZ/EL）型转台如图 2.7.2 所示，该转台适用于测量采用地面反射场的天线。还特别适合待测天线和辅助天线不等高的测量场合。

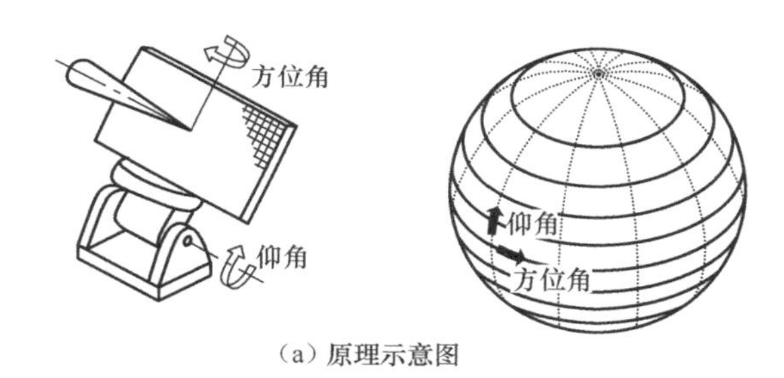

（a）原理示意图

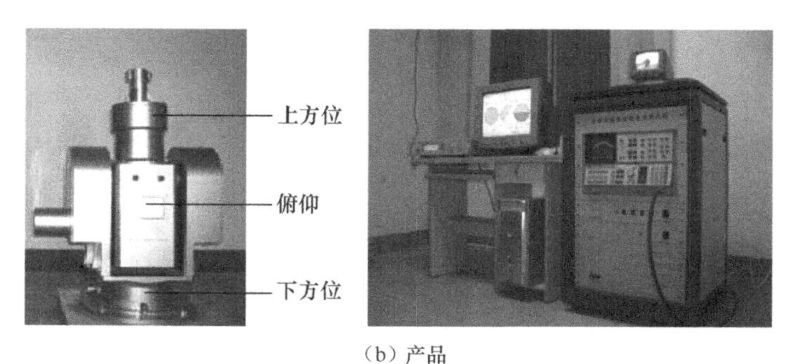

（b）产品

图 2.7.2　方位/俯仰（AZ/EL）型转台

图 2.7.2（a）是原理示意图，图 2.7.2（b）所示为河北威赛特科技有限公司的产品，该产品目前被广泛应用于测量带电下倾角的移动通信基站天线。

3. 俯仰/方位（EL/AZ）型转台

俯仰/方位（EL/AZ）型转台如图 2.7.3 所示。以地面为基准，方位轴与地面垂直，俯仰轴与方位轴垂直。这种转台的结构紧凑，承载能力大，调整测量方便，被广泛应用于测量卫星天线。

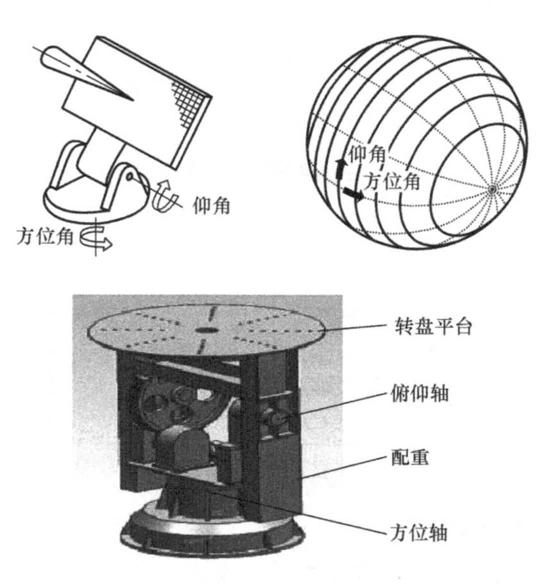

图 2.7.3　俯仰/方位（EL/AZ）型转台

4. 多轴转台

为了提高转台的多用性，转台除了切割方位俯仰面所需要的两根基本轴，还要有一根或多根辅助轴。图 2.7.4 所示的是河北威赛特公司研制的带有极化旋转轴和 *X-Y-Z* 坐标位移装置的方位-俯仰-方位的多轴转台。

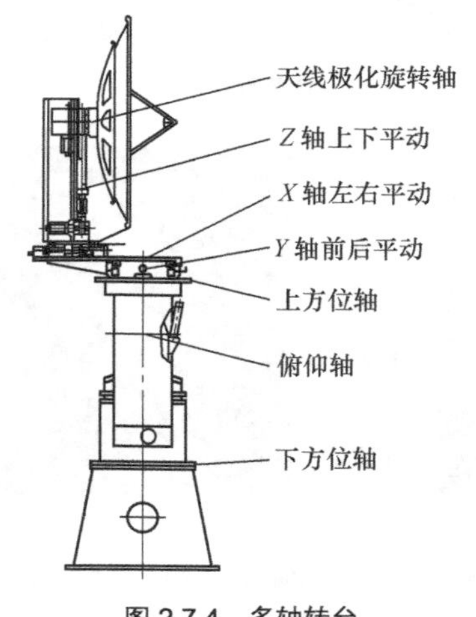

图 2.7.4　多轴转台

下方位轴、上方位轴、俯仰轴，用来调整天线的空间指向；*X-Y-Z* 三坐标位移装置是用来在 *X*（左右）、*Y*（前后）和 *Z*（上下）调整待测天线相位中心的空间位置，天线极化旋转轴可以测量天线的交叉极化方向图及圆极化轴比。当去掉 *X-Y-Z* 三坐标位移装置和极化转台，下面的方位-俯仰-方位结构的三轴转台可以当作上方位、下俯仰和下方位、上俯仰结构转台使用。当利用下方位轴和俯仰轴时，这个装置可以作为在方位上面的俯仰位置控制器，这时上方位轴可作为极化轴使用。

2.7.3　转台及伺服控制器

最基本的转台由转台及伺服控制器两大部分组成。由图 2.7.5 可见，不管是方位角控制器还是俯仰角控制器，其基本组成是驱动器、电机及减速器，为了显示角度，还要有轴角传感器和编码器。

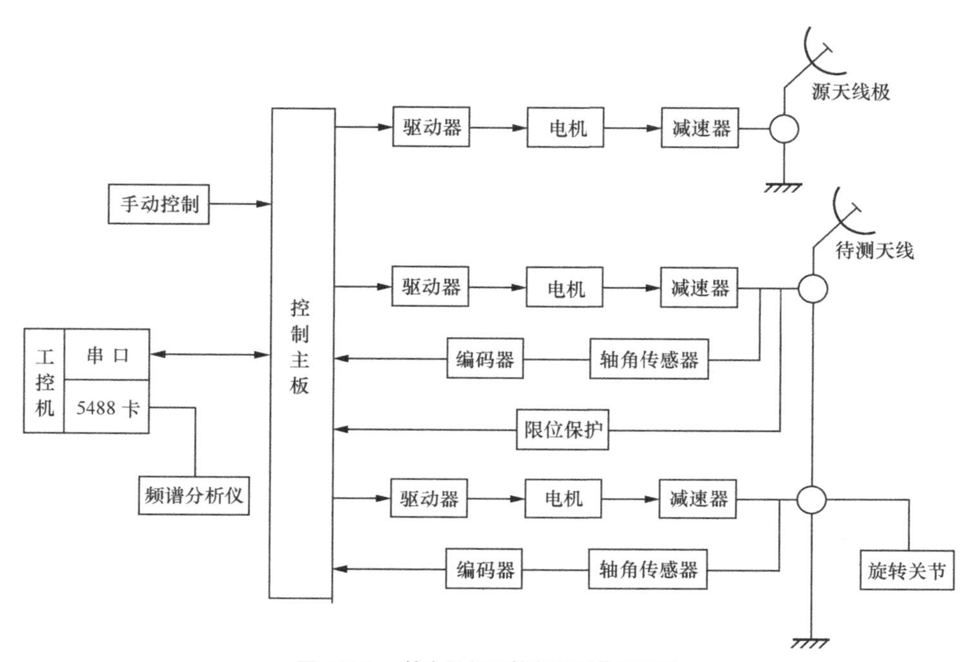

图 2.7.5　转台及伺服控制器工作原理图

由图 2.7.5 可以看出，控制主板是伺服控制器的核心，其核心器件可以是一个单片机，它通过扩展 I/O、定时器及三态缓存完成各种数据的采集、状态检测、接收并发送控制指令等功能，并扩展 RS-232 接口设备，实现与上位机的通信。

轴角传感器和编码器构成角度位置闭环，负责对天线的指向角进行测量。

俯仰具有限位保护功能，限位信号反馈给控制主板，单片机将读取的限位信号一路上传给上位机，另一路上传给伺服驱动器控制电机。

2.7.4　转台精度和误差分析

转台精度指的是转台转动的实际角度值与设备指示的角度值之间的误差大小。

1. 转台的主要误差项

（1）结构误差

这里的结构误差主要指方位轴不铅垂，或说方位轴与水平轴不正交，外面轴的转动对里面轴的牵连影响造成的误差。记不正交为γ，引起误差为δ，$\delta=\cos\theta\gamma$，当方位轴转动 180° 时，δ最大值为γ，即不正交误差 1∶1 反映在系统中。

（2）传动齿隙误差

传动齿隙误差是指机械传动链中啮合的间隙造成的误差。此项误差属于非线性误差，它也 1∶1 反映在动态中。但在天线沿一个方向转动测量时，则可通过步距获得此项误差。

（3）角度传感器的函数误差

角度传感器（如旋转变压器）的函数误差是指测角元件本身的测量误差。

（4）D/A、A/D 变换的量化误差

在计算机参与控制的伺服系统中，D/A、A/D 变换有最小量化误差，角度传感器的角度编码精度也属于此类误差，取其最大值记为量化误差。

（5）伺服系统的原理性误差

此项误差主要指在闭环反馈伺服系统中，不同干扰信号，如力矩、速度、加速度引起的稳态误差。

（6）误差的综合

对于不同类型且互不相关的误差的综合，采用各量平方相加再开方的计算方法。这相当于在交流电路功率计算中，电压和电流有效值的概念。

于是，误差的综合计算公式为

$$\delta=\sqrt{{\delta_1}^2+{\delta_2}^2+\cdots+{\delta_n}^2} \tag{2.7.1}$$

2. 误差的测量与数据处理

对某一物理量进行多次重复测量时，其测量结果服从一定的统计规律，也就是高斯分布（或正态分布）。

我们用描述高斯分布的两个参量（x 和 σ）来估计随机误差。设在一组测量值中，n 次测量的值分别为：$x_1,x_2,\cdots,x_n$。

（1）算术平均值

根据最小二乘法原理证明，多次测量的算术平均值 $\overline{x}$ 与真实值近似。

$$\overline{x}=\frac{1}{n}\sum_{i=1}^{n}x_i \tag{2.7.2}$$

（2）标准偏差

标准偏差又称均方根误差、方均根误差，即单项偏差先平方、后平均、再开方，用希腊字母 σ 表示。

根据随机误差的高斯理论可以证明，在有限次测量的情况下，各次测量值的标准偏差的定义和计算公式为

$$\sigma_x=\sqrt{\frac{\sum\limits_{i=1}^{n}\left(x_i-\overline{x}\right)^2}{n-1}} \tag{2.7.3}$$

简写为

$$\sigma=\sqrt{\frac{\sum(x_i-\overline{x})^2}{n-1}} \tag{2.7.4}$$

标准偏差 σ_x 表征有限测量时，其结果的离散程度，可简称为 1σ。在 n 次测量中任一次测量值的误差（或偏差）落在（$\pm\sigma_x$）区间的可能性约为 68.3%，也就是真值落在（$x-\sigma_x, x+\sigma_x$）范围的概率为 68.3%。3σ 被视为最大误差，即随机误差落在 $\pm3\sigma$ 以内的概率为 99.74%。

可以推导，贝塞尔公式的另一种书写形式为

$$\sigma=\sqrt{\frac{n\sum x_i^2-(\sum x_i)^2}{n(n-1)}} \tag{2.7.5}$$

式（2.7.5）中不再出现算术平均值 $\overline{x}$ 。在 Excel 软件中，此公式作为 STDEV 函数，系统可以自动进行统计计算。

例如，某天线转台精度实测数据 x_i 折线图如图 2.7.6 所示。

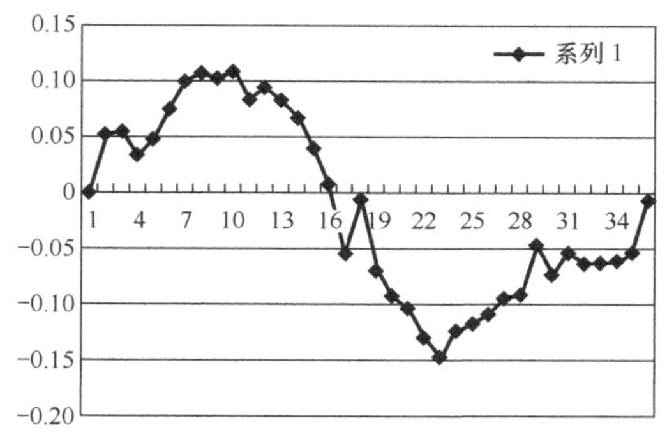

图 2.7.6　数据 x_i 折线图

用 STDEV 函数计算，该转台精度（标准方差）σ=0.080528。

第 3 章
天线电路参数的测量

天线是一种能量变换器。发射天线将发射机输出回路的高频交流电能变为辐射电磁能，即变为空间电磁波。相反，接收天线将定向接收到的空间电磁波变为高频交流电能，馈送给接收机的输入回路。天线的工作与导行波和自由空间波这两种形式的能量相关，天线具有两种特性：空间辐射特性和内部电路特性。空间辐射特性主要包括了方向图、主瓣宽度、旁瓣最大值的相对电平、方向系数、增益、天线有效高度等；电路特性参数包括了天线阻抗、天线噪声温度、频率特性等。本章主要讲述天线在工程应用中常见的性能指标，如表征阻抗特性的电压驻波比、馈线及馈源网络的插入损耗、端口隔离、天线噪声温度、无源互调等。天线的三阶无源互调是移动通信基站天线特别强调的一项指标，所以本书专门设置一节针对性地介绍其测量方法。

3.1 电压驻波比的测量

3.1.1 经典的测量线（开槽线）测量法

在我国 20 世纪 70 年代以前，测量线是微波测量中的常用仪器，不仅可以用来测量传输线上的驻波场分布，还可以测量波长、阻抗、衰减、相位移、Q 值等微波参量。由于它在研究传输线上的驻波场分布时，使用直观方便、具有一定精度且价格低廉，因而曾得到广泛使用。

测量线的基本测量原理是：依据电磁波在传输线传播时，入射波与反射波叠加形成驻波的原理，测量线用来测量传输线上电场强度的驻波图，纵向移动插入于中心槽内的探针，对被测天线的反射信号进行取样，取样信号经晶体检波器检波，将检波得到的 1kHz 的方波信号经选频放大器放大后，直接显示出电压驻波比。

测量时信号源提供由 1kHz 方波信号调制的射频信号，要求其频率、功率可调且稳定可靠，系统中 EH 阻抗调配器是为了满足系统的源驻波比小于或等于 1.05 而设置的，当对应某个频率点后，方可调节 E 面及 H 面的短路活塞位置，同时观察选频放大器指示读数，该读数最大为宜。可变衰减器是用来方便调节功率电平的，且对反射信号有隔离作用。

1. 测量线结构组成

测量线（或开槽线）是一种传输线结构，通常用波导和同轴线制作而成。在传输线（波导或同轴）中心开缝，插入探针，探针和二极管检波器、调谐器相连共同组成测量线，如图 3.1.1 所示。

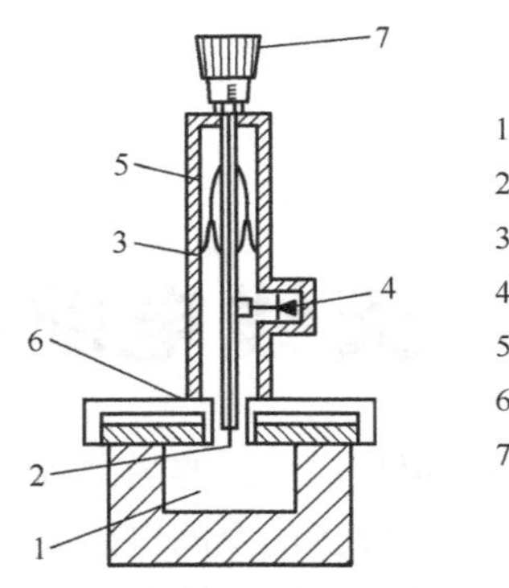

图 3.1.1　测量线结构示意图

测量线基本结构叙述如下。

（1）开槽线：在矩形波导的宽边（上面）正中（或同轴线外导体上面）、平行于波导（或同轴线）的轴线开一条窄缝，由于很少切割电流，因此开槽对波导内的场分布影响很小。

（2）探头部分：包括探针耦合、调谐装置及晶体检波器。金属探针垂直伸入波导（或同轴线）槽缝少许，由于它与电力线平行耦合产生的结果，其大小与该处场强的感应压力成正比，耦合出一部分电磁场能量，经调谐腔体送至晶体检波器检波后输出直流或低频电流，有微安表或测量放大器指示。

（3）机械传动及位置移动装置：探头固定在托架上，依靠齿轮齿条的传动可使探针沿开槽线移动，以便检测相应各点的场分布。探针位置由游标卡尺读数，精度可达 0.05mm，若借助于百分表，精度可达 0.01mm。

（4）测量线的种类

测量线的种类按传输线的结构来分，主要有同轴型和波导型两种，如图 3.1.2 所示。

图 3.1.2　同轴型和波导型测量线

表 3.1.1 列出了上海亚美微波仪器厂有限公司几种典型测量线的性能指标。

表 3.1.1　几种典型测量线的性能指标

产品型号	TC8D	TC21A	TC23	TC25
频率范围	0.5～5GHz	4～8GHz	26.5～40GHz	12.4～18GHz
特性阻抗（Ω）	50	50	—	—
剩余驻波比	≤1.05	≤1.09	≤1.03	≤1.03

续表

产品型号	TC8D	TC21A	TC23	TC25
不平稳度	≤±3%	≤±3%	≤±2.5%	≤±2.5%
有效行程（mm）	320	52	20	50
接头形式	L16-50K	L16-50K	—	—
波导形式	—	—	BJ-320	BJ-140

2. 测量方法及操作步骤

（1）按图 3.1.3 所示连接系统，仪器加电预热。

（2）仪器预调；调整频率到规定值；调整功率电平及测量线调谐机构使电平指示到最大值。

（3）系统校准及验证。

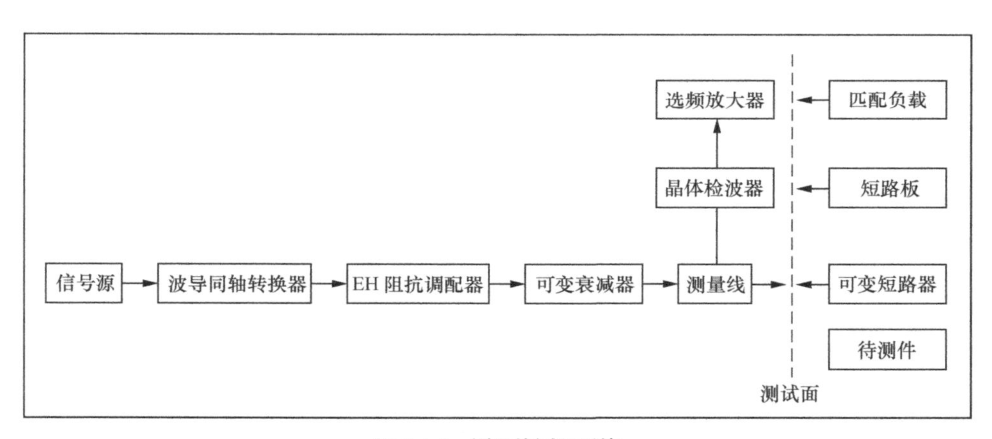

图 3.1.3　测量线测量系统

测量线输出端口接可变短路器或短路板，缓慢移动探针将探针置于波腹点（电平最大值），同时观察选频放大器输出指示是否置于满刻度位，交替调节探针和可变衰减器，使输出指示恰好置于满刻度位为止。

（4）测量波导波长。

测量波导波长是对系统最好的校准及验证，其方法是测量传输线上相邻两个驻波最小点之间的距离为二分之一波导波长，所以有

$$\lambda_g=2\left(D_{\min2}-D_{\min1}\right) \tag{3.1.1}$$

只要精确测得驻波最小点位置，就可测得λ_g，通常用交叉读数法求取 $D_{\min}$，如图 3.1.4 所示。

交叉读数法在最小点附近两边取相等指示度的两点，其位置读数为D_1、D_2，则

$$D_{\min}=\frac{D_1+D_2}{2} \tag{3.1.2}$$

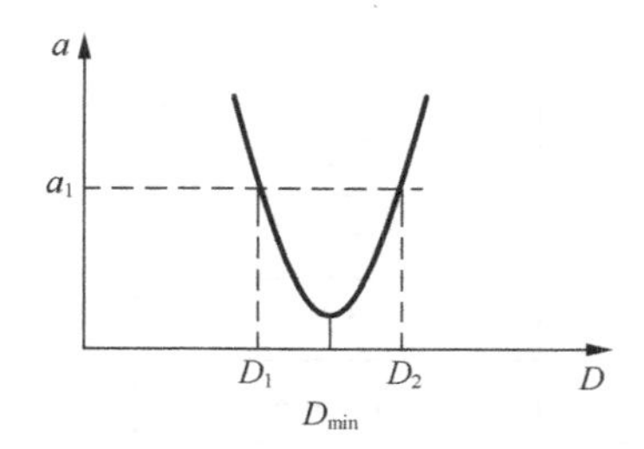

图 3.1.4　交叉读数法示意图

对传输横电磁波的同轴线系统来说，其λ_g为λ，则矩形波导的λ_g为

$$\lambda_g = \frac{\lambda}{\sqrt{1-(\lambda/\lambda_c)^2}} \tag{3.1.3}$$

式（3.1.3）中，λ为无界空间传输时的波长，可用如下简化公式计算。

$$\lambda=299.7765/f\ (f\text{的单位为 MHz}) \tag{3.1.4}$$

λ_c为截止波长，矩形波导中传输主型波 TE10 时，$\lambda_c=2a$，a 为波导宽边尺寸（单位为 mm）。

例：BJ-22 矩形波导，a=109.22mm，f=1500MHz。

λ=299.7765/f=299.7765/1500=199.851（mm）。

λ_g=199.851/0.404=495.08（mm）。

（5）验证：拆去可变短路器，测量线端接匹配负载（全吸收情况）测得驻波系数应小于 1.03（或参考匹配负载的出厂值）。

（6）测量线端接待测天线，移动测量线探针到驻波波腹处，同时观察选频放大器最大指示，同时调整可变衰减器使电表指示为满刻度。继续移动测量线探针到电平最小点，记下选频放大器指示的电压驻波比。

注意：利用开槽测量线进行测量时，测量精度不仅与正确选择测量方法有关，亦与测量线本身误差有直接关系。晶体检波率的变化是一个重要的误差源，通常晶体二极管的检波电流和探针所在处的场强并非线性关系，一般在小信号时为近似平方率，大信号时近似线性。此外，检波率还随环境温度、湿度、时间、振动等的变化而变化。所以对于精确的测量，必须进行平方率检波特性与晶体检波率的校准。

3.1.2　标量网络分析仪测量法

1. 系统组成及测量方框图

由信号源、标量网络分析仪与信号分离器件（定向电桥或定向耦合器）组成标量网络分析仪与反射测量系统。信号分离器件是用来分离传输线上或被测器件端口的入射电压或反射电压的器件。

标量网络分析仪测量系统分单通道反射测量系统和双通道反射测量系统。单通道反射测量系统如图 3.1.5 所示。定向电桥的副臂端口与标量网络分析仪的 A 端相连接，另一端口为测试端口。

图 3.1.6 所示为采用功分器和电桥共同组成的双通道反射测量系统。源信号通过功分器分路，一路到电桥和标量网络分析仪的 A 端组成测试支路；另一路和标量网络分析仪的 R 端相

连组成参考支路。在实际应用中，由于 DUT 不可避免地存在反射，并且合成扫源也存在一定的功率漂移，因此双通道反射测量系统不但能准确测量电桥输入信号的功率电平，而且可以消除信号源功率漂移和波动的影响。

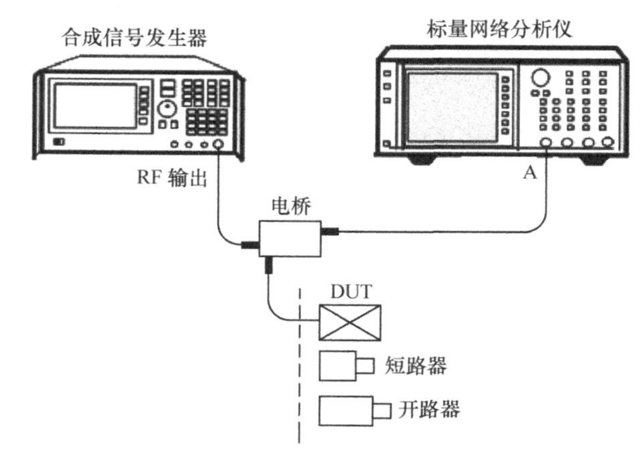

图 3.1.5　单通道反射测量系统

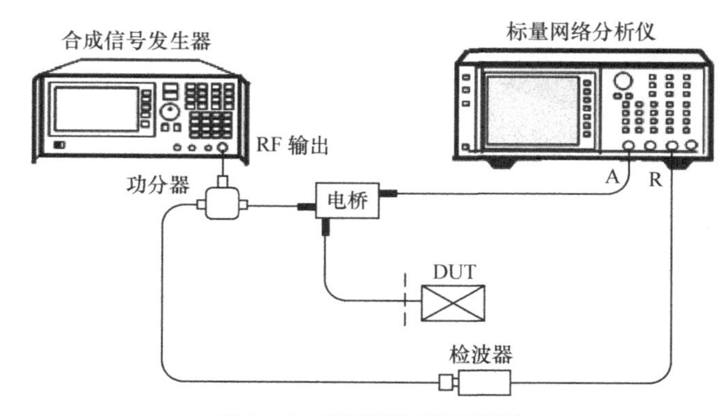

图 3.1.6　双通道反射测量系统

2. 测量步骤

（1）一般步骤

① 系统搭建。

② 短路/开路校准。

③ 进行反射测量。

（2）具体操作步骤

① 实现标量网络分析仪与扫源的正确连接和网络配置。

② 按图 3.1.5 或图 3.1.6 搭建自动标量网络测量系统。

③ 按“复位”→“恢复出厂值”→“确认”，恢复标量网络分析仪默认设置。

④ 按标量网络分析仪“源设置”，设置扫源的扫描方式、起止频率、扫描功率电平等。

⑤ 按“通道”，打开通道 1，设置当前通道为通道 1。

⑥ 按“测量”，设置通道 1 为通道 A/R 测量模式。

⑦ 短路/开路校准，将短路器接到电桥输出，按“校准”→“短路/开路”→“存储短路”，

然后将开路器接到电桥输出，按“校准”→“短路/开路”→“存储开路”。

⑧ 进行反射测量，将 DUT 输入端连接到电桥输出端口，按“显示”→“测量—内存”，系统将显示 DUT 在设定起止频率上的反射特性。

⑨ 按“显示”→“迹线格式 dB SWR”，选择以 SWR 或回波损耗方式显示。

⑩ 按“刻度”→“自动刻度”系统自动将曲线调整到合适的位置。

（3）测量案例

波导定向耦合器的测量系统如图 3.1.7 所示。

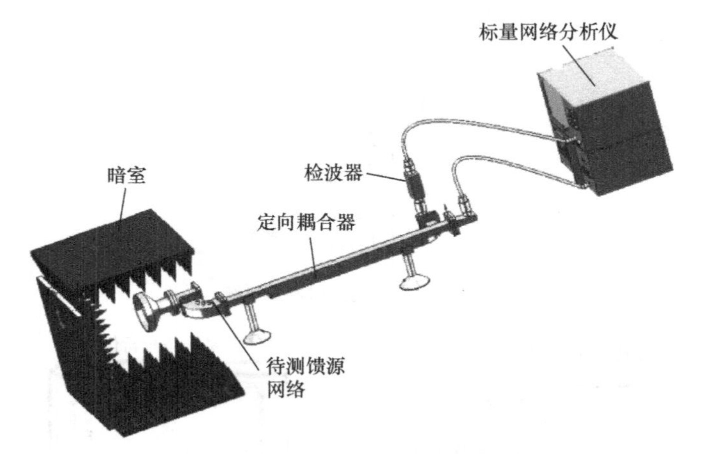

图 3.1.7 波导定向耦合器的测量系统

源信号经同轴电缆及同轴波导转换进入波导定向耦合器主线，经测试端口校准件（短路或开路件）或待测件后，反射信号通过定向耦合器辅臂端口及 A 检波器馈入标量网络分析仪。如果待测件是天线或馈源，在测试中应将其置于无反射的微波暗室中，或在室外将其指向天空，避免周围物体或地面的反射影响测量精度。

3.1.3 矢量网络分析仪测量法

下面以安捷伦科技有限公司E5071C为例介绍移动通信基站天线馈线驻波比（回波损耗）测量步骤。

1. 步骤 1：确定测量条件

（1）预置 E5071C。

按“Preset”（预置）后再按“OK”（确定）。

（2）设置每个通道中的扫描顺序。

在通道中，将每个测试端口按端口号的顺序设置激励端口，并更新每条迹线。

扫描顺序	激励端口	更新的迹线
1	Port 1（端口 1）	S_{11}、S_{21}、S_{31}、S_{41}
2	Port 2（端口 2）	S_{12}、S_{22}、S_{32}、S_{42}
3	Port 3（端口 3）	S_{13}、S_{23}、S_{33}、S_{43}
4	Port 4（端口 4）	S_{14}、S_{24}、S_{34}、S_{44}

（3）将 S 参数设置为 S_{11} 或 S_{22}。

按“Meas”（测量）→S_{11}（S_{22}）。

（4）将数据格式设置为对数幅度格式。

按“Format”（格式）→“Log Mag”（对数幅度）。

（5）设置起始频率和终止频率，如 806～960。

按“Start”后，再依次按 8、0、6、M/m；

按“Stop”后，再依次按 9、6、0、M/m。

使用键盘输入频率单位时，键入“G”表示 GHz，“M”表示 MHz，“k”表示 kHz。

（6）指定每次扫描的测量点数。在本测量示例中，将测量点数设置为 401。

按“Sweep Setup”（扫描设置）→“Points”（点）后，再依次按 4、0、1、x1。

（7）指定信号源的功率电平。在本测量示例中，将功率电平设置为–10 dBm。

按“Sweep Setup”（扫描设置）→“Power”（功率）后，再依次按+/–、1、0、x1。

（8）根据需要，指定接收机的 IF 带宽。在本测量示例中，为降低本底噪声，将 IF 带宽设置为 10 kHz。

按“Avg”（平均）→“IF Bandwidth”（IF 带宽）后，再依次按 1、0、k。

2. 步骤 2：校准

（1）选择适用于该测量电缆的校准套件。在本测量示例中，选择校准套件 85032F。

按“Cal”（校准）→“Cal Kit”（校准套件）→“85032F”。

（2）将校准类型设置为全 2 端口校准（使用测试端口 1 和 2）。

按“Cal”（校准）→“Calibrate”（校准）→“2-Port Cal”（2 端口校准）→“Select Ports -1- 2”（选择端口-1-2）。

（3）将开路标准（包含在校准套件中）连接至测量电缆的另一端（如图 3.1.8 所示，该电缆连接至测试端口 1），然后测量测试端口 1 处的开路校准数据。测量开路校准数据后，将在“Port 1 Open”（端口 1 开路）菜单的左侧显示选中标记。

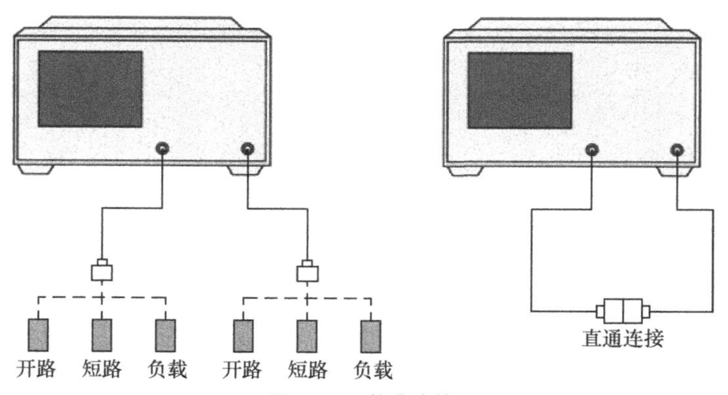

图 3.1.8　校准连接

按“Cal”（校准）→“Calibrate”（校准）→“2 - Port Cal”（2 端口校准）→“Reflection”（反射）→“Port1 Open”（端口 1 开路）。

（4）使用同样的方法，测量测试端口 1 处短路/负载标准的校准数据。

使用与上述相同的方法，测量测试端口 2 处开路/短路/负载标准的校准数据。

3. 步骤 3：测试

（1）连接电缆测试一端到矢量网络分析仪端口 1，另一端连接宽带匹配负载，矢量网络分析仪显示测试结果。

（2）调出标记菜单，鼠标指针单击标记搜索，在标记搜索对话框内，搜索典型最大值，并单击执行及 OK。

（3）测试结果界面如图 3.1.9 所示。

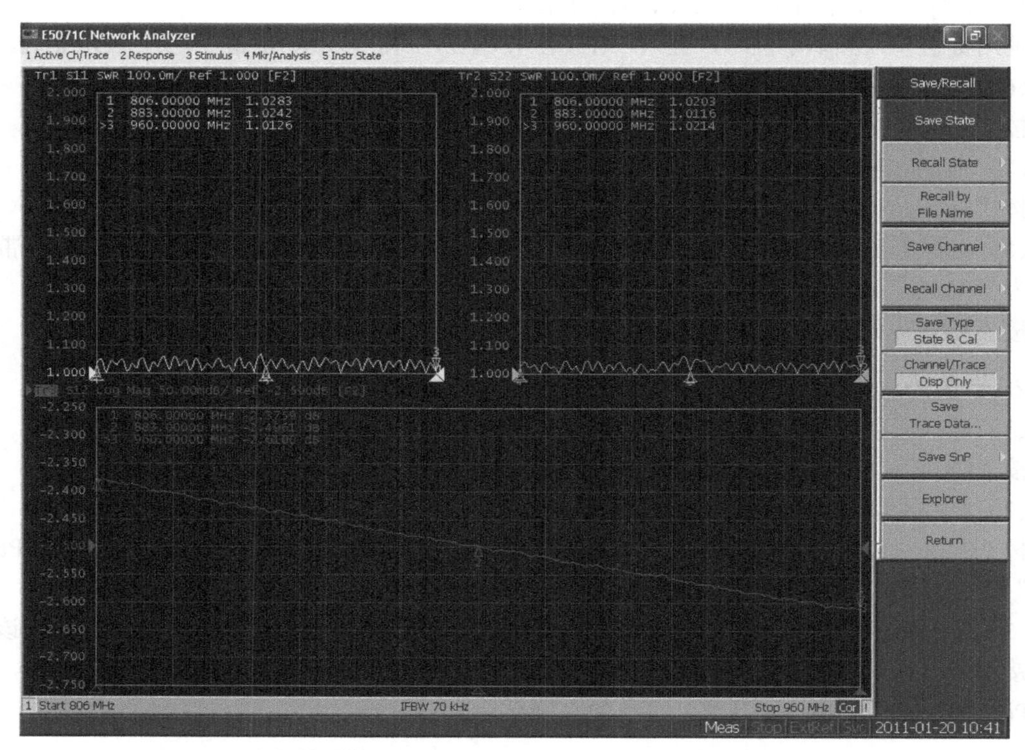

图 3.1.9　天线馈线驻波比测量结果界面（上半部分两个窗口显示的结果）

3.2　衰减测量

精确的衰减测量是 RF 或微波电路器件特性测量的重要部分。例如，天线系统的衰减测量或称损耗测量。设计者需要知道发射机到天线的功率损耗、接收机的噪声系数及系统误码率等，为此一个精确的衰减测量系统及测量技术是非常重要的。

3.2.1　衰减测量基本原理

基于传输测量原理的衰减或损耗测量原理框图如图 3.2.1 所示。当反射系数Γ_G的信号发生器直接与反射系数Γ_L的负载相连接时，耗散在负载上的功率由 P_1 表示。现在如果将一个双端口网络同样连接在信号发生器和负载之间，则令耗散在负载上的功率减小为 P_2。这个双端口网络用分贝表示的插入损耗由式（3.2.1）定义。

$$L\text{（dB）}=10\lg\text{（}P_1/P_2\text{）}\qquad(3.2.1)$$

此时的衰减定义为反射系数Γ_G和Γ_L均为 0 的插入损耗。

注意：插入损耗与Γ_G和Γ_L直接相关，也就是仅与双端口网络的衰减有关，如果信号发生器和负载在衰减测量中不是理想匹配，则会产生测试误差，也叫失配误差，它由插入损耗和衰减之间的差决定。因此：

$$失配误差（M）=L-A \tag{3.2.2}$$

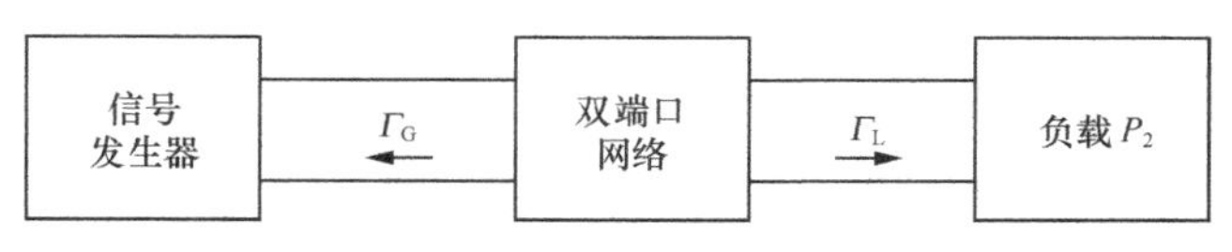

图 3.2.1　插入损耗原理框图

图 3.2.2 所示为在信号源和负载之间一个双端口网络的信号流图，其中，S_{11}是当输出端口理想匹配时，从输出端口看进去的电压反射系数；S_{22}是当输入端口理想匹配时，向输出端口看进去的电压反射系数。其中，S_{11}是在端口 2 匹配状况下端口 1 的反射系数；S_{22}是在端口 1 匹配状况下端口 2 的反射系数，S_{12}是在端口 1 匹配情况下的反向传输系数，S_{21}是在端口 2 匹配情况下的正向传输系数。根据以上分析，插入损耗由式（3.2.3）给出

$$L=201\text{g}\frac{\left|(1-\Gamma_G S_{11})(1-\Gamma_L S_{22})-\Gamma_L\Gamma_G S_{12}S_{21}\right|}{\left|S_{21}\right|-\left|1-\Gamma_G\Gamma_L\right|} \tag{3.2.3}$$

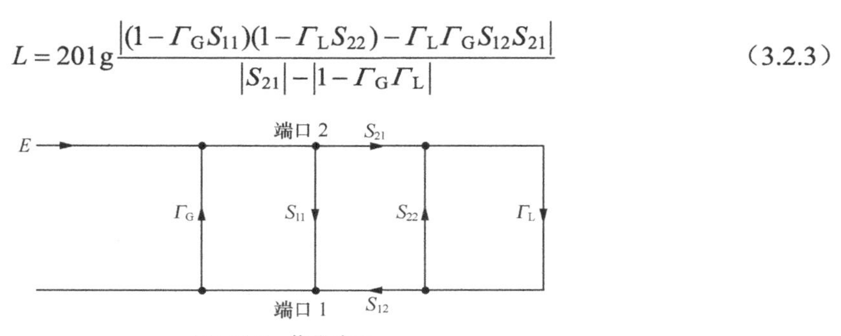

图 3.2.2　信号流图

不难看出，插入损耗除与双端口网络的 S 参数有关外，还与Γ_G和Γ_L有关。当Γ_G和Γ_L相匹配（$\Gamma_G=\Gamma_L=0$）时，式（3.2.3）可简化为

$$A=201\text{g}\frac{1}{\left|S_{21}\right|} \tag{3.2.4}$$

在这里 A 为衰减（dB）。

由式（3.2.2）可知，M 是式（3.2.3）和式（3.2.4）之差：

$$M=201\text{g}\frac{\left|(1-\Gamma_G S_{11})(1-\Gamma_L S_{22})-\Gamma_G\Gamma_L S_{12}S_{21}\right|}{\left|1-\Gamma_G\Gamma_L\right|} \tag{3.2.5}$$

要确定失配因子 M 的大小，不仅要知道Γ_G和Γ_L的模值，而且还要知道它们幅角的相位关系。在很难测定它们幅角的情况下，只能估计所规定的限度之内，它们造成的误差即最大与最小权限值，见式（3.2.6）。

$$M(\text{limit})=201\text{g}\frac{1\pm(\left|\Gamma_G S_{11}\right|+\left|\Gamma_L S_{22}\right|+\left|\Gamma_G\Gamma_L S_{11}S_{22}\right|+\left|\Gamma_G\Gamma_L S_{12}S_{21}\right|}{1\mp\left|\Gamma_G\Gamma_L\right|} \tag{3.2.6}$$

如果双端口网络是可变衰减器，失配权限值用式（3.2.7）表示。

$$M(\text{limit}) = 20\lg \frac{1 \pm (|\Gamma_G S_{11e}| + |\Gamma_L S_{22e}| + |\Gamma_G \Gamma_L S_{11e} S_{22e}| + |\Gamma_G \Gamma_L S_{12e} S_{21e}|}{1 \mp (|\Gamma_G S_{11b}| + |\Gamma_L S_{22b}| + |\Gamma_G \Gamma_L S_{11e} S_{22b}| + |\Gamma_G \Gamma_L S_{12b} S_{21b}|} \quad (3.2.7)$$

式（3.2.7）中，b 表示衰减器为 0 或置于初始位（剩余衰减），e 表示衰减器在增量调节中。

3.2.2 网络分析仪的传输测量法

依据功率比值、电压比值及中频、射频替代法等的原理建立的传输测量系统，目前最为广泛应用的是网络分析仪组成的测量系统。它具有频率覆盖范围宽、测量动态范围大、测量速度快、测量精度高等特点。下面以采用安捷伦 E5071C 矢量网络分析仪测量移动通信基站天线馈线为例，介绍测量方法及步骤。

1. 步骤 1：确定测量条件

（1）预置 E5071C。

按“Preset”（预置）后，再按“OK”（确定）。

（2）将 S 参数设置为 S_{21}。

按“Meas”（测量）→S_{21}。

（3）测量反向传输特性时，请将 S 参数设置为 S_{12}。

（4）将数据格式设置为对数幅度格式。

按“Format”（格式）→“Log Mag”（对数幅度）。

（5）设置待测件（馈线）的起始频率和终止频率。

按“Start”（起始）后，再依次按 8、0、6、M/m；按“Stop”（终止）后，再依次按 9、6、0、M/m。

（6）用键盘输入频率单位时，“G”表示 GHz，“M”表示 MHz，而“k”表示 kHz。

（7）指定每次扫描的测量点数。在本测量示例中，将测量点数设置为 401。

按“Sweep Setup”（扫描设置）→“Points”（点）后，再依次按 4、0、1、x1。

（8）指定信号源的功率电平。在本测量示例中，将功率电平设置为–10 dBm。

按“Sweep Setup”（扫描设置）→“Power”（功率）后，再依次按+/–、1、0、x1。

（9）根据需要，指定接收机的 IF 带宽。在本示例中，为降低本底噪声，将 IF 设置为 10 kHz。

按“Avg”（平均）→“IF Bandwidth”（IF 带宽）后，再依次按 1、0、k。

2. 步骤 2：校准

要打开误差校正，请将校准类型设置为全 2 端口校准，然后测量校准数据。

（1）选择适用于该测量电缆的校准套件。在本测量示例中，选择校准套件 85032F。

按“Cal”（校准）→“Cal Kit”（校准套件）→“85032F”。

（2）将校准类型设置为全 2 端口校准（使用测试端口 1 和 2）。

按“Cal”（校准）→“Calibrate”（校准）→“2-Port Cal”（2 端口校准）→“Select Ports -1-2”（选择端口-1-2）。

（3）如图 3.2.3 所示，连接测量电缆之间的直通标准（包含在校准套件中），然后测量直通校准数据。测量直通校准数据后，将在“Port 1-2 Thru”（端口 1-2 直通）按钮的左侧显示选中标记。

按“Cal”（校准）→“Calibrate”（校准）→“2-Port Cal”（2 端口校准）→“Transmission”（传输）→“Port 1-2 Thru”（端口 1-2 直通）。

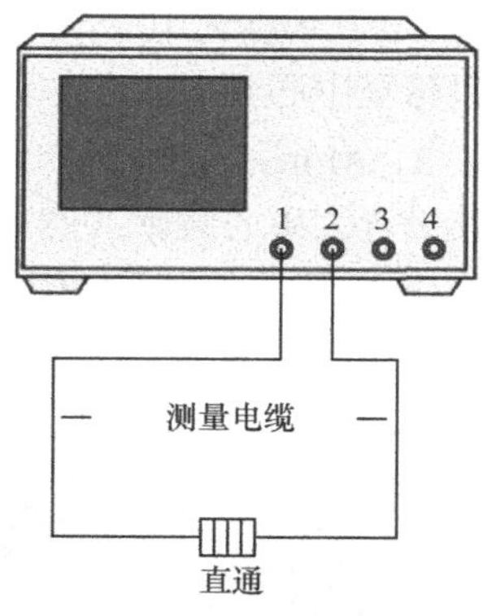

图 3.2.3　直通校准

（4）完成全 2 端口校准测量。根据获得的校准数据计算校准因数，打开误差校正。

按“Cal”（校准）→“Calibrate”（校准）→“2-Port Cal”（2 端口校准）→“Done”（完成）。

（5）在保存校准因数（根据校准数据计算）之前，先选择数据的保存类型。

按“Save/Recall”（保存/调用）→“Save Type”（保存类型）→“State & Cal”（状态和校准）。

（6）将校准文件存储至 E5071C 的磁盘中。以下操作中出现的符号“X”表示保存文件时要使用的分配编号。

按“Save/Recall”（保存/调用）→“Save Type”（保存类型）→“State 0X”（状态 0X）。

3. 步骤 3：连接被测设备（DUT）

（1）将 DUT 与 E5071C 相连，如图 3.2.4 所示。

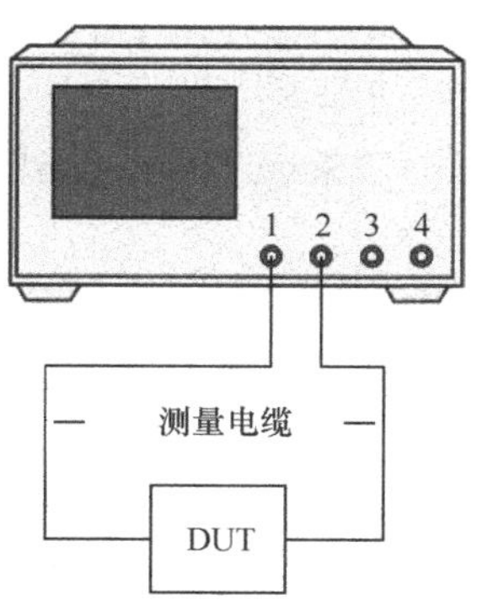

图 3.2.4　连接 DUT

（2）通过执行自动定标来设置适当的刻度。

按“Scale”（刻度）→“Auto Scale”（自动定标）。

还可以在“Scale/Div”（刻度/分度）按钮、“Reference Position”（参考位置）按钮和“Reference Value”（参考值）按钮中输入任意值以调整刻度。

4. 步骤 4：分析测量结果

本部分介绍使用标记功能读取天线馈线损耗的方法。

（1）显示标记。

按“Marker”（标记）→“Marker 1”（标记 1）

（2）使用下列方法之一，将标记移至中心频率。

（3）在输入栏中，依次按 8、8、3、M/m。

（4）转动前面板上的旋钮，将其设置为中心频率（883 MHz）。

（5）读取显示的标记值，如图 3.2.5 所示。在本示例中，响应值表示低、中、高 3 个频点的损耗值。由图可见，随着频率升高，馈线衰减逐渐增大。

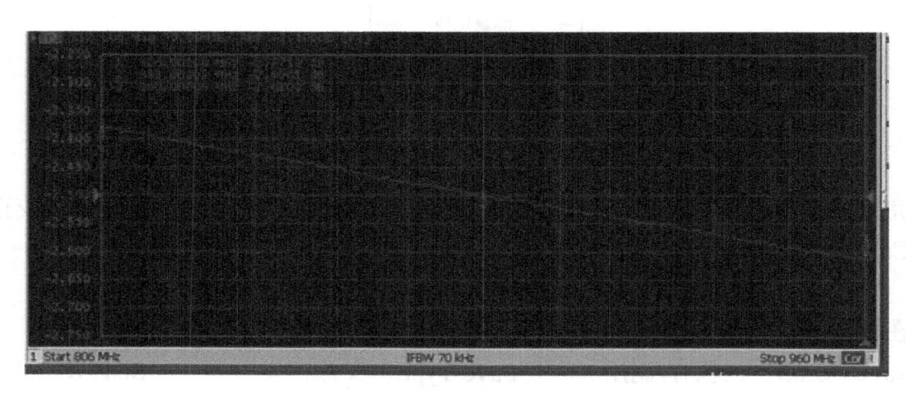

图 3.2.5 天线馈线损耗测量结果界面

5. 步骤 5：输出测量结果（保存）

不仅可以将内部数据保存到磁盘中，还可以将测量结果（如迹线数据和显示屏上的内容）保存到磁盘中。

（1）以 CSV 格式保存迹线数据。

可以将迹线数据以 CSV 文件格式（扩展名：.csv）保存到 E5071C 的磁盘中。由于要保存的 CVS 格式的数据是文本文件，因此可以使用 Excel 来分析数据。

按以下步骤保存迹线数据：

按“Save/Recall”（保存/调用）→“Save Trace Data”（保存迹线数据）。

（2）保存显示屏上的内容。

可以将显示在 E5071C 屏幕中的内容以下列格式保存到 E5071C 的磁盘中：Windows 位图文件格式（扩展名：.bmp）或可移植的网络图形格式（扩展名：.png）。

按以下步骤保存显示屏上的内容：

按“System”（系统）→“Dump Screen Image”（转储屏幕图像）。

保存存储在易失性存储器（剪贴板）中的 LCD 中的图像[按下“Capture/System”（捕获/系统）键时显示 LCD 中的图像]。

3.2.3 网络分析仪的反射测量法

1. 测量系统配置

采用网络分析仪的反射法测量衰减或损耗的系统组成如图 3.2.6 所示，该系统主要由标量网络分析仪、测试桥和短路活塞等构成。其中，端口 1 为测试桥的信号输入端，端口 2 为反射信号检测端，端口 3 为测试桥的信号输出端，短路活塞是一个能够提供移动短路面的器件。

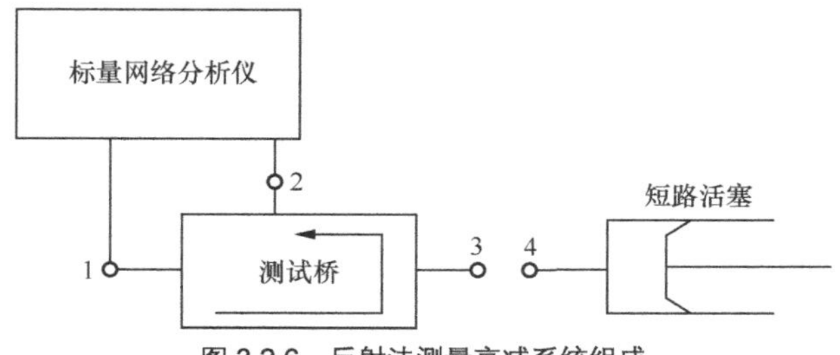

图 3.2.6　反射法测量衰减系统组成

2. 系统的定标

在测试之前应先对系统进行定标，如果测试桥匹配良好，可以直接对端口 3 采用开路定标，如果测试桥匹配一般或者不太理想，需要利用短路活塞进行定标，方法是将测试桥的端口 3 与短路活塞端口 4 相连，设测试桥端口 1 的输入信号为 E_0，测试桥与系统不匹配带来的反射为 R_0，当连续移动短路活塞位置时，在测试桥的端口 2 上将检测到最大反射信号 $P_{\max0}$（分贝值）和最小反射信号 $P_{\min0}$（分贝值），它们可以分别表示为

$$P_{\max0}=20\lg(E_0+R_0) \tag{3.2.8}$$

$$P_{\min0}=20\lg(E_0-R_0) \tag{3.2.9}$$

由式（3.2.8）和式（3.2.9）可以得到

$$E_0=\frac{10^{\frac{P_{\max0}}{20}}+10^{\frac{P_{\min0}}{20}}}{2} \tag{3.2.10}$$

这样一来，我们通过移动短路活塞的方法，就得到了测试桥匹配一般或者不太理想的情况下的系统定标值 E_0。

3. 损耗的测量

在系统定标后，将待测天线馈线或网络插入图 3.2.6 所示系统中的端口 3 与端口 4 间。

将被测件接入系统，由于被测件匹配一般，需要利用短路活塞进行测量，设接入被测件后系统不匹配带来的反射为 R_1，当连续移动短路活塞位置时，在测试桥的端口 2 上将检测到最大反射信号 $P_{\max1}$（分贝值）和最小反射信号 $P_{\min1}$（分贝值），它们可以分别表示为

$$P_{\max1}=20\lg(E_r+R_1) \tag{3.2.11}$$

$$P_{\min1}=20\lg(E_r-R_1) \tag{3.2.12}$$

式（3.2.11）和式（3.2.12）中，E_r 为输入信号 E_0 经过被测件往返两次损耗后的信号值，由此我们可以得到

$$E_r=\frac{10^{\frac{P_{\max1}}{20}}+10^{\frac{P_{\min1}}{20}}}{2} \tag{3.2.13}$$

所以被测件的损耗 L 可以表示为

$$L=\frac{1}{2}\times 20\lg\left(\frac{E_r}{E_0}\right) \tag{3.2.14}$$

将式（3.2.10）和式（3.2.13）代入式（3.2.14）可得

$$L=10\lg\left(\frac{10^{\frac{P_{\max 1}}{20}}+10^{\frac{P_{\min 1}}{20}}}{10^{\frac{P_{\max 0}}{20}}+10^{\frac{P_{\min 0}}{20}}}\right) \tag{3.2.15}$$

式（3.2.15）中，如果测试桥与系统匹配良好，则有 $P_{\max0}=P_{\min0}$，而 E_0 可以采用直接定标归一化，即

$$E_0=10^{\frac{P_{\max 0}}{20}}=10^{\frac{P_{\min 0}}{20}}=1 \tag{3.2.16}$$

此时，被测件的损耗 L 可以表示为

$$L=10\lg\left(\frac{10^{\frac{P_{\max 1}}{20}}+10^{\frac{P_{\min 1}}{20}}}{2}\right) \tag{3.2.17}$$

已知

$$\frac{10^x+10^y}{2}\approx 10^{\frac{x+y}{2}}, \quad x,y<<1 \tag{3.2.18}$$

所以被测件的损耗 L 可以简化为

$$L=\frac{P_{\max 1}+P_{\min 1}}{4} \tag{3.2.19}$$

当测试桥与系统匹配良好时，连续移动短路活塞位置，在测试桥的端口 2 上检测到最大反射信号 $P_{\max1}$=−0.7dB，最小反射信号 $P_{\min1}$=−0.1dB，利用式（3.2.17）计算可得到被测件的损耗 L=−0.197dB，利用式（3.2.19）计算可得到被测件的损耗 L=−0.2dB，两者误差很小。

3.3 天线噪声温度的测量

3.3.1 测量目的

天线噪声温度是影响接收系统噪声温度的因素之一，是衡量接收微弱信号的一个重要参数。在射电天文和卫星通信、卫星电视遥测遥控等系统中，天线噪声温度是一个很重要的参数，因为天线、地面和天空的背景噪声对总的系统噪声都有影响，这一系统噪声最终确定了对系统信噪比的限制。在模拟终端，信噪比（S/N）下降会影响图像质量，载噪比（C/N）下降则会使误码率（P_e）增加。所以在进行系统设计时必须对系统噪声进行研究、测量，减小系统噪声。

3.3.2 天线噪声温度的估算

在微波频率范围，地面大约有 300K 的等效温度，对天顶（竖直向上，与地面垂直）观

察时，天空温度大约为 5K，而沿地平线观察时则在 100K～150K。

进入天线的噪声主要来自银河系的宇宙噪声和大地大气层的热噪声。天线噪声温度恒定部分主要由以下因素组成。

宇宙背景的微波辐射，其数值约为 2.8K；地面辐射所造成的噪声，由于天线辐射方向图的旁瓣特性，此影响随着天线仰角的变化而略有变化，仰角越高，噪声温度越小，来自此噪声源的数值预期为 4K～6K；天线系统欧姆损耗所产生的噪声，此分量预期为 3K～4K。

天线噪声温度近似计算公式为

$$T_A=T_C+T_m（1-\beta_0^{EL}）\tag{3.3.1}$$

式（3.3.1）中，T_A 为天线噪声温度，单位为 K；T_C 为天线噪声温度恒定部分；T_m 为吸收介质的平均辐射温度；β_0 为天顶方向的大气传输系数；EL 为天线仰角。

显然，只要确定了恒定部分 T_C 和大气传输系数 β_0，就可简单计算出天线在不同仰角的噪声温度。表 3.3.1 给出了在天顶方向（EL=90°）上不同天线口径的 T_C 和 β_0 的典型测量值。

表 3.3.1　　天顶方向 T_C 和 β_0 的典型测量值

频率（GHz）	天线直径（m）	T_C（K）	β_0
11.75	10	8.3	0.9858
11.45	18.3	7.3	0.988
17.60	10	8.3	0.9738
18.40	13	9.3	0.940
31.65	10	11.5	0.934
18.75	11.5	4.5	0.970

卫星通信地面站天线一般工作于 C 频段或 Ku 频段，通过大量实验数据研究分析，总结出天线噪声温度近似计算公式如下。

$$C：T_A=87.09（EL）^{-0.39}\tag{3.3.2}$$

$$Ku：T_A=88.34（EL）^{-0.19}\tag{3.3.3}$$

图 3.3.1 给出了 C 频段和 Ku 频段地面站天线噪声温度曲线。

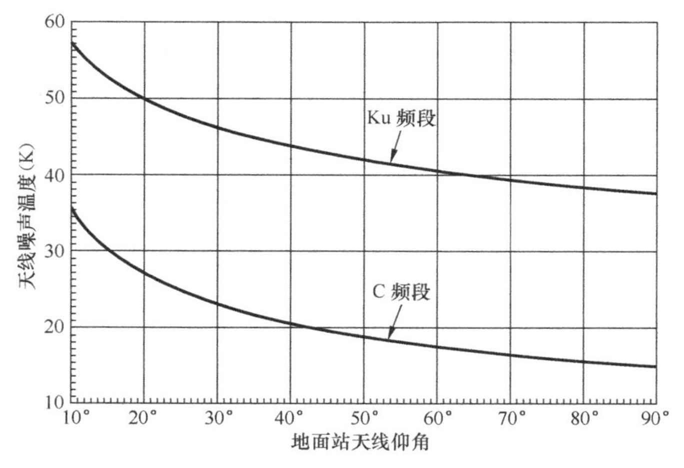

图 3.3.1　C 频段和 Ku 频段地面站天线噪声温度曲线

3.3.3 Y因子法测量原理

系统噪声温度测量原理采用Y因子法，其定义为

$$Y=\frac{\text{LNA接常温负载时的噪声功率}}{\text{LNA接天线且指向冷空时的噪声功率}} \tag{3.3.4}$$

即

$$Y=\frac{T_{\mathrm{LNA}}+T_0}{T_{\mathrm{LNA}}+T_{\mathrm{A}}} \tag{3.3.5}$$

则天馈系统噪声温度为

$$T_{\mathrm{A}}=\frac{T_{\mathrm{LNA}}+T_0}{Y}-T_{\mathrm{LNA}} \tag{3.3.6}$$

式（3.3.6）中，T_0为常温负载的噪声温度（$T_0=273+T_c$）；T_{LNA}为接收机系统的噪声温度；T_{A}为天馈系统的噪声温度。

考虑到天线馈源网络（双工器、滤波器、馈线等）的插入损耗L引起的噪声温度，接收系统的噪声温度T_{SYS}为

$$T_{\mathrm{SYS}}=\frac{T_{\mathrm{A}}}{L}+\left(1-\frac{1}{L}\right)T_0+T_{\mathrm{LNA}} \tag{3.3.7}$$

令馈源网络损耗为T_{f}，则式（3.3.7）可简化为

$$T_{\mathrm{SYS}}=T_{\mathrm{A}}+T_{\mathrm{f}}+T_{\mathrm{LNA}} \tag{3.3.8}$$

由式（3.3.8）不难看出，T_{f}和T_{LNA}可通过测量得到，同时，也可计算出接收系统G/T值。

3.3.4 测量系统及步骤

1. 测量系统

天线噪声温度测量系统主要由待测天线、波导开关（或同轴开关）、常温负载、低噪声放大器（LNA）及频谱分析仪（或网络分析仪）等构成。低噪声放大器的噪声系数（NF）或噪声温度（T_{R}）必须预先标校，且精确，其框图如图3.3.2所示。

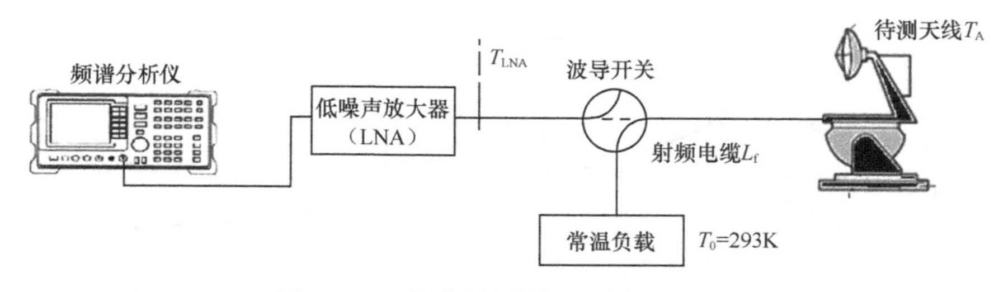

图3.3.2 天线噪声温度测量系统框图

2. 测量步骤

若天线$D=2.4\mathrm{m}$，$f=12.5\mathrm{GHz}$，$T_{\mathrm{LNA}}=59\mathrm{K}$，$T_0=273+20=293\mathrm{K}$，则其测量步骤如下。

① 按图3.3.2连接测量系统，加电预热（通常半小时），仪器良好运行。

② 频谱分析仪设置：频率、参考电平、中频与视频带宽、扫描时间等。

③ 驱动转台俯仰轴，待测天线按照规定仰角设置，如 EL=5°。

④ 开关置于常温负载，观测频谱分析仪稳定后的电平显示值：P_1=–66dBm。

⑤ 开关旋转到天线，同样状态下记录电平显示值：P_2=–69.1dBm。

⑥ 计算 Y 因子真值：$Y=10^{(P_1-P_2)/10}=2.04$。

⑦ 依据式（3.3.6）计算天线噪声温度：T_A=（293+59）/2.04–59=113.55。

⑧ 依次改变天线仰角（如 10°、20°、40°等）重复步骤③～步骤⑤。

⑨ 固定天线仰角，依次改变频率（通常选取要求频段内的高、中、低 3 个频点），重复步骤③～步骤⑤。

⑩ 依据式（3.3.6）计算 3 个频点在不同天线仰角下的 T_A。

其测量结果如表 3.3.2 所示。

表 3.3.2　天线噪声温度案例测量结果

		P_1(dBm)	P_2(dBm)	Δ (dB)	Δ (真值)	T_A(K)
天线仰角	5°	–66.0	–69.1	3.1	2.04	113.55
	40°	–66.0	–71.7	5.7	3.72	35.62

建议：

低噪声放大器是精确测量天线噪声温度的关键器件，建议使用波导输入端口的 LNB（高频头），在 C 频段、Ku 频段、Ka 频段，目前市场上有标准产品，并将卫星下行频率下变频到 L 频段（950～1450MHz、950～1950MHz）；在 S、L、VHF、UHF 等较低的频段，LNA 基本是同轴接口，连接天线与 LNA 的射频电缆尽量要短，以便使损耗更低。

3.3.5　如何提高天线噪声温度的测量精度

要想提高天线噪声温度的测量精度，要注意以下几点。

（1）尽量采用低噪声、高增益的放大器（如 LNA）。

（2）高灵敏度、高分辨率的接收机，推荐采用频谱分析仪或矢量网络分析仪。

（3）要按照标准精确地校准（标校）低噪声放大器（LNA）的噪声温度，对于 T_{LNA}=40K，相对误差±1K，会引起 5%的误差。

（4）测量采用常温负载，其天线噪声温度的相对误差取决于环境温度的测量误差。假定环境温度为 30℃，环境温度测量误差为 0.5℃，引入误差为 0.17%，仅以上两项可引入天线系统的均方根误差为

$$\Delta T_S=4.343\sqrt{0.05^2+0.0017^2}=0.22 \tag{3.3.9}$$

假定所测 Y 因子大小约 5dB，则

$$\frac{\Delta Y_0}{Y_0}=\frac{0.22}{3.16}=0.07(\pm 0.3\text{dB}) \tag{3.3.10}$$

3.4 无源互调测量

3.4.1 无源互调概念

1. 无源互调的定义

当有多个不同频率的信号加到非线性器件上时，非线性变换将产生许多组合频率信号，其中的一部分信号可能会落到接收机通带内，并对有用信号产生干扰，这种干扰称为互调干扰。

随着移动通信的高功率、多通道的发展，一种新的电磁干扰源——无源互调（PIM）已作为天线的重要性能指标出现。无源互调是指两个或更多个频率信号混合输入大功率无源器件中，产生幅度不等的新的频率成分，落入接收机通带内，对有用信号产生干扰。

2. 无源互调的危害

天线的互调主要是三阶互调的影响，该干扰信号使得移动通信基站的覆盖范围减小、通信信号丢失、话音质量下降、系统容量受限等。

3. 无源互调是如何产生的

无源器件包括天线、射频馈线、连接件、双工器、滤波器、避雷器、射频终端负载、定向耦合器及衰减器等。

天线中互调产生的原因主要是天线使用了具有磁滞特性的铁磁材料，以及所用材料不纯、连接件问题等，详见图 3.4.1。

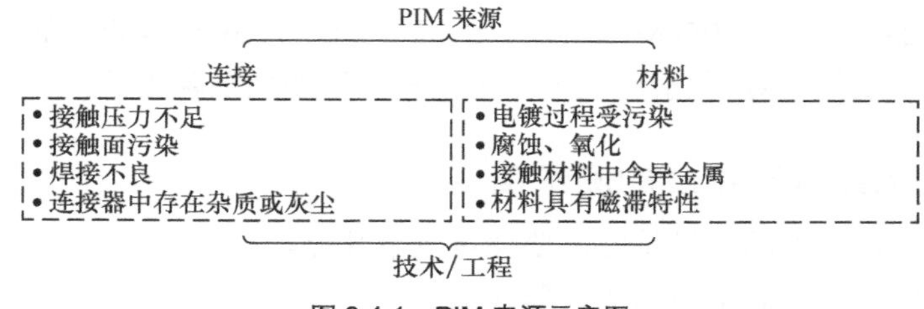

图 3.4.1 PIM 来源示意图

4. 互调失真产生机理

两个载波信号经过非线性网络产生互调失真频率，如图 3.4.2 所示。

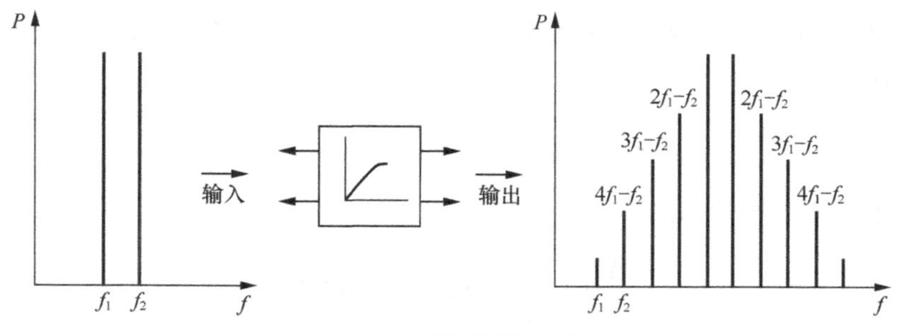

图 3.4.2 互调失真频率示意图

三阶互调失真信号示意图如图 3.4.3 所示。

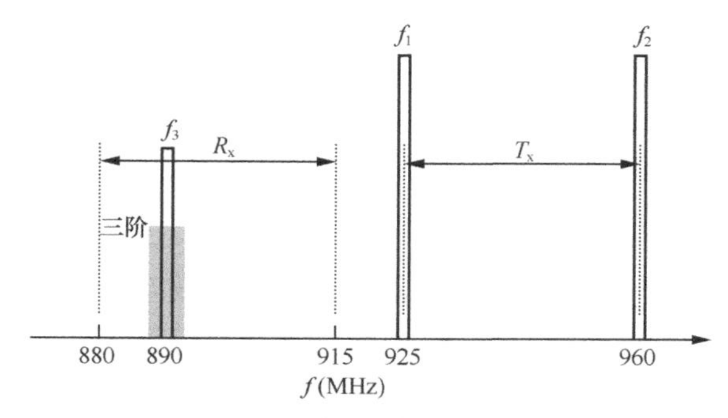

图 3.4.3　三阶互调失真信号示意图

$$f_1=925\text{MHz}$$
$$f_2=960\text{MHz}$$
$$2f_1-f_2=(925\times2)-960=1850-960=890\text{（MHz）}$$

3.4.2　无源互调分析仪介绍

基于等幅双频测试原理的无源互调分析仪被广泛用于移动通信基站天线的测量中，现以 SummiteK 和 Rosenberger 系列互调分析仪为例进行介绍。

1. SummiteK 系列互调分析仪主要技术指标

（1）主机频段划分见表 3.4.1。

表 3.4.1　主机频段划分

型号	电信标准	传输（下行）带宽（MHz）	接收（上行）带宽（MHz）
SI-400D	VHF/TETRA/Public Safety	150～500	150～500
SI-700D/L SI-700D/U	700 MHz Band: Lower and Upper	728～757	L:710～716 U:776～786
SI-800D	NADC/AMPS	869～894	824～849
SI-900D	GSM	935～960	890～915
SI-1800D	DCS 1800	1805～1880	1710～1785
SI-1900D	PCS 1900	1930～1990	1850～1910
SI-2000D	UMTS-FDD	2110～2170	1920～1980
SI-2600D	UMTS2/BRS-EBS	2620～2695	2545～2580
SI-3500D	Wireless IP/WiMAX	3510～3594	3410～3484
带有选键 E 的测量系统			
SI-900D (E)	EGSM	925～960	880～915
SI-2000D (E)	UMTS Extended Receive Band	2110～2170	1965～2060

（2）发射机的主要性能指标。

① 发射功率：+20～+43dBm。

② 频率增量：200kHz。

③ 频率精度：典型值±（2×10^{-6}～5×10^{-6}）。

④ 反向功率保护：典型值 65W。

（3）接收机（端口 1，2）的主要性能指标。

① 噪声电平：–140dBm。

② 动态范围：75dB。

2. 互调分析仪工作原理框图及配置

图 3.4.4 和图 3.4.5 所示为 SummiteK 和 Rosenberger 两款互调分析仪的工作原理框图，由图中不难看出它们共同的原理：两台合成信号源给出幅度相等的具有一定频率间隔的两个载波信号（如 f_1=935MHz，f_2=960MHz），两路信号经过功率放大器被放大，再通过合路器、定向耦合器、双工器等到达测试端口。定向耦合器取样参考信号，双工器作为信号分离器件，既可以传输测试信号给待测件，又可以将待测件产生的互调信号分离馈送给接收机。

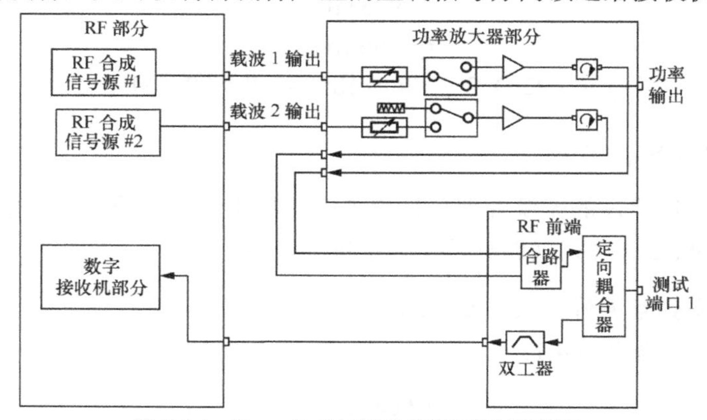

图 3.4.4 SummiteK 互调分析仪工作原理框图

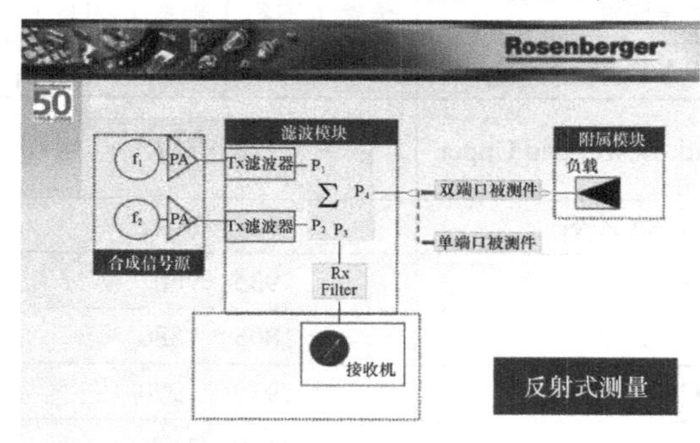

（a）便携式互调分析仪原理图

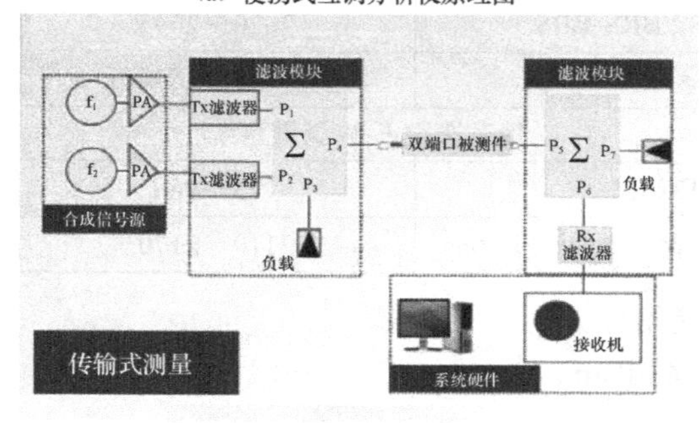

（b）互调分析仪原理图

图 3.4.5 Rosenberger 互调分析仪工作原理图

3.4.3　测量系统安装

互调测量应使用对应频段的“无源互调分析仪”进行测试，将分析仪置于测量“反射式互调”状态，建议使用“扫频”测试。在双极化天线测量时，另一端口接入一个低互调负载。

系统安装连接按图 3.4.6 所示进行，安装连接完毕后仪器开始预热，时间至少为 15 min。

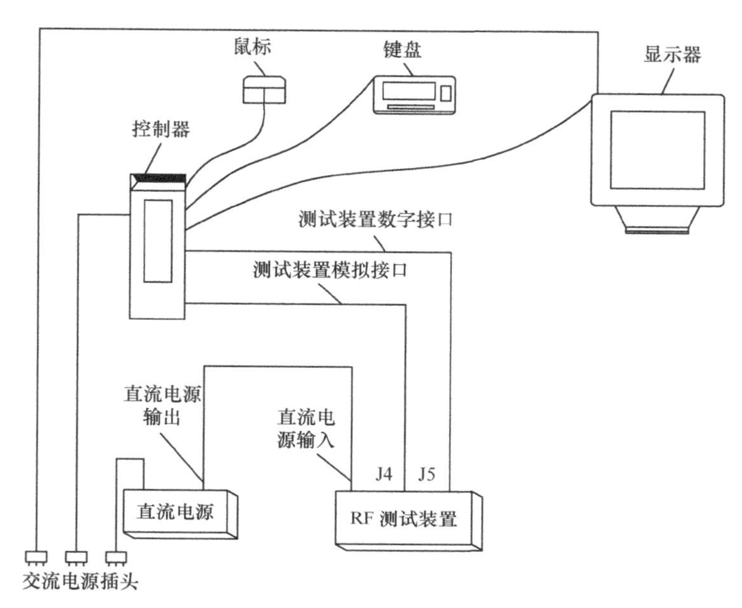

图 3.4.6　系统安装连接

3.4.4　校准

（1）使用功率计验证每路载波。在仪器的校验端口验证功率波动在±1dB 以内；或每个通道都是 20W。此项验证在每次功率重新设置和每次更换电缆时都必须进行。如果测试要求为−110dBm，仪器必须在接标准负载情况下，测试值低于−120dBm（即标准负载值需要在−10dB 以上）。

（2）调节仪器单路载波的功率，使功率计读数为 20W±0.5W。如果无法达到 20W，则尽量调节仪器的输出功率到最大值，每路载波至少要大于 16W。

（3）设置生产模式界面（点频测试）。打开电源、显示器及“Passive IM Analyzer”图标，选择生产模式界面，并用鼠标双击屏幕左下角的“Program Set”，打开生产模式测试设置窗口。

3.4.5　测量步骤

（1）待测天线必须安装在一个无反射的自由空间或模拟自由空间（无回波室），如图 3.4.7 所示。测量设备与测量人员远离其中，待测天线距吸波材料有一定距离，确保吸波材料感应回波不产生互调。同时还要保证吸波体间相同极化间隙不产生泄露。

（2）确保射频电缆剩余互调小于待测天线的互调值。这可以通过在电缆一端接一个低互调负载，在所需的形变范围内移动电缆而测得。

（3）要用低损耗射频电缆。当电缆损耗超过 1dB 时，无源互调测量误差显著增大。

（4）接收机门限电平应小于–135dBm。

（5）连接被测天线和电缆时应使用 N 型或 7/16 型扭力扳手，保证接触可靠。

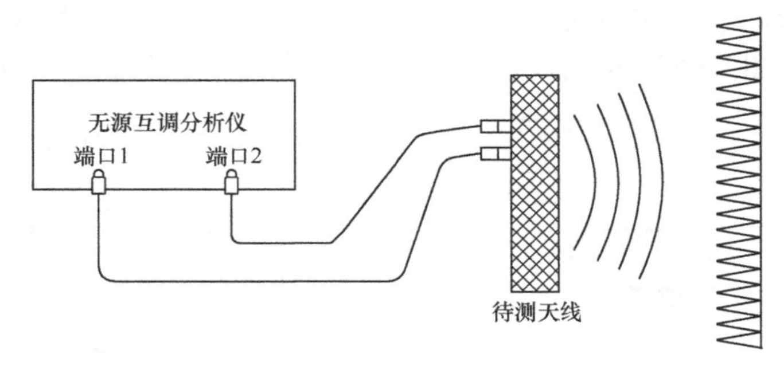

图 3.4.7　双极化天线连接示意图

（6）在工作频段内选择合适的频率 f_1 和 f_2，使三阶互调产物 $2f_1–f_2$ 或 $2f_2–f_1$ 落在工作频段范围内。

（7）每路载波的功率都设置为 20W/43dBm。

（8）从互调分析仪上直接读出三阶互调产物电平值。

3.4.6　测量结果的判别

移动通信系统基站天线的三阶互调应依据 YD/T 1059—2004《移动通信系统基站天线技术条件》进行判别，通常测量结果不大于–107dBm 时，为合格。

第 4 章 天线测试场的设计、建造和鉴定测试

4.1 设计要点

天线测试场是测量或鉴定天线性能的场所。通常，天线的应用都处于它的远场，所以要正确测试天线的辐射特性，必须具备一个能提供均匀平面电磁波照射待测天线的理想测试场。为了近似得到这种测试场，在设计时主要进行以下几个方面的考虑。

4.1.1 选取最小测试距离的准则

在有关天线测量的专著中，都论述了由于收发天线之间的距离的有限性，引起了天线测量误差，依据误差分析的结论，得出选取最小测试距离的准则，主要考虑以下 3 个方面。

（1）入射到待测天线口面场相位分布均匀性小于 5%。

（2）入射场横向、纵向幅度锥削影响要小，应不大于 0.25dB。

（3）收发天线之间互耦影响要小。

根据上述相位、幅度和互耦 3 个影响天线测量精度的因素综合分析考虑，最小测试距离确定为公认的辐射近远场的分界距离，其为

$$d \leqslant 0.41D \qquad R = 2D^2/\lambda \tag{4.1.1}$$

$$d > 0.41D \qquad R = (D+d)^2/\lambda \tag{4.1.2}$$

式（4.1.1）和式（4.1.2）中，d 为辅助天线的口径，单位为 m；D 为待测天线口径，单位为 m；λ为工作波长，单位为 m。

对于电小天线，通常把 $R \geqslant 10\lambda$ 作为远区准则，但在实际测量中上述测量距离往往不易满足，如果要求达到一般测试精度，只要 $R \geqslant (3 \sim 5)\lambda$ 即可。例如 $R = 3\lambda$（–25.5dB），这表明辐射远场的场强是电抗近场的 18.8 倍，详见第 1.3.4 节。

4.1.2 地面及环境反射影响的考虑

源天线照射待测天线，除直射波外，还有来自地面、周围物体等的反射波，从而使待测天线口面产生相差，造成增益下降、旁瓣电平抬高等现象，引起较大的测量误差。在进行测试场地设计时，必须考虑这一影响。

4.1.3 干扰的抑制

干扰是室外测试场最常见也是最严重的问题。在移动通信基站天线的测试中，绝大多数干扰是同频干扰，测试时必须设法避开，或使接收机设置在较窄的带宽上。

4.1.4 选择合适的测试场类型

根据待测天线类型和场地、经费等实际情况，选择合适的测试场。微波通信天线的测量对前后比要求很高，尽量选择地面反射影响小的高架场，常见的有等高架设和斜架设两种。斜架设时要求源天线要低架，并且要控制源天线的波束宽度。而卫星通信天线则要求源天线尽量架设在高塔上，使待测天线至少有 5° 以上的仰角，以减小地面反射的影响。然而对于大口径天线，选择合适的场地是很困难的，一般情况下采用卫星源法和射电源法。测量 1GHz 以下频段的天线时，地面反射影响很大，通常采用地面反射测试场。

微波暗室是一个近乎无反射、全天候测试场地，在这里可设计紧缩场和近场。近年来它在移动通信基站天线、阵列天线、大口径面天线等测量中得到广泛的应用。

4.2 测试场常见类型

4.2.1 高架测试场

高架测试场是常用的室外天线测试场，它依靠源天线的方向性和适当的架高，使得测量时反射保持在足够低的电平上。

设计该场地时主要考虑的参数有：测试场的长度；源天线方向图的宽度；源天线和待测天线的架高。

高架测试场在消除地面影响的同时，也消除了四周杂散反射波的影响。当天线较小，容易达到高架测试场的要求，或有满足要求的场地可供选择时，高架测试场是最理想的。两种形式的高架测试场分别如图 4.2.1 和图 4.2.2 所示。

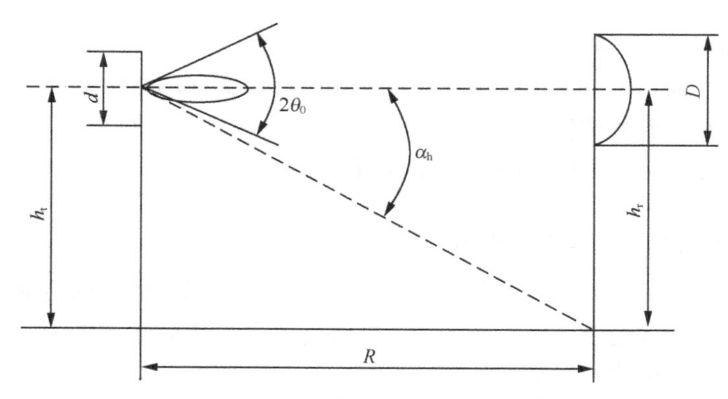

图 4.2.1 零点偏离地面的高架测试场

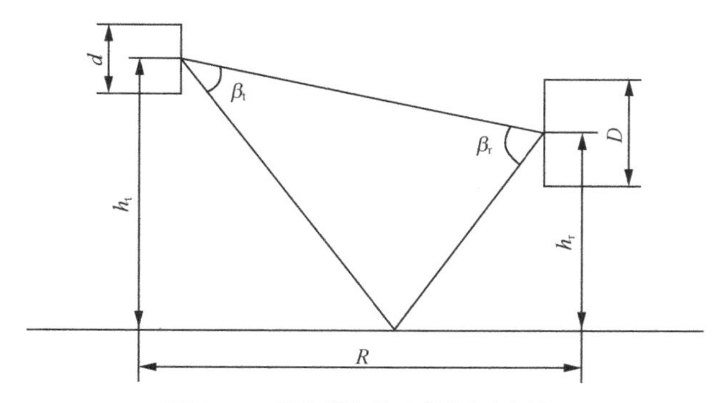

图 4.2.2　零点指向地面的高架测试场

为避免地面反射波的影响，把收发天线架设在水泥塔或相邻高大建筑物的顶上。

（1）采用锐方向性发射天线，使它垂直面方向图的第一零点偏离测试场，指向待测天线塔的底部，如图 4.2.1 所示。

发射天线对架设高度为 h，其所张的平面角为

$$\alpha_h=\arctan(h_r/R)\approx h_r/R\quad (R>>h_r) \tag{4.2.1}$$

设发射天线主瓣波束宽度为 $2\theta_0$，要有效抑制地面反射，应使

$$\alpha_h\geqslant\theta_0 \text{或} \theta_0\leqslant h_r/R \tag{4.2.2}$$

对于方向函数为 $\sin x/x$ 的发射天线，其主瓣零值波束宽度为

$$2\theta_0\approx 2\lambda/d \tag{4.2.3}$$

把式（4.2.2）代入式（4.2.3），并取 $R=2D^2/\lambda$，得

$$h_r d\geqslant 2D^2 \tag{4.2.4}$$

由 0.25 锥削幅度准则得

$$d\leqslant 0.5D \tag{4.2.5}$$

把式（4.2.4）和式（4.2.5）组合起来得

$$2D^2\leqslant h_r d\leqslant 0.5Dh_r \tag{4.2.6}$$

（2）采用锐方向性发射天线，使它垂直面方向图的第一个零点指向地面反射点。让发射天线垂直面方向图的第一个零点偏离测试场，需要把待测天线架设在 4 倍直径的高度上。对几何尺寸比较大的天线，由于高度太高，往往不易实现，比较实用的方法是让发射天线垂直面方向图的第一个零点指向地面反射点，如图 4.2.2 所示。为了同时满足相位、幅度和有效抑制地面反射的准则，可得结论：$h_t=h_r\geqslant 4KD$，$d\leqslant 0.5D$。

由图 4.2.2 可得

$$h_t=\frac{\lambda R}{2d},\ h_t=\frac{R}{2}\tan\beta_r,\ d\leqslant 0.5D \tag{4.2.7}$$

若接收天线的架设高度满足式（4.2.7），就能确保发射天线零辐射方向对准地面反射点。为安置测量仪器方便起见，在测天线增益时，可以把发射天线架得低一点。

采用金属屏蔽结构的绕射围栏可以减小测试区内的反射场电平，围栏可阻断指向测试区的地面反射波，并将它反射至待测天线以外的天空。还应注意避免围栏的边缘绕射进入测试区，尽量采用多层围栏。

采用锐方向性天线作源天线，其口径也不能太大，否则难以满足幅度锥削要求，下面举例说明这个问题。

设源天线和待测天线都是直径为 1m 的抛物面反射镜天线，相距 $2D^2/\lambda$，工作频率为 10GHz，试估算对待测天线的照射幅度锥削。

解：设抛物面发射器的半功率波束宽度约为θ_{3dB}=70°×λ/D=2.1°，在测试距离 $2D^2/\lambda$= 66.7m 处，所对应的横向距离有 2.1×π×66.7/180m=2.44m。假设主波束形状（以分贝计）接近抛物线，即源天线波瓣图在待测天线边缘的电平为［0.5/（2.44/2)］2×（–3dB）=–0.50dB。

按最大允许的边缘锥削 0.25dB，源天线的直径（1m）太大了。

4.2.2　斜天线测试场

斜天线测试场是高架测试场的一个特例，它是收发天线架设高度不等的一种测试场。在地面测量距离给定的情况下，斜天线测试场需要的地面距离比高架测试场小，如图 4.2.3 所示。

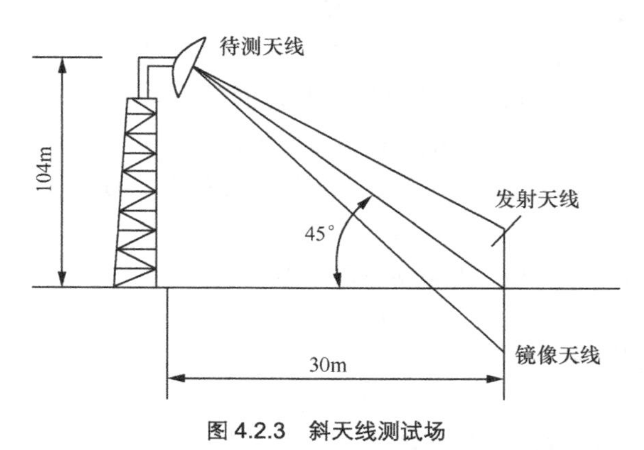

图 4.2.3　斜天线测试场

斜天线测试场通常有两种架设方法：一种是把待测天线架设在较高的非金属塔上，作接收使用，把辅助发射天线靠近地面架设，由于发射天线相对待测天线有一定仰角，适当调整它的高度，使自由空间方向图的最大辐射方向对准待测天线口面中心，零辐射方向对准地面，就能有效抑制地面反射；另一种比较理想的方法是采用专门的铁塔（或水泥塔）来架设源天线（发射），而待测天线（接收）架设的高度要远低于源天线，也就是说源天线塔是通用天线测试场的关键设备，如某天线测试场建有 104m 高的水泥塔，则有 40m、60m 和 90m 高的 3 个平台可以架设源天线，以适应不同频段、不同类型天线测试的需要。也可以在塔的周围适当距离上选择合适的接收点以满足不同天线同时测试的需要。

源天线高架斜距场测试的要点是要尽量削弱地面反射波的影响。工程上经常采用的具体措施如下。

降低地面反射系数的幅度ρ。主反射点附近的地面特性是决定ρ的主要因素，因此应尽量采用松软粗糙的土壤或带有适当高度的干燥植被，以构成漫反射条件为佳。增大擦地角也有利于降低反射系数的幅度。采取一定措施后，一般场地可做到ρ=0.1～0.3，即地面反射衰减度为–20～–10.5dB。

利用待测天线方向图对反射线强度进行抑制。α_r一般取 6°～10°，即打地点在待测天线垂直面波瓣的旁瓣区。主截面上的旁瓣区对反射信号的抑制为 15～25dB，主截面间平面上的旁瓣区对反射信号的抑制为 40～55dB。

一般情况下，上述两条措施就足够了。若要进一步降低场地环境反射波的影响，则可利用高增益天线作为源天线。此时，α_t一般小于 1°，即使采用 35dB 左右的增益（3dB 宽度）天线作为源天线，对打地信号相对强度的抑制也只在 1～3dB，获益不大。在待测天线接收信号动态有富余的情况下，可以把窄波束源天线上仰，若利用–6dB 作为直射信号，则打地信号电平可进一步抑制到 5～10dB，但这一措施不适合圆极化天线轴比的测试。

4.2.3　地面反射测试场

1. 地面反射测试场的几何关系

地面反射测试场的几何关系如图 4.2.4 所示。地面反射测试场把源天线尽量架低，待测天线在满足远场条件下尽量架高。直射波与地面反射波产生干涉方向图，第一个瓣的最大值对准待测天线口面中心，在待测天线口面上同样可以近似得到一个等幅同相入射场。

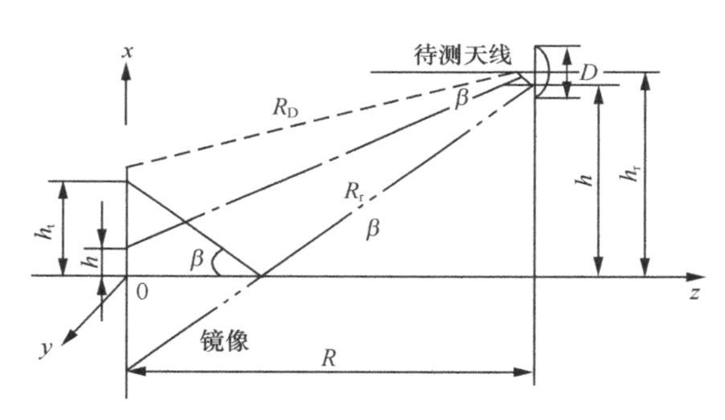

图 4.2.4　地面反射测试场的几何关系

2. 地面反射场设计要点

（1）源天线架设高度

源天线最佳高度应取 $h_t=\dfrac{\lambda R}{4h_r}$，满足垂直方向最小幅度照射的锥削要求。每改变一次频率，这个高度必须重调一次，使得反射场在被测天线上再达到峰值。

（2）场地设计

测试场表面的平滑度也必须是受控制的，其准则是

$$\Delta h=\frac{\lambda}{m\sin\beta} \tag{4.2.8}$$

式（4.2.8）中，Δh 为地面偏离平均值的高度；m 为平坦度系数，通常取 8～32。

地面反射测试场的地面区域在条件允许的情况下，应具有图 4.2.5 所示的 3 种区域。

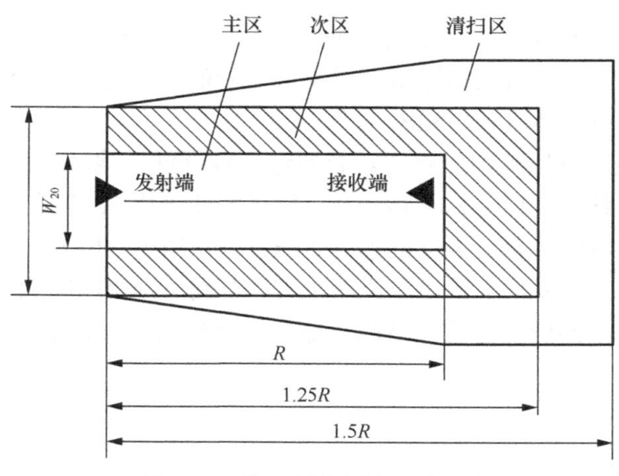

图 4.2.5　地面反射测试场区域划分

① 主区：长度应满足最小测试距离，通常要求 $R\geqslant\dfrac{2D^2}{\lambda}$，宽度应等于 20 个菲涅耳带的宽度，在收发天线等高且 $h=4D$ 的情况下，$W_{20}\approx\sqrt{N\lambda R}=6.3D$。

地面的不平坦度 $\Delta h=\dfrac{\lambda}{16\sin\beta}$。

② 次区：长度等于 1.25*R*，宽度为 2 倍的主区宽度，地面不平坦度为主区的 $\dfrac{1}{3}\sim\dfrac{1}{2}$。

③ 清扫区：形状呈锥形，长度等于1.5*R*，在待测接收天线端，宽度最好等于发射天线水平面方向图在待测天线处的零波束宽度。在该区内不应该有建筑物、树木、丛林、栅栏、电话线、交通要道和停车场等障碍物。

经证明，在主区采用混凝土、沥青等加工处理过的地面或压实压平的小石子地面就能满足一般测试要求。

（3）源天线

源天线尽量采用锐方向性天线，如增益较高的反射面天线，但如果测试的是高极化性能的天线，如微波通信天线，必须采用极化纯度高的角锥喇叭天线作为源天线，源天线口径一般不应超过待测天线口径 *D*。

4.2.4　常规远场的比较和选择

高架场法、斜距场法和反射场法都是常规远场测试法，这 3 种方法的比较见表 4.2.1。

表 4.2.1　　3 种常规远场测试方法的比较

比较内容	反射场法	斜距场法	高架场法	备注
最佳适用频段	低于 X 频段	高于 L 频段	全频段	
测试距离	$R\geqslant K\dfrac{2D^2}{\lambda}$	$R\geqslant K\dfrac{2D^2}{\lambda}$	$R\geqslant K\dfrac{2D^2}{\lambda}$	$K\geqslant 1$
地面反射	$I\approx 1$ $\alpha\approx 180°$	与场地和 AUT 打地电平有关，抑制地面反射在−50dB 以下	与场地有关，抑制地面反射在−60dB 以下	

续表

比较内容	反射场法	斜距场法	高架场法	备注
场地周围环境（有源和无源干扰）	最难保证	较难保证	易保证	
双极化和圆极化性能	好（擦地角尽可能小）	较差	好	
测试垂直面方向图的可能性	不行	较小角度范围	小角度范围	
适用垂直面波束宽度	中到大	小	中	
可测天线	所有天线	所有天线	一般是中、小天线	
超低旁瓣天线可测天线	可实现–40dB的天线测试	特殊情况下可实现–40dB 的天线测试	好	
背瓣测试的准确性	较好	差	好	
场地有效的占地面积	大	较小	较小	
场地平坦度要求	严	次之	不严	
雷达工作状态下的垂直面波瓣测试和低空水平面波瓣测试	不行	行	不行	

反射场法是测试雷达天线性能较好的一种常规远场测试法，但测试场投资太大，因此实际中常借用闲置机场实现反射场法测试。高架场法是性能最好的一种测试法，但选用简易塔或建筑物实现的高架场法只能测试中、小天线，除非利用合适的山头建造高架场，但这样的投资费用太高。斜距场法较前两种测试法虽然性能稍次，但只要有中等投资，并恰当地选点建塔，或在合适山头上架设源天线，也能较好地完成许多雷达天线的测试任务，因而是应用很广的一种测试方法。

4.3　微波暗室

微波暗室又叫无反射室或吸波室，它是以吸波材料作衬里的房间，能吸收入射到 6 个壁上的大部分电磁能量，从而较好地模拟自由空间测试条件。

微波暗室主要用来测量电小天线及馈源，同时还能测量雷达截面、研究电磁波的绕射、辐射和散射特性等。由于微波暗室具有全天候、宽频带、屏蔽性能好、安全保密等优点，因此在近 20 年间得到了迅速发展。微波暗室除常规的远场测量外，还包括近场测试和紧缩场测试。

4.3.1　主要参数

（来源：南京南大波平电子信息有限公司）

（1）暗室的形状和内尺寸：根据用户要求而定。

（2）工作频率范围：800MHz～40GHz（根据用户要求可向两端扩展）。

（3）屏蔽性能一般情况下满足表 4.3.1 中的所有指标。

表 4.3.1　　屏蔽性能参数

磁场	10kHz	≥65dB
	100kHz	≥90dB
电场	100kHz～1MHz	100dB
平面波	1MHz～1GHz	100～110dB
微波	1～10GHz	110～100dB
	10～40GHz	100～60dB 按线性下降

（4）暗室性能参数。

测试静区大小：根据具体情况计算。

暗室静区反射电平：

0.8～1.0GHz 时，≤35dB；

1.0～3.0GHz 时，≤45dB；

3.0～40.0GHz 时，≤50dB。

静区幅度均匀性：纵向幅度小于±2.0dB，横向幅度小于±0.25dB。

静区内水平、垂直交叉极化特性：小于–25dB。

多路径损耗：小于等于±0.25dB。

4.3.2　设计、建造

1．设计要点

（1）静区：静区是指微波暗室内受杂散波干扰最小的区域。静区的大小除了与暗室的大小、工作频率、所用吸波材料的电性能有关，还与所要求的反射率电平、静区的形状及暗室的结构有关。对结构对称、六面铺设相同吸波材料的暗室，静区呈柱状，轴线与暗室的纵轴一致。在测量天线的辐射参数时，静区就是满足远区条件的测试区。

（2）反射率电平：它是微波暗室性能最基本的参数。设 E_d 为沿暗室轴线方向的入射场；E_r 为由反射、绕射和散射在测量点造成的等效反射场，它的大小会直接影响到天线测试精度。

（3）交叉极化度：由于暗室几何尺寸不严格对称和吸波材料对各种极化波吸收性能的不一致性，使电磁波在暗室传播过程中产生极化不纯现象，所以用交叉极化度来表示极化不纯的程度。如果待测天线的极化面与发射天线的极化面正交和平行时，所测场强之比大于 25dB，就认为交叉极化度可满足要求。

（4）场幅度均匀性：在暗室的静区，沿轴线移动待测天线，一般要求接收信号起伏不超过±2dB；在静区的横截面上，横向和上下移动待测天线，一般要求接收信号起伏不超过±1dB。

（5）多路径损耗：路径损耗不均匀会使电磁波的极化面旋转，如果以来波方向为轴旋转待测天线，接收信号起伏不超过±0.25dB，就可忽略多路径损耗的影响。

（6）工作频率范围：工作频率的下限取决于暗室的宽度和材料的厚度；上限取决于暗室的长度和所允许的精度。

另外，对于不同用途的微波暗室，其特性条件也不尽相同。例如，测量天线方向图，对其反射率电平、静区特性要求较高；测量天线极化特性则对其交叉极化性能有一定的要求；而进行天线匹配、耦合测量、整机性能的模拟实验等用途，则对它的驻波系数有一定要求。

2. 暗室和静区尺寸估算

微波暗室尺寸的选择，主要依据远场的条件。不同的用途要求，对所需微波暗室的大小也有区别。以平时经常遇到的矩形微波暗室的尺寸选择为基础，进行分析与讨论。矩形微波暗室示意图如图 4.3.1 所示，不同频率下的静区尺寸见表 4.3.2。

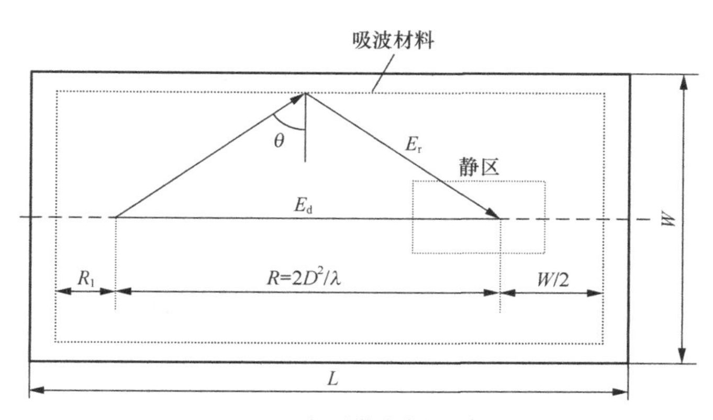

图 4.3.1　矩形微波暗室示意图

表 4.3.2　不同频率下的静区尺寸

f（MHz）	λ（m）	对应于 $R\geqslant\frac{2D^2}{\lambda}$ 所允许的静区尺寸 D
800	0.375	1.67
2000	0.15	1.06
6000	0.05	0.61
10000	0.03	0.47
18 000	0.017	0.35
40 000	0.007 5	0.23

通常确定微波暗室长度的基本因素是被检测体的尺寸（如天线的口径）和使用的最高频率，而这些因素确定了平面波照射的远场特点。为了满足天线口面上电磁波的最大相位差不大于π/8，使 $R\geqslant\frac{2D^2}{\lambda}$。

待测天线到暗室后墙的距离约等于暗室宽度 W 的一半，发射天线距暗室前墙的距离 R_1 约 1m 或等于 $W/2$ 的距离，暗室的总长度为

$$L=\frac{2D^2}{\lambda}+\frac{W}{2}+R_1 \tag{4.3.1}$$

暗室的宽度和高度由材料允许的入射角决定，见图 4.3.1。

$$\frac{R}{W}=\tan\theta \text{ 或 } W=R_c\tan\theta \tag{4.3.2}$$

为了有效地应用吸波材料和兼顾宽频段工作，一般选入射角$\theta<60°$。θ与L/λ和斜入射的

性能有关。在设计矩形微波暗室时，若经费、场地等条件允许，其长宽比例应选用 1.1:1～1.5:1，这样可减小电磁波的入射角，借以提高微波暗室的低频性能。同时选用较厚的吸波材料，吸波材料越厚，其吸波性能也就越好。

3. 微波暗室建造

暗室性能的好坏除了与设计是否合理有关，其决定性的因素是吸波材料的性能。

硬泡沫圆锥吸波材料如图 4.3.2（a）所示，这种材料重量轻、耐振动，型号有 CAA-25 等。

软泡沫圆锥吸波材料如图 4.3.2（b）所示，这种材料的型号有 WXR-3、WXR-5、WXR-10 等，适合 30～100mm 波段，功率反射系数小于 1%。

（a）硬泡沫圆锥吸波材料

（b）软泡沫圆锥吸波材料

图 4.3.2　吸波材料

暗室的吸波材料由直锥材料、地板走道材料、通风口材料、边墙拐角材料和其他平板材料组成。暗室的墙面主体用不同高度的直锥材料覆盖，各个墙面相接的地方用边墙材料和拐角材料填充，保证严密粘贴，且不交错。在暗室的墙边有一个走道，需要布置地板型吸波材料以便测试人员能够到达静区位置。地板型吸波材料一方面具有较强的承重能力，另一方面具有较好的电磁波吸收特性。暗室整体还配有通风口材料及部分仪器或支架包装的平板型吸波材料，以便达到暗室静区性能。微波暗室示意图如图 4.3.3 所示。

图 4.3.3　微波暗室示意图

4.3.3　检验

微波暗室建成之后，必须进行检验，看它是否满足天线测量条件。检验方法有自由空间驻波法和方向图比较法，检验项目主要包括远近场静区反射电平的测试、交叉极化隔离度的测试、多路径损耗均匀性的测试和场幅均匀性的测试。

1. 静区反射电平的测试

（1）测量原理

暗室静区反射电平测试是基于暗室中直射波和反射波矢量合成原理的空间电压驻波比法，类似波导测量线测试电压驻波比，将暗室视为波导测量线，以测试天线作探针，将吸波材料视为负载，将发射源看作激励源来完成整个暗室的静区测量。V.S.W.R 法测量原理图如图 4.3.4 所示。

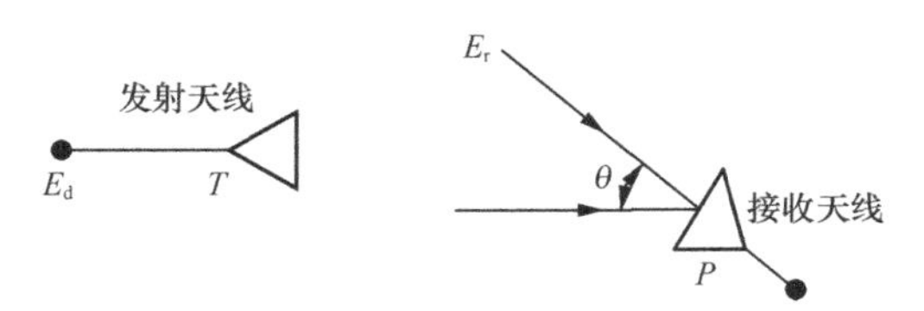

图 4.3.4　V.S.W.R 法测量原理图

如图 4.3.4 所示，T 为发射天线，P 为接收天线。并设 E_d 为源天线发射的直射波场强，E_r 为等效墙上的反射波场强，它来自与轴线成 θ 角的方向。令在 θ 方向的接收电平为 A（dB），则接收到的场强为 $E_d'=E_d\times10^{A/20}$。直射波 E_d' 与反射波 E_r' 同相相加，反相相减，分别用 B（dB）和 C（dB）表示，则可分 3 种情况讨论。

$E_r<E_d'$ 时，

$$B=20\lg\frac{E_d'+E_r}{E_d'}=20\lg\frac{E_d\times10^{\frac{A}{20}}+E_r}{E_d\times10^{\frac{A}{20}}} \tag{4.3.3}$$

$$C=20\lg\frac{E_d'-E_r}{E_d'}=20\lg\frac{E_d\times10^{\frac{A}{20}}-E_r}{E_d\times10^{\frac{A}{20}}} \tag{4.3.4}$$

则微波暗室侧壁在观察点所贡献的反射电平为

$$R=20\lg\frac{E_r}{E_d}=A+20\lg\frac{10^{\frac{(B-C)}{20}}-1}{10^{\frac{(B-C)}{20}}+1} \tag{4.3.5}$$

$E_r=E_d$ 时，$R=A$

$E_r>E_d$ 时，同理可得：

$$B=20\lg\frac{E_d'+E_r}{E_d'}=20\lg\frac{E_d\times10^{\frac{A}{20}}+E_r}{E_d\times10^{\frac{A}{20}}} \tag{4.3.6}$$

$$C=20\lg\frac{E_d'-E_r}{E_d'}=20\lg\frac{E_r-E_d\times10^{\frac{A}{20}}}{E_d\times10^{\frac{A}{20}}} \tag{4.3.7}$$

则微波暗室侧壁在观察点所贡献的反射电平为

$$R = 20\lg\frac{E_{\mathrm{r}}}{E_{\mathrm{d}}} = A + 20\lg\frac{10^{\frac{(B-C)}{20}}+1}{10^{\frac{(B-C)}{20}}-1} \tag{4.3.8}$$

用 D 表示驻波曲线上驻波的大小，则式（4.3.8）可写为

$$R = A + 20\lg\frac{10^{\frac{D}{20}}+1}{10^{\frac{D}{20}}-1},\quad D = B - C \tag{4.3.9}$$

因此，只要测出空间驻波曲线和接收天线方向图，就可以按上述三类情况计算出反射电平。

（2）行程线的选取

目前国内建成的微波暗室绝大多数是长方体形状，微波暗室的静区一般是位于纵轴上的一个圆柱体，近似用长方体来描述其边界。下面以一个典型静区来说明行程线的选取。

如图 4.3.5 所示，以长方体 *ABCDEFGJ* 来表示待测的微波暗室静区，静区中心为 *O*。通过静区中心的 3 条典型线 *XY*、*KL*、*MN* 中，平行于微波暗室轴线方向的线称为纵向线（如 *MN*）；平行于地面且垂直于纵向线的线称为横向线（如 *XY*）；垂直于地面且垂直于纵向线的线称为垂直线（如 *KL*）。

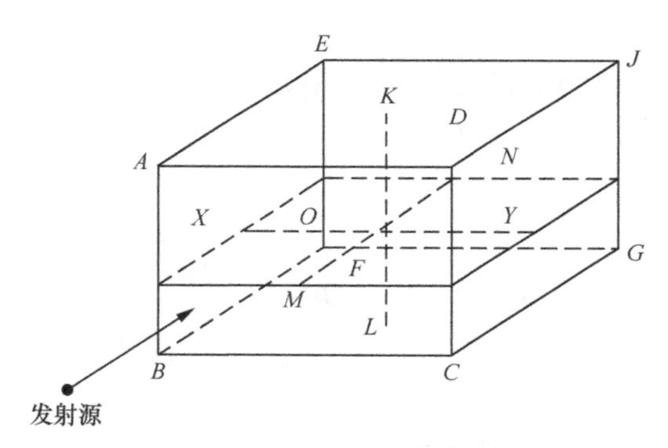

图 4.3.5　V.S.W.R 法行程线示意图

（3）探测方向的选取

纵向线探测方向选取示意图如图 4.3.6 所示。从微波暗室上方俯视，面对发射源，平行于微波暗室纵向线的方向为 0° 方向。以顺时针方向依次定义圆周 360° 各方向。在实际测试中纵向线的探测方位角以 45° 间隔选取。选择以下特定角度：0° 、135° 、180° 、225°。其中每条纵向线的 0° 方向测得的信号可作为这条行程线其他角度测试的参考电平，这时主要测量后墙的反射。

横向线探测方向的选取示意图如图 4.3.7 所示。从微波暗室上方俯视，面对发射源，平行于微波暗室横向线的方向为 0° 方向。以顺时针方向依次定义圆周 360° 各方向。在实际测试中横向线的探测方位角以 45° 间隔选取。选择以下特定角度：0° 、45° 、90° 、135° 、225° 、270° 、315° 。其中每条水平横向线的 0° 方向测得的信号可作为这条行程线其他角度测试的参考电平，这时主要测量侧墙的反射。

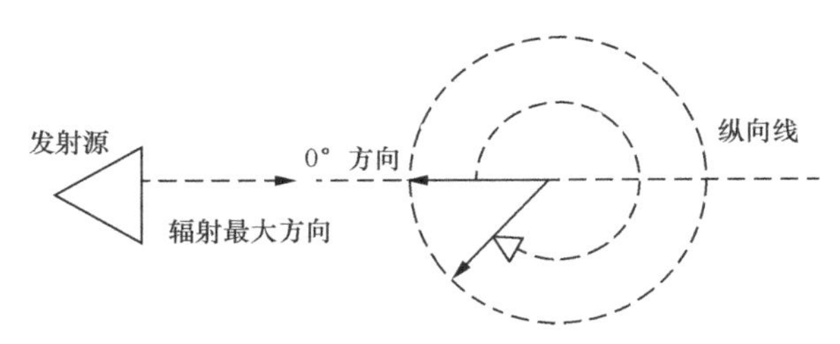

图 4.3.6　纵向线探测方向选取示意图

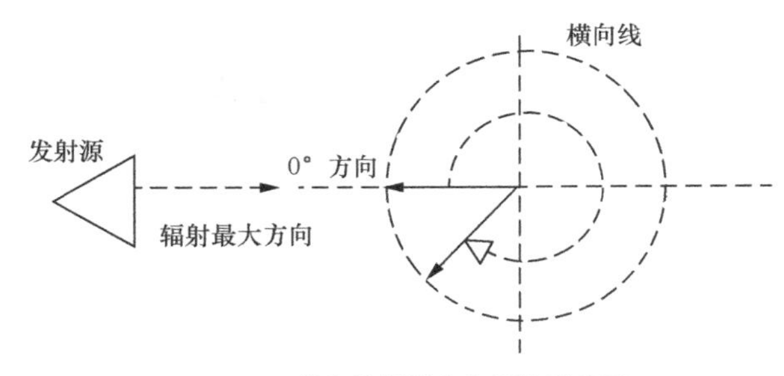

图 4.3.7　横向线探测方向选取示意图

垂直线探测方向的选取示意图如图 4.3.8 所示。从微波暗室水平方向平视，面对发射源，平行于微波暗室参考地面的方向定为 0° 方向，向上为仰角，向下为俯角，并定义仰角为正向角度，俯角为负向角度。在实际测试中垂直线的探测方位角仅选择以下特定角度：0°、+45°、–45°。其中每条垂直线的 0° 方向测得的信号可作为这条行程线其他角度测试的参考电平，这时主要测量地面和天花板的反射。

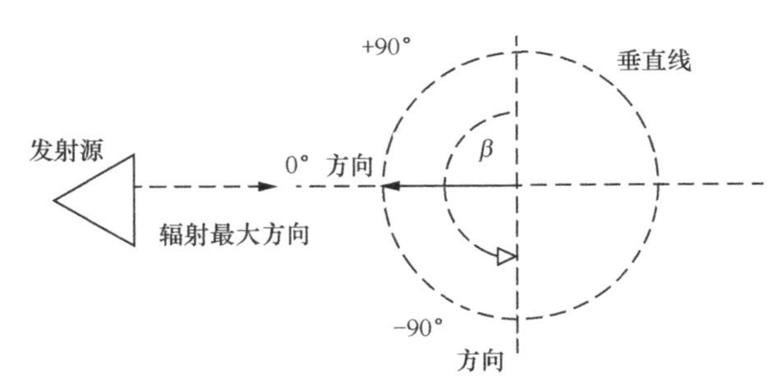

图 4.3.8　垂直线探测方向的选取示意图

测试纵向线和横向线的时候，仅改变方位角，俯仰角始终保持 0° 方向。测试垂直线的时候，仅改变俯仰角，方位角始终保持 0° 方位。

（4）测试设备的连接及测试步骤

① 按图 4.3.9 连接测试系统，按规定设置仪器。

② 纵向线的反射电平测试：将接收天线设置在参考电平方向，沿待测的行程线移动天线并记录数据，测试曲线作为这条纵向线的参考电平线。

③ 在 0° ～ 360° 范围内按规定间隔角度改变天线的探测方向，沿每条测量行程线移动天线，并记录空间驻波曲线。

④ 横向线的反射电平测试：测试步骤和纵向线的测试一样。

⑤ 垂直线的反射电平测试：测（接收）天线在参考电平方向，沿待测的行程线移动探测

天线并记录接收信号曲线，测试曲线作为这条纵向线的参考电平线。

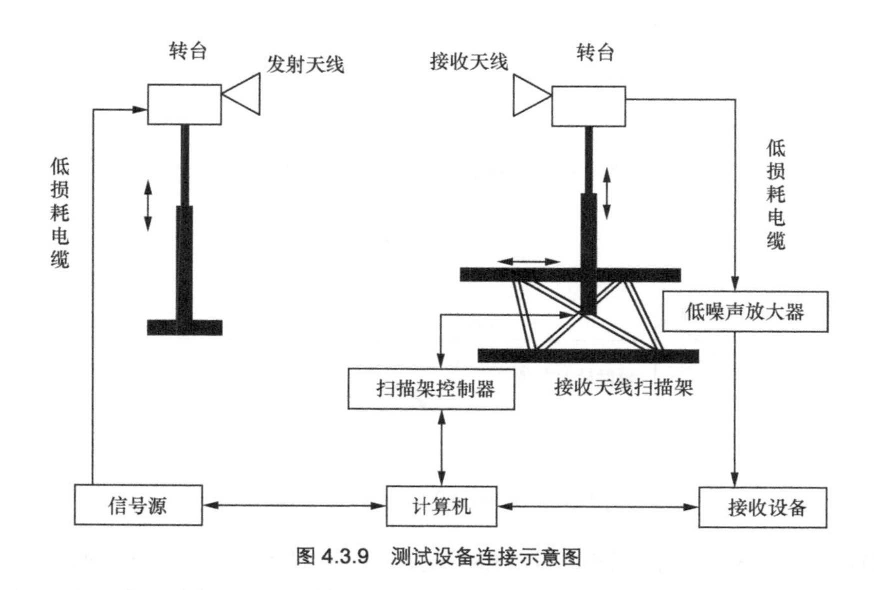

图 4.3.9　测试设备连接示意图

⑥ 将接收天线以规定俯仰角度改变方向，沿测量行程线移动并记录空间驻波曲线。

⑦ 改变极化，重复步骤②～步骤⑥。

⑧ 改变频率、行程线和发射天线位置等条件，重复步骤②～步骤⑦。

⑨ 处理以上记录的数据，计算各条行程线反映出的静区反射电平值。

（5）数据处理

接收电平最大值作为零度参考进行归一化数据处理，驻波曲线电平对于零度参考曲线有一个偏离量 A。已知偏移量 A 和最大包络宽度 D，反射能量与入射能量的相对幅度（即反射电平）可由式（4.3.10）计算。

$$R\text{（dB）}=20\lg\frac{E_{\mathrm{R}}}{E_{\mathrm{D}}}=A\text{（dB）}+20\lg\frac{10^{0.05D}-1}{10^{0.05D}+1} \tag{4.3.10}$$

2. 交叉极化隔离度的测试

（1）将发射和接收天线置于暗室的中心纵轴上，测试距离满足远场条件，并保证接收天线安置在静区中心。

（2）发射机接收天线极化均为垂直极化，调整两者轴向对准，并使接收到的信号电平为最大，记录该电平 P_{c}。

（3）保持其中一个天线的极化不变，另一个天线的极化改为水平极化。发射功率保持不变，记录交叉极化信号电平 P_{x}。

（4）交叉极化隔离度的数据处理。

交叉极化隔离度 XPD 采用式（4.3.11）计算求得。

$$\mathrm{XPD}=P_{\mathrm{c}}-P_{\mathrm{x}}\text{（dB）} \tag{4.3.11}$$

式（4.3.11）中，P_{c} 表示同极化时的接收信号电平，单位为 dB；P_{x} 表示不同极化时的接收信号电平，单位为 dB。

3. 多路径损耗均匀性的测试

（1）将发射天线和接收天线置于暗室的中心纵轴上，测试距离满足远场条件，并保证接收天线安置在静区中心。将发射天线和接收天线置于相同极化（垂直极化）。

（2）转动收发天线，保证转动角度同步。记录 0°～360°（步进 45°）的接收信号电平。

（3）数据处理。

可用式（4.3.12）计算。

$$F=\pm\frac{\mathrm{Max}\left[G(\theta)\right]-\mathrm{Min}\left[G(\theta)\right]}{2} \tag{4.3.12}$$

式（4.3.12）中，F 表示交叉极化隔离度；$G(\theta)$ 表示接收信号电平，它与转动角度 θ 有关。

4. 场幅均匀性的测试

（1）与静区反射电平的测量方法类似。

（2）接收天线分别通过静区中心的横向线和纵向线移动，方位角保持 0°，分别记录最大信号电平值 $\mathrm{Max}[M(l)]$和最小信号电平值 $\mathrm{Min}[M(l)]$。

（3）场幅均匀性的数据处理。

可用式（4.3.13）和式（4.3.14）计算。

$$K_{\mathrm{h}}=\pm\frac{\mathrm{Max}\left[M(l)\right]-\mathrm{Min}\left[M(l)\right]}{2} \tag{4.3.13}$$

$$K_{\mathrm{z}}=\pm\mathrm{Max}\left[M(l)\right]-\mathrm{Min}\left[M(l)\right] \tag{4.3.14}$$

其中，K_{h} 表示横向场幅度均匀性；K_{z} 表示纵向场幅度均匀性；$M(l)$ 表示接收信号电平，与接收天线的位置有关。

4.4 紧缩场

4.4.1 概念

紧缩场（CATR）又称缩距场，是利用精密的反射面，将源产生的球面波在近距离内变换为平面波，从而在有限的测试距离上，获得天线远场的直接测量方法。

紧缩场天线测量系统能在较小的微波暗室里模拟远场的平面波电磁环境，利用常规的远场测试设备和方法，进行多项测量和研究，如天线方向图测量、增益比较、雷达散射截面测量、微波成像等，同时可以进行微波电路、元器件的网络参数测量和高频场仿真。

紧缩场的优点有以下 5 点。

（1）发射天线和接收天线间的距离短，大大减小了实际占有的空间。

（2）紧缩场产生的平面波将聚集在平面波束内，暗室内，侧壁的照射电平低，从而降低了对暗室的要求。

（3）便于实现待测天线发射方向图的测试。

（4）室内紧缩场受气候环境影响小，改善了测试条件，故而提高了 RCS 的测量效率。

（5）工作频率可以从几百兆赫兹到几百吉赫兹，能满足毫米波和亚毫米波的测试要求。

目前，紧缩场技术成熟，已进入商用阶段。但限制其广泛应用的问题主要有两个。其一，反射面要求精度很高（均方根误差要达 1/100 波长以上），设备庞大，费用昂贵；其二，待测天线必须完全置于静区内，故空间利用率不高等。

4.4.2 紧缩场简介

1. 分类

紧缩场（CATR）已有 3 种基本类型：反射镜型紧缩场、透镜型紧缩场、全息紧缩场。其中反射镜型紧缩场最为常用。反射镜型紧缩场分为单反射镜、双反射镜及三反射镜紧缩场系统等。

图 4.4.1（a）所示为一架偏馈的抛物面反射镜，它将馈源辐射的球面波变换成反射镜前方的平面波，幅度锥削、边缘绕射、馈源溢露及偏馈引起的消极化等因素限制了测试场的质量。与基本的单反射镜相比，双反射镜对于给定的反射镜尺寸可获得较大的静区，有较好的交叉极化隔离度。双反射镜配置有许多种，如正交放置的柱形反射镜和如图 4.4.1（b）所示的格雷戈里型双反射镜系统。图 4.4.1（c）所示的 CATR 由双曲面副反射镜和抛物面主反射镜组成，主要特点是有更好的交叉极化隔离度。

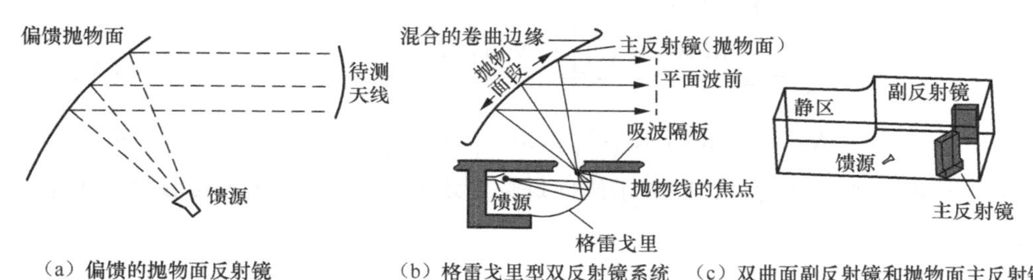

（a）偏馈的抛物面反射镜　（b）格雷戈里型双反射镜系统　（c）双曲面副反射镜和抛物面主反射镜组成的 CATR

图 4.4.1　反射镜型紧缩场

2. 紧缩场工作原理

紧缩场实际上就是把测试距离缩短后也能够测量大口径天线的远场，通常在微波暗室里建造，其基本的工作原理就是在距离缩短后，形成均匀的平面波。从图 4.4.2 所示的双反射镜不难看出，该系统主要由源天线、副反射面及主反射面等组成。图中源天线产生的球面波在近距离内经过反射镜的聚焦转换后变换为平面波，从而满足远场测试要求。

待测天线安置在如图 4.4.2 所示的静区内，显然，为了满足对待测天线口面的幅度和相位的均匀照射，必须对系统中的馈源和反射器进行综合设计。

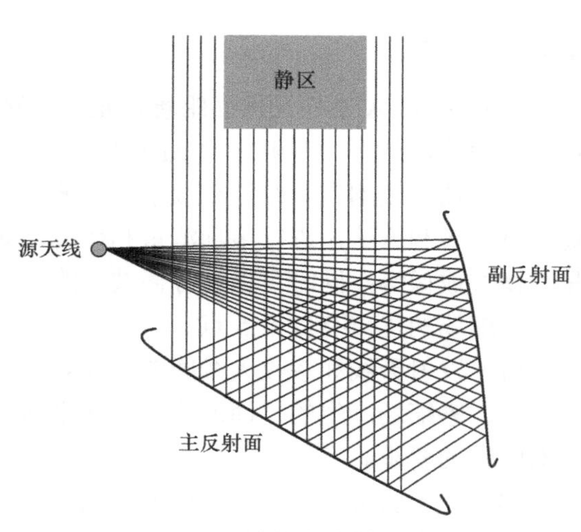

图 4.4.2　双反射镜紧缩场系统工作原理示意图

3. 反射镜系统设计要求

（1）静区要求

静区就是指待测天线测试必需的理想平面波空间（$W \times H \times L$）。静区的高度 H 应大于待测天线的垂直口径；由于测试过程中天线在该平面内转动，静区的宽度 W 应适当大于待测天线水平口径；静区的深度 L 一般情况下应和 W 相当，以保证 360° 范围的方向图测试。对静区的幅相要求应与远场测试法照射均匀度要求一致，即对一般天线，相位起伏应小于 22.5°，幅度起伏为 0.5～1dB。对于超低旁瓣天线的测试，相位起伏应小于 11.25°，甚至小于 5.6°，幅度起伏为 0.25～0.5dB。

（2）对反射器的要求

① 反射器的口径至少应为 2～3（$W \times H$）才能达到规定的幅相误差要求。

② 反射面表面公差影响幅相精度，取表面均方根误差 $\delta_{\text{rms}}=0.006\lambda \sim 0.01\lambda$。

③ 一般的反射体天线口径边缘绕射波较强，与反射线叠加后引起静区内幅相起伏较大。

需要采用带锯齿的反射器来减小边缘绕射的影响。常见的措施有：采用卷边形单反射面，如图 4.4.3（a）所示；采用锯齿边缘散射反射面，如图 4.4.3（b）所示，或双反射面结构抵消边缘散射和交叉极化恶化。图 4.4.2 是某紧缩场双反射面示例图形，通过优化边缘效应和使用双反射面，其近场幅值波动可以得到极大改善。图 4.4.4 是两个切面上静区改善效果图。

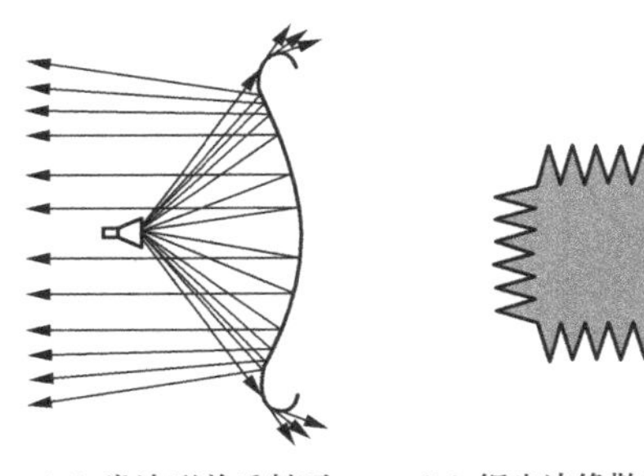

（a）卷边形单反射面　　（b）锯齿边缘散射反射面

图 4.4.3　反射面减小边缘绕射示意图

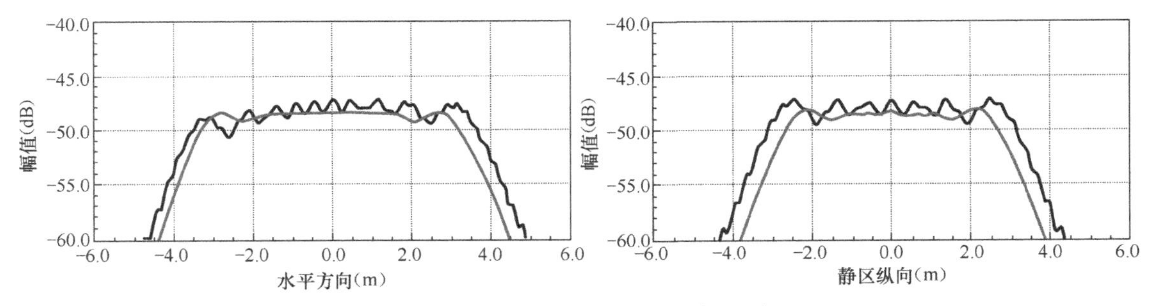

图 4.4.4　反射面采用卷边、加齿后效果示意图

④ 初级馈源的设计：在反射器的尺寸选定后，为了得到最大的静区，应做好初级馈源的设计。主要设计重点是照射角、带宽、对称的方向图、低旁瓣及优异的交叉极化特性等。通常采用的是波纹喇叭，如图 4.4.5 所示，其 E 面和 H 面波瓣宽度相等，旁瓣、后瓣低，具有很好的交叉极化特性，能实现对反射器的均匀照射。

图 4.4.6 是图 4.4.5 的紧缩场源天线的辐射特性。不难发现该源两个切面方向图在±15°

范围内几乎吻合，其 45°方向交叉极化达到 40dB。

图 4.4.5 典型的馈源喇叭示意图

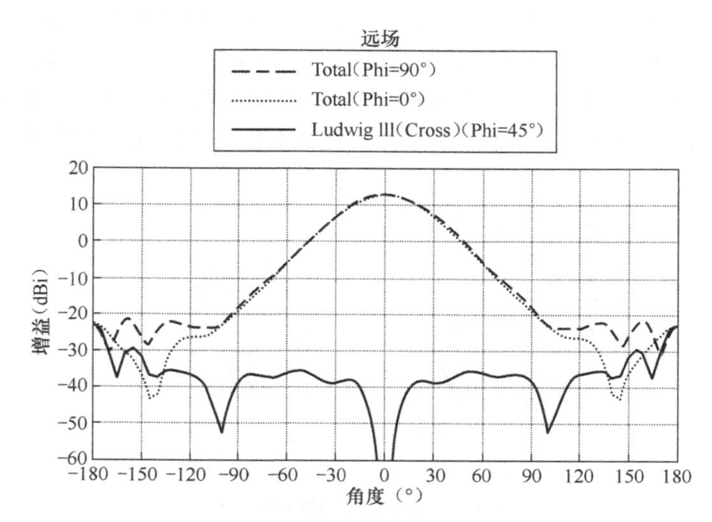

图 4.4.6 典型的馈源辐射方向图

4.4.3 紧缩场暗室

为了全天候进行工作，防止外来干扰并提高工作效率，紧缩场一般都安置在微波暗室中。

1. 微波暗室的形状和尺寸选择

微波暗室的形状和尺寸与源天线的尺寸有关，示例见表 4.4.1。

表 4.4.1 暗室的尺寸与源天线的尺寸的关系

源天线尺寸（m×m）	暗室最小尺寸（m×m×m）
1×1	3×2×2
2.5×2.5	8×4×4
5.2×4.6	13×7×7

一般情况下，暗室静区为圆柱形，长度约为波源天线口径的一半，圆柱形直径约为波源天线口径的 50%～70%，使用时根据平面波均匀程度的要求来确定。

2. 吸收材料的配置

紧缩场微波暗室配置的微波吸收材料比常规微波暗室要宽松些，待测天线的背后墙壁是波源天线照射的主区，其反射较强，必须配置优良的宽带吸收材料，而在其他墙面配装一般性能的宽带吸收材料即可。

4.4.4　典型的紧缩场天线自动测量系统

典型的紧缩场天线自动测量系统如图 4.4.7 所示。测量系统由微波暗室、待测天线、馈源组合、馈源转台、天线测试转台（二维、三维、四维）、信号源、测量接收机（频谱分析仪或矢量网络分析仪）、数据采集分系统、数据处理机（计算机）及显示输出设备等组成。

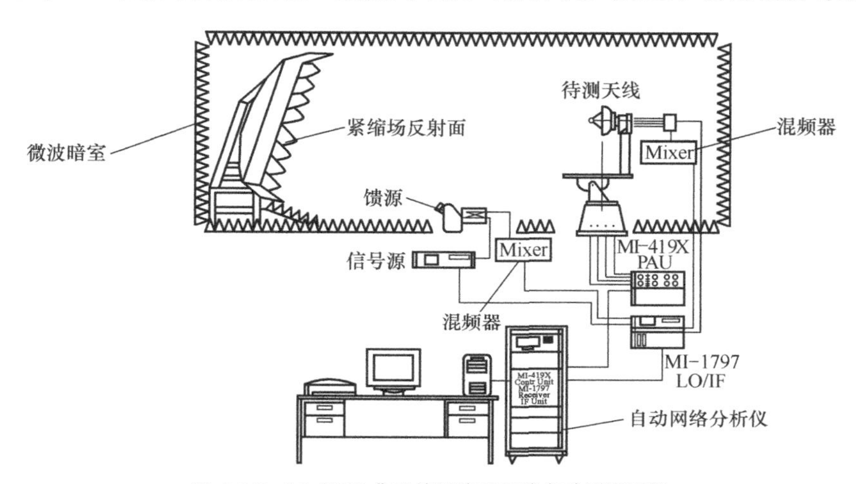

图 4.4.7　MI-2097 典型的紧缩场天线自动测量系统

利用紧缩场系统对某型号天线进行测试，将测试结果与远场直接测试结果进行分析比对，比对结果如图 4.4.8 所示。由图可见两个场地测试结果基本一致，室外测试的远旁瓣较高，可能是由周围障碍物反射造成的。

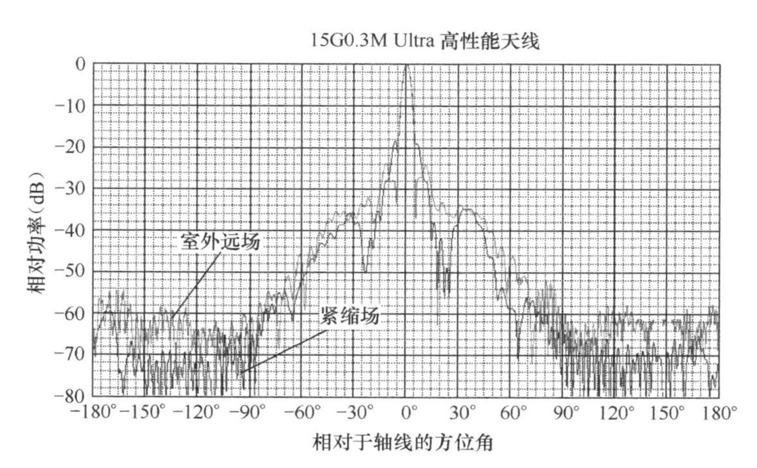

图 4.4.8　远场与紧缩场测试结果比对

第5章 天线远场测量系统的设计、组建

天线测量系统是按照天线测量的需求，采用必要的仪器和器件组合而成的。在传统的天线测量中，通常采用单通道、单频点的测量方式，这种测量方法烦琐、费时，且得到的测量结果比较片面。

随着电子技术、计算机技术等的飞速发展，对天线进行准确、快速、智能和自动测量的系统已经开始被日益广泛地推广开来，如何在经济条件的限制下设计、组建天线测量系统，本章我们将一起来讨论这个问题。

5.1 系统设计主要考虑的问题

在着手设计和组建天线测量系统前，首先根据企业近期及远期的天线发展规划，以及现有仪器设备、经费状况等情况，就目前我国生产天线的厂家来看，他们基本上可以这样划分：移动通信天线生产厂家，工作频段多在 3GHz 以下；微波通信天线生产厂家，工作频段从几百兆赫兹一直覆盖到上百吉赫兹（可达到 110GHz）；卫星通信、遥测遥控天线生产厂家，工作频段多为 L/S/C/Ku/Ka 等频段，频率范围覆盖较宽。

在组建天线测量系统时，主要考虑的因素为在工作频段范围内，其要满足测量所需的灵敏度和动态范围要求。这个要求是依据待测天线规定的远旁瓣及前后比技术指标而定的，移动通信天线测量动态范围通常有 50dB，卫星通信天线至少在 60～70dB，微波通信天线因为超高性能天线的前后比要求很高，所以动态范围至少要在 60～90dB。限制动态范围的主要因素之一是接收机（频谱分析仪或矢量网络分析仪）的灵敏度，所以购买仪器时要考虑其灵敏度，在 10kHz 的中频带宽下，接收机的灵敏度至少在–100～–98dBm。另外，还要考虑信号源的特性，输出功率尽量大、射频电缆的损耗尽量小等。

在考虑测量系统的硬件和软件时，也要依据实际情况，如转台的精度，可分 0.3°、0.1°、0.05°、0.01°等，对于宽波束天线测量，采用精度为 0.3°的转台，可以大大减少经费的投入，也能满足测量要求。

5.2 系统链路参数的估算

为了准确估算系统灵敏度和测量动态范围，以便在组建系统时正确地进行设备配置，需要计算系统链路各节点的电平。

5.2.1 发射链路的计算

1. 有效辐射功率计算

一个简单的发射链路如图 5.2.1 所示。它由合成信号源、功率放大器、发射天线（源天线）等组成。

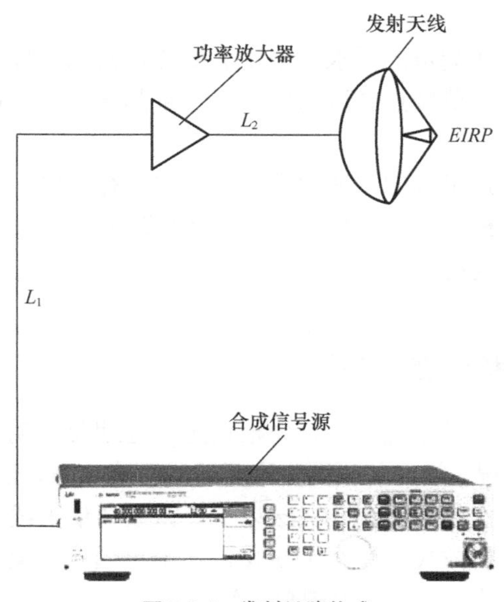

图 5.2.1 发射链路构成

EIRP 是发射天线向自由空间辐射的全向有效辐射功率，可由式（5.2.1）表示。

$$EIRP = P_s - (L_1 + L_2) + G_a + G_t \tag{5.2.1}$$

式（5.2.1）中，

P_s 为信号源输出功率，单位为 dBm；

L_1+L_2 为两根电缆损耗，单位为 dB；

G_a 为功率放大器增益，单位为 dB；

G_t 为发射天线增益，单位为 dBi。

链路是否需要加功率放大器，由其是否满足待测天线的测量动态范围而定，取决于链路能否测量出天线所要求的最低旁瓣电平。

2. 自由空间损耗计算

自由空间损耗是收发天线之间功率传输的路径损耗，可由式（5.2.2）计算可得。

$$\begin{aligned} L_D &= 32.45 + 20\lg R\,(\mathrm{m}) + 20\lg f\,(\mathrm{GHz}) \\ &= 92.45 + 20\lg R\,(\mathrm{km}) + 20\lg f\,(\mathrm{GHz}) \end{aligned} \tag{5.2.2}$$

式（5.2.2）中，L_D 为自由空间损耗，单位为 dB；R 为传输路径，单位为 km 或 m；f 为测试频率，单位为 GHz。

在式（5.2.2）的计算中，我们没有考虑电磁波在大气中的衰减，尤其在毫米波频段。

5.2.2 接收（待测）链路的计算

1. 待测天线输出端口的最大接收电平计算

为了确定所要求的测量灵敏度和测试动态范围，应该近似地估算待测天线输出端口的最大接收功率电平，以及所需要的测量精度。一个简单的接收（待测）链路如图 5.2.2 所示。

图 5.2.2 中有两个天线，一个是待测天线，另一个是参考天线。在电道计算时，暂不考虑参考天线。接收机可以是频谱分析仪，也可以是矢量网络分析仪，前者价格便宜，后者价格昂贵，但后者灵敏度很高、动态范围大。

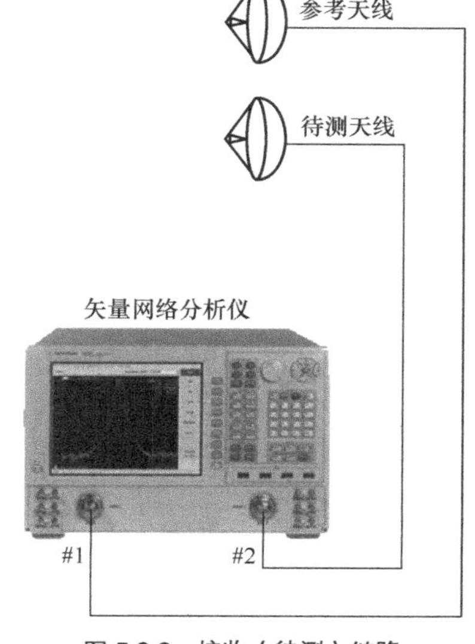

图 5.2.2 接收（待测）链路

待测天线的输出功率电平 P_{AUT} 为

$$P_{AUT}=EIRP-L_D+G_{AUT} \quad (5.2.3)$$

式（5.2.3）中，$EIRP$ 为有效辐射功率，单位为 dBm；L_D 为自由空间损耗，单位为 dB；G_{AUT} 为待测天线增益，单位为 dBi。

注意：P_{AUT} 不能超过如低噪声放大器、混频器、接收机等器件的规定输入电平。

2. 接收机输入端口的电平估算

接收机输入端口的电平估算分为以下 3 种情况。

第 1 种情况：如图 5.2.2 所示。

$$P_r= P_{AUT}-L_A \quad (5.2.4)$$

第 2 种情况：接低噪声放大器。

$$P_r= P_{AUT}-L_A+G_{LNA} \quad (5.2.5)$$

第 3 种情况：接混频器。

$$P_r= P_{AUT}-L_A+G_{TM} \quad (5.2.6)$$

式（5.2.4）～式（5.2.6）中，P_r 为接收机输入端口的电平，单位为 dBm；L_A 为接收链路中射频电缆损耗，单位为 dB；G_{LNA} 为低噪声放大器（LNA）增益，单位为 dB；G_{TM} 为混频器增益，单位为 dB。

5.2.3 系统灵敏度的计算

为了方便研究问题，我们假定将待测天线置于接收端。在待测天线的输出口测试系统灵敏度，如图 5.2.3 中的 S_{sy} 点。接收机是频谱分析仪，它的射频输入端口测试仪器灵敏度，如图 5.2.3 所示。

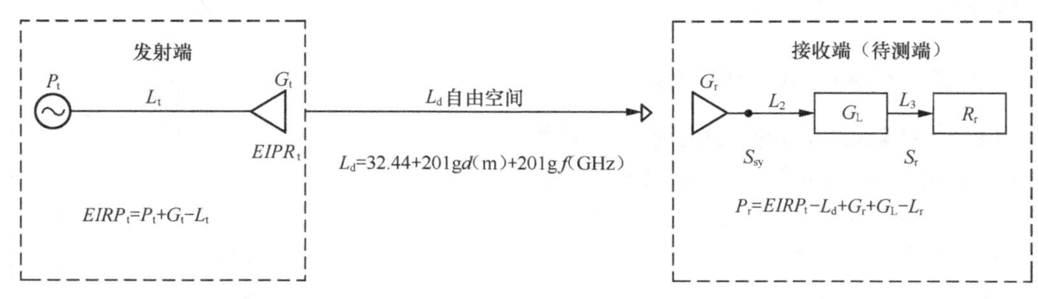

图 5.2.3　系统灵敏度计算示意图

频谱分析仪的噪声系数定义为频谱分析仪内部产生的附加噪声折合到输入端后与输入本身的热噪声之比，用 NF 表示。而频谱分析仪的灵敏度是指在指定带宽下，频谱分析仪测量最小信号的能力，它受仪器本底噪声的限制。最佳灵敏度可在最窄分辨率带宽、最小点输入衰减（0dB）和充分的视频滤波的仪器状态下获得。但是分辨率带宽减小会增大扫描时间，0dB 衰减器的设置会使输入驻波比（VSWR）增大，也增大了测量的不确定性。

待测天线直接连接频谱分析仪，此时系统的灵敏度可以认为是频谱分析仪的灵敏度，定义为在指定带宽下频谱分析仪测量最小信号的能力，当所测信号等于频谱分析仪的本底噪声电平时，信号功率等于平均噪声功率。由公式表达为 $\frac{S+N}{N}=2$，用对数表示为 10lg2=3dB。

信号将近似高出显示噪声电平 3dB，通常认为这是可测量的最小信号电平，由此确定频谱分析仪的灵敏度。根据接收机理论，可测量的最小信号电平由式（5.2.7）决定。

$$P_n=NF\cdot k\cdot T\cdot B\cdot A \tag{5.2.7}$$

式（5.2.7）中，NF 为频谱仪的噪声系数；T 为绝对温度；k 为玻尔兹曼常数，$k=1.38\times10^{-23}$J/K；B 为等效噪声带宽（近似等于 1.2 倍的频谱分析仪高斯滤波器分辨率带宽），$B=10\lg(1.2\times RBW)$；A 为频谱分析仪的射频衰减。

在室温下，T=290K，10lgkT=–204dBW=–174dBm，式（5.2.7）可变为

$$P_n(\text{dB})=NF(\text{dB})+10\lg(1.2\times RBW)-174\text{dBm}+A(\text{dB}) \tag{5.2.8}$$

由以上公式可以看出，频谱分析仪的灵敏度与其等效噪声带宽 B 直接相关。随着带宽增加，内部噪声功率也以相同的倍数增加。如带宽由 100Hz 增至 1kHz，带宽增加了 10 倍，内部噪声功率同样增加 10 倍，即

$$10\lg B=10\lg1000/100=10\ \text{dB}$$

频谱分析仪的最佳灵敏度在下述条件下可得到。

（1）最窄分辨率带宽。

（2）最小输入衰减。

（3）充分利用视频滤波器。

5.2.4　系统动态范围的计算

动态范围是指在给定的不确定条件下，能够测量的同时存在于输入端的最大信号与最小信号之比，并以 dB 表示。它表征了测量同时存在的两个信号幅度差的能力。在天线测量中，它同样也表征了测量主瓣峰值电平与最小旁瓣电平幅度差的能力。系统动态范围主要由接收天线增益、RF 信号电平大小和系统灵敏度决定。

如果将频谱分析仪通过馈线直接与待测天线相连，则天线测试系统的动态范围为

$$DR = P_r + G - P_{ns} \tag{5.2.9}$$

式（5.2.9）中，G 为接收天线增益；P_r 为天线接收的最大信号电平，单位为 dBm；P_{ns} 为系统灵敏度，单位为 dBm。

由式（5.2.9）可知，天线测试系统动态范围是由接收信号电平的大小、接收天线的增益和系统灵敏度决定的。在实际工程测量中，往往根据实际动态范围要求来选择合适的测试接收机和信标发射系统，以满足测量要求。例如，在卫星通信地面站天线方向图测量中，设待测天线增益为 G，方向图旁瓣特性包络要求为 $29-25\lg\theta$（θ为偏离波束中心的角度），测量的角度范围为$\pm\theta$，则要求测试系统的最小动态范围为

$$DR_{min} = \left|29 - 25\lg\theta - G\right| \tag{5.2.10}$$

例如，Ku 频段 4.5m 地面站天线发射增益为 55dBi（频率为 14.5GHz），要求测量±15°的方向图，则要求测试系统的最小动态范围为 55.4dB。众所周知，当天线方向图的旁瓣电平接近测试系统噪声时，系统噪声会影响旁瓣电平的测试精度，为了减少这种影响，实际测试系统的动态范围应大于要求的最小动态范围。当测量载噪比大于或等于 10dB 时，可忽略系统噪声对测量信号电平的影响，因此，精确测量天线方向图旁瓣特性的最小动态范围为

$$DR_{min0} = 10 + \left|29 - 25\lg\theta - G\right| \tag{5.2.11}$$

Ku 频段 4.5m 地面站天线方向图测量动态范围至少要 65.4dB。

在微波通信天线的测量中，系统动态范围应该满足测量前后比的要求，则式（5.2.9）变为

$$DR_{min0} = 10 + \frac{F}{B} \tag{5.2.12}$$

图 5.2.4 所示的是一个微波通信天线的仿真和实测方向图，从仿真结果看，要求的 DR_{min} 大于 85dB，但实际 DR_{min} 只大于 70dB。

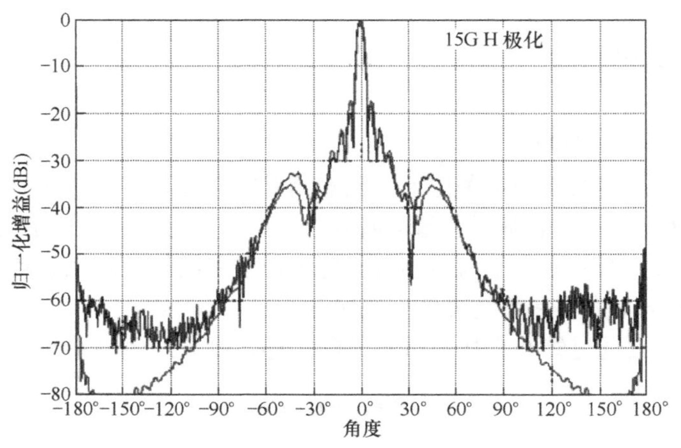

图 5.2.4　微波通信天线方向图动态范围示意图

5.3　测量系统介绍

5.3.1　采用频谱分析仪测量系统

采用频谱分析仪测量系统配置如图 5.3.1 所示，它是一个低成本、简易的测量系统。该系统由河北威赛特科技有限公司研制生产，主要由信号源、源天线、极化旋转器、转台控制器及伺服驱动器、频谱分析仪、计算机（含接口）、打印机等组成。

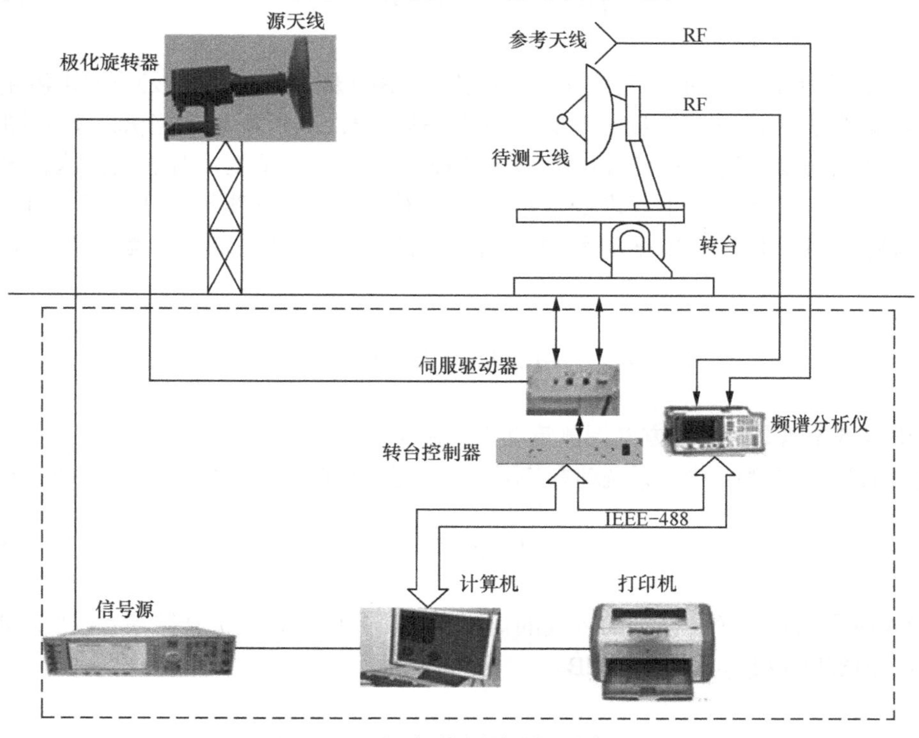

图 5.3.1　采用频谱分析仪测量系统配置

系统工作原理：信号源输出指定频率和功率电平的信号，信号通过馈线被馈送到源天线并由源天线向空间辐射，最终到达处于远场的待测天线口面处，并对其进行均匀照射，待测天线处于接收状态，极化按规定放置。待测天线架设在转台上，天线相位中心尽量和转台旋转中心重合。在计算机指令下，待测天线围绕转台中心连续运动，绘制出 $P(\phi)\sim\phi$ 或 $P(\theta)\sim\theta$，即天线方位或俯仰方向图。

通过实测天线方向图即可计算出天线增益、半功率波束宽度、前后比、交叉极化鉴别率等天线辐射参数。

图 5.3.1 所示系统未接入功率放大器和低噪声放大器，这需要根据实际情况进行配置。

5.3.2　采用网络分析仪的天线幅–相测量系统

1．不同的系统配置

采用矢量网络分析仪的天线幅-相测量系统如图 5.3.2 所示，系统不但具有速度快、精度高等特点，还具备丰富的编程指令，所有的人工操作功能都可由计算机程序来完成，计算机与它的通信联络由 GPIB 接口电路来实现。在天线测量中，矢量网络分析仪工作在连续波或扫频模式，并通过外触发，以最快的速度实现测量，测量数据被暂存在矢量网络分析仪的内存里，然后由计算机通过 GPIB 快速读入，这些数据经过处理变成所需的幅度相位或实虚部数据格式。

图 5.3.2（a）采用网络分析仪内置源直接测量系统，该系统目前已被广泛用于移动通信基站天线的测量中。网络分析仪的内置激励源输出的微波信号经功率放大器放大后，分两路：一路信号送到发射天线，其向空间辐射测试信号，待测天线接收后的信号进入网络分析仪 B 端口；另一路信号经定向耦合器副臂端口取样，馈送给网络分析仪 R 端口作为参考信号。

为了提高系统的灵敏度和测量动态范围，可采用图 5.3.2（b）～图 5.3.2（d）的外置混频器的测量系统，其中，图 5.3.2（d）所示测量系统可以测量多端口天线。

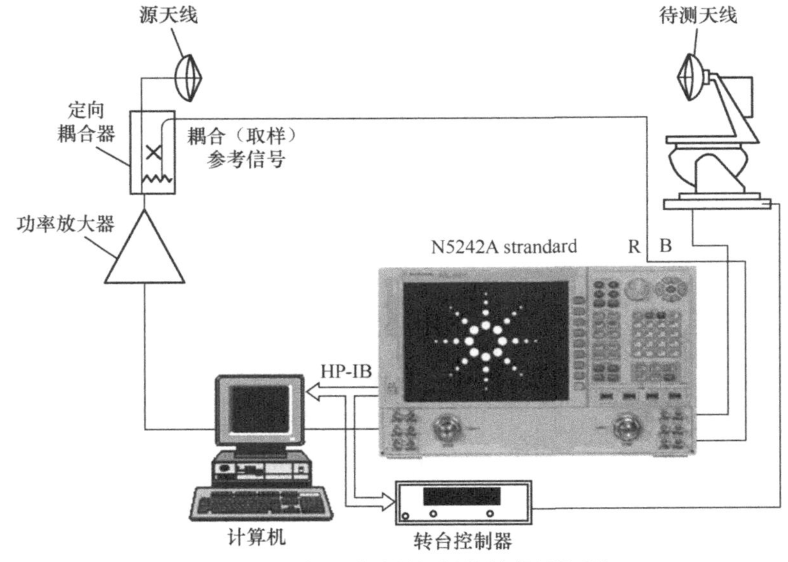

（a）采用网络分析仪内置源直接测量系统

图 5.3.2　采用矢量网络分析仪的天线幅–相测量系统

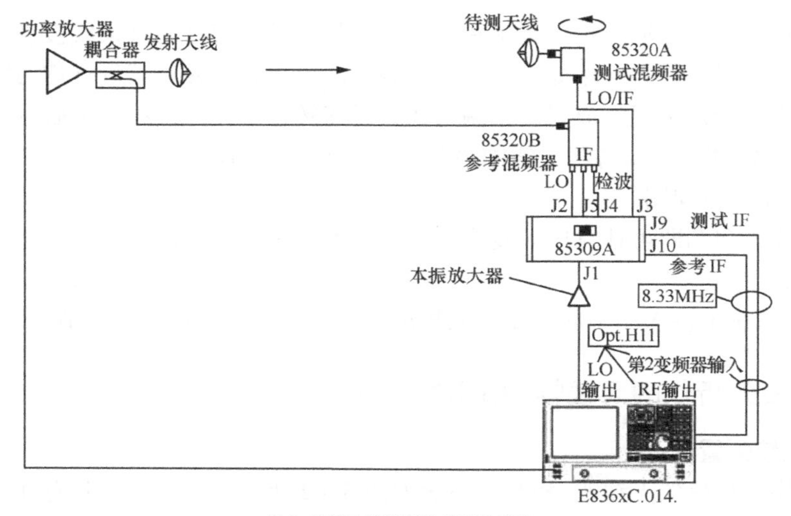

（b）采用外置混频器的测量系统

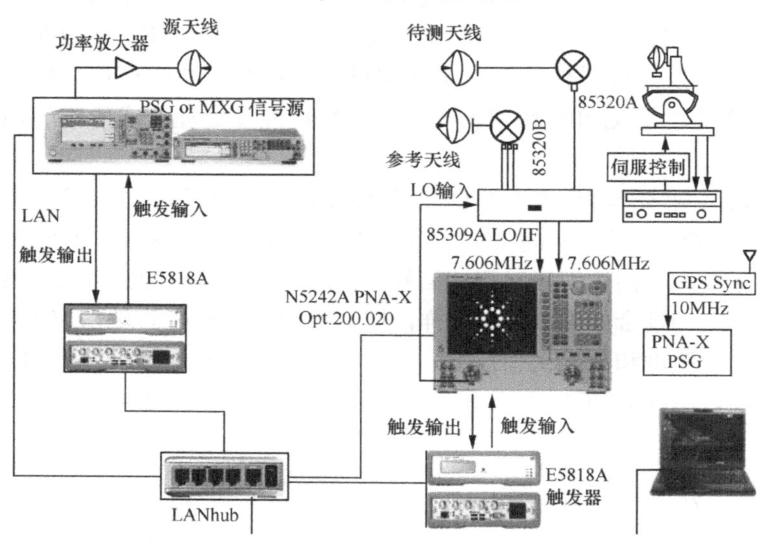

（c）采用参考天线的系统配置

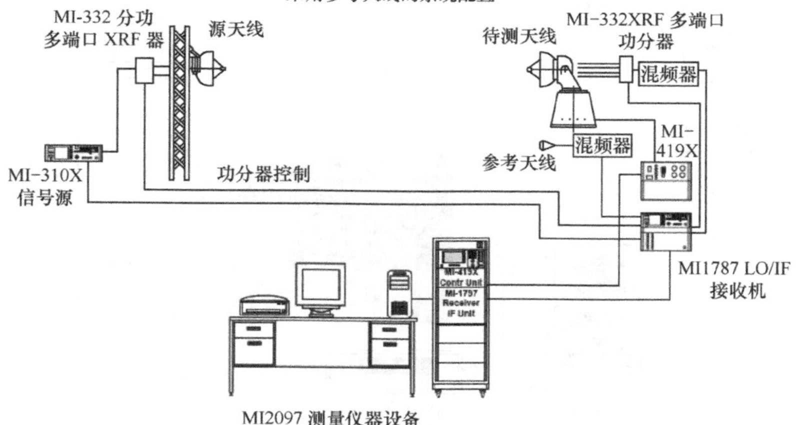

（d）MI2970 多端口天线远场测量系统

图 5.3.2　采用矢量网络分析仪的天线幅-相测量系统（续）

2. 基本工作原理

信号源输出的微波信号经放大器送到发射天线向空间辐射，被测天线将接收信号馈送到混频器，混频器将测试信号频率与本振源信号频率进行混频，输出中频率（如 20MHz），中频信号进入矢量网络分析仪中进行处理。为了能够同时测量被测天线的幅度信息和相位信息，必须要有一个基准信号。通常有两种提供基准信号的方法：一种采用基准天线，调节基准天线的位置和转向，实现参考通道和测试通道的幅度和相位平衡，这种方法通常应用于室外天线测量；另一种是利用功率分配器（功分器）或定向耦合器实现幅度平衡，并通过改变电缆长度来实现相位平衡，考虑到电缆损耗，这种方法主要应用于信号源与接收天线距离不太远的情况。计算机是实现天线方向图自动测量的关键，计算机控制天线转台从而控制被测天线转动，GPIB 总线使其与矢量网络分析仪及信号源相连，计算机实时取样待测天线的幅度和相位值，并将测量结果取回进行处理，测绘出天线方向图。

3. 系统主要配置介绍

由图 5.3.2 可见，测量系统中的除配置网络分析仪主机和信号源外，关键器件是混频器和本振/中频分配单元。下面对列举的安捷伦科技有限公司的产品进行简单介绍。

（1）安捷伦 85320A/B 混频器

图 5.3.3（a）所示为安捷伦 85320A 测试混频器；图 5.3.3（b）所示为安捷伦 85320B 参考混频器。

测试混频器是一个两端口器件，中频信号输出和本振信号输入共用一个端口，两个信号通过内置双工器分离。

参考混频器共用 4 个端口，RF 输入、LO 输入、IF 输出及检波输出。参考混频器提供一个相位基准信号，并测量测试信号与该参考信号的比值。

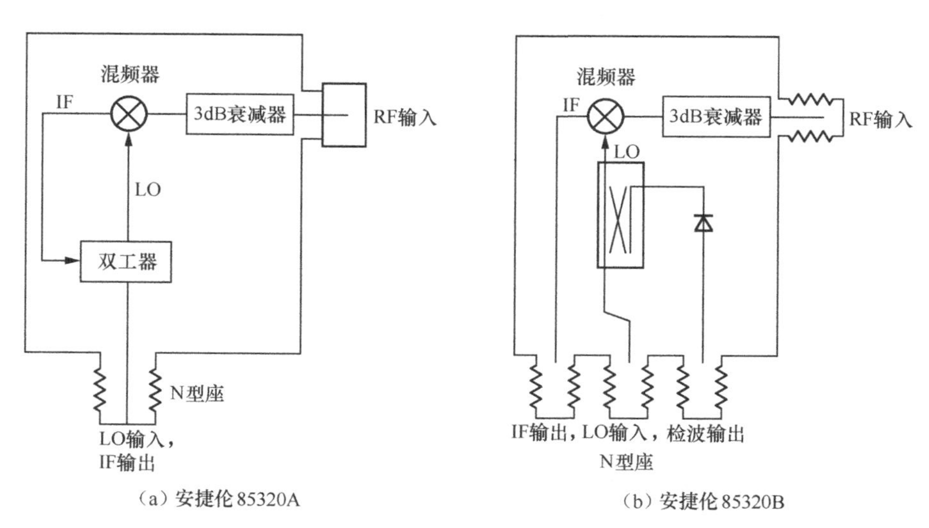

（a）安捷伦 85320A　　（b）安捷伦 85320B

图 5.3.3　混频器原理示意图

外部混频可分基波混频和谐波混频，两种混频方式各有优缺点。基波混频的优点是极大地提高了测量灵敏度和抗干扰能力，缺点是提高了本振源、隔离放大器等器件的工作频率；谐波混频主要优点是该方式降低了对本振源输出频率的要求，所降低的频率倍数等于谐波混频所采用的谐波次数，同时提高了射频端口对本振端口的隔离性能，主要缺点是增加了变频损耗，从而降低了测量灵敏度，数值大约为 20lg$N$，其中，N 为谐波混频次数。另外，由于谐波混频器的前端仍可在每一个谐波频率上对信号进行下变频，因此，谐波混频对杂散的射频信号很敏感。

安捷伦混频器产生的中频信号有 3 种设置：20MHz、8.33MHz 和 7.605634MHz。在安捷伦科技有限公司 PNA、PNA-X 系列产品中，选择中频需针对不同的选件。

（2）安捷伦 85309（LO/IF）本振/中频分配单元

85309A 本振/中频分配单元的主要作用是对本振输入信号进行放大，并按需分配给测试混频器和参考混频器；同时，将两个混频器输出的中频信号分别馈入矢量网络分析仪的测试端口和参考端口，其组成如图 5.3.4 所示。

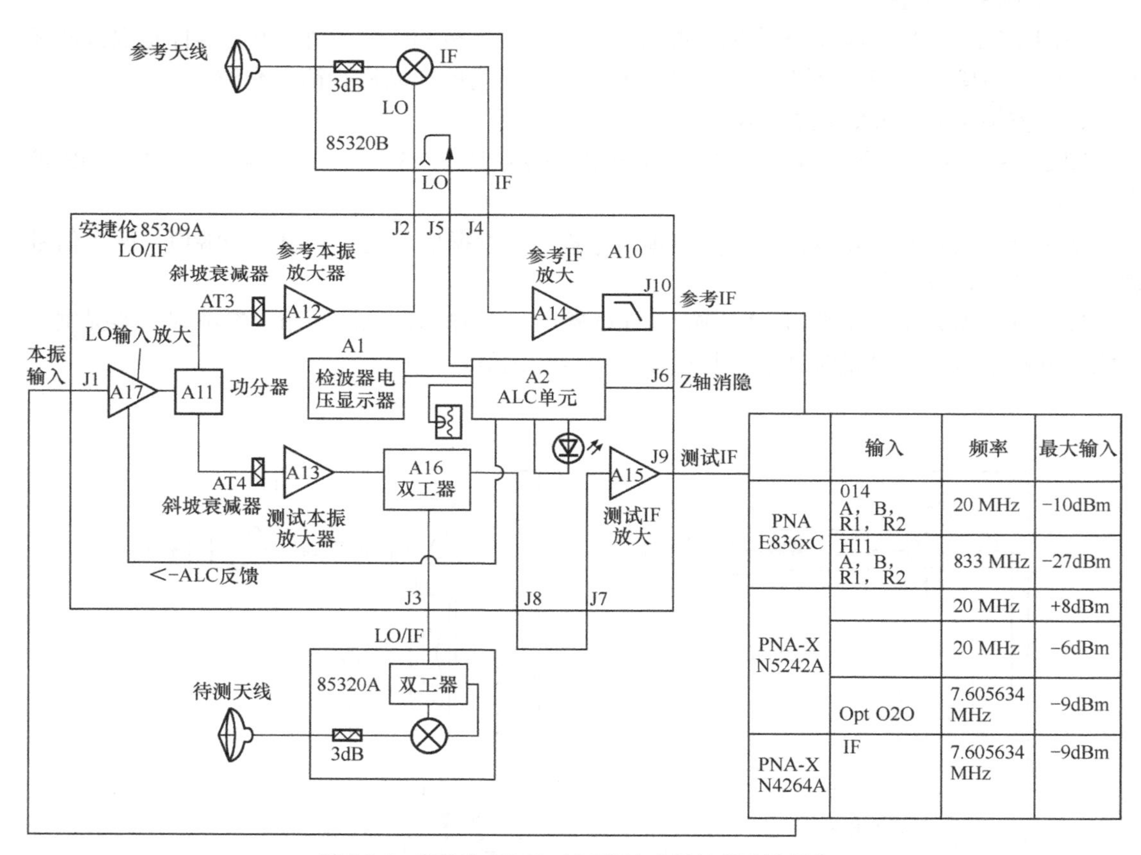

	输入	频率	最大输入
PNA E836xC	014 A，B，R1，R2	20 MHz	−10dBm
	H11 A，B，R1，R2	833 MHz	−27dBm
PNA-X N5242A		20 MHz	+8dBm
		20 MHz	−6dBm
	Opt O2O	7.605634 MHz	−9dBm
PNA-X N4264A	IF	7.605634 MHz	−9dBm

图 5.3.4　安捷伦 85309（LO/IF）本振/中频分配单元

4. 各关键端口的电平计算

为了保证混频器的正常工作状态，必须保证各端口功率电平达到规定值，图 5.3.5（a）和图 5.3.5（b）给出了对于选择不同中频时有关端口规定的功率电平值。

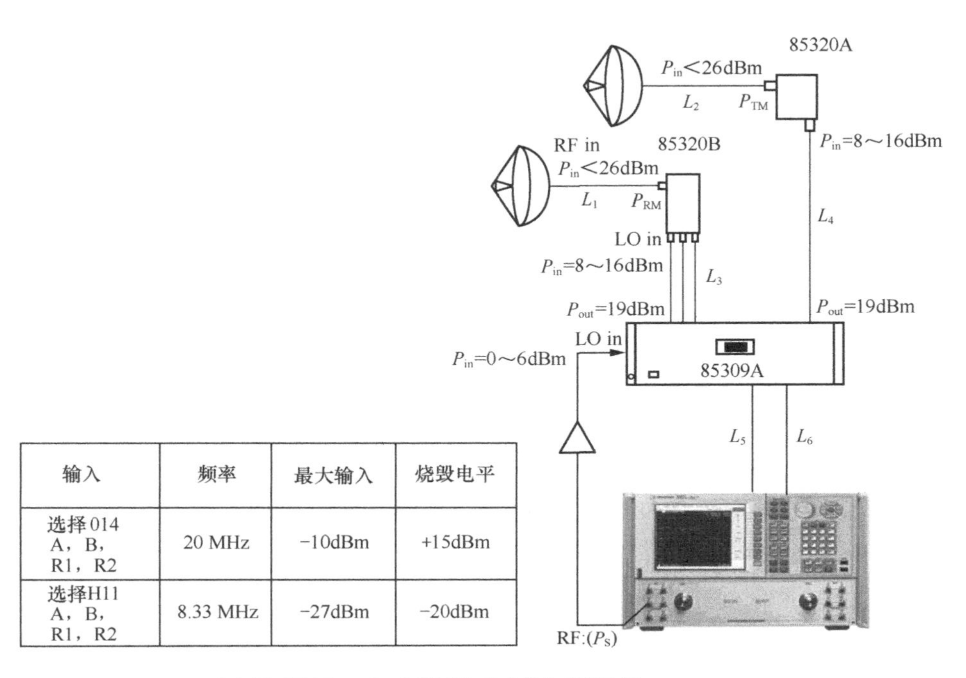

输入	频率	最大输入	烧毁电平
选择 014 A，B，R1，R2	20 MHz	−10dBm	+15dBm
选择H11 A，B，R1，R2	8.33 MHz	−27dBm	−20dBm

（a）IF=20MHz、IF=8.33MHz 的功率电平规定值

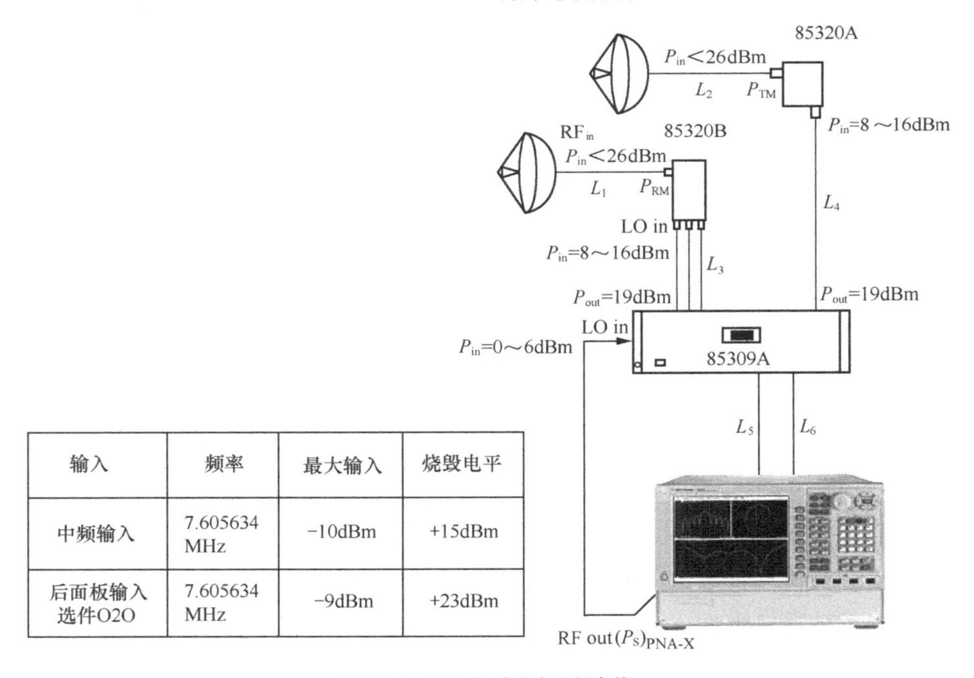

输入	频率	最大输入	烧毁电平
中频输入	7.605634 MHz	−10dBm	+15dBm
后面板输入选件O2O	7.605634 MHz	−9dBm	+23dBm

（b）IF=7.6MHz的功率电平规定值

图 5.3.5　混频器端口功率电平规定值

（1）本振源要求的功率电平

混频器的本振源要求的功率电平通常为 P_i=8～16dBm，85309A 输出功率 P_o =19dBm，显

然，要满足本振最小驱动功率电平的要求，从85309A到混频器的电缆损耗不得超过11dB。由此看出，最大可允许的电缆长度是85309A LO/IF 分配单元的输出功率和射频电缆的每米损耗值。允许的最大电缆长度可用式（5.3.1）计算。

$$电缆长度(\mathrm{m})=\frac{P_o-P_i}{电缆损耗/\mathrm{m}} \tag{5.3.1}$$

例如：电缆损耗=0.5dBm，电缆长度（m）=$\frac{11}{0.5}$=22m；电缆损耗=2.0dBm，电缆长度（m）=$\frac{11}{2}$=5.5m。

（2）在参考混频器上的功率电平

计算参考混频器上的功率电平，要依据参考信号的获取方式。通常获取参考信号有两种方法：一种方法是采用参考天线，其与待测天线同时接收源天线发射来的信号，并调节位置和转向，实现参考通道和测试通道幅度和相位平衡；另一种方法利用功分器或定向耦合器从信号源进行参考信号的取样，改变电缆长度实现幅度和相位的平衡。

使用第一种方法时，参考混频器上的功率电平 P_{rm} 由式（5.3.2）计算。

$$P_{rm}=ERP-L_D+G_r-L_1 \tag{5.3.2}$$

式（5.3.2）中，ERP 为有效辐射功率，单位为dBm；L_D 为自由空间损耗，单位为dB；G_r 为参考天线的增益，单位为dBi；L_1 为参考混频器到基准天线的射频电缆损耗，单位为dB。

警告：P_{rm} 不得超过混频器所允许的最大功率电平，即 P_{rm} 必须小于5dBm，因此，85309A LO/IF 输入功率不能超过1dB压缩点的电平值。

注意：如果所计算的混频器上的功率电平不满足参考通道所希望的要求，必须增加发射功率或增加参考天线的增益。

当用定向耦合器耦合参考信号，参考通道的功率电平除取决于信号源的输出功率外，还由支路中电缆的损耗和定向耦合器的耦合度及所加功率放大器的增益来决定。

（3）测试混频器上的功率电平

测试混频器上的功率等效于AUT的功率输出，如测试混频器直接与AUT相连，测试混频器的功率电平 P_{TM} 由式（5.3.3）决定。

$$P_{TM}=ERP-L_D+G_{AUT}-L_2 \tag{5.3.3}$$

式（5.3.3）中，ERP 为全向有效辐射功率，单位为dBm；L_D 为自由空间损耗，单位为dB；G_{AUT} 为待测天线增益，单位为dBi；L_2 为待测天线和测试混频器之间的连接损耗，单位为dB。

（4）在网络分析仪输入端口上的功率电平

接收机的中频功率电平为

$$P_{REF}=P_{RM}-混频器转换损耗+85309A的转换增益-(L_3+L_5) \tag{5.3.4}$$

$$P_{TEST}=P_{TM}-混频器转换损耗+85309A的转换增益-(L_4+L_6) \tag{5.3.5}$$

其中，L 为图5.3.5所示的电缆损耗；85309A的转换增益为−23dB（典型值）。警告：接收机的这些值不得超过最大输入功率电平（1dB压缩点功率电平），选件H11的最大输入功率电平为−27dBm，选件014的最大输入功率电平为−14dBm。如有必要，可降低射频源的功率电平或在混频器及网络分析仪前加入衰减器。

5.3.3　用光缆连接的测量系统

图 5.3.6 是一个采用光纤电缆连接的天线自动测量系统，其系统组成及基本工作原理如下。

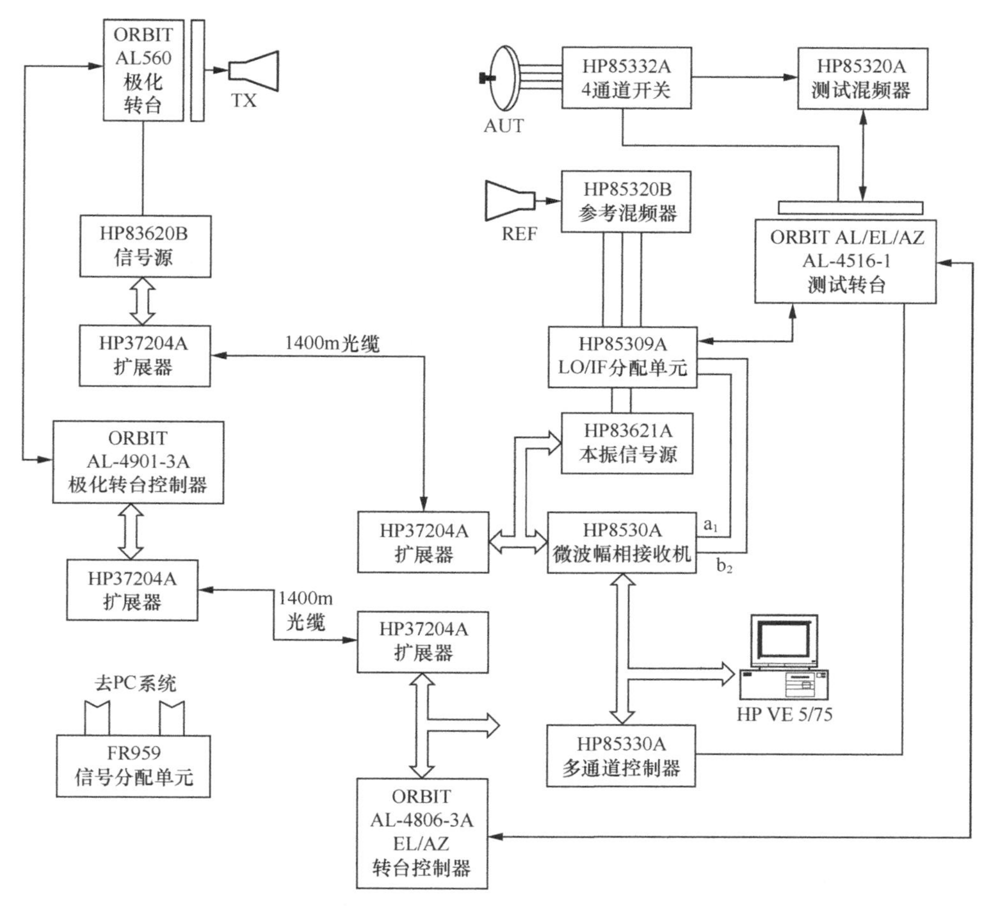

图 5.3.6　采用光纤电缆连接的天线自动测量系统

AUT 天线和 REF 天线把接收的来自源天线的测试信号分别送至 HP85320A 测试混频器和 HP85320B 参考混频器，两个混频器将送来的信号分别进行基波混频，获得 20MHz 的中频信号，HP85309A LO/IF 分配单元再把这两路中频信号分别送到 HP8530A 微波幅相接收机的 b_2 和 a_1 端口。HP8530A 微波幅相接收机将 b_2 和 a_1 端口的信号进行比较，可得到被测信号的幅度和相位信息。HP83621A 本振信号源为测试和参考混频器提供的本振信号，它不仅受 HP8530A 微波幅相接收机控制，还受 HP37204A 扩展器控制，以确保与源天线的射频信号相对应；HP85330A 多通道控制器控制 4 路 PIN 开关 SP4T 的切换，用以实现多通道测试；AL-4806-3A EL/AZ 转台控制器对 AL-4516-1 的控制可选用手动方式和自动方式（计算机控制）；FR959 信号分配单元（SDU）的功能是将转台控制器传输的 BCD 角度信号传送到计算机。为了实现对远场发射信号和极化转台的远距离控制，还需要两对扩展器

HP37204A 和两路光纤电缆：一路用于控制 HP83620B 信号源，另一路用于控制 AL-4901-3A 极化转台控制器。

为了提高信噪比，在安装混频器时，它尽量要和天线输出端口直接相连。混频信号频率在 18GHz 以下时推荐用基波混频，在 18GHz 以上时用谐波混频。混频器是一个有源器件，其本振信号由矢量网络分析仪内部源通过 LO/IF 分配单元分别供给测试混频器和参考混频器。本振源在所要求的频率范围内工作时，需满足其输入功率的要求。采用安捷伦 85309 本振/中频分配单元时，要求矢量网络分析仪内部源馈送给 85309 的本振（LO）输入功率电平需达到 0～+6dBm。

矢量网络分析仪内部源输出功率是给定的，影响功率电平的主要因素是 RF 电缆损耗，频率越高，电缆损耗就越大，本振源输入功率电平就越不够。在基波混频时混频器内部变频损耗小、系统灵敏度高；谐波混频时混频器内部变频损耗大、系统灵敏度低。所以在设计系统时要对射频电缆的长度进行计算，对其损耗进行精确测量。本振源功率达不到要求，或因射频电缆损耗使功率电平不够，这时就需加功率放大器。

参考通道信号电平一定要足够高，系统才能实现理想的测量精度，信号信噪比最好保持在 50～60dB。

在自动测试状态下，进入 FR959 天线测试软件环境后，需对 HP85301B 天线测试系统进行测试参数设置。这些参数包括测试频率、测试通道、转台的转角范围及角度增量和所要控制的转轴，设置完毕后便可进入测试预备状态。启动测试后，计算机将这些参数传送给 HP8530A 微波幅相接收机和 AL-4806-3A EL/AZ 转台控制器，HP8530A 微波幅相接收机对所接收的测试参数进行初始化；转台控制器对角度的控制参数进行初始化，完成初始化后便进入测试状态，此时计算机发出指令，控制信号源的发射状态和接收机的接收状态，计算机实时取样和显示测试数据，并将所获得的测试数据全部存储在用户所规定的文件中。

5.3.4 采用无线遥控源端设备的天线测量系统

采用无线遥控源端设备的天线测量系统包括信号源、发射天线、接收天线、转台控制器、频谱分析仪、无线数传模块、两台计算机等。

计算机的 RS-232 串行接口，经过 FSK 调制电路即无线数传模块将控制命令和数据通过源天线发出，另一方再通过该模块和串行接口接收数据。采用这样的设备就可以协助系统完成远距离的数据采集。因此，在方向图测量原理框图中加入了数传电台，在两地分别由两台计算机进行数据通信和设备控制，测量系统配置示意图如图 5.3.7 所示。

（1）控制远地设备的工作过程

本地计算机对远地 GPIB 接口发出命令，以约定好的字符串格式将命令发送到串口。命令到达串口后，会自动通过无线数传模块和吸盘天线以 433.9MHz 的频率发出。远地计算机串口在收到命令前一直处于等待状态，接收到命令后，将其翻译成仪表设备可以识别的控制字符，并通过 GPIB 发送控制字符到仪表，仪表完成设置。

（2）绘制方向图的工作过程

两地设备测试状态就绪后，本地计算机发出开始测量命令，转台开始转动，读取转台角度数据。同时，开始测量命令通过串口发给远地计算机，远地计算机接收开始测量命令后，读取仪表测量数据，通过串口将数据传送回本地计算机，一组数据测量完毕。

以上这两个步骤应同时完成。

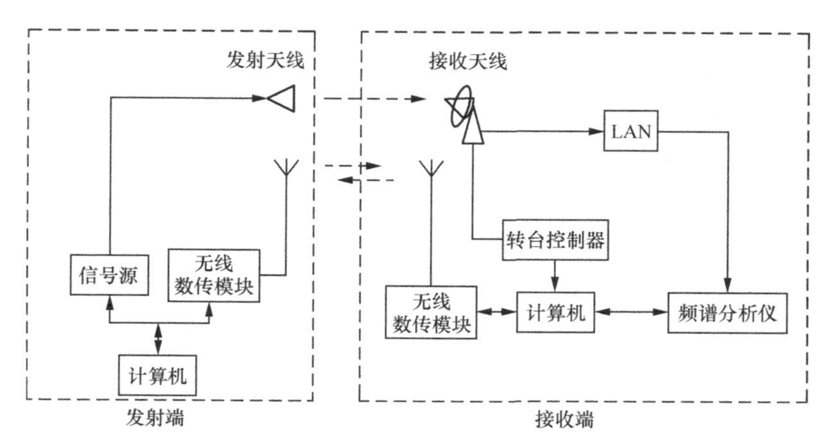

图 5.3.7　测量系统配置示意图

（3）数据采集的控制

命令从发送方到接收方存在 19ms 的时延。也就是说，本地计算机发送的命令，至少经过 19ms 才能到达远地计算机，若要返回数据也至少需要 19ms。对于本地的数据传送时间则可以忽略不计。当然，T 这一数值不是完全精确和固定的，随着发送的字节数的不同，它会有一些微小差异。在软件中，将 T 和 Δt 都设置为变量，可以根据实际情况对它们进行调整和改动，便于减小测量角度的系统误差。

（4）无线数传模块

DTD465C 无线数传模块的部分性能指标如表 5.3.1 所示。

表 5.3.1　DTD465C 无线数传模块的部分性能指标

参数	指标
中心频率	433MHz
发射功率	30dBm
灵敏度	–120dBm
工作电压	9V
通信距离	>2000m

5.4　系统软件设计

天线远场测量系统是一套在计算机控制下的高精度自动测试设备。整个系统的正常工作依赖系统软件。以河北威赛特科技有限公司设计研制的天线测量系统软件为例进行简述。

系统软件的功能包括控制远场测量方式下的各运动轴、设定和控制测量仪器，以及采集天线远场信息、存储和分析处理天线方向图等。对系统软件的基本要求是：测试界面简单直观、人机对话灵活方便、数据处理快速准确、软件功能强大全面。

5.4.1 主要功能

要满足天线远场测量要求，设计的系统软件至少要具备以下功能。

（1）对各运动轴的控制：主要是对工作范围、运动的方向及速度的控制，要求做到反应灵敏、定位精确、安全可靠等。

（2）对测量仪器的控制：要有仪器选择功能，如选择频谱分析仪还是矢量网络分析仪或选择不同型号等；对仪器有关参数进行设定，如频率、功率、带宽、扫描速度等。

（3）测试功能：主要是借助简单、直观、容易理解的测试界面，完成测量过程。通过工具栏可以实现方向图坐标的切换（直角坐标系/极坐标系）、坐标调整、参数计算、鼠标拾取参数等各种操作。

（4）数据处理：对数据进行归一化、平滑、移动、截断等；多图叠加、多图显示；根据 E 面和 H 面方向图重构天线的空间立体方向图；绘制包络线，进行测试结果的诊断；单图或多图叠加打印、阵列打印。

5.4.2 测量系统界面介绍

系统软件的主程序界面如图 5.4.1 所示，界面所示的“设备”选项用于控制各运动轴，“仪器”选项用于控制测量仪器，“测量”选项用于采集、存储天线远场信息，“方向图”选项用于分析处理天线方向图等。

（1）控制运动轴

运动轴的控制界面如图 5.4.2 所示，包括位置显示、简单的正反转、停止控制、定位、位移和速度控制及位置重新标定功能。

（2）控制测量仪器

“仪器”选项主要用于仪器选择、对选定仪器的参数设定及数据读取。

图 5.4.1　系统软件的主程序界面

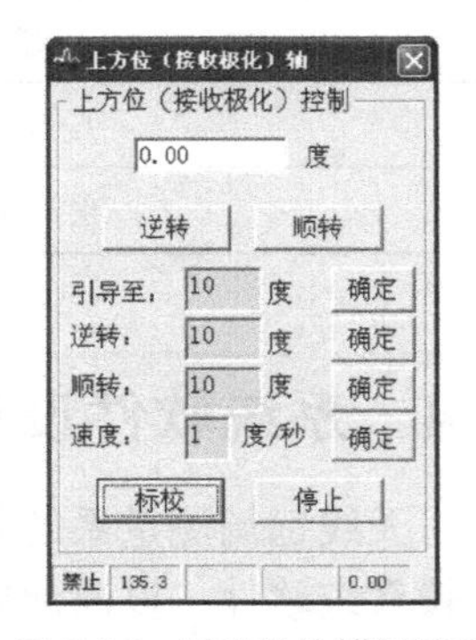

图 5.4.2　运动轴的控制界面

（3）采集、存储天线远场信息

“测量”选项用于输入和设定待测天线信息、待测量的频率、采集数据的方法、数据保存的路径及其名称、测量极化、测试轴等。在如图 5.4.3 所示界面设置好以上内容后单击“确定”按钮，会自动完成天线远场信息的采集、存储。

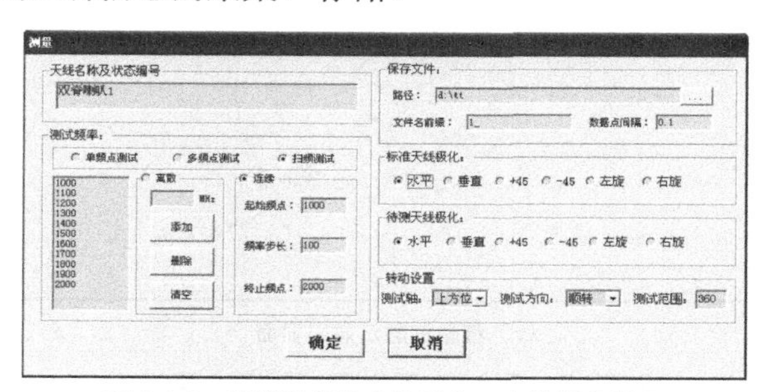

图 5.4.3　天线远场信息的采集、存储操作界面

（4）分析处理天线方向图

天线方向图分析处理界面如图 5.4.4 所示，包括数据归一、数据平滑、坐标转换、计算参数、鼠标拾取等功能。待显示参数的界面如图 5.4.4（a）所示，直角坐标显示效果界面如图 5.4.4（b）所示，极坐标显示效果界面如图 5.4.4（c）所示。

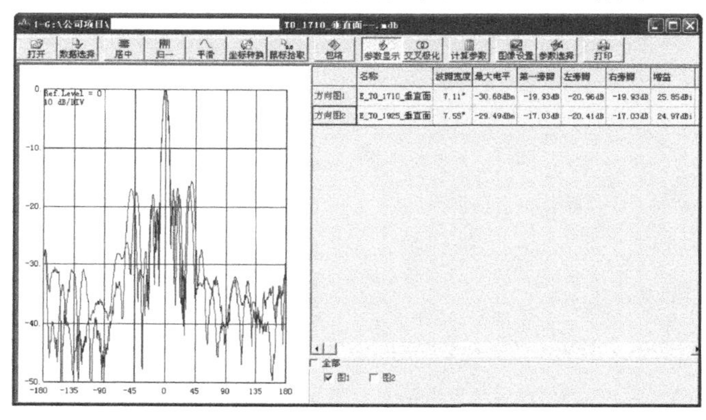

（a）待显示参数的界面

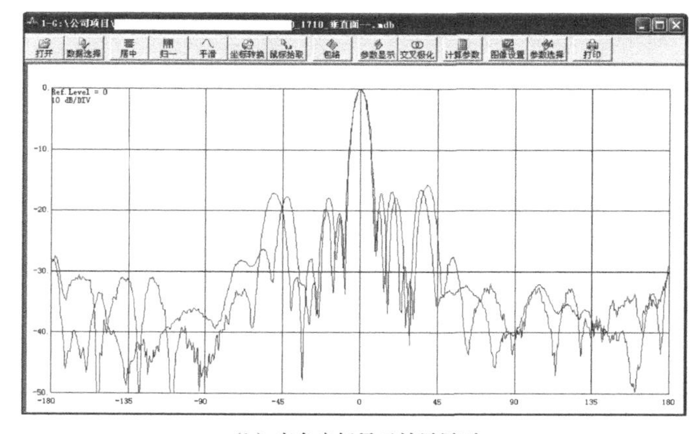

（b）直角坐标显示效果界面

图 5.4.4　天线方向图分析处理界面

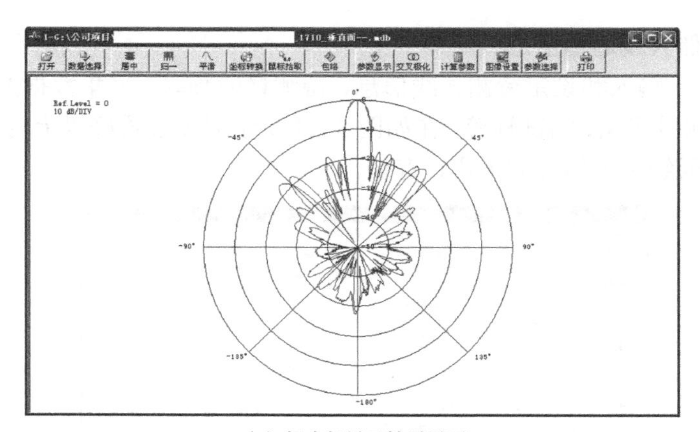

（c）极坐标显示效果界面

图 5.4.4　天线方向图分析处理界面（续）

第 6 章 天线辐射参数的远场测量

6.1 天线方向图的测量

天线方向图是用图示的方法表示天线辐射能量在空间的分布。天线方向图是天线重要的电性能参数，这是因为通过测量天线方向图可以确定天线的半功率波束宽度、天线方向系数、增益和旁瓣电平等。因此，天线方向图的测量是天线最重要、最基本的电参数测量。其常见的测量方法如下。

（1）常规远场法，又称为信标塔法，该方法可在常规的室外来完成天线方向图的测量，是天线方向图测量最常用的方法。常见的测试场有高架测试场和地面反射测试场等。

（2）紧缩场测试法。紧缩场测试法利用大型源天线形成的人工平面波区（静区），将 4 根待测天线设在幅相近似均匀的静区内，以实现在有限距离上直接测量天线远场方向图。紧缩场常建在微波暗室里，在室内即完成天线的电性能测量。

（3）近场测试法。近场测试法利用现代测试场的设计能力，根据待测天线口面的近场幅度和相位，通过数据变换来确定天线远场电性能的方法。

（4）射电源法。射电源法以射电源（如太阳、月亮及其他星座）作为信标源来测量天线方向图，但由于射电源强度较弱，限制了测试系统的动态范围，也就限制了天线方向图的测量范围和精度。因此，只有大口径天线采用此方法。

（5）卫星信标法。卫星信标法利用同步轨道的静止卫星作为信号源来完成天线方向图的测量，该方法特别适合测量卫星通信地面站的天线方向图。

6.1.1 常规远场法

1. 测量条件

在常规远场测量中，为了保证天线方向图的测量精度，应满足以下测量条件。

（1）源天线和待测天线之间的距离应满足远场条件，即 $R \geqslant \frac{2\left(d+D\right)^2}{\lambda}$。当源天线口径 d 远小于待测天线口径 D 时，$R \geqslant \frac{2D^2}{\lambda}$；对于电小天线，$R \geqslant 10\lambda$，通常选择 $R \geqslant (3\sim5)\lambda$ 即可。λ 为工作波长，单位为米。

（2）天线要尽量架高，在卫星通信天线测量中，源天线架设在足够高的信标塔上，从而使待测天线仰角 $EL \geqslant 5°$，这样可以有效地抑制地面反射的电磁波对天线电性能的干扰。微波通信天线和移动通信基站天线对前后比要求较高，收发天线要等高架设或源天线低于待测天线架设。

（3）天线测试场地净空性能要好，在视距范围内尽量不要有铁塔、树木、高大建筑物等。

以上就是远场测试场的基本条件，除此之外，还应该有一个完善的测量系统及测试所需的其他条件。

2. 测试场地布局

常规远场法测试场地布局如图 6.1.1 所示，担负发射任务的源天线安置在信标塔上，待测天线作为接收端安置在测试转台上。源天线和待测天线能否正确安装是测量天线方向图不可忽视的问题，源天线最好架设在方位、俯仰及极化能够方便调整的平台上。现在市场上已经有手动、电动、程控及无线遥控等产品，可根据经济实力选购。

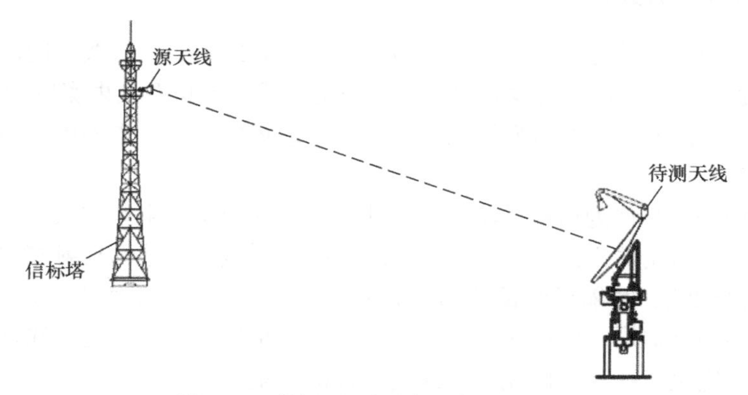

图 6.1.1　常规远场法测试场地布局示意图

3. 测量系统

天线方向图测量系统可以采用第 5.3 节介绍的所有系统，使用频谱分析仪只能进行点频测量，而使用矢量网络分析仪则可以进行扫频测量。

4. 测量步骤

（1）参照第 5.3 节提供的测量系统案例，根据自己的实际情况组建测量系统。

（2）仪器预热并正常工作后，按照要求设置频率、功率及其他参数。

（3）调整源天线和待测天线的极化为相同极化。

（4）驱动待测天线，使天线波束中心对准信标塔的源天线，此时接收机接收到的信号功率电平最大。

（5）启动自动测量程序，启动后主界面如图 5.4.1 所示。

（6）仪器设置（以安捷伦 E5062A 为例）如下。

① 根据射频电缆连接端口，设置仪器 S 参数为 S_{12} 或 S_{21}。

② 根据接收情况设置合适的参考电平。

③ 设置待测天线的工作频段。

④ 设置通道显示为 x1（仪器默认），线迹为 1（仪器默认）。

⑤ 为使线迹平滑稳定可适当调节其他参数（如发射功率、IF 带宽、平滑等）。

（7）按第 5.4.2 节介绍的方法进行测试转台设置：转台控制分为角度显示、转动方向控制、速度控制、引导控制和角度校准 5 个部分。

测试范围设置为 360°；测试轴选择方位：测试方向选择顺转或逆转。

按图 5.4.1 和图 5.4.2 操作，单击下拉列表框选择引导方式，其中“引导至”为捷径引导，最大行程不大于 180°。“顺转”“逆转”为指定方向转动，转动时按指定方向转动，最大行程小于 360°；单击“确定”按钮，转台将按指定的引导方式转到指定的位置。

当遇到当前角度与自己所期望的值不一致时，需要通过角度校准来将当前角度校准为自己期望的值。

（8）测试完成后，转台自动停止转动，数据自动保存。如果文件名已存在，系统将在原文件名后面加一个与时间相关的后缀后进行保存。

5. 典型测量案例

例 1：卫星通信天线方向图

本例为江阴市彭利天线有限公司设计选择测试场，将发射源天线安装在一个 22 层大酒店的楼顶，大约为 81m，待测天线架高 12m，两地相距大约为 2500m，EL=1.6°。该测试场主要测试 C/Ku 频段 1.2～4.5m 卫星通信天线。实测 1.2m 卫星通信偏馈天线方向图如图 6.1.2 所示。

在河北威赛特科技有限公司天线测试场测试 0.8m 环焦卫星通信天线，其收发频段方向图如图 6.1.3 所示。测试距离为 122m，源天线架高 12m，待测天线架高 3.5m。测试转台及测量软件由河北威赛特科技有限公司研制。

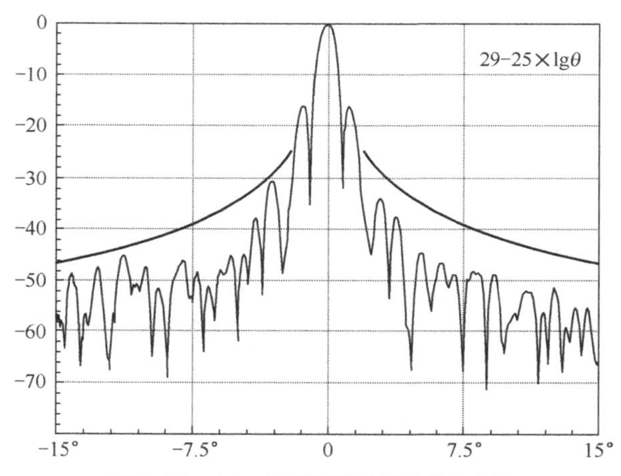

图 6.1.2　1.2m 卫星通信偏馈天线方向图

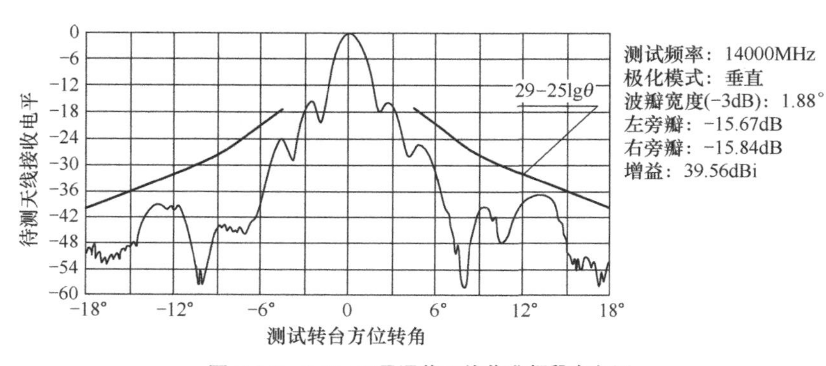

图 6.1.3　0.8m 卫星通信天线收发频段方向图

例 2：扫频测量移动通信基站天线方向图

扫频测量天线方向图是采用矢量网络分析仪实现的（见第 5.3.2 节），下面以上海网拓信息科技有限公司为例进行介绍。天线场地设计为倾斜试验场，源天线接近地面架设，待测天线架高 h_2=15.6m，仰角为 15°。天线倾斜试验场原理框图如图 6.1.4 所示。

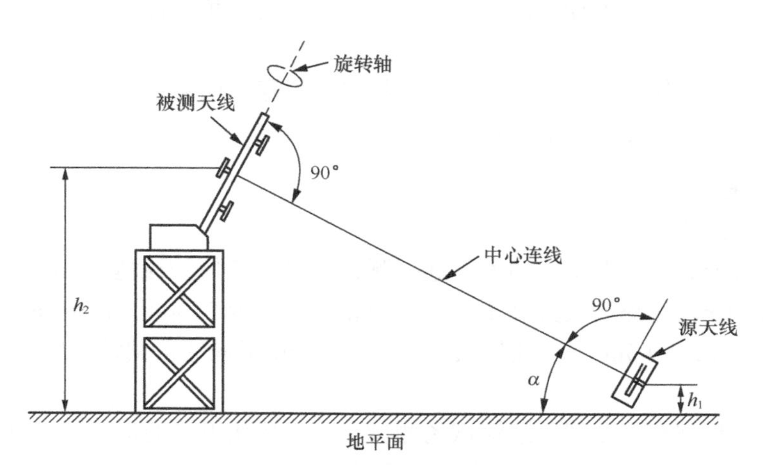

图 6.1.4　天线倾斜试验场原理框图

800MHz 频段天线口径 2m，架高 1.7m（天线中心到地面）；1.7GHz 频段天线口径 0.8m，架高 2.3m（天线中心到地面），如图 6.1.5 所示。

图 6.1.5　源天线布局图

由于采用矢量网络分析仪，所以可以使用扫频测量功能。在测量带宽内，可以任意设置测试频点。图 6.1.6 所示的是基站天线在 806～960MHz 频段中 5 个频点的 E 面和 H 面方向图。

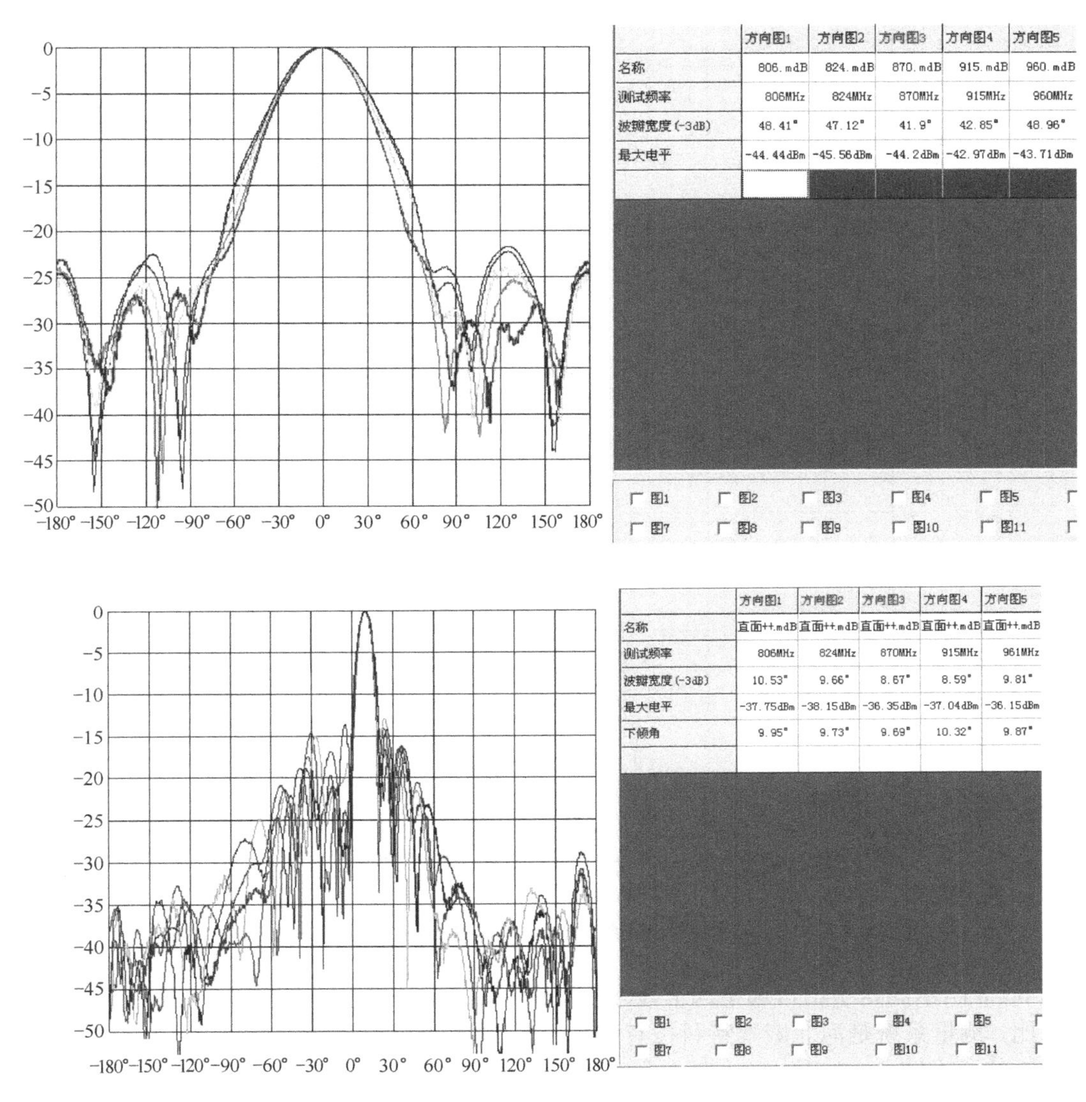

图 6.1.6　基站天线方向图

例 3：微波通信天线方向图测量

广东盛路通信科技股份有限公司测试场建在 8 楼楼顶，发射源安置在距待测天线 400m 的 3 楼楼顶，这属于发低收高的架设方法，待测天线下倾角约 7° 。图 6.1.7 所示的是 0.3m 口径高性能的微波接力通信天线在 23GHz 的测试方向图。*F*/*B* 已达 65dB（指标为 54dB）。

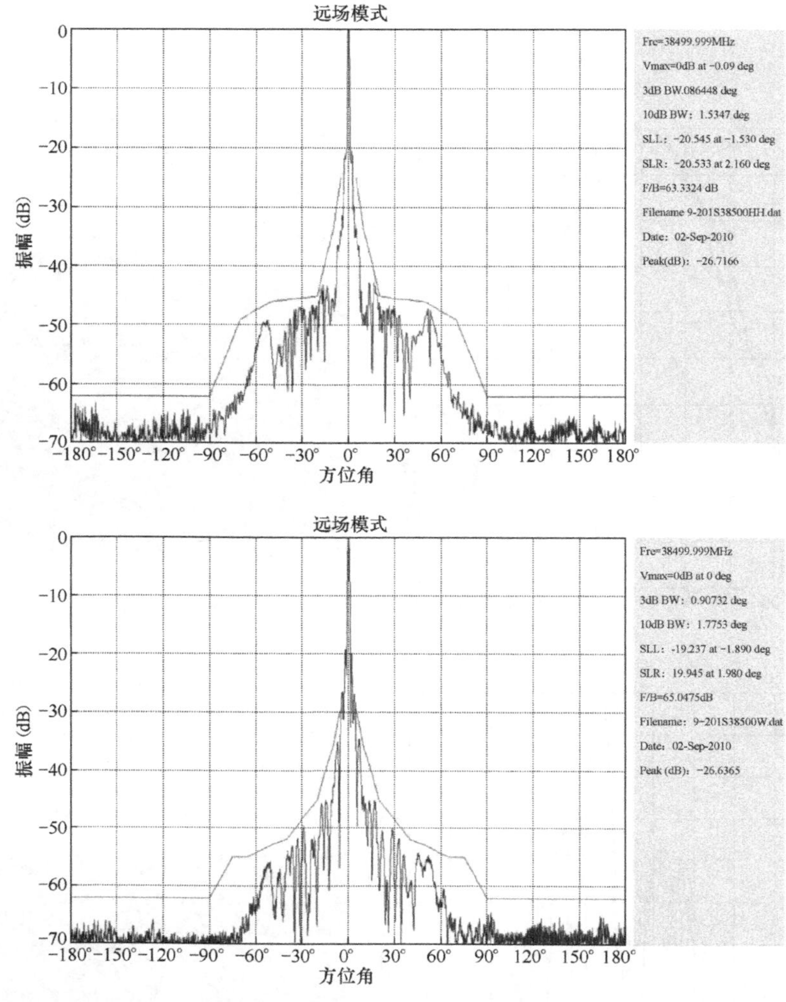

图 6.1.7　0.3m 口径高性能的微波接力通信天线在 23GHz 的测试方向图

图 6.1.8 所示的是中山市通宇通信技术有限公司 0.3m 微波通信天线实测方向图与仿真结果的对比，测量系统是河北威赛特科技有限公司研制的。测量是在两个相距约 60m 的 5 楼楼顶上进行的。由图 6.1.8 可知，实测方向图与仿真结果非常接近。

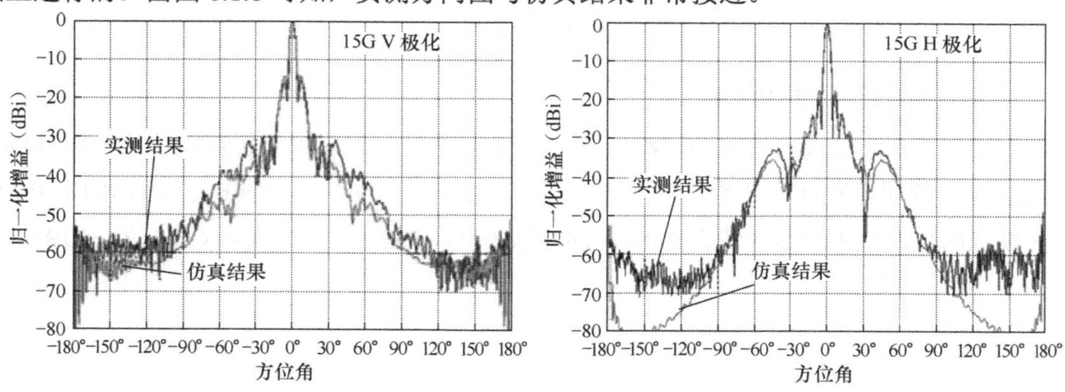

图 6.1.8　微波通信天线实测方向图与仿真结果的对比

例 4：汽车天线测量

车辆的调幅、调频（AM/FM）电台天线系统性能的检验日益受到广泛重视，相关标准已被制定，主要检验 AM（530～1710kHz）和 FM（87.9～107.9MHz）的系统增益、定向性、阻抗等。

图 6.1.9 所示的汽车天线测量系统，由河北威赛特科技有限公司为泰州苏中天线集团有限公司所研制、建立。图 6.1.9（a）为测量系统框图，源天线安置在满足远场测试条件的 50m 处[如图 6.1.9（c）所示]，为了测量 E 面方向图，系统配置了能 ±80° 转动的摆臂[如图 6.1.9（b）所示]。源天线安装在摆臂顶端。

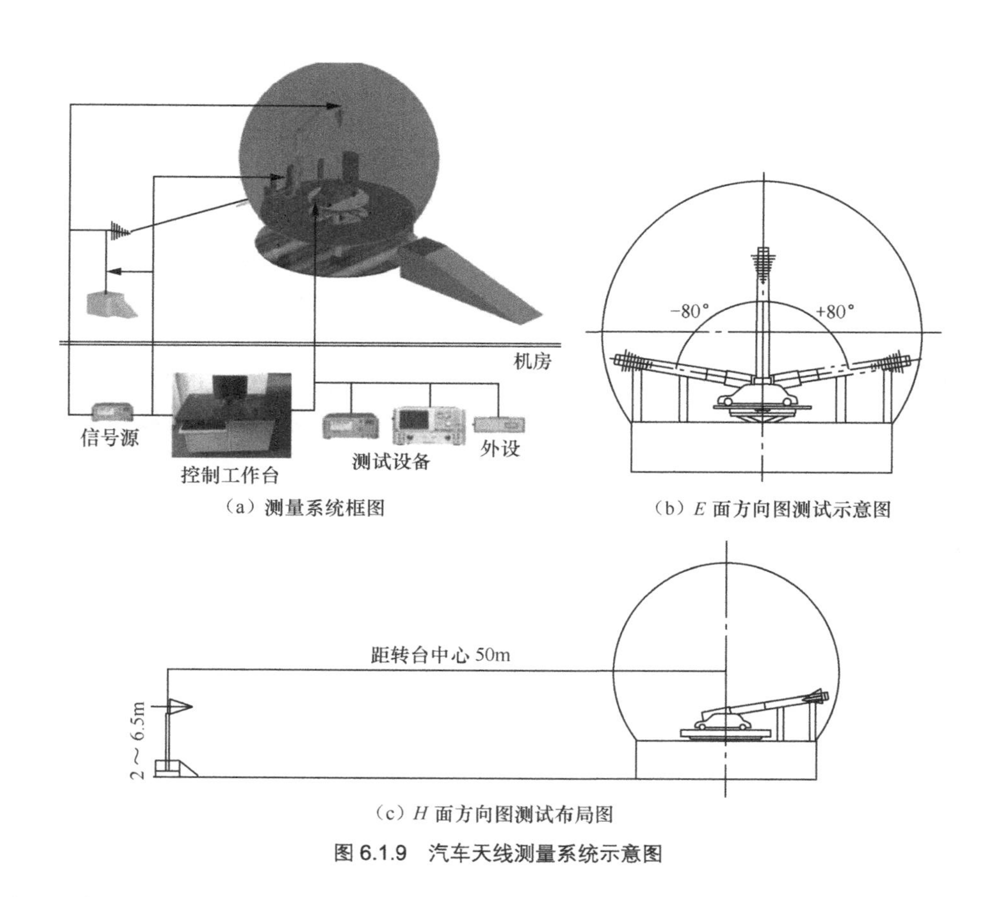

（a）测量系统框图　　（b）E 面方向图测试示意图

（c）H 面方向图测试布局图

图 6.1.9　汽车天线测量系统示意图

采用比较法测定天线增益，图 6.1.10 所示的可调谐偶极子标准天线（即 ETS 型 3121 偶极子天线）安装在转台前面。

在水平和垂直极化上所测的增益方向图的计算方法：在每个试验频率，按 360° 旋转待测天线（AUT），用所测振幅数据点（方位角）减去标准天线振幅测量值（单位 dBm 或 dBuV）来计算增益方向图曲线。确定每个增益特性曲线的线性平均增益（以线性单位计算），用特性曲线最大增益点减去特性曲线最小增益点来计算每个增益特性曲线的定向性。

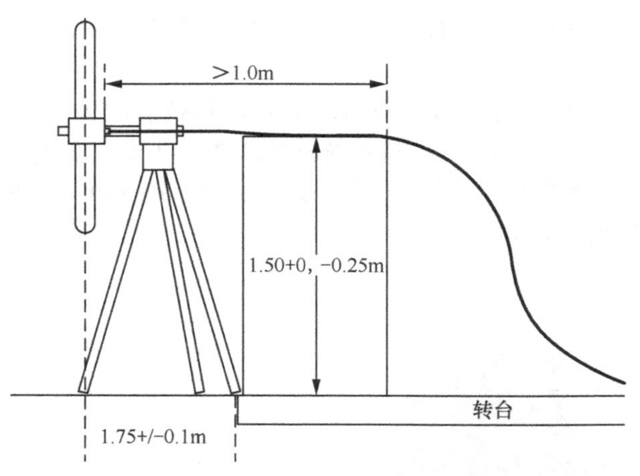

图 6.1.10　标准天线安装位置

FM 合成增益和合成定向性的要求在表 6.1.1 和表 6.1.2 中列出。该要求适用于水平和垂直极化线性平均增益的复合数据。复合数据包括垂直数据和水平数据在每个方位角的最大值。

有源天线用测得的复合线性平均增益减去内插放大器增益（按照 GMW15649 测得的天线模块增益）来计算最小线性平均增益，即最小线性平均增益=测得的复合线性平均增益−内插天线模块增益。然后将有源最小线性平均增益数据与表 6.1.2 中的要求进行比较。无源天线将测得的复合线性平均增益数据与表 6.1.2 中的最小线性平均增益要求进行比较。

表 6.1.1　FM 合成增益的要求

FM 待测天线类型	最小增益（dBr）	最大增益（dBr）
无源杆	⩾−8	⩽NA
有源短杆（< 30 cm）	⩾−16	⩽−3
有源短杆（> 30 cm）	⩾−13	⩽0
定向性	⩾−8	⩽+3
其他	⩾−10	⩽+3

表 6.1.2　FM 合成定向性的要求

FM 待测天线类型	100%试验频率定向性（最大值−最小值）（dB）	不小于 80%试验频率定向性（最大值−最小值）（dB）
定向性	⩽12	⩽10
其他	⩽16	⩽14

在欧洲无线电数据系统（RDS）区域销售的车辆适用表 6.1.3 和表 6.1.4 所列的要求。

表 6.1.3　　附加的欧洲无线电数据系统的水平增益和定向性的要求

FM 待测天线类型	水平线性平均增益	100%试验频率定向性（10%～90%）（dB）	80%试验频率定向性（10%～90%）（dB）
带匹配装置的无源杆	≥–18	≤22	≤20
有源杆	≥–17	≤23	≤21
有源无分集式	≥–17	≤24	≤22
分集式	≥–16	≤20	≤18

表 6.1.4　　附加的欧洲无线电数据系统前部到后部增益对水平和垂直极化数据的要求

FM 待测天线类型	90%试验频率定向性 垂直极化的前部线性平均增益–后部线性平均增益	90%试验频率定向性 水平极化的前部线性平均增益–后部线性平均增益
带匹配装置的无源杆	≥–1	≥0
有源杆	≥0	≥+3
有源无分集式	≥0	≥+3
分集式	≥0	≥+3

按照数据分布作图，*Y* 轴是超过特殊增益值的试验点百分数，而 *X* 轴是水平增益，单位为 dBr，水平定向性值是超过特殊增益值的试验点百分数 10%和 90%的增盖差值[如–2dB–（–15dB）= 13dB 定向性值]。图 6.1.11 所示为 FM 增益分布图。

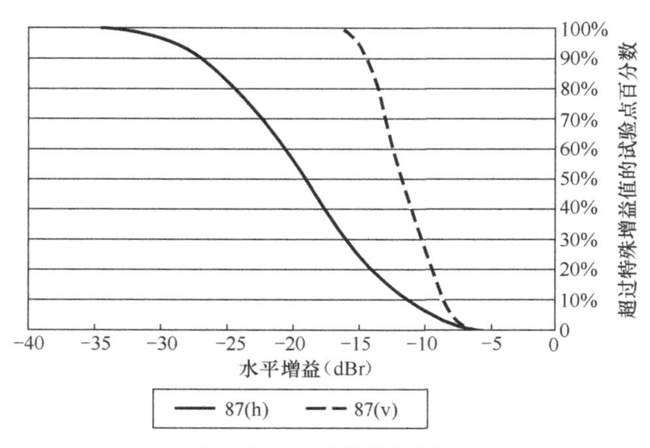

图 6.1.11　FM 增益分布图

前部线性平均增益是方位角数据点 270°→0°→90°的增益数据的平均。后部线性平均增益是方位角数据点 270°→180°→90°的增益数据的平均。与车辆有关的方位角位置如图 6.1.12 所示，汽车方向图测量结果界面如图 6.1.13 所示。

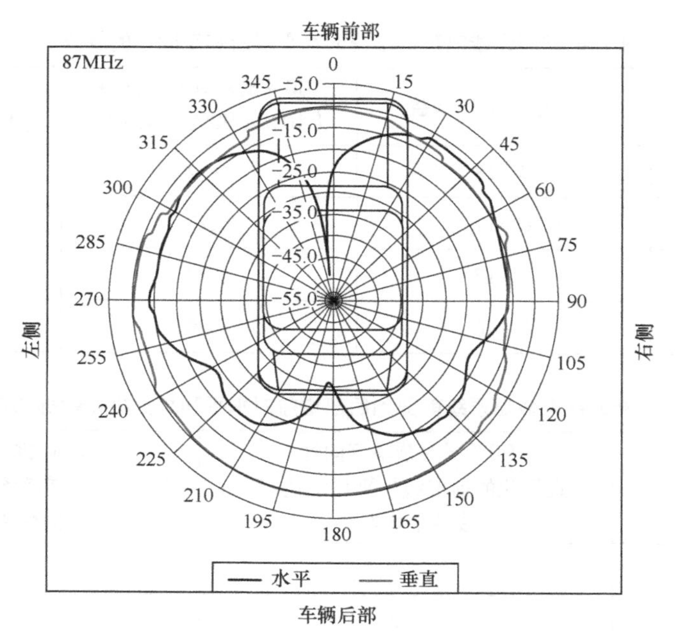

图 6.1.12　与车辆有关的方位角位置

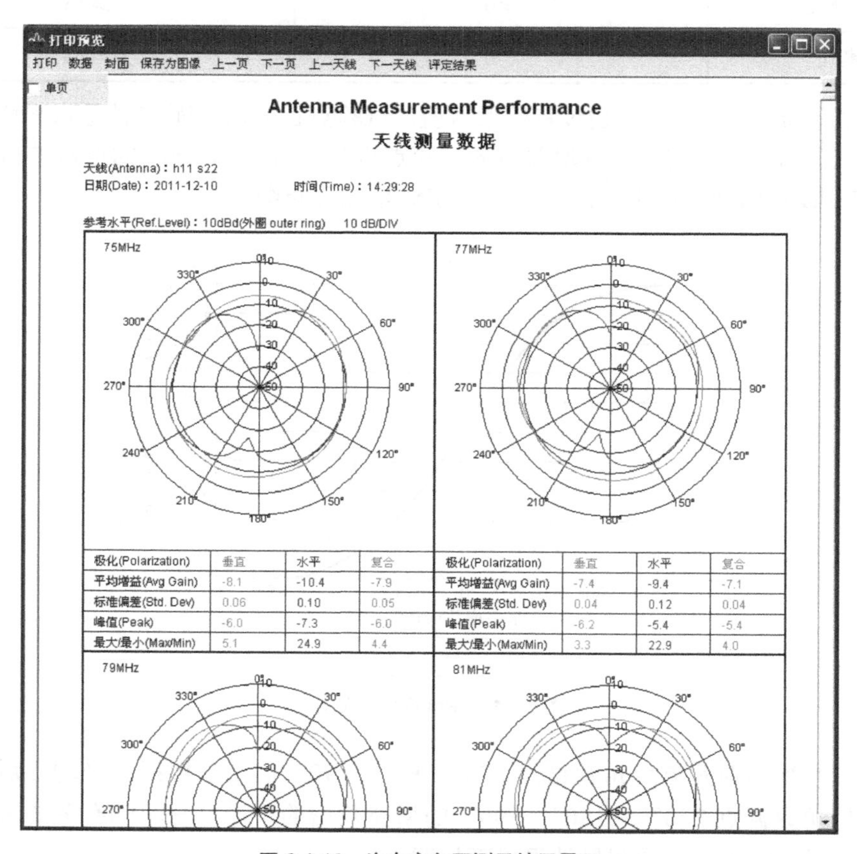
打印预览

打印　数据　封面　保存为图像　上一页　下一页　上一天线　下一天线　评定结果

单页

Antenna Measurement Performance

天线测量数据

天线(Antenna)：h11 s22
日期(Date)：2011-12-10　　时间(Time)：14:29:28

参考水平(Ref.Level)：10dBd(外圈 outer ring)　10 dB/DIV

75MHz

极化(Polarization)	垂直	水平	复合
平均增益(Avg Gain)	-8.1	-10.4	-7.9
标准偏差(Std. Dev)	0.06	0.10	0.05
峰值(Peak)	-6.0	-7.3	-6.0
最大/最小(Max/Min)	5.1	24.9	4.4

77MHz

极化(Polarization)	垂直	水平	复合
平均增益(Avg Gain)	-7.4	-9.4	-7.1
标准偏差(Std. Dev)	0.04	0.12	0.04
峰值(Peak)	-6.2	-5.4	-5.4
最大/最小(Max/Min)	3.3	22.9	4.0

79MHz

81MHz

图 6.1.13　汽车方向图测量结果界面

6.1.2　卫星信标法

1. 卫星信标频率

利用卫星信标测量天线方向图，就像在距地球近 40000km 的高空放置一台信号源，所以测量频率范围和功率大小受限。要想测试天线频段的低、中、高 3 个频率的方向图，可以选择不同卫星的信标频率进行测试。

2. 卫星信标法测量系统

利用卫星信标法测量天线方向图的测量系统如图 6.1.14 所示。它是由供源卫星、低噪声放大器（LNA）、频谱分析仪、天线伺服控制器、计算机及打印机等组成。

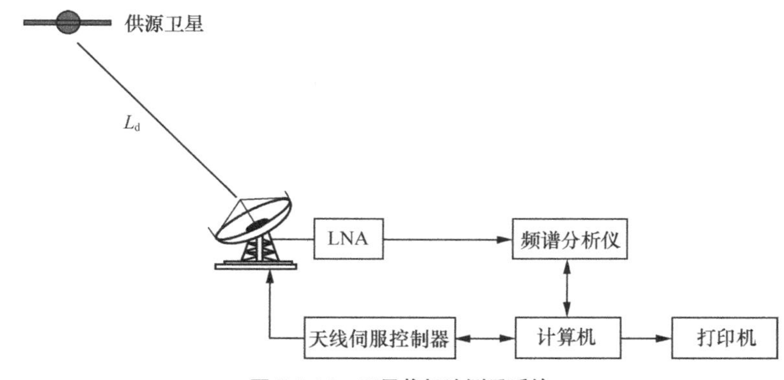

图 6.1.14　卫星信标法测量系统

3. 如何预算接收电平和测量动态范围

在测量天线之前，应该计算卫星链路的电平，以确定系统可能达到的动态范围是否满足天线方向图测量的要求。频谱分析仪接收电平的计算如式（6.1.1）。

$$P_r = \mathrm{eir}P_s - L_d + G_a + G_r - L_r \tag{6.1.1}$$

式（6.1.1）中，$\mathrm{eir}P_s$ 为卫星信标全向有效辐射功率，单位为 dBW；L_d 为自由空间损耗（C 频段约 196.5dB，Ku 频段约 201dB）；L_r 为接收链路射频电缆损耗，单位为 dB；G_a 为待测天线增益，单位为 dBi；G_r 为 LNA 增益，单位为 dB。

举例：待测天线 D=3m，f=4.193GHz，G_a=40.2dBi，G_r =60dB，L_r =5dB，L_d =196.5dB，$\mathrm{eir}P_s$ = 7dBW =37dBm；P_r = 37–（196.5+5）+40.2+60 =–64.3dBm。

接收机灵敏度：P_r=–100dBm（频谱分析仪的 RBW=1kHz）。

测量动态范围：DR=–64.3–（–100）=35.7dB；

$$G(\theta) = [G(\theta) - (29 - 25\lg\theta)]; \tag{6.1.2}$$

$$\theta=15° = [40.2 - (29 - 25\lg 15)]$$

$$= 40.2 - (-0.4) = 40.6\text{dB};$$

当 θ=10° 时，$G(\theta)$ =36.2dB；

当 θ=8° 时，$G(\theta)$ =40.2– 6.4=33.8dB。

测量系统可测试 θ=±8°范围内的方向图。

4. 如何快速寻星

利用地面站天线观察卫星时，地面站天线的方位角等参数是由地面站天线的位置和同步轨道卫星的位置确定的。静止卫星的位置用其星下点的经度表示，地面站天线的位置用所在地的地理经度和地理纬度表示。根据地面站天线所在地的经度和纬度以及卫星经度，就可计算出天线对准卫星的方位角（A_z）、俯仰角（E_L），并通过 A_z 和 E_L 来调整天线，使其对准相应的卫星。对线极化地面站天线来说，还需调整地面站天线极化角，以实现与静止卫星的极化匹配。对圆极化地面站天线而言，只需将地面站天线极化与静止卫星极化匹配即可。

设地面站的纬度为ϕ_e（北纬为正，南纬为负）、经度为λ_e（东经为正，西经为负），卫星经度为λ_s（东经为正，西经为负），方位以正北为零，顺时针方向为正，利用静止卫星和地面站的几何关系，由几何学和球面三角学很容易推导出地面站天线对准卫星的方位角 A_z、俯仰角 E_L。当地面站天线位于北半球时，其计算公式为

$$A_z = 180° - \arctan\frac{\tan(\lambda_s - \lambda_e)}{\sin\phi_e} \tag{6.1.3}$$

$$E_L = \arctan\frac{\cos(\lambda_s - \lambda_e)\cos\phi_e - \dfrac{R_e}{R_e + H}}{\sqrt{1-[\cos(\lambda_s - \lambda_e)\cos\phi_e]^2}} \tag{6.1.4}$$

式（6.1.4）中，R_e为地球赤道半径（约为6378km）；H为同步卫星距地球表面的高度，单位为km。

在方位方向图测量中，方位角是空间方位平面指向角，而天线方位角显示器指示的是水平面内的方位角，这两个角是不一样的，其差值随着天线俯仰角的变化而变化，两者的关系为

$$A'_z = 2\arcsin[\sin\frac{A_z}{2}\cos(E_L)] \tag{6.1.5}$$

式（6.1.5）中，E_L为天线对准卫星时的仰角；A_z为天线未修正的方位角；A'_z为天线修正的方位角。

5. 测量步骤

（1）按图6.1.15所示连接测量系统，仪器设备加电预热。

（2）驱动待测天线对准卫星，在频谱分析仪上观察所接收卫星信标信号电平的变化情况，并仔细调整方位和俯仰及天线极化，使信号电平达到最大值。

（3）合理设置频谱分析仪的工作状态，固定待测天线的俯仰角，驱动待测天线方位逆时针转动至$-\theta$起始位置。

（4）驱动待测天线由$-\theta$位置顺时针旋转至$+\theta$位置，同时，频谱分析仪实时绘制方位图，并将曲线存储或打印。

（5）将待测天线的方位转回到波束中心，固定待测天线的方位角，测试俯仰方向图，方法同步骤（3）～步骤（5）。

6.1.3　卫星转发法

卫星转发法是利用卫星转发器作为空间中转站，进行天线辐射性能测试的一种远场测量法。该法利用一个辅助站（或称协作站、监测站），当进行发射方向图的测试时，辅助站作为接收站，如图 6.1.15 所示；当进行接收方向图的测试时，辅助站作为发射站（两站设备需互换）。

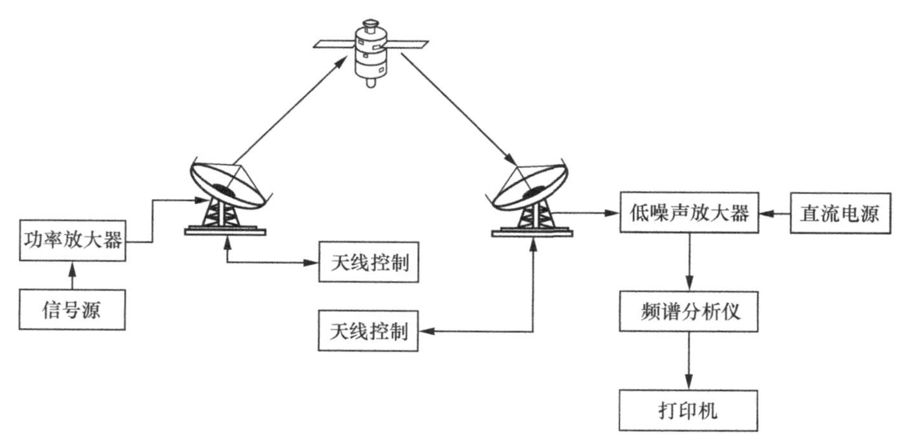

图 6.1.15　利用卫星转发器测量天线发射方向原理框图

1. 发射方向图的测量

（1）测量原理

测量发射方向图时，待测站和辅助站同时对准卫星，在辅助站的协调下，辅助站接收信号功率电平为

$$P(\theta)=P_T+G_T(\theta)+G_{sate}-L_{UP}-L_{DOWN}+G_R+G_{LNA} \quad (6.1.6)$$

在式（6.1.6）中，在整个测量过程中待测天线发射增益 $G_T(\theta)$ 随待测天线方位角或俯仰角θ变化而变化，除此之外，等式右侧其余各项均保持不变，因此，接收信号功率电平 $P(\theta)$ 随θ变化，频谱分析仪测量的 $P(\theta)$ 变化曲线即待测天线的发射功率方向图。当待测天线对准卫星时，θ=0，则式（6.1.6）可写成

$$P(0)=P_T+G_T(0)+G_{sate}-L_{UP}-L_{DOWN}+G_R+G_{LNA} \quad (6.1.7)$$

用式（6.1.6）减去式（6.1.7）可得

$$P(\theta)-P(0)=G_T(\theta)-G_T(0) \quad (6.1.8)$$

式（6.1.8）中，$P(0)$ 为待测天线对准卫星时，辅助站天线接收的信号功率电平；$G_T(0)$ 为待测站天线对准卫星时，天线的发射增益，即天线最大方向上的增益。

由式（6.1.8）可知，通过归一化方法，可知归一化接收功率电平 $P(\theta)-P(0)$ 随θ变化，频谱分析仪测量的就是待测天线的发射方向图。

（2）测量步骤

① 按图 6.1.15 连接测量系统，仪器设备加电预热。

② 利用卫星信标，使两站天线对准卫星，与卫星极化匹配。

③ 在辅助站协调下，待测天线发射一个未调制的单载波。

④ 合理设置频谱分析仪的工作状态，固定待测天线的俯仰角，驱动待测天线方位逆时针

转动至$-\theta$的起始位置。

⑤ 驱动待测天线由$-\theta$顺时针旋转至$+\theta$位置，同时辅助站实时绘制待测天线方位图，并将曲线存储或直接打印。

⑥ 将待测天线的方位转回到波束中心，固定待测天线的方位角，测量天线俯仰方向图，方法同步骤③和步骤④。

在方位方向图的数据处理中，应按照式（6.1.5）对方位角进行修正。

2. 接收方向图的测量

在测量接收方向图时，待测站天线由发射转入接收，辅助站担负发射任务，故图 6.1.15 中系统的收发设备需互换。测量原理及方法步骤与发射方向图测量类似。

6.1.4 方向图测量误差分析

1. 有限测试距离对方向图的影响

如果测量系统不满足远场测量条件，在待测天线口面就会产生平方律相位偏差。随着测试距离的减小，天线方向图的第一旁瓣和零深抬高，当测试距离减小到一定程度时，天线方向图的第一旁瓣和零深消失，而远旁瓣电平抬高。表 6.1.5 给出了口面场均匀分布和指数型分布天线的第一旁瓣测量误差与测试距离之间的关系。

表 6.1.5 第一旁瓣测量误差与测试距离之间的关系

测试距离（m）	均匀分布（dB）	指数型分布（dB）
$0.4D^2/\lambda$	5.112	4.208
$0.5D^2/\lambda$	3.530	2.734
$0.6D^2/\lambda$	2.564	1.924
$0.7D^2/\lambda$	1.938	1.427
$0.8D^2/\lambda$	1.514	1.099
$0.9D^2/\lambda$	1.212	0.872
$1.0D^2/\lambda$	0.992	0.710
$1.2D^2/\lambda$	0.698	0.494
$1.5D^2/\lambda$	0.452	0.317
$1.7D^2/\lambda$	0.353	0.247
$2.0D^2/\lambda$	0.256	0.179
$3.0D^2/\lambda$	0.115	0.079
$4.0D^2/\lambda$	0.065	0.044

2. 测量环境的影响

在测量天线方向图，特别是测量低旁瓣时，周围物体对电磁波的反射可能导致严重的测量误差，如图 6.1.16 所示。设直射电场为 E_D、反射电场为 E_R，则用 dB 表示的相对误差ΔE 为

$$\Delta E\text{（dB）}=20\lg\left(1\pm\frac{E_R}{E_D}\right)\qquad (E_R>E_D)\qquad(6.1.9)$$

$$\Delta E\text{（dB）}=20\lg\left(\frac{E_{\mathrm{R}}}{E_{\mathrm{D}}}\pm 1\right)\qquad (E_{\mathrm{R}}<E_{\mathrm{D}}) \tag{6.1.10}$$

3. 测量系统的信噪比对天线旁瓣特性的影响

在测量天线方向图时，为了能精确地测量方向图的旁瓣特性，测量系统要有足够的信噪比（*S/N* 或 *SNR*）。当测量的信号电平接近系统噪声时，实际测量的信号电平高于真实的信号电平，此时应考虑系统噪声对测量信号电平的影响（如图 6.1.17 所示）。当测量的信噪比大于或等于 10dB 时，可忽略系统噪声对测量信号的影响。

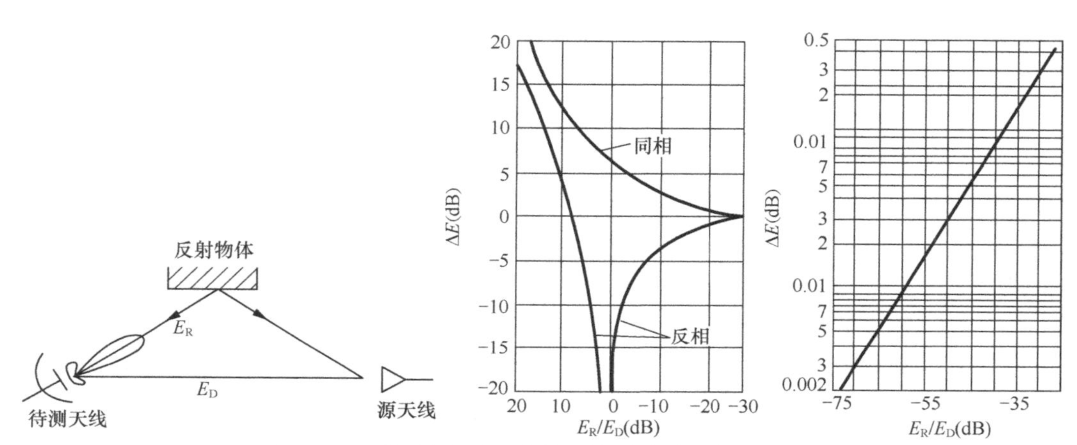

图 6.1.16　周围物体对电磁波的反射影响测量结果示意图

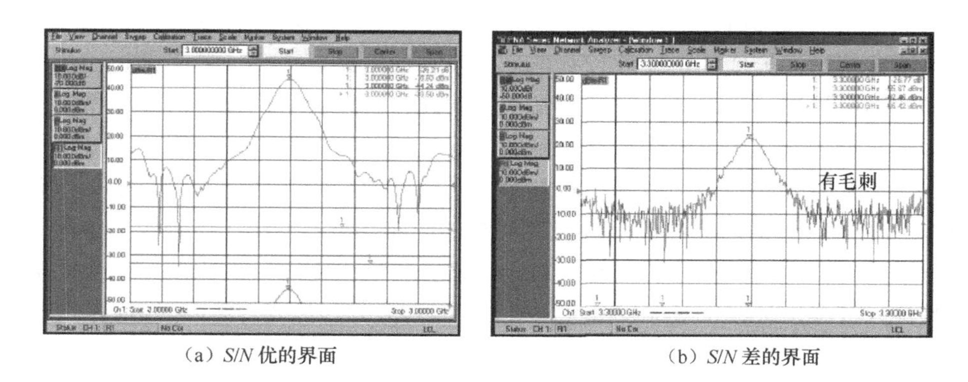

（a）*S/N* 优的界面　　（b）*S/N* 差的界面

图 6.1.17　系统噪声对测量信号的影响

4. 转台速度引起的测量误差分析

转台速度太快时，取样速度跟不上信号的快速变化，造成丢点或取样电平不准，从而引起方向图畸变。

5. 待测天线安装的影响

待测天线安装不当及受安装支架的影响，尤其在测量电小天线（如 GPS 天线、手机天线、RFD 天线及移动通信天线）等时，支架对测量结果的影响是很大的，尽量采用非金属材料制作支架，如泡沫塑料，支架面积不得超过天线本身的面积。

6.2 天线增益测量

一般把测量天线增益的方法分成相对增益测量和绝对增益测量两类，就具体测量方法而言，又可分为比较法、两相同天线法、三天线法、波束宽度法、方向图积分法、射电源法等。

除比较法属于相对增益测量外，其余方法都属于绝对增益测量。比较法只能确定待测天线的增益；绝对增益测量不仅可以确定待测天线的增益，而且还可以确定天线的标准增益。

不管是相对增益测量，还是绝对增益测量，都是以式（6.2.1）所示的费里斯传输公式为基础。

$$P_{\mathrm{r}}=\left(\frac{\lambda}{4\pi R}\right)^2 P_0 G_{\mathrm{t}} G_{\mathrm{r}} \tag{6.2.1}$$

式（6.2.1）中，P_{r}为接收天线的最大接收功率；P_0为发射天线的输入功率；G_{t}为发射天线的增益；G_{r}为接收天线的增益；R为收发天线间的距离；λ为工作波长。

必须指出，式（6.2.1）是在两天线极化匹配、无失配损耗、自由空间测量条件下得出的。

采用什么方法确定天线增益在很大程度上取决于天线的工作频率。例如，对工作在1GHz频段以上的天线，常用自由空间测量场地，把喇叭天线作为标准增益天线，用比较法测量天线增益。对工作在0.1～1GHz频段上的天线，由于很难或者无法模拟自由空间测量条件，故此时常用地面反射测量场确定天线的增益。对飞行器（飞机、导弹、卫星、火箭等）天线，由于飞行器往往是天线辐射体的一部分，在此情况下多采用模型天线理论。按照模型天线理论，除要求按比例选择天线的电尺寸、几何形状及它的工作环境外，还必须按比例改变天线和飞行器导体的电导率，而后者在实际中却无法实现，故一般只用模型天线模拟实际天线的方向图，再由实测方向图用方向图积分法确定实际天线的方向增益。如果能用其他方法确定天线的效率，那么将方向增益与效率相乘就得到了实际天线的功率增益。对于工作频率低于0.1GHz的天线，由于地面对天线的电性能有明显的影响，加之工作在该频段上定向天线的尺寸很大，所以只能在原地测量它的增益。对于工作频率低于1MHz的天线，一般不测量天线增益，只测量天线辐射地波的场强。

6.2.1 比较法

比较法测量天线增益的实质就是将待测天线的增益与已知天线的标准增益进行比较而得出待测天线的增益。由天线互易原理可知，待测天线可用作接收，也可用作发射。比较法所用的标准增益天线是天线增益测量的主要误差源，必须谨慎选择标准增益天线，认真标校。

1. 测量条件

要想精确地进行天线增益的测量，须满足以下测量条件。

（1）满足远场条件

待测天线与源天线之间测量距离应满足式（4.1.1）与式（4.1.2）。

（2）合理利用地形、地物，设计和选择合适的测量场地

对于工作频率低于 1GHz 的宽波束天线，因为无法或很难消除地面反射的干扰电磁波，所以常用地面反射测量场地来校准低频中等天线的增益。

被测天线应安装在场强基本均匀的区域内，场强应预先用一个偶极天线在被测天线的有效天线体积内进行检测，如果电场变化超过 1.5dB，则认为测量场是不可用的。此外，增益基准天线在两个正交极化面上测得的场强差值应小于 1dB。

（3）关于天线的架设高度

调整天线的架设高度，使直射波和反射波同相到达接收天线处。

为保证接收天线孔径垂直面场振幅分布的不均匀性要小于 0.25dB，且接收天线与它在地面上镜像天线间的互耦要低于 40dB，因此，必须按照下述原则确定接收天线的架设高度。

$$h_r \geqslant 4D \tag{6.2.2}$$

$$h_r \geqslant 4\lambda \tag{6.2.3}$$

式（6.2.2）和式（6.2.3）中，D 为接收天线口径尺寸，单位为 m；λ为工作波长，单位为 m。

2. 标准增益天线的选择

（1）标准增益天线应具备的特性

① 天线的增益应当精确已知（±0.5dB）。

② 天线的结构简单、牢固，方便安装。

③ 天线极化应当为线极化。在某些应用中，天线极化也可以是圆极化，但必须同时具备两个圆极化天线，一个是左旋圆极化，另一个是右旋圆极化。不管是线极化还是圆极化，极化纯度都要尽可能高。

（2）哪种天线可用作标准增益天线

① 在 1GHz 以下频段

在 1GHz 以下频段，经常把半波长偶极子天线作为标准增益天线。众所周知，半波长偶极子天线在自由空间相对无方向天线的增益为 2.15dB。

偶极子天线的 H 面方向图为无方向性，很容易受到周围测量环境及引线的影响，因此，有时需要设计一些定向的标准增益天线，如带有反射器的偶极子阵、角反射器天线和对数周期天线，对它们进行校准后，它们就能作为标准增益天线。

在 UHF 频段，除了用半波长偶极子、半波长折合振子作标准增益天线，还经常用带反射板的二元半波长偶极子天线组成的天线阵和三元八木天线作为标准增益天线。

带反射板的二元半波长偶极子天线阵相对半波长偶极子的增益为 7.7 dB。在 VHF 频段，不可能使标准半波长偶极子天线位于自由空间，此时必须考虑地面对增益的影响。假定把地面近似为理想导电地面，水平极化半波长偶极子天线的最大增益不再是 2.15dB，而变成了 8.15dB。

实际地面并非理想导电地面，用比较法精确测量天线增益，就不能简单地把标准半波长偶极子天线的增益一律看作 8.15dB，而应该考虑实际地面情况下的增益。

在仰角φ<15° 的实际地面上，水平极化半波偶极子天线的增益可以近似用式（6.2.4）表示。

$$G_{md}\text{（dB）} \approx 2.15\text{dB} + 20\lg[1 + |R_H|\sin（2\pi H_\varphi）] \tag{6.2.4}$$

地面参数引起的增益变化量为

$$\Delta G\text{（dB）}\approx 20\lg\left(\frac{1+|R_{\mathrm{H}}|}{1+|R'_{\mathrm{H}}|}\right) \tag{6.2.5}$$

式（6.2.5）中，R_{H}、R'_{H} 为不同地面上的水平极化反射系数；H 为天线离开地面的高度，单位为 m。

在 HF 频段，不能把位于地面的单极天线作为垂直极化增益标准天线，这是因为天线在低仰角时增益特别低，而且增益值随地面湿度的变化而剧烈变化。

② 在微波波段

在微波波段，广泛地把角锥喇叭天线作为标准增益天线，可根据工作频率、喇叭尺寸和连接波导的尺寸算出它的理论增益值，再用绝对增益测量方法对其实际校准之后再加以充分利用。

在毫米波波段，经常把波纹圆锥喇叭天线作为标准增益天线，这更能充分发挥波纹喇叭天线轴对称方向图、低旁瓣、宽频带、有确定相位中心的优点。

3. 测量系统

比较法测量天线增益的原理框图如图 6.2.1 所示。实际上它和天线方向图的测量系统测量增益原理基本相同，只是在使用比较法测量天线增益时，靠近待测天线的旁边要放置一个标准增益天线。

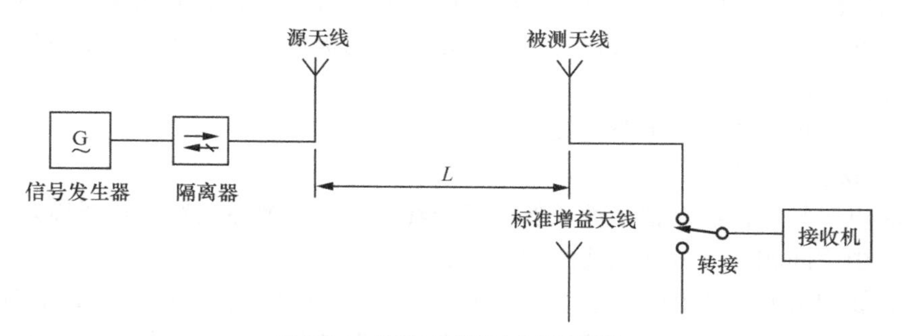

图 6.2.1　比较法测量增益原理框图

4. 测量步骤

（1）线极化天线增益的测量步骤

① 按图 6.2.1 连接测量系统，仪器设备加电预热。

② 正确设置信号源、频谱分析仪或矢量网络分析仪的各参数，如频率、功率、带宽、扫描时间等；信号源发射一连续单载波信号，调整源天线极化与待测天线极化匹配，并使源天线瞄准待测天线。

③ 调整待测天线，使它与源天线对准，此时频谱分析仪接收的信号功率电平最大，记录频谱分析仪的信号功率电平为 P_x。

④ 标准天线安装在一个可匀速运动的升降装置上，尽量靠近待测天线，以减少由测试距离引起的测量误差。

⑤ 将标准天线升到待测天线口面中心的位置，并将射频电缆从待测天线转接到标准天线

上，调整标准天线使它与源天线对准，且极化匹配。

⑥ 驱动升降装置在待测天线口面上下运动，由频谱分析仪测量地面反射曲线，确定地面反射曲线的极大值和极小值的算术平均值，记为 P_S。

⑦ 计算待测天线的增益 G 为

$$G = G_S + (P_x - P_S) \tag{6.2.6}$$

式（6.2.6）中，G_S 为标准天线增益，单位为 dBi；P_x 为待测天线接收的信号功率电平，单位为 dBm；P_S 为标准天线接收的信号功率电平，单位为 dBm。

（2）圆极化天线增益的测量步骤

① 按图 6.2.1 连接测量系统，加电预热仪器设备使其工作正常。

② 按产品规范的规定设置信号源的工作频率，信号源发射一个连续的单载波信号，调整源天线使它与待测天线对准，旋转源天线极化，记录待测天线长轴方向接收的信号功率电平为 P_x。

③ 调整待测天线的方位和俯仰方向，使待测天线与源天线对准，旋转源天线极化一周，测量待测天线轴比，记为 AR。

④ 将标准天线升到待测天线口面中心的位置，把待测天线的信号传输电缆接到标准天线上，并调整标准天线与源天线对准，且极化匹配。

⑤ 驱动升降装置在待测天线口面上下运动，由频谱分析仪测量地面反射曲线，确定地面反射曲线的极大值和极小值的算术平均值，记为 P_S。

⑥ 计算待测天线增益 G 为

$$G = G_S + P_x - P_S + K \tag{6.2.7}$$

$$K = 10\lg\left(1 + 10^{\frac{-AR}{10}}\right) \tag{6.2.8}$$

式（6.2.7）和式（6.2.8）中，K 为轴比修正因子，单位为 dB；AR 为待测天线轴比，单位为 dB。

6.2.2　两相同天线法

1. 测量原理和方法

两相同天线法测量原理框图与图 6.2.1 相同。

假定两个天线 A、B 的极化和阻抗均匹配，且满足远区条件，由传输公式得

$$P_t = \left(\frac{\lambda}{4\pi R}\right)^2 P_0 G_A G_B \tag{6.2.9}$$

将式（6.2.9）用 dB 表示为

$$G_A(\text{dB}) + G_B(\text{dB}) = 20\lg\left(\frac{4\pi R}{\lambda}\right) - 10\lg\left(\frac{P_0}{P_r}\right) \tag{6.2.10}$$

假定 A、B 天线完全相同，即它们的增益 $G_A = G_B = G$

则

$$G(\text{dB}) = \frac{1}{2}\left[20\lg\left(\frac{4\pi R}{\lambda}\right) - 10\lg\left(\frac{P_0}{P_r}\right)\right] \tag{6.2.11}$$

考虑收发链路的馈线损耗，令总损耗为 L_{tr}，信号源输出功率为 P_t，源天线输入功率为 P_0，则 $P_0=P_t-L_{tr}$。

将式（6.2.11）展开，得

$$G(dB)=[L_d-(P_0-P_r)]/2 \tag{6.2.12}$$

举例：P_0=0dBm，L_d=80dB，P_r=−40dBm

$$G（dB）=\frac{80-(0+40)}{2}=20dBi$$

可见，只要测出了功率比 $\frac{P_0}{P_r}$、距离 R 和波长 λ，就能计算出待测天线的增益。为了消除加工引起的测量误差，可将收发天线互换，另测一遍，取平均值。

2. 测量方法步骤

① 在规定频段分别测量收发馈线、源天线、待测天线、信号源及接收机（频谱分析仪或矢量网络分析仪）等系统配置的所有器件的电压驻波比，尽量使收发各链路良好匹配。

② 收发馈线短接，在对应工作频点测量损耗值，并记录测量结果。

③ 连接源天线和待测天线，调整两天线的极化状态，使它们相同，同时，调整收发天线的方位和俯仰方向，使两天线轴向对准。

④ 在规定频段至少测量低、中、高 3 个频点。

⑤ 数据处理，按式（6.2.12）计算待测天线增益。

6.2.3 三天线法

1. 测量原理

两天线法测量的缺点是两个天线必须完全相同，如果没有两个完全相同的天线，可以采用三天线法。设 3 个天线的增益分别为 G_A、G_B 和 G_C，把它们按两天线法两两组合，就能得出下面 3 组方程。

$$G_A（dB）+G_B（dB）=20\lg\frac{4\pi R_{AB}}{\lambda}-10\lg\left(\frac{P_0}{P_r}\right)_{AB} \tag{6.2.13}$$

$$G_B（dB）+G_C（dB）=20\lg\frac{4\pi R_{BC}}{\lambda}-10\lg\left(\frac{P_0}{P_r}\right)_{BC} \tag{6.2.14}$$

$$G_C（dB）+G_A（dB）=20\lg\frac{4\pi R_{CA}}{\lambda}-10\lg\left(\frac{P_0}{P_r}\right)_{CA} \tag{6.2.15}$$

联立求解上面 3 组方程，就能求出每个天线的增益。在保证测量距离相同的情况下（$R_{AB}=R_{BC}=R_{CA}=R$），其值分别为

$$G_A（dB）=\frac{1}{2}[L_t-P_t+（P_{rab}+P_{rac}-P_{rbc}）] \tag{6.2.16}$$

$$G_B（dB）=\frac{1}{2}[L_t-P_t+（P_{rbc}+P_{rab}-P_{rac}）] \tag{6.2.17}$$

$$G_C（dB）=\frac{1}{2}[L_t-P_t+（P_{rbc}+P_{rac}-P_{rab}）] \tag{6.2.18}$$

式（6.2.16）～式（6.2.18）中，$L_t=L_d+L_{ct}+L_{cr}$，其中，L_d 为自由空间损耗；L_{ct} 为发射支

路馈线损耗；L_{cr} 为接收支路馈线损耗。

2. 测量系统校准

三天线法主要用于标准天线的测量校准，须在微波暗室中进行，因为测量距离较近，所以直接将图 6.2.2 所示的点（1）和点（2）短接。这样校准的目的是将收发电缆损耗归入源功率内，此时，$P_0=P_t-(L_{ct}+L_{cr})$。

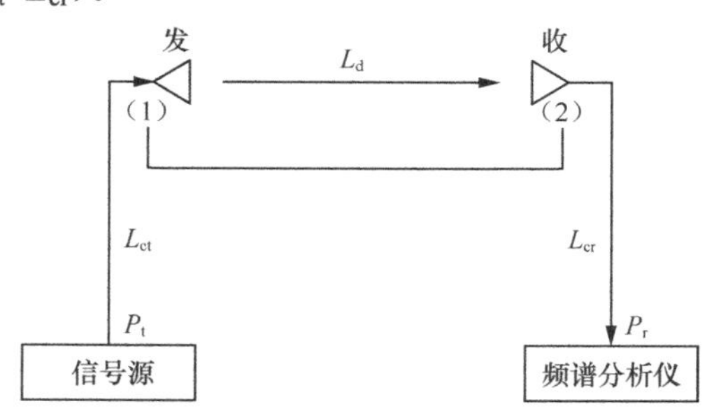

图 6.2.2　三天线法测量系统原理框图

系统测量校准后，式（6.2.16）～式（6.2.18）进一步简化为

$$G_A(\text{dBi})=\frac{1}{2}[L_d-P_0+(P_{rab}+P_{rac}-P_{rbc})] \tag{6.2.19}$$

$$G_B(\text{dBi})=\frac{1}{2}[L_d-P_0+(P_{rbc}+P_{rab}-P_{rac})] \tag{6.2.20}$$

$$G_C(\text{dBi})=\frac{1}{2}[L_d-P_0+(P_{rbc}+P_{rac}-P_{rab})] \tag{6.2.21}$$

3 种组合 AB、AC、BC 分别得出 P_{rab}、P_{rac}、P_{rbc}。

3. 举例

（1）A、B、C 这 3 个天线，按如下组合分别测量。

① A 发 B 收；② B 发 C 收；③ C 发 A 收。

（2）3 个天线增益理论值：G_A=13dBi，G_B=7dBi，G_C=2.5dBi。

（3）f=960MHz，P_0=5dBm，d=8m，L_d=50dB。

（4）测试数据。

① P_{rab}=–25.2dBm。

② P_{rac}=–29.3dBm。

③ P_{rbc}=–35.2dBm。

（5）数据处理结果。

将测试数据代入式（6.2.19）～式（6.2.21）中，数据处理结果如表 6.2.1 所示。

表 6.2.1　　数据处理结果

测量结果	偏离设计值
G_A=12.85dBi	Δ=–0.05dB
G_B=6.95dBi	Δ=–0.05dB
G_C=2.85dBi	Δ=+0.35dB

6.2.4 波束宽度法

1. 测量原理与方法

波束宽度法是通过测量天线方向图的 E 面或 H 面半功率波束宽度，即 3dB 点的波束宽度及 10dB 波束宽度、天线表面精度和馈源插入损耗，从而计算天线增益的方法。

2. 有关标准规定

卫星通信天线国际卫星组织的 SSOG210 标准中，给出了用天线波束宽度测量天线增益的原理公式。

$$G(\mathrm{dB})=\lg\left[\frac{1}{2}\left(\frac{31000}{\theta_{3AZ}\times\theta_{3EL}}+\frac{91000}{\theta_{10AZ}\times\theta_{10EL}}\right)\right]-F_{loss}-R_{loss}-\cdots \tag{6.2.22}$$

式（6.2.22）中，G 为待测天线增益，单位为 dB；θ_{3AZ} 为方位方向图的半功率波束宽度；θ_{3EL} 为俯仰方向图的半功率波束宽度；θ_{10AZ} 为方位方向图的 10dB 波束宽度；θ_{10EL} 为俯仰方向图的 10dB 波束宽度；F_{loss} 为天线馈源网络插入损耗，单位为 dB；R_{loss} 为天线表面公差引起的增益损失，单位为 dB。

式（6.2.22）中，R_{loss} 由式（6.2.23）计算。

$$R_{loss}=685.8\left(\frac{\varepsilon}{\lambda}\right)^2 \tag{6.2.23}$$

式（6.2.23）中，ε 为天线表面公差，单位为 cm；λ 为工作波长，单位为 cm。

工程中有时根据实测方向图的半功率波束宽度来估算天体增益。

$$G=\frac{10\lg C}{\theta_{3AZ}\theta_{3EL}} \tag{6.2.24}$$

有些天线规定了 C 系数的取值，如卫星电视接收天线 C 取 27000、对数周期天线的 C 取 41000 等。

3. 案例：3.7m 天线 Ka 频段增益测量

3.7m Ka 频段天线对星测量利用河北威赛特科技有限公司测量系统及“一键对星”软件完成。

（1）参数设置

① 卫星轨道位置：134° E。

② 信标频率：20.1998GHz。

③ LNB 本振频率：19.25GHz。

④ 输出中频：949.8MHz。

⑤ 转台速度：0.055° /s。

⑥ 俯仰 EL=39.85° ；AZ=191.196° 。

⑦ 方向图偏角范围：±2° 。

（2）方向图测量结果

图 6.2.3（a）所示的是俯仰面 3dB 点和 10dB 点的方向图；图 6.2.3（b）是方位面 3dB 点和 10dB 点的方向图。

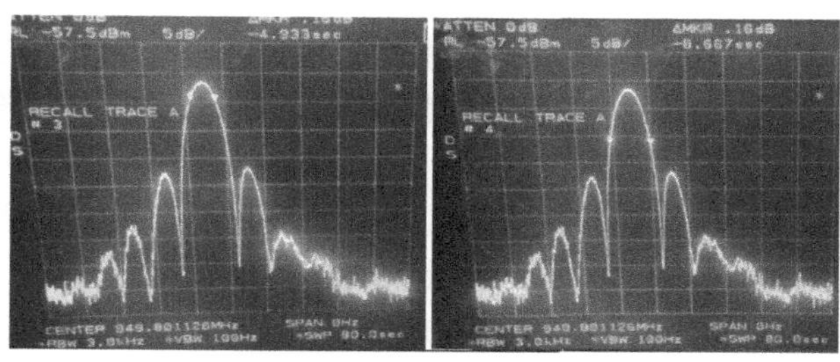

（a）俯仰面3dB点和10dB点的方向图

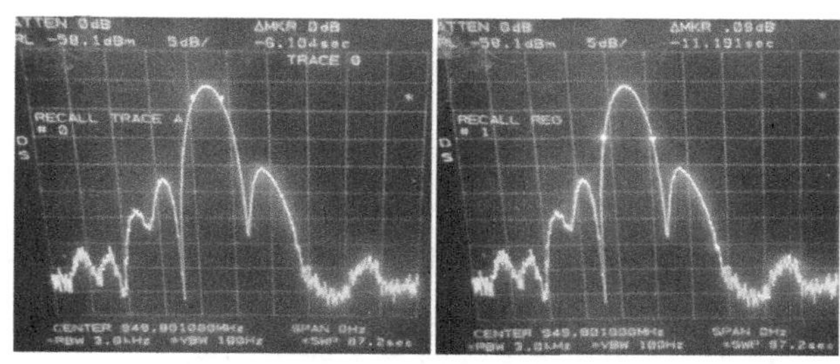

（b）方位面3dB点和10dB点的方向图

图 6.2.3　俯仰面、方位面方向图

（3）数据处理

θ_{-3E}=0.055×4.933=0.271°　　　　θ_{-10E}= 0.055×8.667=0.477°

θ_{-3A}=0.055×6.104=0.335°　　　　θ_{-10A}=0.055×11.191=0.616°

方位依据式（6.1.5）修正为

$$\theta_{-3A}=2\arcsin[\sin(0.335/2)\times\cos 39.85]=0.257°$$

$$\theta_{-10A}=2\arcsin[\sin(0.616/2)\times\cos 39.85]=0.473°$$

（4）增益计算

依据式（6.2.22）计算的天线增益为

$G_{-3}=31000/(\mathrm{AZ}_{-3}\times EL_{-3})=31000/(0.271\times0.257)=445101.7273$

$G_{-10}=91000/(\mathrm{AZ}_{-10}\times EL_{-10})=91000/(0.477\times0.473)=403331.2502$

$G_{-3,-10}=10\lg[(G_{-3}+G_{-10})\div2]=10\lg[(445101.7273+403331.2502)\div2]=56.28\mathrm{dBi}$

$G=G_{-3,-10}-(F_{\mathrm{loss}}+R_{\mathrm{loss}})$

ε＝反射面均方根误差＝0.25mm

$R_{\mathrm{loss}}=686\times(\varepsilon/\lambda)^2=686\times(0.25\div14.85)^2=0.19\mathrm{dB}$

F_{loss}＝馈源网络损耗＝0.35dB

计算结果

$G=56.28-0.54=55.74\mathrm{dBi}$

采用 3dB 计算：$G=10\lg 27000/0.271\times 0.257=55.99$dBi。

采用简化公式与式（6.1.6）的计算结果相差 0.25dB，对于测量口面天线，通常采用 3dB 波束宽度法。

6.2.5 方向图积分法

借助计算机软件，利用辛普森积分法或梯形法求出式（6.2.25）的积分，即可得到天线的方向性增益。在实际工程测量中，通常测量天线方位和俯仰方向图，因此，可得到天线方位和俯仰方向性增益，而两者的平均值即为天线的方向性增益。为了确定天线增益，必须对测量计算得到的方向性增益进行修正，即考虑各种损耗因子对天线增益的影响。例如，对于卫星通信天线，损失主要包含天线泄漏造成的损失及有限方向图积分区域引起的增益损失（0.15dB）。此外，还有支杆遮挡（0.05dB）；轴向交叉极化（0.05dB）；失配和馈源网络折入损耗（0.3dB）；考虑各种增益损耗因子，则方向图积分法确定天线增益的见式（6.2.25）。

$$G=10\lg\left[\frac{4}{\int_{-\pi}^{\pi}\left|f(\theta)\right|^{2}\sin\left|\theta\right|\mathrm{d}\theta}\right]-\delta_{\mathrm{t}} \tag{6.2.25}$$

式（6.2.25）中，δ_{t} 为总损耗因子，卫星通信天线的总损耗因子约为±0.3dB。

测量步骤：

（1）按照第 6.1 节叙述的方向图测量方法测量天线方向图；

（2）由实测天线方向图，利用计算机采集测量数据，建立数据文件，由软件计算天线方向性增益；

（3）用计算的方向性增益减去总损耗因子，即得天线增益。

方向图积分区域的确定方法：

由式（6.2.25）可知，天线方向图积分法确定天线增益的积分区间是（0，π）或（−π，π），众所周知，天线能量主要集中于主瓣附近，远旁瓣对天线增益的贡献较小，积分区间取多少时，由此引起的测量误差可以忽略呢？表 6.2.2 给出了最小积分区间与误差的对应关系。

表 6.2.2　最小积分区间与误差对比

口面型分布函数	$\dfrac{D}{\lambda}$	截断误差 δ_{c}（dB）	最小积分区间与波束宽度比值
改进型广义台劳位移分布	50～300	0.1 0.05 0.02	1.85 ～ 1.82 2.04 ～ 1.92 4.71 ～ 4.43
指数型位移分布	50～300	0.1 0.05 0.02	2.11 ～ 2.07 3.62 ～ 3.46 5.54 ～ 5.30

例：$f=14.25$GHz，$D=1.2$m，$\dfrac{D}{\lambda}=57$，$\theta=1.23°$，$\delta_{\mathrm{c}}=0.02$dB，最小积分区间 $=1.23\times 5.54=6.8°$。

6.2.6　射电源法

1. 用于天线测量的射电源应具备的条件

众所周知，许多天体如太阳、月亮和行星等除发射可见光之外，还发射不同波长的电磁波，其波长范围为 1mm～20m。因此，射电源是理想的宽带射频信号源，工作频率处于上述电磁频段的天线，原则上均可用射电源进行天线辐射特性的测量。但用射电源测量天线时，应满足下列条件。

（1）应精确知道射电源在天空的位置。

（2）射电源的尺寸必须很小，类似一个点源。

（3）需精确知道在测试频段内，射电源的绝对通量密度及随时间的变化规律。

（4）射电源应具有尽可能大的能量密度，以便得到大的动态范围。

2. 测量天线的常用射电源

较强的离散射电源有仙后座 A（CasA）、金牛座 A（TauA）和天鹅座 A（CygA）等，射电天文学家对其特性研究得特别仔细。因此，Intelsat 将这些射电源作为测量大型地面站天线增益和 G/T 值的标准射电源。表 6.2.3 给出了常用离散射电源的主要特性。

表 6.2.3　常用离散射电源的主要特性

射电源名称	1950 年的赤道坐标		岁差（°）		角尺寸
	赤经（°）	赤经（°）	赤经岁差	赤经岁差	
仙后座 A	350.290	58.540	0.01127	0.00549	4′×4′
天鹅座 A	299.438	40.583	0.00865	0.00274	1.6′×1′
金牛座 A	82.880	21.982	0.01504	0.00059	3.3′×4′
宝女座 A	187.080	12.667	0.01265	−0.00052	1′×1.8′

另外，射电源的通量密度也是射电源的重要特性。常用标准射电源的通量密度如表 6.2.4 所示。

表 6.2.4　常用标准射电源的通量密度

射电源名称	f=4GHz 的通量密度 $[W/(m^2 \cdot Hz)]$	任意频率 f（GHz）的通量密度 $[W/(m^2 \cdot Hz)]$
仙后座 A	936.3×10^{-26}	$10^{-26}\times10\times$（5.745–0.770lg1000f）
金牛座 A	620.3×10^{-26}	$10^{-26}\times10\times$（3.794–0.278lg1000f）
天鹅座 A	445.6×10^{-26}	$10^{-26}\times10\times$（7.256–1.279lg1000f）
宝女座 A	79×10^{-26}	$10^{-26}\times10\times$（6.540–1.289lg1000f）

需要说明的是，仙后座 A 的通量密度每年减少 1.0%±0.1%，其余 3 个射电源的通量密度不随时间变化。标准的离散射电源常用来测量大尺寸天线增益和 G/T 值，例如，Intelsat 建议 A 型站和 C 型站采用射电源法测量天线增益。

3. 用太阳源测量 50m 天线增益

（1）系统组成及工作原理

图 6.2.4 所示为太阳源法测量天线增益的原理框图，测试系统主要由待测天线、低噪声放大器（LNA）、高灵敏度接收机（频谱分析仪或矢量网络分析仪）、天线伺服控制器、计算机及打印机等组成。

太阳就像一个信号源，通过待测天线对准或偏离太阳的两种工作状态，测量其通量密度或偏离时冷空的噪声电平，然后采用 *Y* 因子法计算出天线增益。

（2）测量计算步骤

① 频谱分析仪的设置：f=611MHz，*RBW* 尽量窄，但仪器灵敏度优于−100dBm。

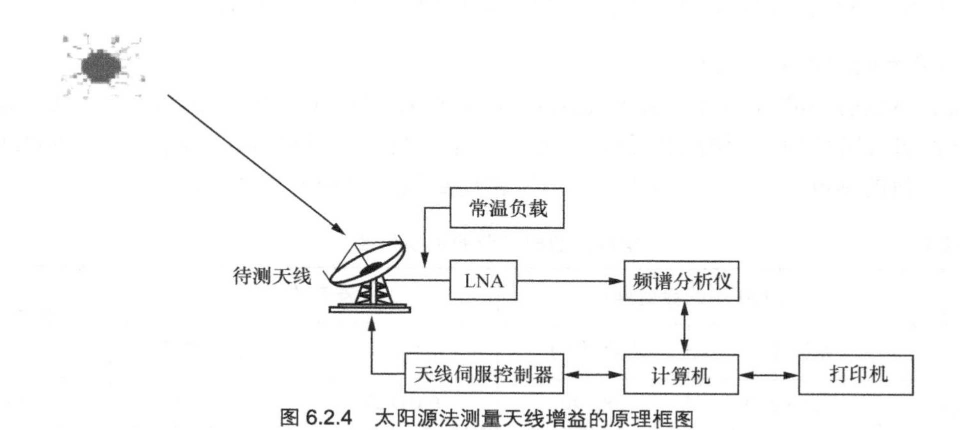

图 6.2.4　太阳源法测量天线增益的原理框图

② 通过伺服控制器驱动天线对准太阳，使 EL=46.1°，测量太阳的 P_s=−70.33dBm；查得太阳通量密度为 39 个流量单位。

③ 驱动天线偏离太阳，测试冷空时的噪声电平 P_c=−98.17dBm。

④ 计算 Y 因子：$Y=P_s-P_c$ =2.784dB。

⑤ 计算 $\dfrac{G}{T_{sys}}$。

$$\frac{G}{T_{sys}}=\frac{8\pi k\left(Y-1\right)K_1K_2}{\lambda^2 S} \tag{6.2.26}$$

式（6.2.26）中，k 为波尔兹曼常数，k=1.38×10^{-23}J/K；λ为工作波长，单位为 m；S 为太阳的通量密度，单位为 W/(m^2 • Hz)，一个太阳流量单位为 10^{-22}W/(m^2 • Hz)；K_1 为大气吸收衰减因子。

$$K_1=\frac{v}{\sin(EL)} \tag{6.2.27}$$

式（6.2.27）中，v 为常数，可从 Rec.ITU-R P.676-5 中的大气衰减曲线查得 v=0.028；EL 为天线指向太阳时的仰角，此时可得到 K_1=0.0389。

式（6.2.26）中，K_2 为波束修正因子。

$$K_2 = \frac{\iint_{\Omega} B(\theta,\phi)\mathrm{d}\Omega}{\iint_{\Omega} B(\theta,\phi)P(\theta,\phi)\mathrm{d}\Omega} \tag{6.2.28}$$

式（6.2.28）中，$B(\theta,\ \phi)$为射电源的亮温度分布；$P(\theta,\ \phi)$为天线归一化功率方向图。

当射电源的角直径近似小于或等于天线半功率波束宽度的$\frac{1}{5}$时，K_2近似等于1。对于较大的射电源，波束展宽修正因子必须按式（6.2.28）进行精确计算。当天线的半功率波束宽度大于射电源的角直径时，波束修正因子可用近似公式计算。

当天线的半功率波束宽度（$HPBW$）大于太阳的最大角直径（0.542°）时，波束修正因子K_2由式（6.2.29）计算。

$$K_2=10\lg\left(\frac{x}{1-\mathrm{e}^{-x}}\right) \tag{6.2.29}$$

其中，

$$x=\frac{0.2106}{HPBW^2} \tag{6.2.30}$$

当f=611MHz时，$HPBW$=0.68°，K_2=0.95dB。

由式（6.2.26）可得

$$G(\mathrm{dB})=10\lg\left(\frac{8\pi k(Y-1)T_{\mathrm{sys}}K_2}{\lambda^2 S}\right)+K_1 \tag{6.2.31}$$

⑥ Y因子法测量T_{sys}。

由式（6.2.31）可知，要想计算天线增益，还需测量T_{sys}，同样采用Y因子法，如图6.2.4所示，LNA的输入端口先后与待测天线和常温负载连接，通过两次测量结果算出Y_0，由式（6.2.32）计算T_{sys}。

$$T_{\mathrm{sys}}=\frac{T_0+T_{\mathrm{LNA}}}{Y_0}=211.86\mathrm{K} \tag{6.2.32}$$

式（6.2.32）中，T_0为天线的物理温度，单位为K；T_{LNA}为低噪声放大器的噪声温度，单位为K。

⑦ 天线增益计算。

$$G=15.86+10\lg(Y-1)+20\lg f-10\lg S+K_1+K_2+10\lg T_{\mathrm{sys}} \tag{6.2.33}$$

式（6.2.33）中，f为测试频率，单位为GHz。

（3）工程测量结果

由式（6.2.33）计算天线增益，理论计算与实测结果如表6.2.5所示。

表6.2.5　天线增益理论计算与实测结果

测试频率（MHz）	理论计算值		实测结果	
	增益（dBi）	效率	增益（dBi）	效率
611	47.504	55.0%	47.754	58.25%

4. 测量误差分析

（1）误差分析公式

对式（6.2.31）进行微分可得

$$\frac{\mathrm{d}G}{G}=4.343\left(\frac{\mathrm{d}Y}{Y-1}+\frac{\mathrm{d}T_{\mathrm{sys}}}{T_{\mathrm{sys}}}+\frac{\mathrm{d}K_2}{K_2}-\frac{\mathrm{d}S}{S}-2\frac{\mathrm{d}\lambda}{\lambda}+\frac{\mathrm{d}K_1}{4.343}\right) \tag{6.2.34}$$

这里，假设 G 的各项误差相互独立，则用太阳源测量天线增益的均方根误差为

$$\delta G=\pm 4.343\left[\left(\frac{\mathrm{d}Y}{Y-1}\right)^2+\left(\frac{\mathrm{d}T_{\mathrm{sys}}}{T_{\mathrm{sys}}}\right)^2+\left(\frac{\mathrm{d}K_2}{K_2}\right)^2-\left(\frac{\mathrm{d}S}{S}\right)^2-2\left(\frac{\mathrm{d}\lambda}{\lambda}\right)^2+\left(\frac{\mathrm{d}K_1}{4.343}\right)^2\right]^{\frac{1}{2}} \tag{6.2.35}$$

①　　②　　③　　④　　⑤　　⑥

（2）误差的分项分析

第①项：Y 因子测量误差。

在实际测量中，Y 因子是以 dB 为单位测量的，则该项表示为

$$\frac{\mathrm{d}Y}{Y-1}=\frac{\mathrm{d}Y_{\mathrm{dB}}}{4.343\left(1-\dfrac{1}{10^{T_{\mathrm{dB}}/10}}\right)} \tag{6.2.36}$$

f=611MHz，Y=2.784dB，Y 因子测量误差为±0.1dB，则 $\dfrac{\mathrm{d}Y}{Y-1}$=0.023dB。

第②项：系统噪声温度测量的相对误差。

测量的系统噪声温度为 211.86K，估计其测量误差约为±5K，则系统噪声温度测量的相对误差为 $\dfrac{\mathrm{d}T_{\mathrm{sys}}}{T_{\mathrm{sys}}}$=0.0236。

第③项：波束修正因子计算的相对误差。

假设其误差不大于 3%，计算可得

$$\frac{\mathrm{d}K_2}{K_2}=0.03$$

第④项：太阳流量密度的相对误差。

利用每天实测的太阳流量密度（太阳黑子不爆发），取其误差为 5%，则

$$\frac{\mathrm{d}S}{S}=0.05$$

第⑤项：波长的相对误差。

它取决于频谱分析仪的频率精度，通常达到 10^{-8} 量级，可忽略 $\dfrac{\mathrm{d}\lambda}{\lambda}$ 的影响。

第⑥项：大气吸收衰减的相对误差。

因 EL=46.1°，f=611GHz 时，$K_1=0.039$，由此引起的误差很小，可以忽略不计。

由以上分析可计算太阳源测量天线增益的均方根误差为

$$\delta G=\pm 4.343\sqrt{0.023^2+0.0236^2+0.03^2+0.05^2}=\pm 0.29\mathrm{dB(RMS)} \tag{6.2.37}$$

6.2.7　增益测量误差分析和修正

本节增益测量的误差分析主要针对第 6.2.1 节～第 6.2.3 节。主要分析阻抗失配、极化失配、天线的瞄准、仪器测量误差等误差源。

1. 误差分析

（1）阻抗失配引入的误差

在第 6.2.1 节讨论的比较法测量天线增益是基于收发天线与馈线匹配的功率传输方程。实际上，收发天线系统阻抗的任意不匹配都可能造成增益测量误差，因此，我们引入一个阻抗失配因子 M，则可把功率传输方程写成如下的修正公式。

$$P_{\mathrm{r}}=\left(\frac{\lambda}{4\pi R}\right)^2 P_{\mathrm{t}}G_{\mathrm{t}}G_{\mathrm{r}}M \tag{6.2.38}$$

图 6.2.5 所示为收发天线之间的能量传输示意图。

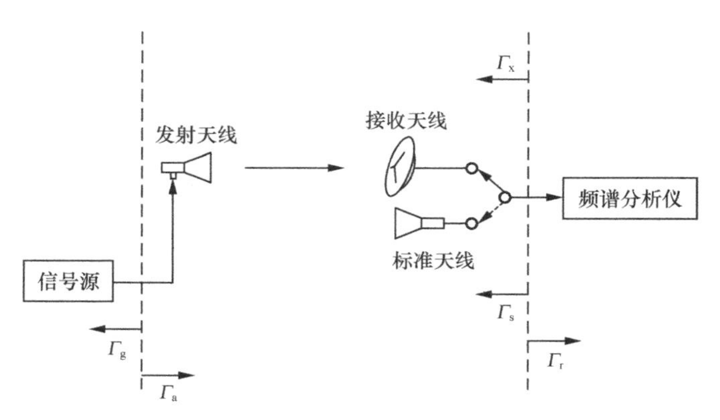

图 6.2.5　收发天线之间的能量传输示意图

设信号源的输出功率为 P_{out}，在发射端，从传输线任意一个参考面向信号源看去的反射系数为Γ_{g}，向发射天线看去的反射系数为Γ_{a}，则天线的实际输入功率为

$$P_{\mathrm{t}}=\frac{(1-|\Gamma_{\mathrm{a}}|^2)\ (1-|\Gamma_{\mathrm{g}}|^2)}{|1-\Gamma_{\mathrm{g}}\Gamma_{\mathrm{a}}|}P_{\mathrm{out}} \tag{6.2.39}$$

我们定义 M_{t} 为发射端的阻抗失配因子，则

$$M_{\mathrm{t}}=\frac{(1-|\Gamma_{\mathrm{g}}|^2)\ (1-|\Gamma_{\mathrm{a}}|^2)}{|1-\Gamma_{\mathrm{g}}\Gamma_{\mathrm{a}}|} \tag{6.2.40}$$

同理，在接收端，设从馈线任意一个参考面向待测天线看去的反射系数为Γ_x，向频谱分析仪看去的反射系数为Γ_{r}，则接收端的失配因子为

$$M_{\mathrm{r}}=\frac{(1-|\Gamma_x|^2)(1-|\Gamma_{\mathrm{r}}|^2)}{|1-\Gamma_x\Gamma_{\mathrm{r}}|} \tag{6.2.41}$$

收发天线之间的总失配因子为

$$M_x = M_t M_r = \frac{(1-|\varGamma_g|^2)\ (1-|\varGamma_a|^2)\ (1-|\varGamma_x|^2)\ (1-|\varGamma_r|^2)}{|1-\varGamma_g\varGamma_a||1-\varGamma_x\varGamma_r|} \tag{6.2.42}$$

在接收端，当待测天线换成标准增益天线时，设标准增益天线的反射系数为$\varGamma_s$，同理可得总的失配因子为

$$M_s = \frac{(1-|\varGamma_g|^2)\ (1-|\varGamma_a|^2)\ (1-|\varGamma_r|^2)\ (1-|\varGamma_s|^2)}{|1-\varGamma_g\varGamma_a||1-\varGamma_r\varGamma_s|} \tag{6.2.43}$$

由式（6.2.42）和式（6.2.43）可得，用分贝表示的阻抗失配引起的增益损失为

$$\delta G_m = 10\lg\left[\frac{|1-\varGamma_r\varGamma_s|(1-|\varGamma_s|^2)}{|1-\varGamma_x\varGamma_r|(1-|\varGamma_s|^2)}\right] \tag{6.2.44}$$

由式（6.2.44）可知，信号源的失配在比较法增益测量中不会引起增益测量误差。在实际工程测量中，虽然无法保证收发天线与馈线精确匹配，但在信号源和负载端可以通过调配器或隔离器使$\varGamma_g \approx \varGamma_r \approx 0$。使用比较法测量天线增益时，失配引起的增益测量误差主要由待测天线和标准天线的反射系数确定，则式（6.2.44）可写成

$$\delta G_m = 10\lg\left(\left[\frac{1-|\varGamma_x|^2}{1-|\varGamma_s|^2}\right]\right) \tag{6.2.45}$$

在实际工程应用中，常用天线的电压驻波比表征天线的反射性能，设待测天线的电压驻波比为 $VSWR_x$，标准增益天线的驻波比为$VSWR_s$，反射系数 $\varGamma_{re}$ 与电压驻波比的关系为

$$VSWR = \frac{1+|\varGamma_{re}|}{1-|\varGamma_{re}|} \tag{6.2.46}$$

将式（6.2.46）代入式（6.2.45），并化简可得

$$\delta G_m = 10\lg\left[\frac{VSWR_x(1+VSWR_s)^2}{VSWR_s(1+VSWR_x)^2}\right] \tag{6.2.47}$$

表 6.2.6 给出了失配引起的增益测量误差。由表可知，因失配的影响，比较法测量的增益可能大于或小于实际值，这取决于标准天线和待测天线驻波比的大小。标准天线驻波比一般较好，当待测天线的驻波比较差时，失配引起较大的增益测量误差。在实际工作测量中，为了提高增益测量精度，应该考虑失配对增益测量的影响。

表 6.2.6　　失配引起的增益测量误差

$VSWR_x$ \ $VSWR_s$ δG_n（dB）	1.00	1.05	1.10	1.15	1.20	1.25	1.30	1.40	1.50
1.00	0.000	0.003	0.010	0.021	0.036	0.054	0.075	0.122	0.177
1.05	–0.003	0.000	0.007	0.019	0.034	0.051	0.072	0.120	0.175
1.10	–0.010	–0.007	0.000	0.011	0.026	0.044	0.065	0.112	0.167
1.15	–0.021	–0.019	–0.011	0.000	0.015	0.033	0.053	0.101	0.156
1.20	–0.036	–0.034	–0.026	–0.015	0.000	0.018	0.038	0.086	0.141
1.25	–0.054	–0.051	–0.044	–0.033	–0.018	0.000	0.021	0.068	0.123
1.30	–0.075	–0.072	–0.065	–0.053	–0.039	–0.021	0.000	0.048	0.103
1.35	–0.097	–0.095	–0.088	–0.076	–0.061	–0.043	–0.023	0.025	0.080
1.40	–0.122	–0.120	–0.112	–0.101	–0.086	–0.068	–0.048	0.000	0.055
1.45	–0.149	–0.147	–0.139	–0.128	–0.113	–0.095	–0.075	–0.027	0.028
1.50	–0.177	–0.175	–0.167	–0.156	–0.141	–0.123	–0.103	–0.055	0.000
1.55	–0.207	–0.204	–0.197	–0.186	–0.171	–0.153	–0.132	–0.085	–0.030
1.60	–0.238	–0.235	–0.228	–0.217	–0.202	–0.184	–0.163	–0.115	–0.060
1.65	–0.270	–0.267	–0.260	–0.248	–0.233	–0.216	–0.195	–0.147	–0.092
1.70	–0.302	–0.300	–0.292	–0.281	–0.266	–0.248	–0.228	–0.180	–0.125
1.75	–0.336	–0.333	–0.326	–0.314	–0.300	–0.282	–0.261	–0.213	–0.158
1.80	–0.370	–0.367	–0.360	–0.349	–0.334	–0.316	–0.295	–0.245	–0.193
1.90	–0.440	–0.437	–0.430	–0.419	–0.404	–0.386	–0.365	–0.318	–0.263
2.00	–0.512	–0.509	–0.502	–0.490	–0.476	–0.458	–0.437	–0.389	–0.334

（2）极化失配引入的误差

极化失配的影响和阻抗失配的影响一样，可以使实测增益值大于或小于实际值。因极化失配所产生的增益测量值的误差的两个例子见表 6.2.7 与表 6.2.8。

一个是用纯线极化标准天线测量纯圆极化待测天线的增益，辅助发射天线的轴比有限造成表 6.2.7 所示的测量误差。

表 6.2.7　　辅助发射天线的轴比有限造成纯圆极化天线的增益测量误差

发射天线轴比（dB）	测量误差（dB）	
	同旋向	反旋向
20	+0.828	–0.915
25	+0.475	–0.503
30	+0.270	–0.279
35	+0.153	–0.156
40	+0.086	–0.109
45	+0.049	–0.049
50	+0.027	–0.028

另一个是用纯线极化标准增益天线测量轴比为 25dB 的线极化天线的增益，辅助发射天线的轴比有限造成表 6.2.8 所示的测量误差。

表 6.2.8　辅助发射天线的轴比有限造成线极化天线的增益测量误差

发射天线轴比（dB）	测量误差（dB）	
	同旋向	反旋向
20	−0.035	+0.063
25	−0.014	+0.041
30	−0.002	+0.003
35	+0.005	+0.022
40	+0.009	+0.019
45	+0.011	+0.018
50	+0.012	+0.015

用比较法测量天线增益，特别是用线极化标准增益天线测量圆极化天线的增益，辅助发射天线的轴比有限造成的测量误差较大，但测量线极化天线增益由此引起的误差并不严重。

常用的标准增益天线的轴比都比较大，例如，典型的角锥喇叭天线的轴比在 40dB 以上。

（3）天线的瞄准引入的误差

因为天线及其对准装置不同，其瞄准误差是正态分布式或均匀分布式。若天线的瞄准角误差为正态分布，则天线瞄准角误差导致的增益的均方差为

$$\sigma_1=\sqrt{432}\left(\frac{\sigma}{B}\right) \tag{6.2.48}$$

若天线的瞄准角误差为均匀分布，则增益的均方差为

$$\sigma_2=\sqrt{\frac{144}{5}}\left(\frac{X_\mathrm{m}}{B}\right) \tag{6.2.49}$$

式（6.2.48）和式（6.2.49）中，X_m 为瞄准角最大误差；B 为天线的半功率波束宽度。

（4）近场效应引入的误差

实际测量天线增益时，不可能使两天线相距无限远。为了同无穷远的增益相区别，常常把在有限距离上测得的增益称为视在增益；为了同理论值比较，必须对视在增益值进行修正。下面分两种情况讨论有限测试距离对测量结果的影响。

① 只考虑有限距离引入的空间波程差。

假定待测天线具有均匀同相的口面场分布，且尺寸远大于辅助天线。

现将有限距离引入的增益测量误差摘录在表 6.2.9 中。

表 6.2.9　　不同测试距离引起的增益测量误差

测试距离（R）	圆口径ΔG（dB）	方口径ΔG（dB）
$R=\dfrac{D^2}{\lambda}$	0.80	0.45
$R=\dfrac{2D^2}{\lambda}$	0.22	0.12
$R=\dfrac{4D^2}{\lambda}$	0.046	0.03

② 同时考虑口面相关和空间波程差。

对尺寸为 L_e=463.55mm，L_h=504.19mm，A=338.91mm，B=265.88mm 的角锥喇叭天线在 $R=\dfrac{2A^2}{\lambda}$ 的距离上进行精密测量，测量频率为 4080MHz，按表 6.2.8 进行了近场增益修正后的实测值为 20.11dB，测量误差约为±0.035dB（其中，随机误差约为±0.016dB；精密衰减器的固定误差约为±0.02dB）。该喇叭天线的理论计算增益值为 20.15dB，与实测值相比，误差约 0.04dB。

（5）仪器测量误差

在绝对增益测量方法中，阻抗失配 M' 及极化失配 Γ 后的收发天线增益乘积的方程为

$$G_t G_r = \left(\frac{4\pi f R}{c}\right)^2 \alpha M' \Gamma' \tag{6.2.50}$$

式（6.2.50）中，$\alpha=\dfrac{P_r}{P_0}$；f 为工作频率；c 为光速。

为了确定 G_t、G_r，必须测量 R、f、功率比 α 、M' 和 Γ' 。除了出现在增益方程中的量影响增益的测量精度，还有以下因素也会导致增益测量误差。例如，接收天线口面上入射场锥削幅度、地面反射电磁波引起的多路径干涉和天线没有对准及测量设备不稳定等。

如果用精密可变衰减器测量功率比 α ，则

$$\alpha = \frac{P_r}{P_0} = 10^{\frac{A_r - A_0}{10}\alpha} \alpha \tag{6.2.51}$$

式（6.2.51）中，A_r 为测量接收天线接收功率时衰减器的读数；A_0 为测量发射天线输入功率时衰减器的读数。

由于衰减器的读数也是随机的，故功率比的相对测量误差为

$$\frac{\Delta\alpha}{\alpha} = \left[\left(\frac{\ln 10}{10}\Delta A_r\right)^2 + \left(\frac{\ln 10}{10}\Delta A_0\right)^2\right]^{\frac{1}{2}} \tag{6.2.52}$$

当ΔA_t=ΔA_0=ΔA 时，

$$\frac{\Delta\alpha}{\alpha}=0.326\Delta A \tag{6.2.53}$$

（6）其他误差

① 收发天线之间互耦也会造成误差。

收发天线之间的互耦系数为

$$C=\left[1\pm\frac{G_{ts}G_{rt}\lambda^2}{(4\pi R)^2}\right]^{-2} \tag{6.2.54}$$

假定用相同天线法校准最佳角锥喇叭天线的增益。因为

$$G_{ts}=G_{rs}=\frac{4\pi}{\lambda^2}D^2\times0.5\times0.5=0.25\frac{4\pi D^2}{\lambda^2} \tag{6.2.55}$$

假定 $R=\frac{2D^2}{\lambda}$，由式（6.2.54）可以求得

$$C_{max}=0.067\text{dB}$$

$$C_{min}=-0.068\text{dB}$$

② 由于相位中心与旋转中心不重合而引入的误差。

用方向图积分法确定天线的增益，必须把天线的相位中心置于天线的旋转中心，否则将引起增益测量误差。众所周知，在天线相位中心与旋转中心重合的情况下，在轴线方向上，$G\infty\frac{1}{R^2}$。但在相心与旋转中心相距 b 的情况下，它们在轴线方向上的增益不同，因此差值为

$$\Delta G(\text{dB})=20\lg\frac{R}{R\mp b} \tag{6.2.56}$$

③ 由于喇叭的欧姆损耗造成的误差。

在毫米波频段（Ku/Ka）精测喇叭天线的增益，要把喇叭天线增益的理论计算值与实测值进行比较，必须从理论计算值中减去喇叭的欧姆损耗。计算喇叭的欧姆损耗有以下两种方法。

◆ 用类似波导中的损耗公式，沿喇叭的长度进行积分。例如，将表面镀银的 Ku/Ka 频段喇叭近似视为镀银波导，求出的损耗约为 0.03dB。

◆ 将喇叭作为谐振腔，测量它的 Q 值，再推算出喇叭的损耗。例如，Ku 频段及 Ka 频段的喇叭，用此法求得的损耗分别为 0.03 dB 和 0.05dB。

2. 增益测量中总的不准确度的估计

从以上分析可知，为了确定 G，必须测量 R、f、功率比 α 及阻抗。在这些独立量的测量中都伴随着随机误差和系统误差。除了这些在增益公式中明显出现的量，还有其他影响增益精度的因素，如极化失配、在接收天线口径上入射场的幅度锥削、由测试场反射电磁波引起的多径效应，以及天线瞄准情况不好、设备稳定性差等。设它们对增益的修正因子为 K_i，此时天线增益为

$$C=\frac{4\pi Rf}{c}\left[\alpha M\prod_{i=1}^{n}K_i\right]^{\frac{1}{2}} \tag{6.2.57}$$

有两种不准确度的估计方法：算术和与方根和。

① 算术和

若假定与每项有关的各个不准确度是独立的，则可用算术和法估计总不准确度。

$$\frac{\Delta G}{G}=\frac{\Delta R}{R}+\frac{\Delta f}{f}+\frac{1}{2}\left(\frac{\Delta\alpha}{\alpha}+\frac{\Delta M}{M}+\sum_{i=1}^{n}\frac{\Delta K_i}{K_i}\right) \tag{6.2.58}$$

② 方根和

由于单个不准确度的符号并不是已知的，故通常用方根和法估计总不准确度。

$$\frac{\Delta G}{G}=\left[\left(\frac{\Delta R}{R}\right)^2+\left(\frac{\Delta f}{f}\right)^2+\left(\frac{\Delta\alpha}{2\alpha}\right)^2+\left(\frac{\Delta M}{2M}\right)^2+\sum_{i=1}^{n}\left(\frac{\Delta K_i}{2K_i}\right)^2\right]^{\frac{1}{2}} \tag{6.2.59}$$

3. 实例计算

$\frac{\Delta R}{R}$=0.22dB；$\frac{\Delta f}{f}$=0.02dB；$\frac{\Delta\alpha}{\alpha}$=0.326dB；$\frac{\Delta M}{M}$=0.05dB；$\frac{\Delta K_i}{K_i}$=0.3dB

代入式（6.2.59）得：$\frac{\Delta G}{G}=\pm 12\%=\pm 0.486\text{dB}$

6.3　天线相位测量

6.3.1　天线相位中心的概念

一般用两个特定正交极化的辐射场分量的幅度和相位来完整地描述天线的方向图。由于天线辐射场的相位特性包含着很重要的信息，故在某些场合特别重视相位测量。

确定辐射参考点即相位中心的位置，对设计相控阵和反射器天线的初级馈源天线是至关重要的，有时是一个先决条件。此外，在设计空间运载工具的跟踪和导航系统以及雷达时，也需要精确地测量这些系统中各单元的相位特性和相位参考点。

在许多应用中，我们需要对天线指定一个特殊的参考点，认为辐射是由该点发出的。视在相位中心和曲率中心，统称为相位中心。

对大多数实际天线而言，并不存在对所有方向都有效的“真正”的相位中心。此时可采用视在相位中心这一概念。以某点为参考点时，$\Psi(\theta,\phi)$在所关心的角度范围内（例如天线主波束的一部分）接近于常数，则该点就称为视在相位中心。任意一个天线可能有相位中心，也可能没有相位中心，即它辐射的电磁波可能是一个球面，也可能不是一个球面，这完全取决于天线的形式。在整个空间，具有唯一相位中心的天线实际上是不多的，而绝大多数天线只在主瓣某一范围内相位保持相对恒定，由这部分等相面确定出的相位中心叫作“视在相位中心”，“视在相位中心”可由实验方法测定。天线可能在两个主平面内有各自的相位中心，若两个相位中心不重合，就说明天线有像散，因此，通常要在两个正交的平面上分别测量它的相位中心。

6.3.2 测量系统配置及基本工作原理

天线相位方向图的测量和幅度方向图的测量相类似，所不同的是测量待测天线远区球面上的相位，要在测量幅度方向图转台上加装三坐标位移平台。天线相位方向图测量系统如图 6.3.1 所示，系统中主要配置矢量网络分析仪和带 *XY* 位移平台的方位—俯仰—方位（AZ—EL—AZ）三轴测试转台（由河北威赛特科技有限公司制造）。当俯仰转 90°，上方位转台可作为极化转台使用。精密 *XY* 位移平台可以承载待测天线进行前后（±400mm）、左右（±200mm）运动。位移平台和测试转台的各运动轴均经过转台控制器，并在计算机的统一控制下完成操作指令。

由于相位是一个相对量（鉴于角度的周期性质，相位值限于 2π 弧度以内），故测量系统需设计参考信号通道，如图 6.3.1 所示，信号源输出测试信号，其经功率放大器（简称功放）放大，定向耦合器将信号分为两路，主路将信号馈送给源天线，副路耦合取样参考信号，参考信号由射频电缆馈入矢量网络分析仪的 R 端口，待测天线按通常测量幅度方向图的方式转动，将待测信号与参考信号直接进行比较，测得相位方向图。

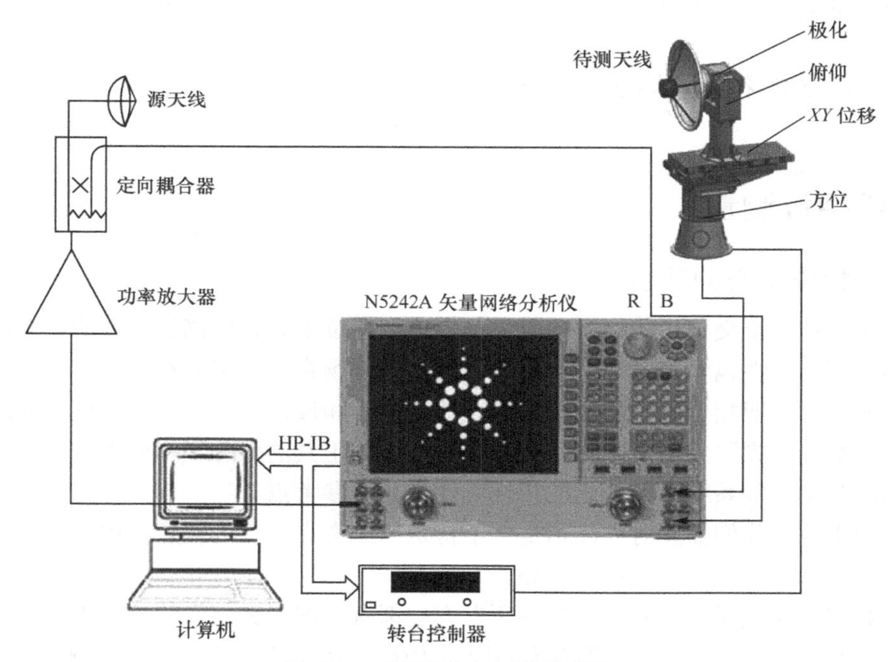

图 6.3.1 天线相位方向图测量系统

6.3.3 测量方法

设天线位于 (r,θ,ϕ) 坐标系内，并以 $\theta=0°$ 作为天线轴，假设天线在结构轴上存在相位中心，测量方向图时，天线绕某个旋转中心转动。

根据定义，此时在主波束内相位是常数，如果幅度方向图具有旁瓣，则在每个零值发生

180°的相位反转时，相位方向图将出现突变。

若天线的相位中心与旋转中心有轴向偏移，偏移量为 r'。当 r'远小于天线到观察点的距离，并且相位方向图相对于图 6.3.2（a）的位置 A 处的接收信号归一化时，则对于仅有一个波束的天线，其综合相位方向图由式（6.3.1）给出。

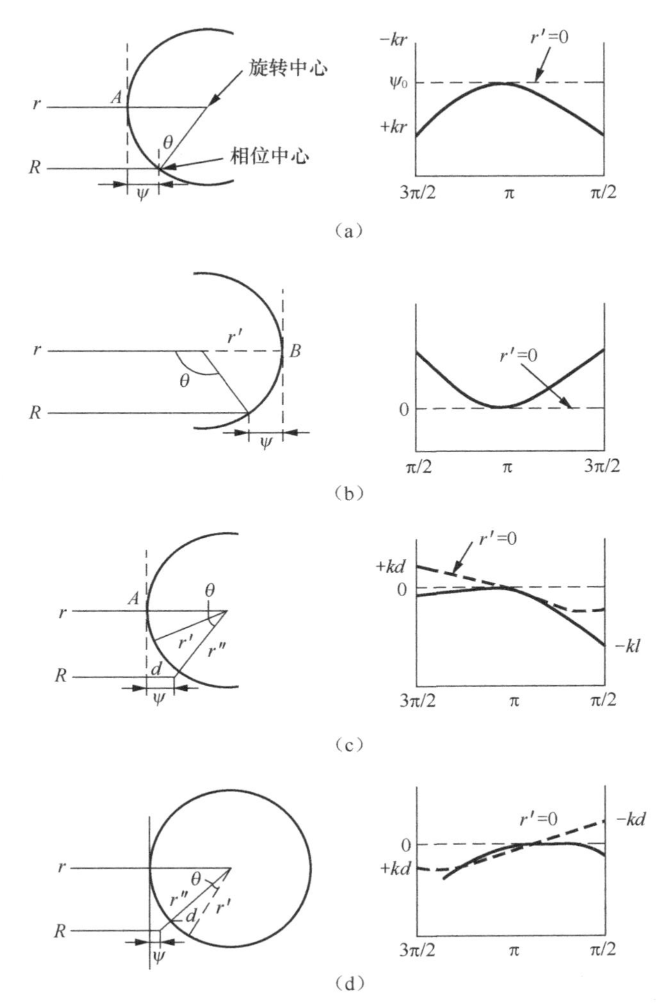

图 6.3.2　天线相位方向图测量原理示意图

当位移信号源绕一给定原点旋转时的几何图形及相位变化

$$\psi \approx kr'(1-\cos\theta) \tag{6.3.1}$$

若相位方向图相对于相位中心位于图 6.3.2（b）的位置 B 处所接收到的信号归一化，则得到图 6.3.2（a）方向图的镜像。

当天线从 $\theta=0°$ 转到 $\theta=\theta_1$ 时所测得的相位改变为 ψ，则相位中心与旋转中心的位移量 r'为

$$r' = \frac{\lambda}{2\pi}\left(\frac{\psi}{1-\cos\theta_1}\right) \tag{6.3.2}$$

但由于相位方向图和实验的异常，实际上可能要使天线沿其轴线位移若干个距离，并记

录相位方向图，以便将 $r'=0$ 的情况包含在内。

另一种非常有用的情况是根据在辐射近场区实测的相位方向图，求 r'。

$$r'=\frac{\lambda}{2\pi}\psi\frac{\dfrac{R_0}{\lambda}+\dfrac{\psi}{4\pi}}{R_0(1-\cos\theta)-\dfrac{\psi}{2\pi}\cos\theta_1} \tag{6.3.3}$$

式（6.3.3）中，R_0 是转动中心到观察点的距离。

若可测得的最小相位变化即鉴相系统的分辨率为 0.5°，并且在偏离天线轴线为 $\theta=\pm10°$ 的范围内进行相位比较，则所测得的相位中心的偏离距离可能大到 0.1 个波长。若天线在较大的角范围内存在相位中心，则可在所需角范围内测量 $r'_{\min}$，然后在更大角范围内测量第二个 $r'_{\min}$；和（或）在相位中心反方向趋近转动中心时测量第二个 $r'_{\min}$。在理想的情况下，相位中心落在 $r'_{\min}$ 的两个值之间。

6.3.4 典型测量案例：喇叭天线相位中心的测量

1. 概述

喇叭天线为反射面天线的馈源。需要精确测定相位中心的位置，使天线可获得最佳相位照射效率。天线相位中心测量一般采用转台旋转比较法，还可以采用近场测量。通过近远场转换移动参考点测量法进行测量，测量中可不移动天线的实际位置，从而使用测量系统软件虚拟移动参考点，计算参考点位移值。本书运用转台旋转比较法和移动参考点测量法，对 C/X 双频段光壁喇叭天线的相位中心进行测量。

2. 测量原理

天线的远场辐射方向图可以表示为

$$\boldsymbol{E}=\hat{\boldsymbol{u}}\;\boldsymbol{E}_{\mathrm{u}}(\theta,\varphi)\,\mathrm{e}^{\mathrm{j}\boldsymbol{\psi}(\theta,\varphi)}\frac{\mathrm{e}^{-\mathrm{j}kr}}{r} \tag{6.3.4}$$

式（6.3.4）中，$\boldsymbol{E}_{\mathrm{u}}(\theta,\varphi)$ 为幅度方向图；$\boldsymbol{\psi}(\theta,\varphi)$ 为相位方向图；$k=\dfrac{2\pi}{\lambda}$ 为波数。若天线上或邻近区域内存在某点以它为参考点的 $\boldsymbol{\psi}(\theta,\varphi)$ 为常数，则该点为天线的相位中心。对于绝大多数天线来说并没有这样一个点，但一般总可以找到某个点，以它为参考点在一个远场截面的主瓣范围内相位函数为常数，定义此点为该截面的相位中心。

当天线参考点偏离测量系统原点时，对于新参考点的远场表达式为

$$\boldsymbol{E}=\hat{\boldsymbol{u}}\;\frac{c^{-\mathrm{j}k|\boldsymbol{r}-\boldsymbol{r}'|}}{|\boldsymbol{r}-\boldsymbol{r}'|}\boldsymbol{E}_{\mathrm{u}}(\theta,\varphi)\mathrm{e}^{\mathrm{j}[\boldsymbol{\psi}(\theta,\varphi)-k\boldsymbol{r}'\cdot\boldsymbol{r}]} \tag{6.3.5}$$

其中，$\boldsymbol{r}'$ 为新参考点在测量坐标系的矢径，可用式（6.3.6）表示

$$\boldsymbol{r}'=\Delta x\sin\theta\cos\varphi\hat{\boldsymbol{x}}+\Delta y\sin\theta\sin\varphi\hat{\boldsymbol{y}}+\Delta z\cos\theta\hat{\boldsymbol{z}} \tag{6.3.6}$$

$(\Delta x,\Delta y,\Delta z)$ 为新参考点在测量坐标系中的坐标位置。因此，新参考点对应的相位方向图函数可进一步表示为

$$\boldsymbol{\psi}'(\theta,\varphi)=\boldsymbol{\psi}(\theta,\varphi)-k(\Delta x\sin\theta\cos\varphi+\Delta y\sin\theta\sin\varphi+\Delta z\cos\theta) \tag{6.3.7}$$

若计算出 Δx 、 Δy 、 Δz 使 $\boldsymbol{\psi}'(\theta,\varphi)$ 等于常数，则坐标 $(\Delta x,\Delta y,\Delta z)$ 为相位中心位置。

考虑天线远场某一截面的相位中心一定在该截面内，所以一般只需要计算相位中心的两维坐标即可，另一维坐标值设为 0。因此，天线 H 面和 V 面的相位方向图函数可分别表示为

$$\boldsymbol{\psi}_H'(\theta)=\boldsymbol{\psi}_H(\theta)-k(\Delta x\sin\theta+\Delta z\cos\theta) \tag{6.3.8}$$

$$\boldsymbol{\psi}_V'(\theta)=\boldsymbol{\psi}_V(\theta)-k(\Delta y\sin\theta+\Delta z\cos\theta) \tag{6.3.9}$$

式中，$\boldsymbol{\psi}_H(\theta)$，$\boldsymbol{\psi}_V(\theta)$，$\boldsymbol{\psi}_H'(\theta)$，$\boldsymbol{\psi}_V'(\theta)$ 分别为测量坐标系和新参考点坐标系下天线 H 面和 V 面的相位方向图。

3. 相位中心的测量

要计算喇叭天线的相位中心，首先要获得相位方向图的测量数据。本次测量的喇叭天线为 C/X 双频段光壁喇叭天线，采用 NSI2000 天线近远场测量系统进行测量。

（1）远场比较法测相位中心

将喇叭天线放置在远场转台上，把理论计算得到的喇叭天线相位中心和转台的旋转中心重合，将喇叭天线调平。假设该喇叭天线的照射角为–20°～20°，我们选择–30°～30°的旋转范围，测量转台旋转中心到喇叭天线口面的距离为 870mm，信标天线到喇叭天线口面的距离为 10m。进行一次扫描，得到一组测试数据。

① 由于测量中得到的相位数据范围限定在–180°～180°，实测相位方向图中有时会有 360°的相位跳变，将测量结果跳变处的低端相位数值均加上 360°，使相位函数成为连续曲线。

② 绘出其远场相位方向图如图 6.3.3 中的实线所示（以 6.2GHz H 面方向图为例）。从图中可以看出其相位从–20°～20°依次滞后，这说明喇叭天线相位中心不存在纵向偏移，只有横向偏移。测量过程中转台顺时旋转角度值增加，测量时转台先逆时针偏转–30°，然后从–30°扫到 30°，据此可以判断出喇叭天线的相位中心偏右（站在馈源后面），需要向左移动相位中心，再次扫描得到远场相位方向图如图 6.3.3 中的虚线所示。据图判断移动的距离不够，需要继续向左移动，经过多次移动最终得到的 H 面远场相位方向图如图 6.3.4 中的实线所示。式（6.3.8）中 $\boldsymbol{\psi}_H'(\theta)$ 函数值在–20°～20°的范围角度差很小，此纵向距离为喇叭天线相位中心

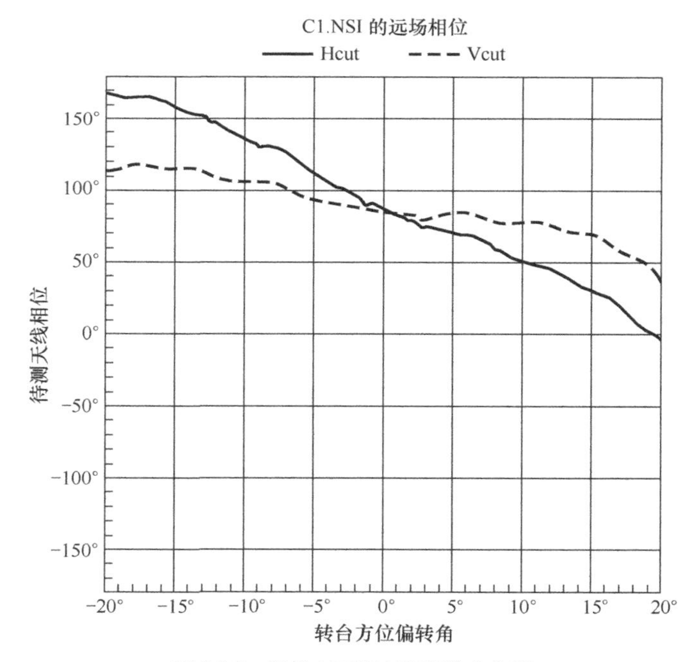

图 6.3.3　远场 H 面和 V 面相位方向图

在测量坐标系内的位置。测量转台旋转中心到喇叭天线口面的距离为 879mm，即为实际测量的喇叭天线相位中心的位置。

实际测量中不可能每次都能把喇叭天线放置到理想的位置，特别是对于频率比较高的天线，很难放置到合适的位置，在测量过程中还将出现以下情况。

① 相位方向图如图 6.3.5 所示，从–20°～20°依次超前，相位中心位置偏向馈源左边（从馈源后面看），需向右边移动相位中心。

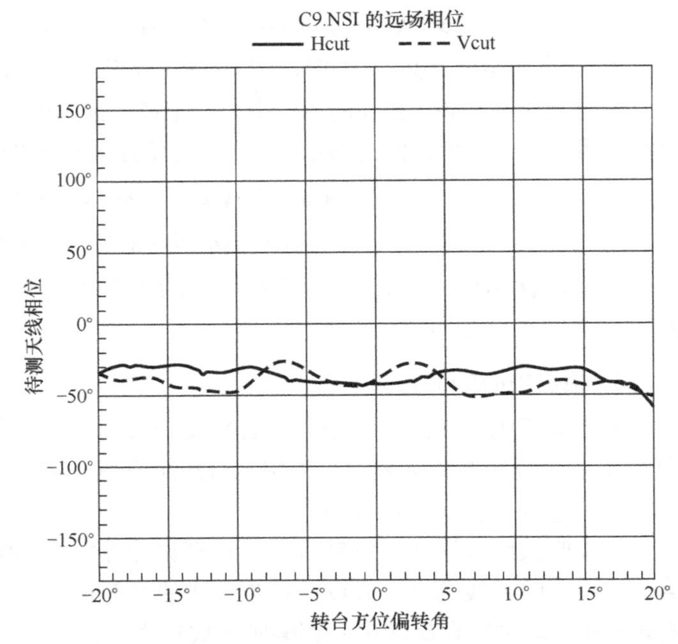

图 6.3.4　调整后的 *H* 面和 *V* 面方向图

② 相位方向图如图 6.3.6 中的实线所示，能流波前开始收缩，在距离镜面一段距离后又向外扩散，这种情况说明相位中心只存在纵向偏移而不存在横向偏移，相位中心位置（以旋转中心为参考点）离得远，即偏向喇叭天线后边，需向前边移动相位中心。反之，相位方向图如图 6.3.6 中的虚线所示，能流波前一直不断扩展，相位中心位置离得近，即偏向喇叭天线前边，需向后边移动。

③ 相位方向图如图 6.3.7 中的实线及虚线所示，相位中心既有横向偏移又有纵向偏移，需将馈源进行前后、左右多次调整，直到得到比较平坦的相位方向图为止。

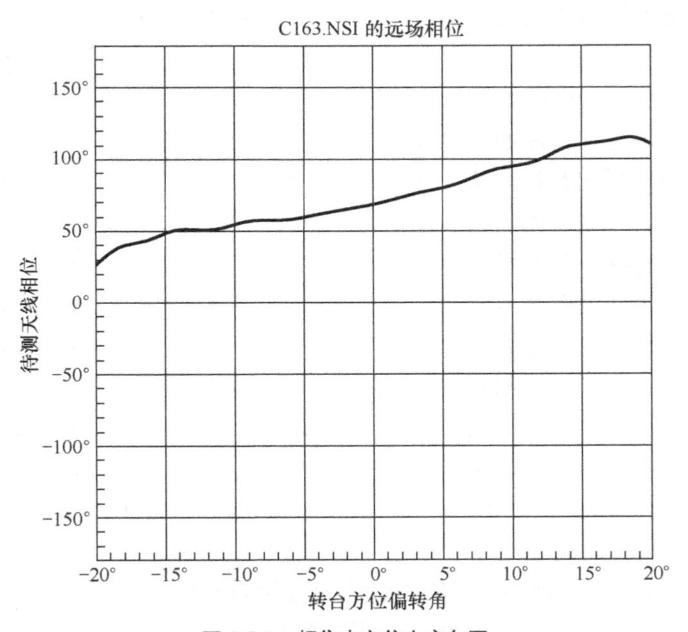

图 6.3.5　相位中心偏左方向图

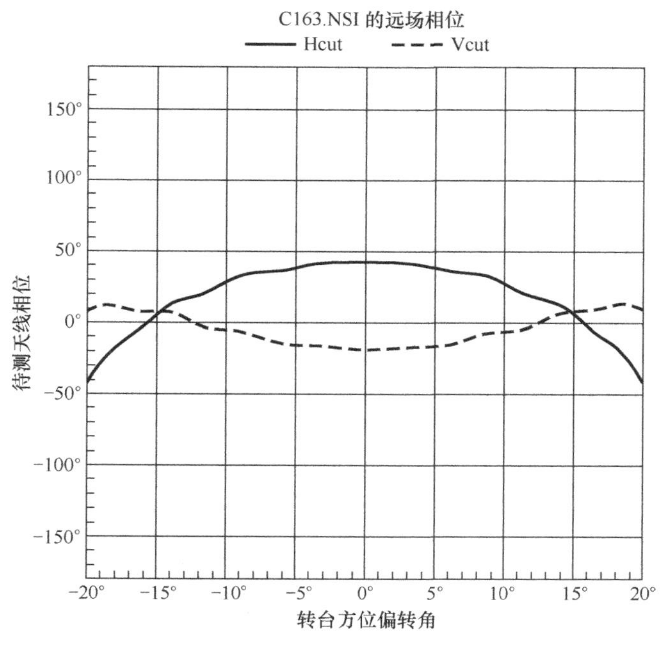

图 6.3.6　相位中心纵向偏移方向图

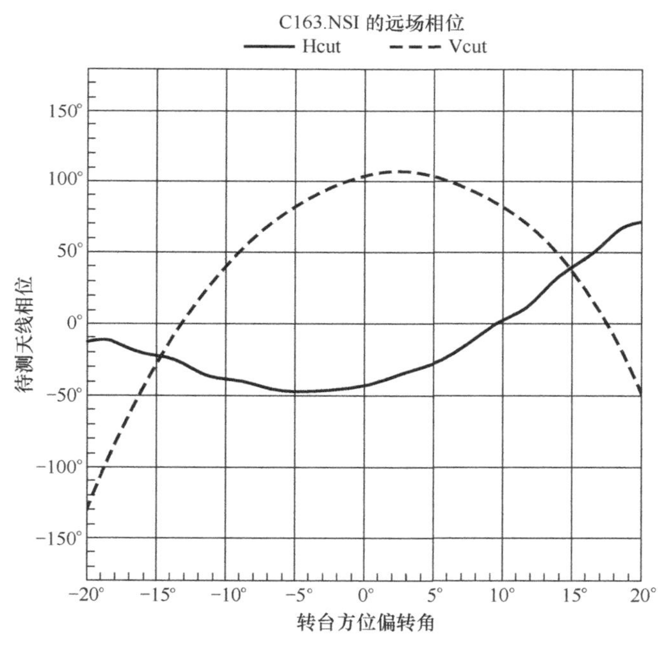

图 6.3.7　相位中心既有横向又有纵向偏移

（2）近场相位中心的计算

将喇叭天线在近场安装好，测量探头到被测件距离为 0.163m，以喇叭天线口面为几何中心近场扫描，获得近场数据，通过近远场转换得到远场相位方向图。相位中心计算的关键是移动参考点，使式（6.3.8）、式（6.3.9）中 $\boldsymbol{\psi}_H'(\theta)$ 和 $\boldsymbol{\psi}_V'(\theta)$ 的函数值在−20°～20°且为常数，此时的 $(\Delta x, \Delta y, \Delta z)$ 为喇叭天线相位中心在测量坐标系内的位置。

近场测量相位中心的计算通过软件自带的宏命令进行后处理，得出相应频点$(\Delta x, \Delta y, \Delta z)$的具体数值。在完成一次扫描后，无须移动天线实际位置，只要在软件后处理程序中输入新参考点的坐标，即可获得天线在新坐标系中的相位方向图。

① 图 6.3.8 所示的空间坐标系，以待测天线（AUT）指向探头方向为波的传播方向，并将其定义为 Z 轴的正方向，将探头口面所在平面内 Z 轴所在点定义为零点。XOY 平面为天线口径所在平面。

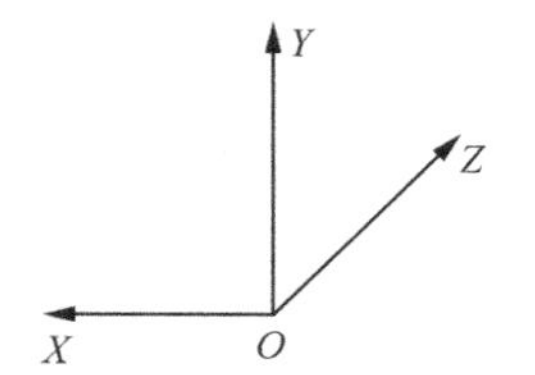

图 6.3.8 空间坐标系

② 该宏命令是以 XOY 平面内探头中心为（0, 0）点，喇叭天线中心偏移探头中心的位置为（$\Delta x, \Delta y$），先计算出（$\Delta x, \Delta y$）的值，然后根据相位方向图计算出 Δz 的值。

③ 通过宏命令计算出的远场相位中心位置为$X_{center} = -9.144\,076 \times 10^{-3}$, $Y_{center} = 9.110\,021 \times 10^{-3}$, $Z_{center} = -1.035207$，即为$(\Delta x, \Delta y, \Delta z)$的位置。在近远场转换对话框中输入此参数，绘出远场 H 面相位方向图，如图 6.3.9 中的实线所示，V 面相位方向图如图 6.3.9 中的虚线所示。由于探头到被测件的距离为 0.163m，因此，实际测量的相位中心为 0.882m。

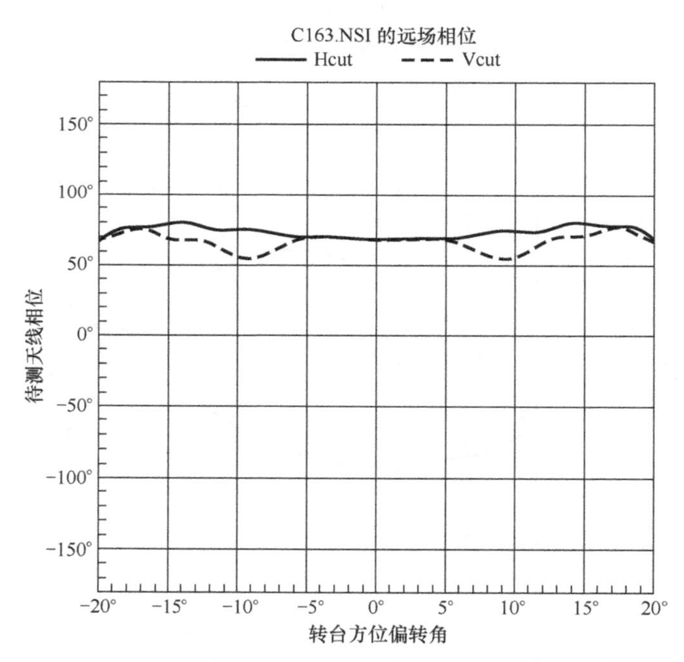

图 6.3.9 近场测量再通过转换得到的远场相位方向图

4. 结果比较及误差分析

采用远场测量所得的喇叭天线相位中心的位置和软件仿真结果以及近场测量结果相比较，表 6.3.1 所示为喇叭天线 H 面和 V 面相位中心的远场测量结果和仿真结果以及近场测量结果的对比，经比较可知，远场比较法相位中心测量值与仿真值最大相差 0.009m，近场移动参考点法测量值与仿真值最大相差–0.002m。远场测量误差源于喇叭来回移动，测量精度等于尺子的测量精度 0.001m。近场测量中移动坐标位置的计算均在软件后处理程序中进行，不会造成移动误差，所以相位中心位置在坐标系中的测量精度等于测量系统探头的控制精度 0.001mm。测量中的最主要误差为测量探头到天线口面的距离时产生的测量误差，提高这一距离测量精度后，近场相位中心测量计算精度将进一步提高。

表 6.3.1　相位中心测量结果比较

频率（GHz）	远场测量相位中心位置（m）	软件仿真相位中心位置（m）	近场测量相位中心位置（m）	远场测量与仿真结果误差（m）	近场测量与仿真结果误差（m）
6.2H 面	−0.879	−0.870	−0.872	−0.009	−0.002
6.2V 面	−0.880	−0.871	−0.873	−0.009	−0.002
9.7H 面	−0.881	−0.873	−0.873	0.002	0
9.7V 面	−0.880	−0.872	−0.874	−0.008	−0.002

远场相位比较法适合频率较低、重量较轻的喇叭天线相位中心的测量，测量过程中需要来回移动喇叭天线的位置，测量误差大。近场移动参考点法适合绝大多数喇叭天线相位中心的测量，测量过程中不用移动喇叭天线的实际位置，采用软件进行后处理，测量起来比较方便，并且测量误差小。本节介绍的如何根据相位方向图寻找喇叭天线的相位中心位置，节约了工程测量时间，提高了工作效率，同时该方法也适用于抛物面天线副面的调整。

6.4　天线极化特性的测量

第 1.4.8 节已经介绍了天线极化的基本概念，本节主要论述线极化天线和圆极化天线的极化方向图和交叉极化隔离度、轴比等参数的测量原理方法及测量误差分析等。

6.4.1　线极化天线的极化方向图的测量原理及方法

1. 极化方向图测量原理

线极化天线的极化方向图的测量就是交叉极化方向图的测量。在常规的远场测量交叉极化方向图中，其测量原理如下。

收发天线之间的距离满足远场测试距离的条件，首先按照同极化方向图的测量方法测量同极化（主极化）功率方向图 $P_{cop}(0)$，如图 6.4.1（a）所示，然后按照图 6.4.1（b）将源天线极化旋转 90°，使待测天线接收的反极化信号电平最小，同理测量交叉极化功率方向图 $P_{xp}(\theta)$，通过处理测量数据，可获得归一化交叉极化方向图为 $P_{xp}(\theta)-P_{cop}(0)$。由同极化方向图和交叉极化方向图可得到天线轴向交叉极化隔离度 XPD 为

$$XPD=P_{cop}(\mathrm{dBm})-P_{xp}(\mathrm{dBm}) \tag{6.4.1}$$

式（6.4.1）中，P_{cop} 为同极化信号功率，单位为 dBm；P_{xp} 为交叉极化信号功率，单位为 dBm。

2. 测量方法、步骤

建议：源天线（辅助天线）采用交叉极化隔离度高的矩形标准喇叭天线。

（1）按图 6.3.1 连接测量系统，仪器预热后，按照天线幅度方向图测量方法调置仪器。

（2）将待测天线安装在测试转台上，并调置其极化与源天线极化一致[如图 6.4.1（a）所示]。

（3）调整源天线与待测天线的轴向对准，收发天线极化匹配，旋转测试转台方位、俯仰，使待测天线接收电平达到最大，标记转台方位 0°。

（4）按规定要求旋转测试转台方位角（360° 或一定角度范围），完成主极化方向图的测量，如图 6.4.1（a）所示，并保存数据。

（5）待测天线返回最大接收电平位置（0°），将源天线或待测天线极化旋转 90°，如图 6.4.1（b）所示，并微调其极化，使待测天线在该位置接收的电平最小，然后固定源天线极化状态。转动待测天线方位，完成交叉极化方向图的测量，并保存数据。

（6）用鼠标指针单击“多图叠加”按钮，显示图 6.4.2 所示的测量结果。

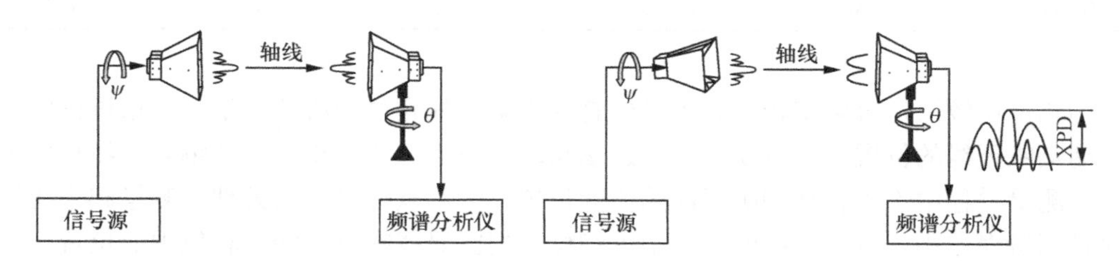

图 6.4.1　交叉极化方向图测量原理框图

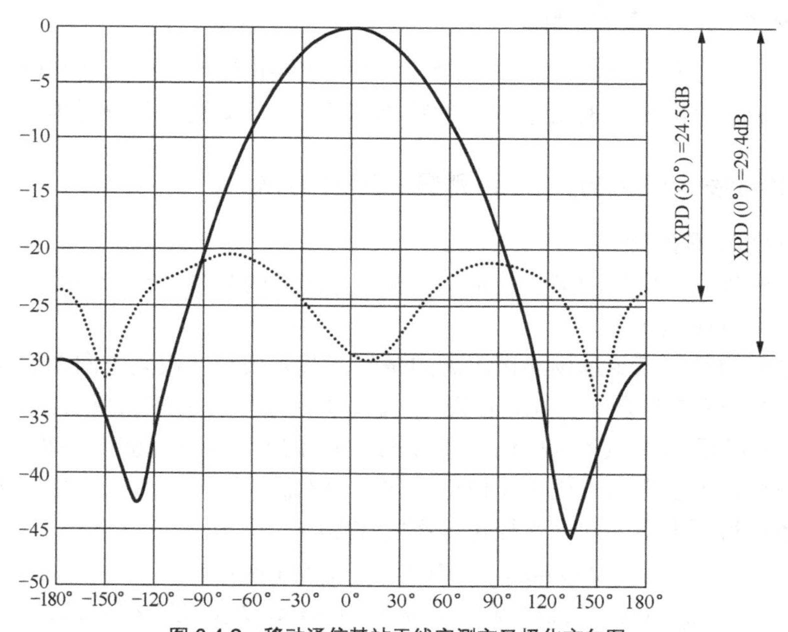

图 6.4.2　移动通信基站天线实测交叉极化方向图

3. 测量结果的判别

在天线极化特性参数的测量中，一般天线只要求测定轴向点的 *XPD* 即可，但有些领域应用的天线还有专门的规定。

（1）卫星通信天线

轴向点：*XPD*≥35dB；在±1.0dB 范围，*XPD*≥33dB。

（2）微波中继通信天线

在±3.0dB 范围，*XPD*≥33dB。

（3）移动通信基站天线

依据标准 YD/T 1059—2004《移动通信系统基站天线技术条件》，轴向点处 *XPD*≥15dB；水平面波束宽度为±30°或±60°处 *XPD*≥10dB。

移动通信基站天线实测交叉极化方向图如图 6.4.2 所示。轴向点：从主极化峰值点即坐标 0°线上，查找交叉极化方向图的对应点，图 6.4.2 所示为 29.4dB，满足指标 15dB 的要求，利用同样的方法，在±30°，*XPD*=24.5dB，满足指标 10dB 的要求。

注意：在室外场测量时，由于地面及障碍物反射电磁波的影响，垂直与水平两个极化面的极化图有所不同，所以要分别测量两个主极化和交叉极化方向图。

6.4.2　圆极化天线轴比的测量

1. 圆极化天线轴比的定义

由于线极化和圆极化是椭圆极化的两种特殊情况，椭圆极化波可以分解为两个同频线极化波，也可以分解为两个同频旋向相反的圆极化波。极化轴比可定义为极化椭圆长轴与短轴之比，用 r 表示，在测量中通常用分贝表示轴比，即

$$AR\text{（dB）}=20\lg r \tag{6.4.2}$$

由式（6.4.2）可知，当 r=1 或 AR=0dB 时天线极化为圆极化；当 r=∞或 AR=∞时天线极化为线极化。在圆极化天线设计中，轴比是衡量天线圆极化程度的一个重要技术指标。

2. 测量方法

通常的测量方法有收发天线同时旋转测试法、源天线旋转法等。它们共同的特点是辅助天线都处在发射工作状态而且都采用线极化天线（通常采用标准增益喇叭天线）。

收发天线同时旋转测试法：线极化辅助天线在快速连续地绕收发轴线旋转的同时，缓慢转动待测天线，实时记录下来的图形即为待测天线轴比方向图，方向图上任一方向的轴比就是该方向幅度变化包络宽度的分贝数。

源天线旋转法：待测天线固定在 0°（轴向），线极化辅助天线旋转 360°，记录最大、最小电平，电平差即为待测天线轴向轴比。

以上两种测量方法，后一种因为其采用的设备简单、操作方便，且测量精度较高，所以得到广泛应用。源天线采用正交极化性能好的线极化天线（如标准增益喇叭天线）并安装在极化旋转装置上，待测天线安装在俯仰、方位两轴测试转台上；测量仪器可以采用信号源和频谱分析仪，最好采用矢量网络分析仪，矢量网络分析仪可以实现多频点扫频测量。

下面以源天线旋转法为例介绍测量步骤。

3. 测量步骤

（1）按图 6.4.3 所示连接测量系统，并使源天线和待测天线轴向对准。

（2）按规定设置系统设备仪器，信号源发射一连续的单载波信号，频谱分析仪设置在同一工作频点上，调整测试转台俯仰角、方位角，使接收信号电平最大，方位角定位为 θ_0=0°。

（3）缓慢旋转源天线一周（360°），频谱分析仪实时显示 $\Psi \sim P$ 曲线。

（4）数据处理：对轴比方向图进行取值计算，选取两个电平最大值、两个电平最小值平均，得出轴向轴比参数，按式（6.4.3）计算。

$$AR = \frac{(P_{\max 1} - P_{\min 1}) + (P_{\max 2} - P_{\min 2})}{2} \tag{6.4.3}$$

（5）在规定的频段范围内最好选取低、中、高 3 个频点分别进行测量，每更换一个频点重复步骤（3）、步骤（4）。

（6）按要求将测试转台方位旋转到规定角度，如θ=45°、90°、135°等，每更换一个θ角，重复步骤（3）～步骤（5）。

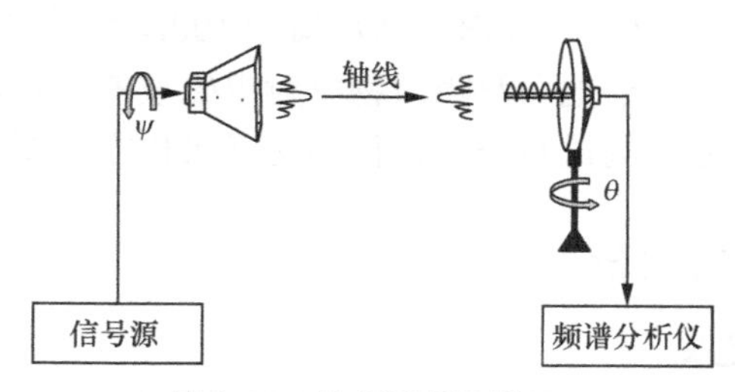

图 6.4.3　轴比测试原理框图

6.4.3　关于天线极化的判断

圆极化天线种类较多，在用途广泛的抛物面天线中，不管是前馈抛物面天线还是后馈抛物面天线，要想使线极化波转变为圆极化波，通常采用极化变换器。常见的有两种极化变换器，即多螺钉极化变换器和介质片极化变换器。极化变换器的结构形式虽不同，但实质上都是使电场分量移相 90°，所以又叫 90°移相器。

在极化测量中，首先要判断待测天线和接收信号的极化是否一致，对于线极化天线是很容易判断的，工程上常以地面作参考，电场矢量平行于地面的称为水平极化，电场矢量垂直于地面的称为垂直极化。如八木天线、对数周期天线等振子垂直于地面为垂直极化，平行于地面为水平极化；对于矩形波导喇叭天线波段宽面平行于地面为垂直极化，窄面平行于地面为水平极化，如图 6.4.4（c）所示。但对于圆极化天线的极化判断有点难度，现以后馈天线为例阐述判断方法：站在天线后边，面对来波方向，从极化变换器的矩形波导口向里看，先在馈源矩形波导中心作一直角坐标，观察移相器螺钉或介质片的放置方向，如图 6.4.4 所示，移相器的两排对称螺钉（探针）或介质片处于坐标的一、三象限时极化为右旋圆极化，处于坐标的二、四象限时极化为左旋圆极化；当两排对称螺钉（探针）或介质片处于坐标轴上时，极化为线极化（有垂直、水平之分）。前馈天线的判定与此相反，因为它只经过一次反射，故得到的左右旋圆极化波的结论正好相反。

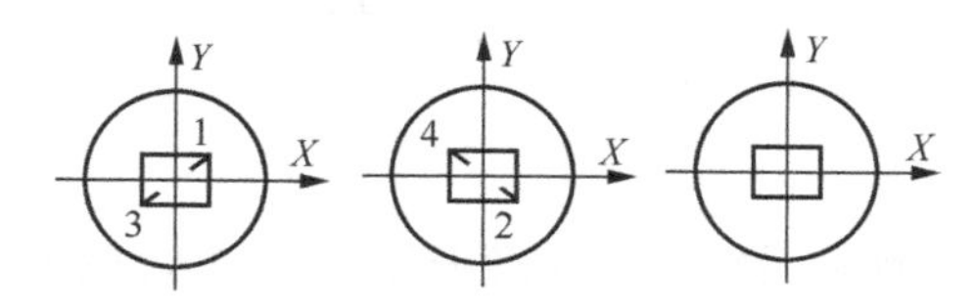

（a）右旋圆极化　（b）左旋圆极化　（c）线极化

图 6.4.4　后馈天线极化判断示意图

6.4.4　天线极化测量的精度考虑

极化测量误差的分析是很复杂的，如何提高极化测量精度，主要考虑如下。

（1）辅助天线（多用于发射）的极化纯度

广泛采用矩形波导喇叭天线，*XPD* 通常大于 30dB，在微波通信天线高极化性能的测量中，甚至要求极化纯度达到 40dB。但在 1GHz 以下的频段测量时，喇叭天线体积太大，在 *XPD* 要求不高的情况下，可以考虑采用其他标准天线。

（2）测量设备的精度

主要是测试转台和极化旋转装置的精度，尤其是测量毫米波波段，极化旋转装置精度至少达到 0.1°，旋转极化装置搜索交叉极化最小电平点时，速度要慢；另外，*XPD* 是通过主极化方向图和交叉极化方向图叠加后确定的，如图 6.4.5 所示，但这两个方向图是在不同的时间测试的，由于存在转台的回差及仪器的触发扫描时间的差异等问题，会使极化零点 $P_{min}(\theta)$ 偏离轴线，但 *XPD* 的确定取决于轴线上的 P_{xp}，假定 $P_{min}(\theta)$ 是真正的 *XPD* 点电平，则引入了 0.6dB 的误差。但是，我们可以在轴线对准后旋转辅助天线（源天线）搜索到最小电平值，并将其与主极化 P_{cop} 比较来进行验证。

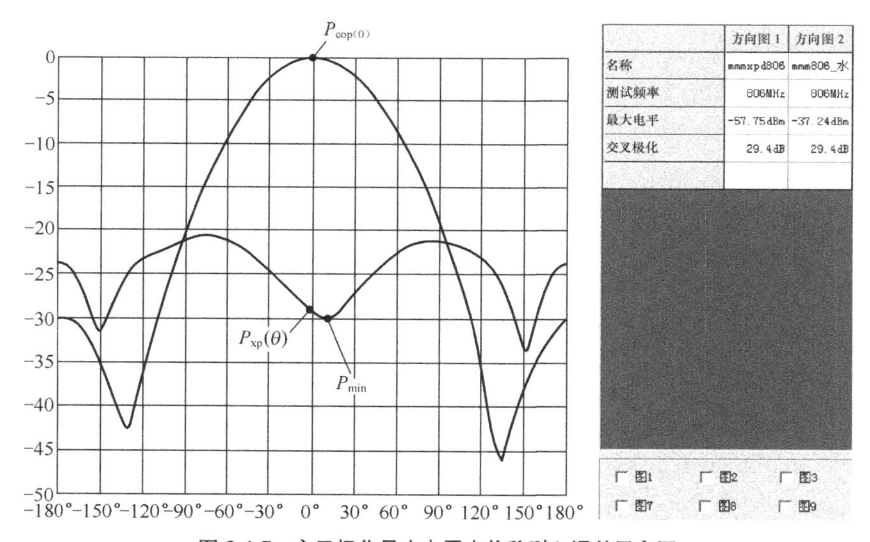

图 6.4.5　交叉极化最小电平点偏移引入误差示意图

（3）收发天线的轴向瞄准

收发天线的轴向瞄准是指收发天线的主波束对准，在实际调整中，通常调试待测天线方位、俯仰到接收电平达最大，而忽略了辅助天线（源天线）的主波束对的方向，引入测量误差。建立一个自动测试系统，可以遥控调节源天线的方位、俯仰，甚至极化，使收发天线的轴向瞄准达到最佳状态。

（4）室外场测试多路径效应影响

室外场测试多路径效应对极化测量的精度影响非常大，这是因为物体反射电磁波的大小和相位与极化状态有密切的关系，所以室外测试场地的选择、收发天线的架设以及对场地的鉴定是很重要的，详见第 4 章。

（5）人为误差

再精良的仪器也需要人为操作，在天线测量中，由人为操作引起的误差经常发生且不可控，该人为误差又叫随机误差。常见的引起人为误差的主要因素有天线架设、仪器操作、测试方法等。

第7章 天线近场测量技术

在天线测量技术领域，最早出现并发展成熟的是外场的天线测量技术。这种技术最大的特点是直观、简便，直到今天，它仍然是天线测量的主要技术手段之一。远场测量要求比较纯净的空间电磁环境及满足待测天线远场条件的测试距离。但随着深空探测天线和高增益雷达天线的发展，天线孔径越来越大，而工作波长越来越短。为了满足远场条件，需要的测试距离有时达到几十千米甚至几百千米，其制约之处也是显而易见的。随着无线电技术的广泛应用，地球表面电磁环境越来越恶劣，从而使在外场测量天线高精度的方向图变得更加困难。此外，出于全天候工作和研究保密性的要求，也希望天线测量在暗室中进行。而在暗室中，一般又无法满足远场测量距离，于是一开始人们渴望通过测量天线源场来算出其辐射场，即源场测量。虽然源场测量直到目前还没有在天线测量领域获得广泛的应用，但这种思路促成了天线近场测量技术的产生和发展。

本章将从应用角度出发，较为详细地介绍天线近场测量技术的各个方面，包括其理论与技术基础、误差及修正、测量系统设计与工程实现等内容。天线近场测量技术是源于频域，最初是在点频上开展的。发展到今天，已经出现了时域近场测量技术的分支。由于电磁场的时域瞬态描述是电磁场的本质属性，而不同频点的频域稳态描述仅是其中一种特殊情况。从这种意义上讲，时域近场测量是根本性的、基础性的，而频域近场测量虽然起源早、发展成熟，但是它也是局部的。当然也应看到，频域近场测量技术和时域近场测量技术是基于同样的电磁场和电磁辐射原理的，因而是没有本质区别的，所有的仅是技术和实现层面的不同。由于这些因素，本章将综合介绍起源较早、发展较成熟的频域近场测量技术和作为天线近场测量技术最新进展的时域近场测量技术。

天线近场测量技术发展到今天，已经形成了一个天线测量领域的独立技术分支，其内涵精深而博大，已经有不少技术专著对这一问题进行了深入的研究，而且天线近场测量技术目前已经被完全成熟地应用于天线的工程测量，有时甚至是实现对天线测量的唯一解决方案，有众多公司提供商品化的天线近场测量系统，也有许多技术应用报告和论文问世。因此，本章的内容还远不足以覆盖天线近场测量理论与技术的各个环节，本章只能对这一技术领域中的若干主要问题进行介绍，并结合作者及其团队的研究与工程经验给出典型的仿真与测量实例，目的是向读者介绍这一先进的天线测量技术体制及实施过程。

7.1 天线近场测量技术的发展历程

7.1.1 天线频域近场测量技术的发展

以前，当天线的源场测量遇到困难时，人们并没有立刻对近场测量投入太多的热情，因为源场测量等效为测量天线的口面电流分布，而口面电流分布与方向图之间有直接的联系，相比之下近场测量则缺乏这种直观性。尽管如此，近场测量的理论基础还是产生于20世纪50年代末。

天线近场测量理论的发现是一个“有心栽花花不开，无心插柳柳成荫”的典型例子。1955年，美国国家标准局（NBS）开展了用微波干涉仪测量光速的研究，测量结果很不理想，比同时用光学干涉仪测量的误差大两个数量级。产生这种误差的原因很快被找到了，因为在微波干涉仪内存在球面波而非理想的平面波，球面波的牵引作用使测量结果偏大。此时Kerns提出了基于平面波模式展开法的误差修正理论，因此，人们又看到了希望。但是，此时激光被发明了，这使光速测量精度有了一个质的飞跃，于是在NBS用微波干涉仪测量光速的项目被取消了。然而，不久之后，在1963年，NBS开始了为雷达服务的天线精确定标测量项目。此时，NBS所遇到的难题是，室外远场测量难以满足天线精确测量所需要的纯净的电磁环境，而室内远场测量难以满足大口径雷达天线所需要的远场距离。于是，Kerns游说NBS采用他之前提出的平面波模式展开法进行天线的近场测量，即在微波暗室中采集被测天线的辐射近场，通过使用平面波模式展开法所具有的近远场变换功能来计算出远场方向图。Kerns的提议被采纳了，由此拉开了真正意义上的现代天线近场测量的序幕。

在此之前，在源场测量的研究中，为了减小源场测量中探头与被测天线之间的相互影响，Barrett等在20世纪50年代采用在离开天线口面几个波长处测量的方法测量近场的幅相特性，试验结果令人大为振奋，人们从中看到了近场测量的可行性；后来，Richnlond等用空气和介质填充的开口波导分别测量了微波天线的近场，并把由近场测量所得到的方向图与直接远场法测得的结果相比较，其方向图在主瓣与第一旁瓣吻合较好，远旁瓣与远场法相差较大，这是探头为非理想点源所致，因此，出现了各种探头修正理论。

直到1963年Kerns等提出了含探头修正的平面近远场变换式，才从理论上严格地解决了非点源探头的问题，从而确立了天线平面近场测量的理论基础。

1970年，Jensen首先提出了含有探头修正的球面近远场变换式。Jensen的方法在数学上虽然是严格的，但计算量过于庞大，很难付诸实践。此后，人们开始研究高效算法，其进展详见Lewis和Wittman在1987年发表的文章。

1973年，Leach和Paris最先提出了含有探头修正的三维柱面近远场变换式。1977年，Yaghjian改进了Leach和Paris的方法，使之更利于对探头的修正。

在频域近场测量理论走向成熟的过程中，科学家们也始终致力于这方面的实际应用的研究。在20世纪60年代到70年代，NBS等研究机构进行了大量实验以证明此方法的可行性和准确性。由于近场测量不如远场测量和源场测量那样直观、容易理解，所以一开始有一些天线工程师对此技术持怀疑态度，认为测量的结果只不过是某种巧合。为此，NBS举办了一系列讲座、会议，努力地向天线测量界宣传、推广这一技术。这样到20世纪80年代中期，这一技术已为天线测量界所广泛接受并发展成熟，进入商品化阶段。在大口径、高增益天线测量领域，近场测量技术已取代了远场测量技术而成为此种天线测量的标准方法。天线近场测量技术不仅可以克服建造大型测试场地的困难，而且还可以保证全天候的测试工作，它的出现解决了天线工程亟待解决而未能解决的许多问题，从而使天线测量以新的面目出现在世人面前。目前，国际上已经有一批专业化公司提供商品化的天线近场测量系统，如 NSI 公司、ORBIT 公司、SATIMO 公司等。

总体来看，国际上天线近场测量技术的发展可划分为 4 个时期：不含探头修正的早期试验阶段（1950—1961 年）、探头修正理论研究阶段（1961—1975 年）、探头修正理论实践阶段（1965—1975 年）和技术应用阶段（1975 年至今）。

我国，大约在 20 世纪 70 年代末 80 年代初，对天线近场测量技术的研究和应用开始起步。在一些大专院校和科研单位已经建立了不少天线平面近场测量系统。在这些院校中，西安电子科技大学天线与电磁散射研究所从 20 世纪 80 年代开始开展天线近场测量方面的研究工作，于 20 世纪 90 年代即自行设计并建立了一套平面近场扫描系统，扫描尺寸为 9m×9m。先后开展近场测量理论和技术研究的高校还有北京理工大学、西北工业大学、四川大学等，并取得了一批引人瞩目的成果。在某些研究院所中，包括中国电子科技集团公司第十四研究所自行研制生产了 10m×10m 的平面近场扫描系统；中国电子科技集团公司第三十八研究所引进了 NSI 公司的近场测量系统，同时也开展了自主研制的工作；西安电子工程研究所引进了一套由 ORBIT 公司生产的框架式平面扫描系统；中国电子科技集团公司第二十九研究所引进了一套由美国 NSI 公司生产的 450 型近场球面扫描系统；中国科学院空间中心建立了自己的天线近场测量系统；中国科学院电子所也已经引进了 NSI 公司提供的频域近场测量系统。目前，还有一批国内单位正在建设天线近场测量系统，尤其是在 2003 年电子行业军用标准 SJ 20884—2003《相控阵天线测试方法》中近场测量已经列为与其他几种天线测量方法并行的相控阵天线测试方法，这在很大程度上促进了近些年来近场测量技术在国内的研究与应用。

而除此之外值得一提的是天线近场测量技术中的紧缩场法，该方法是 20 世纪 50 年代由美国乔治亚理工学院首先提出并付诸实施的。与近场扫描法一样，紧缩场法也是在微波暗室中进行的。这种方法是用聚束器产生一个均匀照射待测天线的平面波，从而使在缩短的距离上对天线远场特性进行直接测量。紧缩场技术直观、简便，但也有其不足。第一，设备庞大，运行和维护费用昂贵；第二，紧缩场产生的误差分析非常复杂，且难以修正；第三，同远场测量一样，难以获得被测天线的立体方向图；第四，被测天线必须完全置于紧缩场静区中，故空间利用率不高；第五，当被测天线的主瓣落于紧缩场反射面旁瓣区域时，它会成为强烈的干扰源，这使紧缩场法很难准确测量被测天线临近主瓣的旁瓣电平。综上所述，为扬长避短，紧缩场技术目前主要用于目标散射特性的测量。

7.1.2 天线时域近场测量技术的起源与发展

频域近场测量都是在点频上进行的，当需要测量天线多频点的性能时，采用普通频域测量方法要对每个频点都进行一次采样，高性能的频域测量系统可以用扫频的方式一次采样测量几个频点，相应的探头运动速度会变慢，当所需测量的频点很多时，也无法在一次采样中完成所有频点的测量。如今由于高速无线通信和高分辨力雷达技术的需要，高性能天线在朝着超宽带方向发展。用传统的频域近场测量技术对一副电大尺寸宽频带天线进行测量时，其工作量巨大。为解决这一问题，20 世纪 90 年代以来，国际上逐步把时域技术引入天线测量，最先出现的是时域紧缩场技术，目前，俄罗斯 Argus Spectrum 公司已经有商品化系统上市，国内已经有信息产业部电子第五十研究所、国防科技大学等单位引进该技术。

天线时域近场测量是一种新兴的天线测量技术，简而言之，就是用一个时域脉冲去激励被测天线，而与时域接收设备相连的探头在采样架的带动下和一个采样面上（一般来说是平面）采集被测天线的时域近场，进而利用所采集的时域近场通过近远场变换算出被测天线的远场，再通过口面反演算出被测天线口径场的方法。因为天线时域近场测量的近远场变换和口面反演有纯时域法和时域-频域法两种，所以天线时域近场测量所获得的结果既可以是时域的也可以是频域的。1994 年，美国 Rome 实验室的 Thorkild B. Hansen 和 Arthur D. Yaghjian 首先提出了不带探头修正的时域平面近远场变换理论，并于 1995 年发展了带探头修正的时域平面近远场变换理论，标志着天线时域近场测量技术的产生。此后人们开始致力于这项技术的工程化研究，1997 年，荷兰 Delft 大学率先进行了这方面的实验。1996 年，北京理工大学信息与电子学院即开始了对天线时域近场测量技术的研究。1997—2004 年主要进行的是理论研究和数值仿真工作，分析了探头修正误差、采样位置误差、时间基准误差和采样面截断误差对测量结果造成的影响，为研究工作打下了基础。2002 年，北京理工大学建立了我国第一个天线时域近场测量实验系统，经过 5 年的努力完成了理论原形向工程实际的转化，并在 L 频段到 X 频段有不逊色于国外频域近场测量系统的水平。

从天线测量的发展轨迹来看，近场测量技术由理论研究阶段进入应用研究阶段，并由频域延拓到了时域，下一步必将是时域近场测量技术的大发展时期。

7.2 天线近场测量技术的特点和技术优势

世间万事万物都具有两面性，新技术取代旧技术，在获得巨大突破的同时，前者也不具有后者的一些优点。因此，没有哪一项新技术是可以完全取代旧技术的。即使在新技术的挑战下，旧技术依然会在某些特定的领域继续存在、发展，并发挥其不可取代的作用。技术的发展必然带来技术的多样性，在天线测量领域表现得尤为明显，天线测量的每一项技术都有其自身的优点和缺点，有其自身的适用范围。在近场测量技术中，应用最广的是平面近场测量技术，这是因为近场测量技术主要面对的测量对象是电大口径的笔形波束天线。本节接下来将以平面近场测量为重点，全面阐述天线近场测量的技术特点。

7.2.1 天线近场测量的基本概念和类别

天线近场测量是用一个特性已知的探头，在离开待测天线几个波长的近场区域内某一个表面上进行扫描，测出天线在这一平面上辐射近场的幅度和相位分布随位置变化的关系。根据电磁辐射的惠更斯-基尔霍夫原理和等效性原理，某一初级源所产生的波阵上的一点都是球面波的次级源，即从包围源的表面上发出的场可以看作这一表面上所有的点所辐射的球面波场的总和。进一步来说，集中在体积内并被封闭表面包围着的源的作用可以仅用等效的表面电流和表面磁流来代替。因此，当分析一确定场源的辐射时，可以用分析一个包围场源的被激励表面的辐射来代替；而当分析这一被激励表面的辐射时，又可以用该表面上等效的表面电流和表面磁流来代替表面上切向的电场和磁场分量；最终，分析一个辐射问题只需获得一个包围辐射体的假想表面上的表面电流和表面磁流即可，由于无源空间的电场和磁场具有确定的关系，故仅需获得表面电流分布，通过集合所有表面电流分布对远场某角度的贡献，应用严格的模式展开理论，确定天线的远场特性。这种测量手段完全突破了远场条件的限制，使电大尺寸天线测量可以完全被搬到测试室内部进行，获得了待测天线近场和远场的三维空间分布信息，避免了远场测量中因对不准波束主轴而带来的一系列问题，尤其适合于波束轴与天线物理轴线不重合的电大尺寸天线，如各种电扫描阵列天线、多波束天线等，是天线测量技术的一大飞跃。

一般来说，近场扫描测量中，近场扫描面分为平面、柱面和球面 3 种类型，因此根据扫描面类型，测量有 3 种采样方式。3 种采样方式各有千秋，也各有其适用的场合，最常用的是在距离待测天线几个波长的平面上进行扫描采样，称为平面近场测量技术。

（1）平面采样主要适用于高增益、笔形波束天线的测量。平面近场测量最常见的是垂直面采样，如图 7.2.1（a）所示，测量时天线固定不动，探头在采样架的带动下在距被测天线口面 3～5 个波长的平面上进行采样（应保证采样平面的法向正对被测天线的主波束或仅有一个小的偏移角），其主要的运动方式有水平步进-垂直连续和垂直步进-水平连续两种。水平步进-垂直连续采样的特点是探头运动速度快，垂直步进-水平连续采样的特点是探头运动稳定度高。图 7.2.1（a）为水平步进-垂直连续采样方式。此外，为了适应一些特殊类型的天线，平面近场测量还有水平面采样和倾斜面采样等方式，其原理均与垂直面采样类似。

（2）柱面采样主要适用于中等增益、扇形波束天线的测量。如图 7.2.1（b）所示，测量时天线在转台的带动下做方位面的转动，探头在采样架的带动下，在满足辐射近场范围且机械运动允许的距离上上下运动进行采样，即转台每转到一定角度，探头做向上或向下的垂直运动采集下一列数据。测量时应将被测天线的宽波束面设置成方位面，并保证探头正对被测天线方位面的旋转轴。

（3）球面采样主要适用于低增益、宽波束天线的测量。图 7.2.1（c）和图 7.2.1（d）即为两种常用的球面采样方式。在图 7.2.1（c）中探头固定不动，被测天线在转台的带动下做方位和俯仰的转动；在图 7.2.1（d）中探头沿半圆形导轨做俯仰运动，被测天线在转台的带动下做方位转动。测量时应保证探头正对采样面的球心。

进入 20 世纪 90 年代，随着技术的不断进步以及测试仪器和数值计算能力的逐步提高，人们已经能够直接在时域准确地把握电磁波的运动状态，这为时域近场测量和分析打下了基础。以平面采样为例，它是用短脉冲对天线进行馈电，在距离天线为 d 的平面上，用适合于时域测量的探头进行扫描采样，在各采样点上记录时域波形，完成空间和时间的双重采样，然后运用采样定理和近远场变换技术得出时域或频域远场。其测量原理图如图 7.2.2 所示。

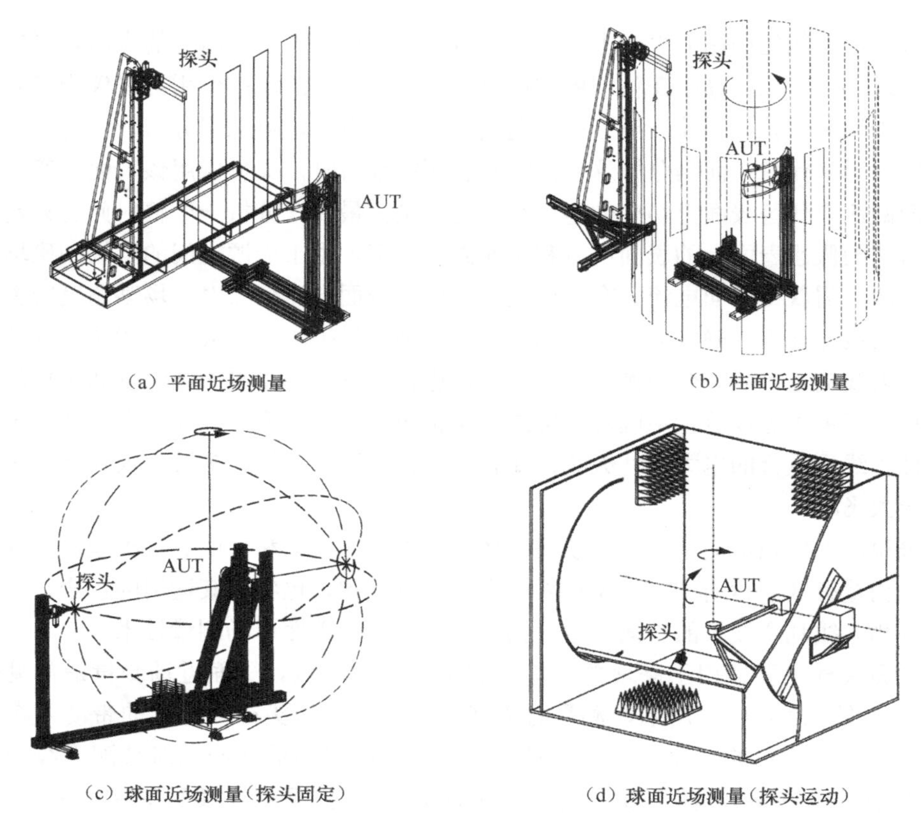

图 7.2.1　近场测量的采样方式

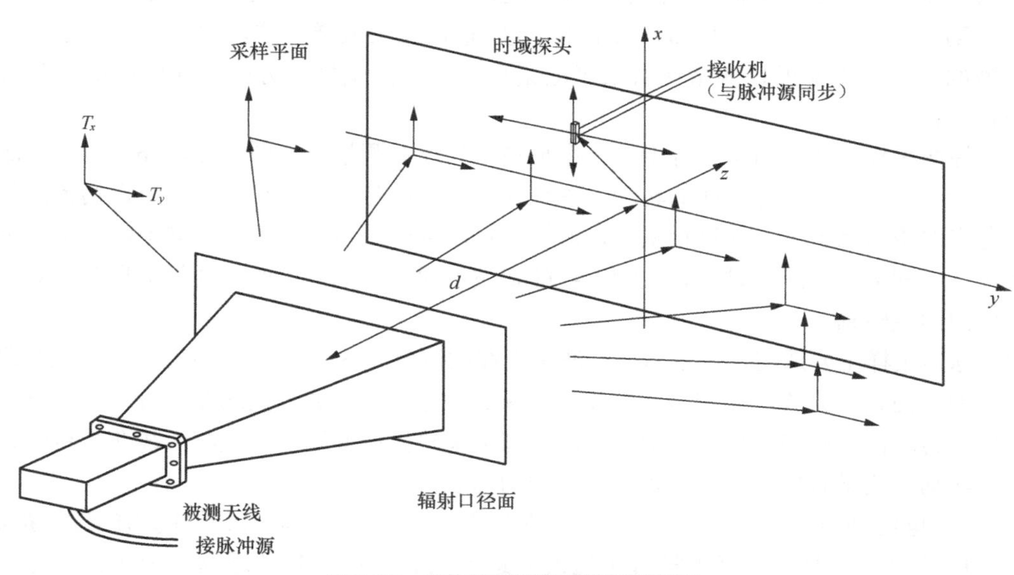

图 7.2.2　天线平面近场时域测量原理图

7.2.2　频域近场测量的技术特点

由于近场测量的原理和实施方式完全不同于传统的远场测量，它带来了一系列固有的技术特点，简单总结如下。

第一，保密性好、全天候工作、高效便捷。由于测量过程在微波暗室中进行，因此近场测量保密性好并可全天候工作。在高效便捷方面尤以平面近场测量为代表，在平面近场测量中，天线可以固定不动，因此，这种方法可以最大限度地适应被测天线，这对不宜从载体上拆卸下来的天线或机械结构脆弱的天线（如星载可展开式网状反射面天线）来说是十分方便的。此外，对高增益笔形波束天线来说，平面近场测量所用的采样面积最小、效率最高。柱面采样需要被测天线做方位面的转动，适合测量中等增益的扇形波束天线，测量时应将天线的宽波束面设置为方位面。球面采样需要被测天线做方位和俯仰两个方向的转动，适合测量低增益宽波束天线。

第二，信息丰富、结果准确。由于近场测量可以得到被测天线辐射场的波谱，因此，被测天线辐射区域任何一点的场值均可由波谱积分得出，这一点是远场测量技术难以企及的。一般地，近场测量可以以一次扫描获得被测天线三维方向图，并通过口径场反演得到被测天线的口径场分布。由于近场测量在暗室中进行，故电磁环境大大优于外场，可以更精确地测量天线的低旁瓣。目前，最优越的平面近场测量系统可以测量天线−50dB 的旁瓣，并在主波束指向±60° 范围内有非常高的精度。

第三，场地及设备费用昂贵。近场测量的场地及设备费用远高于远场测量，这主要是因为近场测量需要庞大的暗室和采样架，而电子设备的开销大致与一个功能完备的远场测量系统相当。以目前的市场价格来说，一个采样面积达 15m×10m 的平面近场测量系统的价格在 2000 万元以上。尽管如此，这仍然是研发生产高性能天线必要的投入。

第四，近场测量所得到的并不是被测天线所产生的全部的场。近场测量的理论基础是求解无源区齐次亥姆霍兹方程的模式展开法，在求解过程中，波谱函数的自变量波数 k 是一个复数，其实部的取值范围为 $\left[\frac{2\pi}{\lambda},\frac{-2\pi}{\lambda}\right]$（$\lambda$为波长），虚部的取值范围为（$+\infty$，$-\infty$），$k$ 的实部代表电阻性场是辐射波，虚部代表电抗性场是凋落波，而无源区任一点的场值即表示为在该点波谱函数沿着复平面上从（$\frac{2\pi}{\lambda}$，$+\infty$）到（$\frac{-2\pi}{\lambda}$，$+\infty$）某一特定路径的积分。天线所产生的既有电抗性场也有电阻性场，而近场测量都是在天线的辐射近场区进行的，探头所感应的只有波数 k 为实数的电阻性场，经过近远场变换进而得到辐射远场。在这个过程中，被测天线所产生的电抗性场始终是被忽略的，因为这种场在距天线辐射体几个波长处迅速衰减，所以在以获得辐射远场为目标的测量中这么做是被允许的，事实上，计算场值的积分只在复平面的实轴上 $\left[\frac{2\pi}{\lambda},\frac{-2\pi}{\lambda}\right]$ 内进行。但无论是何种方式的近场测量，除了获得被测天线的辐射远场，还有一项重要的功能即口径场反演。在天线口面上的电抗性场是不能被忽略的，但由于口径场是通过近远场变换时所求出的远场经过傅里叶变换得到的，因此，用于计算口径场的波谱也只限于自变量 k 为实数的部分，所以近场测量中的口面反演所得到的口面场并不是真实的口面场，它只包含电阻性场而不包含电抗性场。

第五，近场测量不能得到被测天线全方位的远场。其中对平面近场测量和柱面近场测量来说，这不单单是工程实现的局限，而且是理论本身的局限。就平面近场测量来说，测量只能得到被测天线前半空间的辐射场。平面近场测量的理论基础源于在直角坐标系下求解无源区齐次亥姆霍兹方程的平面波模式展开法，即无源区任意一点的场值可以表示为平面波谱函

数在全 k 域内的积分。

$$E(x,y,z)=\int_{-\infty}^{+\infty}\int_{-\infty}^{+\infty}A(k_x,k_y)\mathrm{e}^{(k_x x+k_y y+k_z z)}\mathrm{d}k_x\mathrm{d}k_y \tag{7.2.1}$$

式（7.2.1）中，E 代表场值；A 代表波谱。

但在平面近场测量理论中，平面波谱自变量的取值范围被加入了人为的限定，即在 $z>0$ 的半空间只存在 $k_z>0$ 的波谱。这么做是必需的，因为根据波数 k 的本构关系式 $k_z=\pm\sqrt{k^2-k_x^2-k_y^2}$，在电场或磁场的波谱积分表达式中本应包含 $k_z>0$ 和 $k_z<0$ 两个积分，但若如此，平面上的场分布和空间波谱之间无法构成傅里叶变换关系（平面近场测量理论上的简洁之处就在于平面场分布和空间波谱之间的傅里叶变换关系），因此，必须舍弃 $k_z<0$ 的积分。此外，舍弃 $k_z<0$ 的积分在工程实践中往往是可行的，因为平面近场所解决的是测量面向半空间辐射的高增益天线，这种天线的后向辐射非常微弱，可近似为零，因此，只需考虑 $k_z>0$ 的波谱。理论上，如果前半空间不存在 $k_z=0$ 的波谱分量，则相当于承认了这样一个事实：在被测天线背后 $z=0$ 的平面上存在一无限大的金属平板。这使天线前半空间的辐射场等效为由自由空间的天线和一个与其电性相反的镜像源共同产生。因此，天线在 $k_z=0$ 方向的辐射场必为零，事实上，由鞍点法得到的被测天线远场方向图也说明了这一点。这是平面近场测量技术的重要特征，即便是被测天线的主瓣指向 $k_z=0$ 的方向，测量的结果也还是零。因此，平面近场主要用来测量笔形波束天线，并且尽量让主瓣指向 z 轴方向，或者靠近 z 轴的方向。对柱面近场测量来说，理论本身也使其不能测量 $\pm z$ 轴方向的场。从理论上说，球面近场测量可以测量全方向的场，但同远场测量一样，由于三维转台不可避免地要对被测天线产生遮挡，也使采样无法在一个闭合球面上完成。

7.2.3 时域近场测量的技术特点

时域近场技术由频域近场技术发展而来，兼具频域近场技术的特点。运用时域近场技术可以获得频域近场测量所获得的一切信息，而且较之后者时域近场技术还有以下 3 个明显的优势。

一是，该技术十分适用于超宽带（UWB）天线的测量。因为时域近场测量可以在一次采样过程中获得被测天线通带内的全部信息，进而可以获得全通带内任意频点的方向图，因此，其效率是非常高的，而频域近场的逐点扫描或多点扫频无论是从效率还是从灵活性上根本无法与之相比。

二是，该技术可以获得被测天线的瞬态场，为研究天线的前期场的性能提供了测量技术的保障。由于天线注满时间、网络响应、辐射体索默菲前兆等效应的影响，天线的前期场实际上是非线性的，这种非线性在时域上表现为信号波形的畸变，并且天线口径越大、网络越复杂，畸变越严重。大威力、高精度雷达正是用大口径天线发射、接收窄脉冲信号，因此，其前期场性能如何是一个不能回避的重要问题。在此问题上，时域近场测量技术的纯时域近远场变换和纯时域口面反演正可“大显身手”，而频域方法则“无能为力”。

三是，该技术信号处理手段丰富，可以使实际测量更逼近理论模型，从而提高测量精度。一个典型的例子是：超低旁瓣天线测量的难点在于电磁波在探头与被测天线之间的多次反射使探头修正理论的精度受到限制（探头修正理论是忽略多次反射效应的），而在对被测天线的散射特性一无所知的前提下，建立考虑多次反射效应的探头修正理论是不可能的。而在时域近场测量中，通过适当地选取采样面的位置和激励脉冲的宽度，可以用时间门技术消除多次反射的影响，从而大大提高测量精度。

此外，时域近场测量技术还可以支持为天线建立新的时域考评体系。研究证明天线的辐射性能可以用时域场去衡量，并比传统的频域方向图更直观、更生动、更全面。

利用时域的时间门技术可以在采样波形中分辨出不同反射点多次反射形成的反射波，消除探头与被测天线之间及测量环境反射带来的测量误差，从而提高测量精度，降低对测量环境的要求，在相同的暗室条件下可以得到频域无法达到的测量精度，因此，至少从理论上来说，时域近场技术更适合测量超低旁瓣天线。

时域计算技术具有时间局域性特点，即可以只计算所关心的时间段内的场值。如果测量所关心的只是部分时间段内的信号，则程序只需处理与之相关的一部分时间内的采样信号，而不必对全部信号进行处理。

相对频域测量仪器而言，时域测量仪器具有价格低的优势。

以上介绍了时域近场技术较频域近场技术具有的优势，但同时也应看到时域近场技术较频域近场技术的不足。从总体上看，主要包括以下几个方面。

（1）从采样架的运动方式上来说，由于时域近场测量执行的是空间和时间的双重采样，时域信号拖尾很长，每个空间采样点需记录的信息量很大，因此采样探头的运动方式不同于频域测量的连续运动扫描，是间断、步进式的扫描，这样在系统硬件和控制方面就需要新的技术。

（2）采用的探头必须满足超宽带特性，除此之外，还必须具备探头所要求的一系列条件，这样频域系统一般采用的标准波导开口探头就无法满足条件。

（3）正是由于采用的探头不同，探头的修正从理论和技术层次上都需要创新，频域系统的基于波谱展开的探头修正理论和修正措施也就不能完全沿用了。

（4）对时域测试信号源而言，一般来说时域脉冲源输出幅度受限，且高频信噪比较低。时域近场测量需要用极窄的脉冲激励被测天线，而窄脉冲信号发生器很难有大的幅度输出，以一种目前应用在时域近场测量系统中的脉冲源为例，其脉宽为 130bit/s，其输出幅度为 10V，这几乎是目前全世界所能达到的最高水平，然而当测量大口径或有复杂馈电网络的天线时，10V 的输出仍然不能满足要求。另外，可以发现分析输出脉冲的频谱能量主要集中在低频段，而在高频段能量降低，造成信噪比下降，影响测量精度。以此处所提到的脉冲信号源为例，最高可用频段为 X 频段。目前受设备能力的制约，对于更高频段天线的测量还只能采用频域近场方式。

（5）由于时域近场测量执行的是空间和时间双重采样，因此，测量误差除频域系统固有的各种来源因素外，还必须考虑时域系统特有的误差，其中最重要的是系统时间基准的误差。时域近场测试对信号源的时基稳定度有苛刻的要求。目前虽然可以采取诸如参考通道等时基修正技术，但如果参考通道是色散的，则问题仍将变得特别复杂。

（6）从数据处理角度来讲，除频域途径外，最具魅力的是纯时域的数据处理途径，除可获得待测天线的“时域远场方向图”外，还可以采用大量时域数据处理方法以提高测量精度，如应用 MUSIC 算法等分割和修正多路径效应等。

7.3 天线近场测量的基本电磁学原理

天线测量是天线领域的一个重要分支。在理论上，天线测量理论是对基于电磁辐射理论的天线理论的发展和延伸，也是对天线理论的全面体现；在技术上，天线测量技术是天线技术的一个重要组成部分，是天线技术工程实现的检验手段。因此，天线测量理论与技术是和天线理论与技术相辅相成、互相促进的。天线近场测量得以实现，所依赖的最为基础的电磁学原理就是惠更斯-基尔霍夫原理与等效原理。

7.3.1 惠更斯-基尔霍夫原理

惠更斯-基尔霍夫原理解决了根据给定的包围源的闭曲面上的源或矢量 $\vec{E}_f$ 和 $\vec{H}_f$ 的分布决定空间任一点的矢量 $\vec{E}$ 和 $\vec{H}$ 的问题。根据惠更斯-基尔霍夫原理，某一初级源所产生的波阵上的一点都是球面波的次级源，也就是说从包围源的表面上发出的场可以看作这一表面上所有的点所辐射的球面波场的总和。可以用图 7.3.1 来说明这一原理。

设空间中唯一场源由一个假想的封闭曲面 F 包围，其体积为 V。则依据惠更斯-基尔霍夫原理，由此源在空间任一点 S 产生的场可以看作曲面 F 上所有点在 S 点辐射场的总和，而封闭面 F 上的所有等效场源（也即 F 面上的电磁场分布）是由这唯一的场源产生的。对此原理进行进一步研究可知，在决定空间任一点的场时，实际上只需取得封闭面 F 上各点等效场源 $\vec{E}_f$ 和 $\vec{H}_f$ 的切向分量即可。

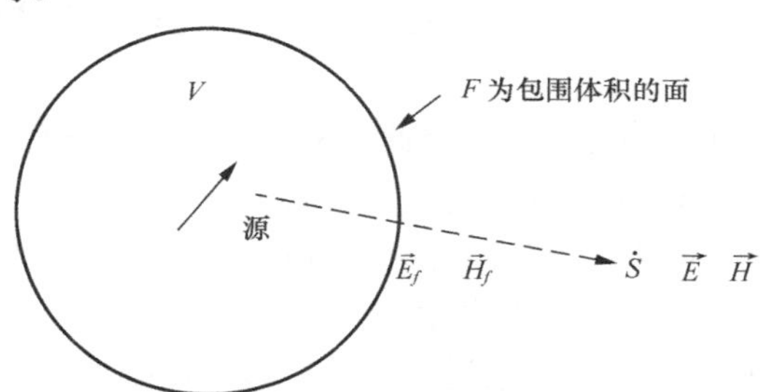

图 7.3.1 惠更斯-基尔霍夫原理求空间的场

7.3.2 等效原理

依据电磁场理论的等效性原理，集中在由表面 F 包围的体积内的、并用表面上的场 $\vec{E}_f$ 和 $\vec{H}_f$ 的源的作用和分布在这一表面上的表面电流、表面磁流、表面电荷、表面磁荷的作用完全相同。实际上，集中在体积内并被表面 F 包围的源的作用可以仅用等效的表面电流和表面磁流来代替。由以上原理可以得出结论：分析一确定场源的辐射时，可以用分析一个包围场源的被激励表面的辐射来代替；而分析这一被激励表面的辐射时，又可以用该表面上等效的表面电流和表面磁流来代替其表面上切向的电场和磁场分量；最终，分析一个辐射问题，只需获得一个包围辐射体的假想表面上的表面电流和表面磁流即可，由于无源空间电场和磁场具有确定的关系，故仅需获得表面电流分布。

7.3.3 表面电磁场的截断问题

现在我们可以把上面讨论过的一般原理应用在天线平面近场测量的实践中。在天线平面近场测量中，一般以待测天线作为发射天线，也即辐射体，假设此天线被一假想的封闭曲面 F 所包围，曲面 F 由 F_1 和 F_2 两部分组成：F_1 是一垂直于待测天线最大辐射方向的有限面积矩形平面，F_2 是与 F_1 封闭连接的任一表面，图 7.3.2 表示出了 F 表面的组成及与待测天线的位置关系，其中的待测天线以角锥喇叭天线为例。

如果认为待测天线在 F 面上激励的电磁场或表面电磁流只存在于 F_1 部分，而在 F_2 部分甚小以至可以忽略不计（设辐射强度低于最大辐射方向 30～40dB），这一点对于绝大多数有一定方向性的天线都是成立的。依据上述原理，此待测天线的远区辐射场可看作由分布于 F_1 平面上的等效切向电磁场或等效表面电磁流产生；如果通过测量的手段可以获得 F_1 表面上的切向电场或表面电流，则可通过总和这些表面电流的辐射而获得待测天线在空间任一点的远区辐射场。

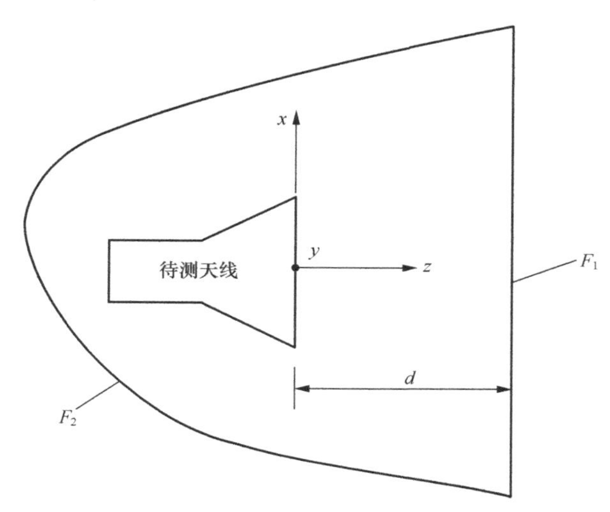

图 7.3.2　包围待测天线的封闭曲面

7.3.4　天线辐射特性的时域近场表征与测试

依据天线理论，根据场点距天线辐射体的距离可将天线产生的电磁场划分为感应近场、辐射近场和辐射远场。记 λ 为波长、D 为天线口径，则一种工程上常用的场型划分标准为：距离天线辐射体一个 λ 之内的场称为感应近场，距离在一个 λ 到 $\frac{2D^2}{\lambda}$ 之间的场称为辐射近场，距离大于 $\frac{2D^2}{\lambda}$ 的场称为辐射远场。

感应近场也称源场，是距天线辐射体最近的场。在这一区域内，电场和磁场在空间上正交，但相位并不一致（一般地，既不是同相，也不是相差 $\frac{\pi}{2}$），因此，坡印亭矢量是一个复数。坡印亭矢量的实部代表实功率，表示天线的辐射特性；虚部代表虚功率，表示天线的储能特性。随着距离的增加，实功率与虚功率相互转化，但总的趋势是虚功率迅速衰减而实功率成为场的主要部分。对位于这一区域的接收设备来说，主要是靠探头与天线辐射体之间的互耦效应接收信号。

感应近场之外是辐射近场。在这一区域内，电磁场的虚功率可以忽略不计，故可认为电场和磁场在空间上正交，相位相同，坡印亭矢量是一个实数。对位于这一区域的接收设备来说，可以认为所接收的是空间多个方向平面波的叠加。

辐射近场之外是辐射远场。在这一区域内，电磁场只有实功率，而对位于这一区域的接收设备来说，可以认为所接收的是单一的平面波。

本节以 H 面扇形喇叭和平面采样为例，讨论典型天线辐射特征的时域近场表征问题，它是天线时域辐射特性近场测量的基础。随后用谱域法分析了平面近场分布状况，得出了一般的采样原则。

1. 近场分析

首先看瞬态近场。为了观察天线的时域近场特征，用时域有限差分法建立天线及其近场区计算模型。这种方法能够直观有效地通过差分计算对电磁波的传播过程进行模拟，为理论上研究辐射近场运动状态提供了有力的工具。只要有充足的存储设备，近场区域内任意点在任意时间的场值均可被存储下来，以供研究。以 H 面扇形喇叭为例，尺寸为：a=0.19558m、口径 D=3a、喇叭颈长 L=5a。数值计算所采用的激励波为正弦调制的高斯脉冲。中心频率为 1.15GHz、有效脉宽为 9ns、最大幅度为 1。其有效带宽涵盖波导主模频段，激励波在波导横截面上呈主模分布。图 7.3.3 是几个时间点上的瞬态场分布状态。从计算结果可以直观地看到，电磁波从喇叭口径传播出来，边传播边扩散，绕射到喇叭后侧的场十分微小，在等值线图中难以体现出来。辐射能量主要集中在喇叭的前方。如果采样平面足够大，就可以将绝大部分辐射场记录下来。将采样面上各点时域波形做傅里叶变换，可以得到任意频率的场分布情况，如图 7.3.4 所示。

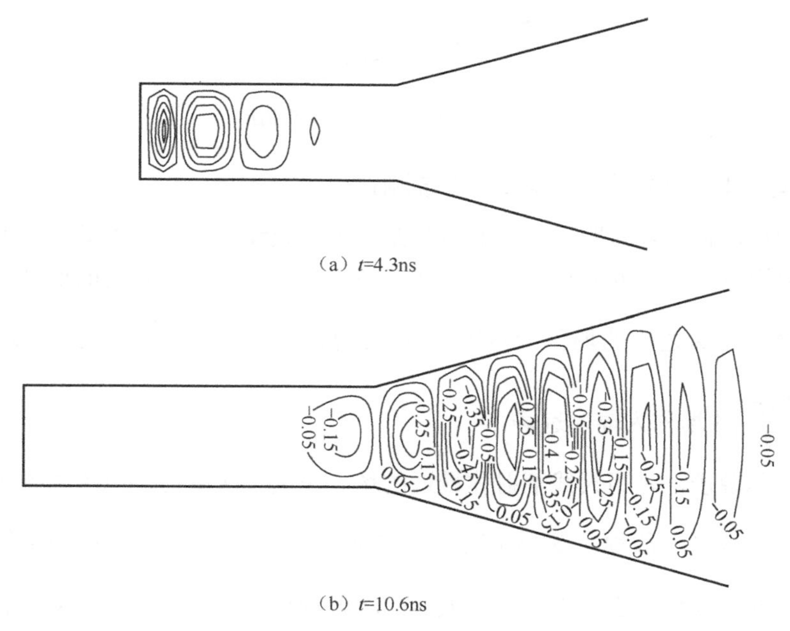

（a）t=4.3ns

（b）t=10.6ns

图 7.3.3　调制高斯脉冲激励的 H 面喇叭瞬态近场分布

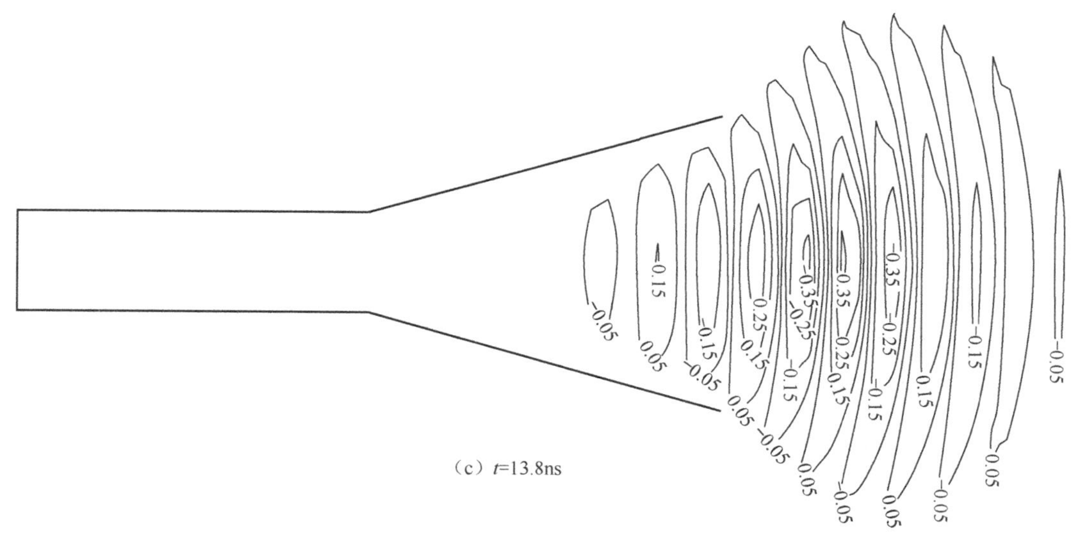

（c）t=13.8ns

图 7.3.3　调制高斯脉冲激励的 H 面喇叭瞬态近场分布（续）

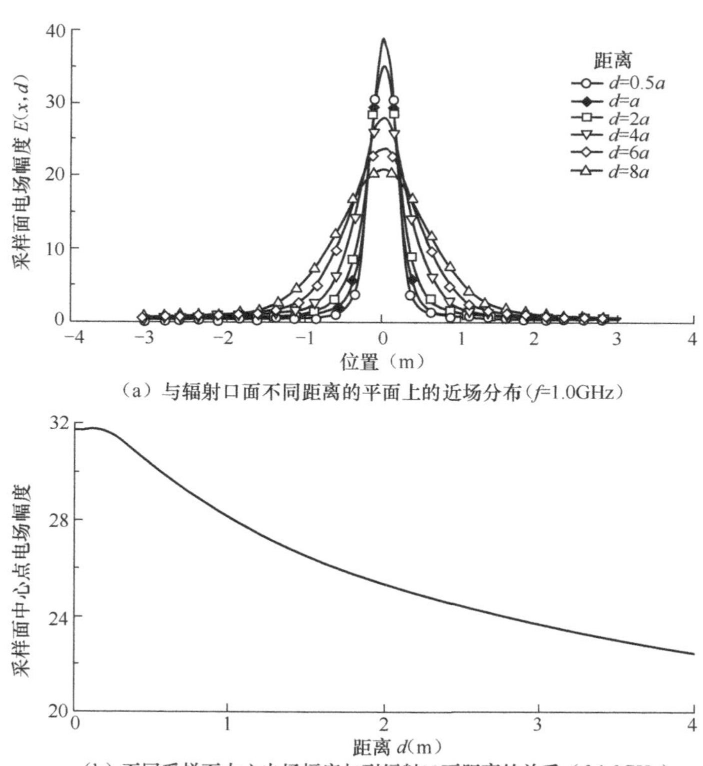

（a）与辐射口面不同距离的平面上的近场分布（f=1.0GHz）

（b）不同采样面中心电场幅度与到辐射口面距离的关系（f=1.0GHz）

图 7.3.4　天线频域近场分布

虽然严格地说，很多窄脉冲的频谱是无限宽的，但在实际应用中，天线的辐射能量的绝大部分总是集中在某一有限的频带范围内。因此，在时域近场测量中，仍然要采用频域测量的近场区域划分概念。根据频域近场分析的经验，把天线的辐射场划分为近场区（$d<\dfrac{2D^2}{\lambda}+\lambda$）

和远场区。近场区域又划分为感应近场区（$d<\lambda$）和辐射近场区。在远场区，场量按 $\exp\frac{-\mathrm{j}kr}{r}$ 规律变化。在感应近场区内，凋落波的成分较多、坡印亭矢量虚部较大。在辐射近场区，电磁波以衰减和相移方式传播。

对该 H 面喇叭来说，把研究范围限定在主模，近场区域的划分见表 7.3.1。

表 7.3.1 近场区域的划分

频　率	感应近场区	辐射近场区
低频 f=0.766GHz	d<2a	2a<d<11a
高频 f=1.532GHz	d<a	a<d<19a

2. 平面近场谱域分析及采样重构可行性

根据频域波谱理论，采样平面上的场分布可以分解成不同方向入射的电磁波之和，在图 7.3.5 所示的坐标中，则

$$\boldsymbol{E}(\vec{r}_0)=\frac{1}{2\pi}\iint_{-\infty}^{+\infty}A(k_x,k_y)\mathrm{e}^{-\mathrm{j}(k_x x+k_y y+k_z z)}\mathrm{d}k_x\mathrm{d}k_y\quad(z\geqslant d)\tag{7.3.1}$$

$$\boldsymbol{A}(k_x\cdot k_y)=\frac{\mathrm{e}^{-\mathrm{j}k_z z}}{2\pi}\iint_{-\infty}^{+\infty}\boldsymbol{E}(\boldsymbol{r}_0)\mathrm{e}^{\mathrm{j}(k_x x+k_y y)}\mathrm{d}x\mathrm{d}y\ (z\geqslant d)\tag{7.3.2}$$

A 称为平面波谱函数。因其垂直于传播方向，满足 $\boldsymbol{A}\cdot\boldsymbol{K}$=0。

理论上，根据测量面上的切向场求得平面波谱之后，可用式（7.3.1）求得任意 z 平面上的场。在实际应用中，采样面通常距离被测天线几个波长，以使被测天线与探头之间的多重反射影响降低到可接受的程度。因此，式（7.3.1）、式（7.3.2）在感应近场区并不适用，不能用式（7.3.1）求出感应近场区内的凋落波。

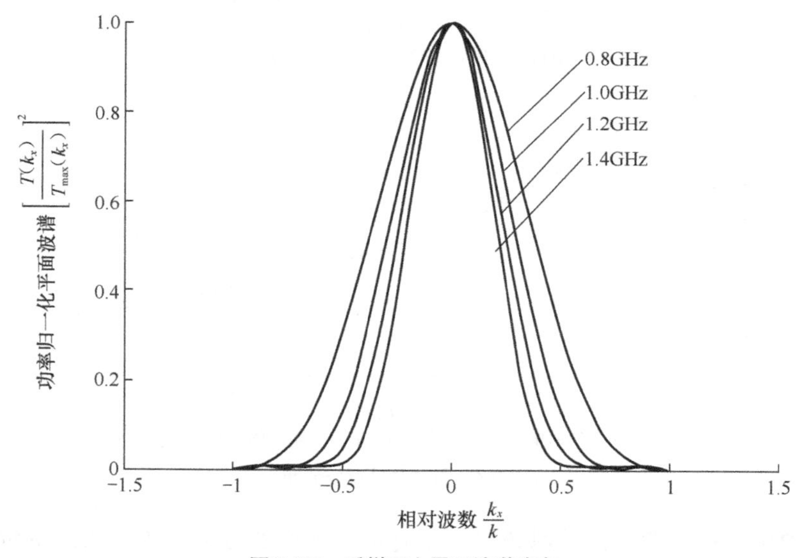

图 7.3.5 采样面上平面波谱分布

在采样面上，凋落波减小到可忽略值，因此，可以认为 $k_x<k$、$k_z<k$。此时的平面波谱集中在 k_x/k=[−1,1]范围内（如图 7.3.5 所示）。据此可得频域平面采样理论：式（7.3.1）、式（7.3.2）

分别是以空间位置和波数为自变量的傅里叶变换对，根据奈奎斯特定律，采样平面上可以接受的最大采样间距为 $\varDelta_m = \frac{\pi}{k_{x\max}} = \frac{\pi}{k} = \frac{\lambda}{2}$。如果测量点为 $2N+1$，则采样面上场分布可用差值函数求出

$$E^*(x,f) = \sum_{n=-N}^{N} E(n\varDelta, f) \frac{\sin\frac{\pi}{\varDelta}(x - n\varDelta)}{\frac{\pi}{\varDelta}(x - n\varDelta)} \tag{7.3.3}$$

上述结论可以十分容易地拓展到时域平面采样理论。假设在时域测量中，有效频率范围上限为 $f_{\max}$，对应自由空间波数为 $k_{\max}$，则奈奎斯特间隔为 $\varDelta_m = \frac{\pi}{k_{x\max}} = \frac{\pi}{k_{\max}} = \frac{\lambda_{\min}}{2}$。式（7.3.3）两端做傅里叶反变换，有

$$E^*(x,t) = \sum_{n=-N}^{N} E(n\varDelta, t) \frac{\sin\frac{\pi}{\varDelta}(x - n\varDelta)}{\frac{\pi}{\varDelta}(x - n\varDelta)} \tag{7.3.4}$$

根据式（7.3.4），在进行时域平面扫描时，采样点在满足 $\varDelta \leqslant \varDelta_m$ 的情况下，不必过分致密。在扣除各个采样点的时间基准之后，用各个采样点在同一时刻的采样值，用式（7.3.4）即可以准确地恢复该时刻采样面上的瞬态场分布。图 7.3.6 为某一时刻的采样面上电场分布真实值和采样恢复结果，采样间距按有效测试范围的上限（f=1.532GHz）计算，$\varDelta$=0.0978m。值得注意的是，在测量中应用这项原则时，测试频率范围以外的场值成分应该足够小，以至于可以被忽略。否则，应提高测试频率的上限，使测试包含近场有效频率成分。

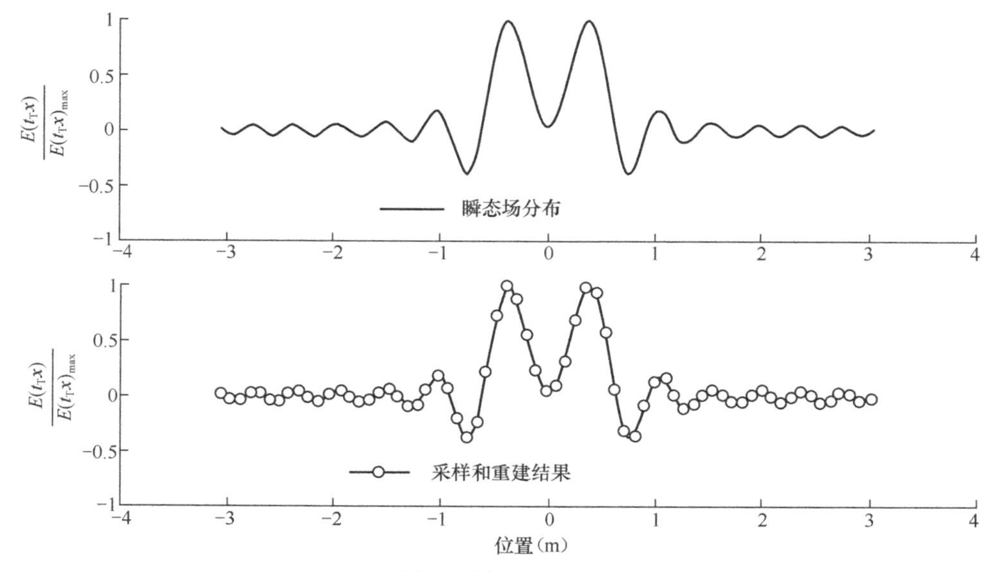

图 7.3.6　瞬态场采样重建结果与真实值比较

7.4 天线频域与时域近场测量理论

时域近场测量理论是由频域近场测量理论发展而来的，推导时域近场测量公式的途径并不唯一。由于麦克斯韦方程是线性的，所以频域近场测量的公式经傅里叶变换可得到相应的时域表达式，这是推导时域近场测量公式的最简捷的途径，所得的结果也与用其他方式得到的结果相同。本节在前节基本结论的基础上，采用频域-时域结合的方式进行时域近场测量理论的推导，这样做也非常有利于后来的时频域结合的数据处理方式。在以往的文献中，频域近远场变换时出现的与频率有关但在一个频点内为常量的量，如波长、波数等，它们往往被略去了，还有一些只在频域适用的范围内归一化，这些做法在频域近场测量理论中是没有关系的，但在以傅里叶变换推导时域理论的过程中，任何与频率有关的量都不能忽略。所以有必要仔细地对频域公式进行推导，并严格确定不同频点间场的相互关系，这部分工作对整个理论的完整性与正确性来说是十分必要的。

7.4.1 三维直角坐标系中电磁场分布与平面波谱之间的关系

1. 无源区简谐麦克斯韦方程在三维直角坐标系下解的波谱积分表达式

无源区简谐麦克斯韦方程为

$$\nabla \times \dot{\boldsymbol{H}} = \mathrm{j}\omega\varepsilon\dot{\boldsymbol{E}} \tag{7.4.1a}$$

$$\nabla \times \dot{\boldsymbol{E}} = -\mathrm{j}\omega\mu\dot{\boldsymbol{H}} \tag{7.4.1b}$$

$$\nabla \cdot \dot{\boldsymbol{H}} = 0 \tag{7.4.1c}$$

$$\nabla \cdot \dot{\boldsymbol{E}} = 0 \tag{7.4.1d}$$

由此得到的电场齐次亥姆霍兹方程为

$$\nabla^2\dot{\boldsymbol{E}} + k^2\dot{\boldsymbol{E}} = 0 \tag{7.4.2}$$

其中，$k^2 = \omega^2\mu\varepsilon$。在三维直角坐标系下式（7.4.2）可分解为 3 个标量方程

$$\nabla^2\dot{E}_x + {k_x}^2\dot{E}_x = 0 \tag{7.4.3a}$$

$$\nabla^2\dot{E}_y + {k_y}^2\dot{E}_y = 0 \tag{7.4.3b}$$

$$\nabla^2\dot{E}_z + {k_z}^2\dot{E}_z = 0 \tag{7.4.3c}$$

其中，

$$\dot{\boldsymbol{E}} = \hat{e}_x\dot{E}_x + \hat{e}_y\dot{E}_y + \hat{e}_z\dot{E}_z \tag{7.4.4}$$

$$k^2 = {k_x}^2 + {k_y}^2 + {k_z}^2 \tag{7.4.5}$$

式（7.4.4）和式（7.4.5）为 k 的本构方程，$\boldsymbol{k} = \hat{\boldsymbol{e}}_x k_x + \hat{\boldsymbol{e}}_y k_y + \hat{\boldsymbol{e}}_z k_z$ 为传播矢量。这 3 个标量亥姆霍兹方程的通解是谐函数 $\mathrm{e}^{-\mathrm{j}(k_x x + k_y y + k_z z)}$，而方程的解可以表示为谐函数的积分。由于本构方程式（7.4.5）的存在，k 中的 3 个分量只有两个是独立的，因此，表示解的积分是二重积分。如果取 k_x、k_y 为独立变量，则解为

$$\dot{E}_x(x,y,z)=\frac{1}{4\pi^2}\int_{-\infty}^{+\infty}\int_{-\infty}^{+\infty}\dot{A}_x(k_x,k_y)\mathrm{e}^{-\mathrm{j}(k_x x+k_y y+k_z z)}\mathrm{d}k_x\mathrm{d}k_y \tag{7.4.6a}$$

$$\dot{E}_y(x,y,z)=\frac{1}{4\pi^2}\int_{-\infty}^{+\infty}\int_{-\infty}^{+\infty}\dot{A}_y(k_x,k_y)\mathrm{e}^{-\mathrm{j}(k_x x+k_y y+k_z z)}\mathrm{d}k_x\mathrm{d}k_y \tag{7.4.6b}$$

$$\dot{E}_z(x,y,z)=\frac{1}{4\pi^2}\int_{-\infty}^{+\infty}\int_{-\infty}^{+\infty}\dot{A}_z(k_x,k_y)\mathrm{e}^{-\mathrm{j}(k_x x+k_y y+k_z z)}\mathrm{d}k_x\mathrm{d}k_y \tag{7.4.6c}$$

式（7.4.6a）～式（7.4.6c）可以写成一个统一的矢量方程

$$\dot{\boldsymbol{E}}(x,y,z)=\frac{1}{4\pi^2}\int_{-\infty}^{+\infty}\int_{-\infty}^{+\infty}\dot{\boldsymbol{A}}(k_x,k_y)\mathrm{e}^{-\mathrm{j}(k_x x+k_y y+k_z z)}\mathrm{d}k_x\mathrm{d}k_y \tag{7.4.7}$$

其中，$\dot{\boldsymbol{A}}(k_x,k_y)=\hat{e}_x\dot{A}_x(k_x,k_y)+\hat{e}_y\dot{A}_y(k_x,k_y)+\hat{e}_z\dot{A}_z(k_x,k_y)$。在式（7.4.7）中，右边积分中的谐函数 $\mathrm{e}^{-\mathrm{j}(k_x x+k_y y+k_z z)}$ 为亥姆霍兹方程的通解，而 $\dot{\boldsymbol{A}}(k_x,k_y)$ 为通解的系数。被积函数 $\dot{\boldsymbol{A}}(k_x,k_y)\mathrm{e}^{-\mathrm{j}(k_x x+k_y y+k_z z)}$ 代表 $\boldsymbol{k}$ 方向的广义平面波（之所以称之为广义是因为 k_x、k_y、k_z 的取值范围可以延伸到复数域）。如前所述，$\dot{\boldsymbol{A}}(k_x,k_y)$ 代表该平面波的幅相，称为波谱，而式（7.4.6）中的 3 个式子和式（7.4.7）统称为无源区简谐麦克斯韦方程在三维直角坐标系下解的谱域表达式，其物理意义是：无源区任意点的场值可以认为是空间各个方向平面波叠加的结果。

根据式（7.4.1d）和式（7.4.7），则

$$\nabla\cdot\dot{\boldsymbol{E}}=\nabla\cdot\frac{1}{4\pi^2}\int_{-\infty}^{+\infty}\int_{-\infty}^{+\infty}\dot{\boldsymbol{A}}(k_x,k_y)\mathrm{e}^{-\mathrm{j}(k_x x+k_y y+k_z z)}\mathrm{d}k_x\mathrm{d}k_y=0$$

因为 $\nabla\cdot$ 是对场点坐标的运算，所以 $\nabla\cdot$ 可以置于积分号的内部，接下来，

$$\begin{aligned}&\frac{1}{4\pi^2}\int_{-\infty}^{+\infty}\int_{-\infty}^{+\infty}\nabla\cdot\left[\dot{\boldsymbol{A}}(k_x,k_y)\mathrm{e}^{-\mathrm{j}(k_x x+k_y y+k_z z)}\right]\mathrm{d}k_x\mathrm{d}k_y\\&=\frac{1}{4\pi^2}\int_{-\infty}^{+\infty}\int_{-\infty}^{+\infty}\left[\dot{A}_x\frac{\partial\mathrm{e}^{-\mathrm{j}(k_x x+k_y y+k_z z)}}{\partial x}+\dot{A}_y\frac{\partial\mathrm{e}^{-\mathrm{j}(k_x x+k_y y+k_z z)}}{\partial y}+\dot{A}_z\frac{\partial\mathrm{e}^{-\mathrm{j}(k_x x+k_y y+k_z z)}}{\partial z}\right]\mathrm{d}k_x\mathrm{d}k_y\\&=\frac{1}{4\pi^2}\int_{-\infty}^{+\infty}\int_{-\infty}^{+\infty}-\mathrm{j}\left(\dot{A}_x k_x+\dot{A}_y k_y+\dot{A}_z k_z\right)\mathrm{e}^{-\mathrm{j}(k_x x+k_y y+k_z z)}\mathrm{d}k_x\mathrm{d}k_y\\&=\frac{1}{4\pi^2}\int_{-\infty}^{+\infty}\int_{-\infty}^{+\infty}-\mathrm{j}\left(\dot{\boldsymbol{A}}\cdot\boldsymbol{k}\right)\mathrm{e}^{-\mathrm{j}(k_x x+k_y y+k_z z)}\mathrm{d}k_x\mathrm{d}k_y=0\end{aligned}$$

若要积分对任意的 x、y、z 都等于 0，则必须

$$\dot{\boldsymbol{A}}\cdot\boldsymbol{k}=0 \tag{7.4.8}$$

式（7.4.8）说明波谱与传播矢量之间在空间上是正交的。

有了式（7.4.8），则 $\dot{\boldsymbol{A}}$ 中的 3 个分量只有两个是独立的，即知道其中任意两个求出第 3 个，例如当已知 $\dot{A}_x$、$\dot{A}_y$ 时，则有

$$\dot{A}_z=\frac{\dot{A}_x k_x+\dot{A}_y k_y}{-k_z} \tag{7.4.9}$$

式（7.4.6a）～式（7.4.6c）与式（7.4.7）是 k 域到空域的二维傅里叶变换，其反变换为

$$\dot{A}_x(k_x,k_y)=\int_{-\infty}^{+\infty}\int_{-\infty}^{+\infty}\dot{E}_x(x,y,z)\mathrm{e}^{\mathrm{j}(k_x x+k_y y+k_z z)}\mathrm{d}x\mathrm{d}y \tag{7.4.10a}$$

$$\dot{A}_y\left(k_x,k_y\right)=\int_{-\infty}^{+\infty}\int_{-\infty}^{+\infty}\dot{E}_y\left(x,y,z\right)e^{j\left(k_x x+k_y y+k_z z\right)}dxdy \tag{7.4.10b}$$

$$\dot{A}_z\left(k_x,k_y\right)=\int_{-\infty}^{+\infty}\int_{-\infty}^{+\infty}\dot{E}_z\left(x,y,z\right)e^{j\left(k_x x+k_y y+k_z z\right)}dxdy \tag{7.4.10c}$$

及

$$\dot{\boldsymbol{A}}\left(k_x,k_y\right)=\int_{-\infty}^{+\infty}\int_{-\infty}^{+\infty}\dot{\boldsymbol{E}}\left(x,y,z\right)e^{j\left(k_x x+k_y y+k_z z\right)}dxdy \tag{7.4.11}$$

这说明，当我们知道 xy 平面上的电场分布后，波谱即可由式（7.4.10）或式（7.4.11）求出。知道了波谱以后，则空间其他位置的电场可由式（7.4.6a）～式（7.4.6c）或式（7.4.7）求出。式（7.4.7）与式（7.4.11）构成电场与波谱的傅里叶变换对。

由于式（7.4.8）的存在，$\dot{\boldsymbol{A}}$ 中的3个分量只有两个是独立的，这说明式（7.4.10a）～式（7.4.10c）中的 $\dot{E}_x$、$\dot{E}_y$、$\dot{E}_z$ 只需要知道其中任意两个就可以确定波谱 $\dot{\boldsymbol{A}}$。一般情况下，在 xy 平面上易知电场的切向分量 $\dot{E}_x$、$\dot{E}_y$，则空间任意点的电场可由一个无限大平面上的切向电场分布来确定，这也正与等效原理相符。

2. 波谱积分由 k 域向空间角域的转化

在7.3节介绍的电场与波谱的傅里叶变换对中，波谱 $\dot{\boldsymbol{A}}$ 是定义在 k 域的函数，但在许多情况下将波谱定义在 k 域是不方便的。k_x、k_y、k_z 的取值范围可以延伸到复数域，因此，广义平面波 $\dot{\boldsymbol{A}}\left(k_x,k_y\right)e^{-j\left(k_x x+k_y y+k_z z\right)}$ 中既包含辐射波又包含凋落波，辐射波的积分对应实功率场，凋落波的积分对应虚功率场。在实际应用中，人们往往只关心实功率场，并希望将其与虚功率场分离。为此将 k_x、k_y、k_z 拓展到复数域，并按实部和虚部展开。

$$\dot{k}_x=k_{xr}+jk_{xi} \tag{7.4.12a}$$

$$\dot{k}_y=k_{yr}+jk_{yi} \tag{7.4.12b}$$

$$\dot{k}_z=k_{zr}+jk_{zi} \tag{7.4.12c}$$

依然有：$k^2=\dot{k}_x{}^2+\dot{k}_y{}^2+\dot{k}_z{}^2$，且 k 为实数。将式（7.4.12）代入式（7.4.7）可得到电阻性场的积分为

$$\dot{\boldsymbol{E}}\left(x,y,z\right)=\frac{1}{4\pi^2}\int_{-\sqrt{k^2-k_{zr}^2}}^{\sqrt{k^2-k_{zr}^2}}\int_{-\sqrt{k^2-k_{zr}^2-k_{yr}^2}}^{\sqrt{k^2-k_{zr}^2-k_{yr}^2}}\dot{\boldsymbol{A}}\left(k_{xr},k_{yr}\right)e^{-j\left(k_{xr}x+k_{yr}y+k_{zr}z\right)}dk_{xr}dk_{yr} \tag{7.4.13}$$

式（7.4.13）是一个变积分限积分，并且其积分限是积分变量的函数，无论是用解析方法还是用数值方法这个方程都是无法直接求解的。

为了解决这一问题，我们先在实数范围内把波谱积分由 k 域变换到空间角域，然后再延拓到复数域。如图7.4.1所示，做如下变量代换。

$$k_x=k\sin\left(\theta\right)\cos\left(\phi\right) \tag{7.4.14a}$$

$$k_y=k\sin\left(\theta\right)\sin\left(\phi\right) \tag{7.4.14b}$$

$$k_z = k\cos(\theta) \tag{7.4.14c}$$

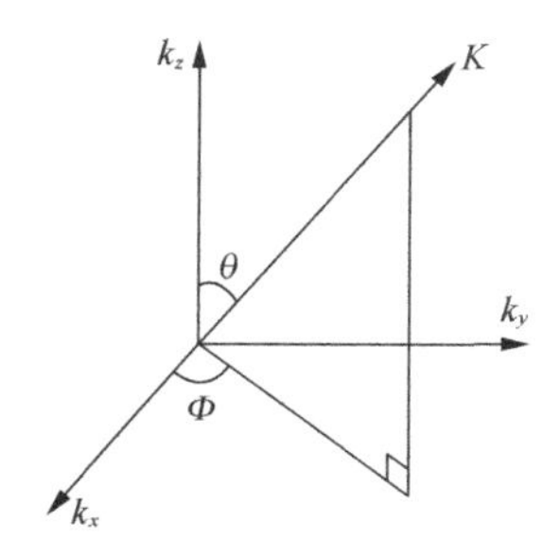

图 7.4.1　矢量 $\boldsymbol{k}$ 的空间角表示

利用二重积分换元法，k 域中的积分元变为

$$\begin{aligned}\mathrm{d}k_x\mathrm{d}k_y &= \begin{vmatrix}\dfrac{\partial k_x}{\partial\theta} & \dfrac{\partial k_x}{\partial\phi}\\ \dfrac{\partial k_y}{\partial\theta} & \dfrac{\partial k_y}{\partial\phi}\end{vmatrix}\mathrm{d}\theta\mathrm{d}\phi\\ &= k^2\left[\sin(\theta)\cos(\theta)\cos^2(\phi)+\sin(\theta)\cos(\theta)\sin^2(\phi)\right]\mathrm{d}\theta\mathrm{d}\phi\\ &= k^2\sin(\theta)\cos(\theta)\mathrm{d}\theta\mathrm{d}\phi\end{aligned} \tag{7.4.15}$$

将式（7.4.15）延拓到复数域，则

$$\mathrm{d}\dot{k}_x\mathrm{d}\dot{k}_y = k^2\sin(\dot{\theta})\cos(\dot{\theta})\mathrm{d}\dot{\theta}\mathrm{d}\dot{\phi} \tag{7.4.16}$$

其中，

$$\dot{\theta} = \theta_r + \mathrm{j}\theta_i,\quad \theta_r \in [0,\pi],\quad \theta_i(-\infty,+\infty) \tag{7.4.17a}$$

$$\dot{\varphi} = \phi_r + \mathrm{j}\phi_i,\quad \phi_r \in [0,2\pi),\quad \phi_i(-\infty,+\infty) \tag{7.4.17b}$$

根据式（7.4.14a）～式（7.4.14c）和式（7.4.16），式（7.4.7）变为

$$\dot{\boldsymbol{E}}(x,y,z) = \frac{1}{4\pi^2}\int_{-\infty}^{+\infty}\int_{-\infty}^{+\infty}\dot{\boldsymbol{A}}(\dot{\theta},\dot{\phi})\mathrm{e}^{-\mathrm{j}k\left[\sin(\dot{\theta})\cos(\dot{\phi})x+\sin(\dot{\theta})\sin(\dot{\phi})y+\cos(\dot{\theta})z\right]}k^2\sin(\dot{\theta})\cos(\dot{\theta})\mathrm{d}\dot{\theta}\mathrm{d}\dot{\phi} \tag{7.4.18}$$

在式（7.4.18）中，当 $\dot{\theta}$ 、$\dot{\phi}$ 为实数时，$\dot{\boldsymbol{E}}$ 为实功率场，当 $\dot{\theta}$ 、$\dot{\phi}$ 的虚部不为 0 时，$\dot{\boldsymbol{E}}$ 中包含虚功率场。在许多情况下我们只关心实功率场，即只关心式（7.4.18）中 $\dot{\theta}$ 、$\dot{\phi}$ 为实数的部分。根据式（7.4.17a）和式（7.4.17b）给出的 $\dot{\theta}$ 和 $\dot{\phi}$ 实部的取值范围，式（7.4.18）中表示实功率场的积分为

$$\dot{\boldsymbol{E}}(x,y,z) = \frac{1}{4\pi^2}\int_0^{2\pi}\int_0^{\pi}\dot{\boldsymbol{A}}(\theta_r,\phi_r)\mathrm{e}^{-\mathrm{j}k\left[\sin(\theta_r)\cos(\phi_r)x+\sin(\theta_r)\sin(\phi_r)y+\cos(\theta_r)z\right]}k^2\sin(\theta_r)\cos(\theta_r)\mathrm{d}\theta_r\mathrm{d}\phi_r$$

省去 θ_r 和 ϕ_r 的下标，最终得到

$$\dot{\boldsymbol{E}}(x,y,z)=\frac{1}{4\pi^2}\int_0^{2\pi}\int_0^{\pi}\dot{\boldsymbol{A}}(\theta,\phi)\mathrm{e}^{-\mathrm{j}k\left[\sin(\theta)\cos(\phi)x+\sin(\theta)\sin(\phi)y+\cos(\theta)z\right]}k^2\sin(\theta)\cos(\theta)\mathrm{d}\theta\mathrm{d}\phi \quad (7.4.19)$$

不同于式（7.4.13）的是，式（7.4.19）是一个定积分限积分，便于求解，并且波谱的物理意义更为直观，$\dot{\boldsymbol{A}}(\theta,\phi)$ 即为 (θ,ϕ) 方向来波的幅相。

根据式（7.4.14a）～式（7.4.14c），式（7.4.19）的反变换可直接由式（7.4.11）得到。

$$\dot{\boldsymbol{A}}(\theta,\phi)=\int_{-\infty}^{+\infty}\int_{-\infty}^{+\infty}\dot{\boldsymbol{E}}(x,y,z)\mathrm{e}^{\mathrm{j}k\left[\sin(\theta)\cos(\phi)x+\sin(\theta)\sin(\phi)y+\cos(\theta)z\right]}\mathrm{d}x\mathrm{d}y,\quad \theta\in[0,\pi],\quad \phi\in[0,2\pi) \quad (7.4.20)$$

式（7.4.19）与式（7.4.20）即为只考虑实功率时的波谱与电场分布在空间角域下的傅里叶变换对，接下来的内容皆只考虑实功率。

3. 由驻相法得到的波谱积分远场表达式

如果知道了波谱 $\dot{\boldsymbol{A}}(\theta,\phi)$，即可由式（7.4.19）算出空间任意点的电场。但是计算式（7.4.19）要做一个全空间角的积分，其计算量是很大的，当场点位于远区场时，式（7.4.19）可以简化成一个简洁的近似表达式。

因此设场点坐标为

$$\boldsymbol{r}_0=\hat{\boldsymbol{e}}_x x_0+\hat{\boldsymbol{e}}_y y_0+\hat{\boldsymbol{e}}_z z_0 \quad (7.4.21)$$

如图 7.4.2 所示，式（7.4.21）中

$$x_0=r_0\sin(\theta_0)\cos(\phi_0) \quad (7.4.22\text{a})$$

$$y_0=r_0\sin(\theta_0)\sin(\phi_0) \quad (7.4.22\text{b})$$

$$z_0=r_0\cos(\theta_0) \quad (7.4.22\text{c})$$

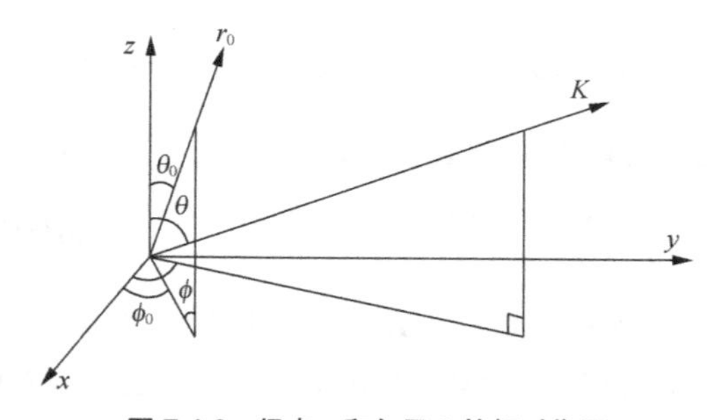

图 7.4.2　场点 $\boldsymbol{r}$ 和矢量 $\boldsymbol{k}$ 的相对位置

根据式（7.4.14a）～式（7.4.14c）和式（7.4.22），式（7.4.19）变为

$$\dot{\boldsymbol{E}}(\boldsymbol{r}_0)=\frac{1}{4\pi^2}\int_0^{2\pi}\int_0^{\pi}\dot{\boldsymbol{A}}(\theta,\phi)\mathrm{e}^{-\mathrm{j}\boldsymbol{k}\cdot\boldsymbol{r}_0}k^2\sin(\theta)\cos(\theta)\mathrm{d}\theta\mathrm{d}\phi \quad (7.4.23)$$

其中，

$$\begin{aligned}\boldsymbol{k}\cdot\boldsymbol{r}_0 &= kr_0\left[\sin(\theta)\sin(\theta_0)\cos(\phi)\cos(\phi_0)+\sin(\theta)\sin(\theta_0)\sin(\phi)\sin(\phi_0)+\cos(\theta)\cos(\theta_0)\right]\\ &= kr_0\left[\sin(\theta)\sin(\theta_0)\cos(\phi-\phi_0)+\cos(\theta)\cos(\theta_0)\right]\\ &= kr_0 g(\theta,\phi)\end{aligned} \tag{7.4.24}$$

其中，

$$g(\theta,\phi)=\sin(\theta)\sin(\theta_0)\cos(\phi-\phi_0)+\cos(\theta)\cos(\theta_0) \tag{7.4.25}$$

在式（7.4.23）中，当场点 $\boldsymbol{r}_0$ 被确定时，θ_0 、ϕ_0 为定值。θ 、ϕ 在积分区域内变化，相应地，$\dot{\boldsymbol{A}}(\theta,\phi)$ 和 $g(\theta,\phi)$ 亦随之变化。在积分区域内，$g(\theta,\phi)$ 的变化是平滑的，并且在实际中，我们也可以认为 $\dot{\boldsymbol{A}}(\theta,\phi)$ 的变化是平滑的。但是当 $\boldsymbol{r}_0$ 为一个大宗量时，$g(\theta,\phi)$ 的微小变化会被剧烈地放大，使在积分范围内函数 $\mathrm{e}^{-\mathrm{j}kr_0 g(\theta,\phi)}$ 的值剧烈振荡，最终造成不同区域内被积函数对积分的贡献彼此抵消，$\boldsymbol{r}_0$ 越大，这种相互抵消的作用越明显，当 $\boldsymbol{r}_0\to\infty$ 时积分值趋向于 0。这种特性恰恰反映了真实情况，因为自然界中真实场源的远区辐射场幅度都与 $\boldsymbol{r}_0$ 成反比。

仔细分析函数 $\mathrm{e}^{-\mathrm{j}kr_0 g(\theta,\phi)}$ 可以发现，在积分区域内 $\mathrm{e}^{-\mathrm{j}kr_0 g(\theta,\phi)}$ 的振荡频率是不均匀的，在靠近 (θ_0,ϕ_0) 点附近，$\mathrm{e}^{-\mathrm{j}kr_0 g(\theta,\phi)}$ 的振荡频率最低，离 (θ_0,ϕ_0) 点越远，振荡频率越高。这说明积分值主要取决于被积函数在 (θ_0,ϕ_0) 点附近的值，因此，可用驻相法来对积分进行简化。

一个形如式（7.4.26）的积分。

$$I=\iint f(\theta,\phi)\mathrm{e}^{-\mathrm{j}krg(\theta,\phi)}\mathrm{d}\theta\mathrm{d}\phi \quad (kr>>1) \tag{7.4.26}$$

当 r 为大宗量时，可以用驻相法进行简化，结果为

$$I\approx\frac{-2\pi\mathrm{j}\sigma}{kr\sqrt{\left|ab-c^2\right|}}f(\theta_0,\phi_0)\mathrm{e}^{-\mathrm{j}krg(\theta_0,\phi_0)} \tag{7.4.27}$$

式（7.4.27）中，θ_0 、ϕ_0 为驻相点，它们是方程（7.4.28）的解。

$$\frac{\partial g(\theta,\phi)}{\partial\theta}=\frac{\partial g(\theta,\phi)}{\partial\phi}=0 \tag{7.4.28}$$

接下来，

$$a=\left.\frac{\partial^2 g(\theta,\phi)}{\partial\theta^2}\right|_{\substack{\theta=\theta_0\\ \phi=\phi_0}} \tag{7.4.29a}$$

$$b=\left.\frac{\partial^2 g(\theta,\phi)}{\partial\phi^2}\right|_{\substack{\theta=\theta_0\\ \phi=\phi_0}} \tag{7.4.29b}$$

$$c=\left.\frac{\partial^2 g(\theta,\phi)}{\partial\theta\partial\phi}\right|_{\substack{\theta=\theta_0\\ \phi=\phi_0}} \tag{7.4.29c}$$

σ 以如下方式取值。

$$\begin{aligned}&\text{当 } ab > c^2,\ a > 0 \text{ 时}，\sigma = 1；\\&\text{当 } ab > c^2,\ a < 0 \text{ 时}，\sigma = -1；\\&\text{当 } ab < c^2 \text{ 时}，\sigma = \mathrm{j}。\end{aligned} \tag{7.4.30}$$

用以上方法处理式（7.4.23）的积分，则 $f(\theta,\phi)=\dot{\boldsymbol{A}}(\theta,\phi)k^2\sin(\theta)\cos(\theta)$，$g(\theta,\phi)$ 由式（7.4.25）定义，并通过式（7.4.28）得到驻相点为 (θ_0,ϕ_0)，由式（7.4.29a）～式（7.4.29c）得到 $a=-1$，$b=-\sin^2(\theta_0)$，$c=0$，再由式（7.4.30）得到 $\sigma=-1$。将以上诸项代入式（7.4.27），则式（7.4.23）简化为

$$\dot{\boldsymbol{E}}(\boldsymbol{r}_0)\approx \mathrm{j}\frac{k\cos(\theta_0)}{2\pi \boldsymbol{r}_0}\dot{\boldsymbol{A}}(\theta_0,\phi_0)\mathrm{e}^{-\mathrm{j}k r_0} \tag{7.4.31}$$

式（7.4.31）便是波谱积分的远场近似表达式。

4. 天线平面近场测量的频域近远场变换和频域口径场反演

天线平面近场测量是如今测量半空间辐射的高增益笔形波束天线的主流方法。其原理在于，如果我们知道了位于天线口径面之前的一个平面（即采样面）上的切向电场分布，则可根据式（7.4.20）算出波谱 $\dot{\boldsymbol{A}}(\theta,\phi)$，由于测量针对的是高增益笔形波束天线，所以可近似地认为电场只分布在采样面上正对口径的有限区域内，则式（7.4.20）的积分区域是有限的。进而根据式（7.4.19）或式（7.4.23）计算出半空间任意点（包括口径场）的场强，在远场区，则可根据式（7.4.31）做近似计算。

不计传播距离的影响，根据式（7.4.31），天线的远场矢量方向图为

$$\dot{\boldsymbol{F}}(\theta,\phi)=\mathrm{j}k\cos(\theta)\dot{\boldsymbol{A}}(\theta,\phi) \tag{7.4.32}$$

由于采样面上的切向电场是 $\dot{E}_x$、$\dot{E}_y$ 分量，所以由式（7.4.20）算出的波谱也为 $\dot{A}_x$、$\dot{A}_y$ 分量，而 $\dot{A}_z$ 可由式（7.4.9）算出。在远场区，有 $\dot{\boldsymbol{E}}\cdot\boldsymbol{r}=0$，所以人们总是习惯于用 $\dot{E}_\theta$、$\dot{E}_\phi$ 分量来表示电场。如图7.4.3所示，$\dot{E}_x$、$\dot{E}_y$ 分量和 $\dot{E}_\theta$、$\dot{E}_\phi$ 分量的转换关系为

$$\dot{E}_x=\dot{E}_\theta\cos\theta\cos\phi-\dot{E}_\phi\sin\phi \tag{7.4.33a}$$

$$\dot{E}_y=\dot{E}_\theta\cos\theta\sin\phi+\dot{E}_\phi\cos\phi \tag{7.4.33b}$$

$$\dot{E}_\theta=\frac{\cos\phi\dot{E}_x+\sin\phi\dot{E}_y}{\cos\theta} \tag{7.4.33c}$$

$$\dot{E}_\phi=\dot{E}_y\cos\phi-\dot{E}_x\sin\phi \tag{7.4.33d}$$

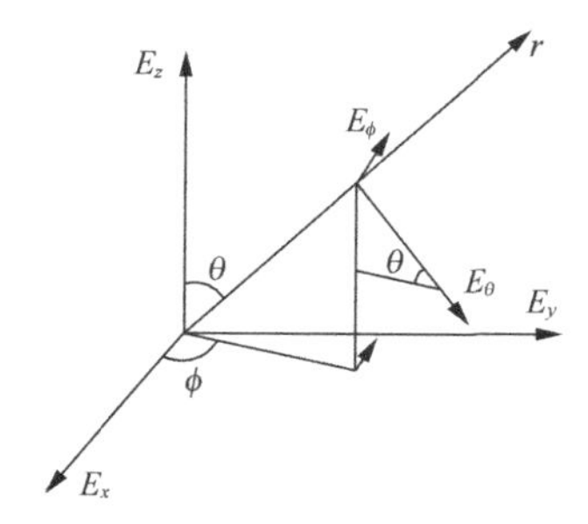

图 7.4.3　$\dot{E}_x$ 、$\dot{E}_y$ 分量和 $\dot{E}_\theta$ 、$\dot{E}_\phi$ 分量的转换关系

用 θ 、ϕ 分量来表示矢量方向图，根据式（7.4.32）、式（7.4.33c）、式（7.4.33d）得到

$$\dot{F}_\theta(\theta,\phi)=\mathrm{j}k\left[\cos\phi\dot{A}_x(\theta,\phi)+\sin\phi\dot{A}_y(\theta,\phi)\right] \tag{7.4.34a}$$

$$\dot{F}_\varphi(\theta,\phi)=\mathrm{j}k\cos\theta\left[\cos\phi\dot{A}_y(\theta,\phi)-\sin\phi\dot{A}_x(\theta,\phi)\right] \tag{7.4.34b}$$

当只关心被测天线口径场相对幅相时，可根据远场矢量方向图反演被测天线口径场。根据式（7.4.23）、式（7.4.32）、式（7.4.33a）、式（7.4.33b）可得

$$\dot{E}_x(\boldsymbol{r}_0)=\frac{-\mathrm{j}}{4\pi^2}\int_0^{2\pi}\int_0^{\pi}\left[\dot{F}_\theta(\theta,\phi)\cos\theta\cos\phi-\dot{F}_\phi(\theta,\phi)\sin\phi\right]\mathrm{e}^{-\mathrm{j}\boldsymbol{k}\cdot\boldsymbol{r}_0}k\sin\theta\mathrm{d}\theta\mathrm{d}\phi \tag{7.4.35a}$$

$$\dot{E}_y(\boldsymbol{r}_0)=\frac{-\mathrm{j}}{4\pi^2}\int_0^{2\pi}\int_0^{\pi}\left[\dot{F}_\theta(\theta,\phi)\cos\theta\sin\phi+\dot{F}_\phi(\theta,\phi)\cos\phi\right]\mathrm{e}^{-\mathrm{j}\boldsymbol{k}\cdot\boldsymbol{r}_0}k\sin\theta\mathrm{d}\theta\mathrm{d}\phi \tag{7.4.35b}$$

其中，$\boldsymbol{r}_0$ 为口径场点坐标。

5. 天线平面近场测量的时域近远场变换和时域口径场反演

天线平面近场测量的时域近远场变换和时域口径场反演公式可通过相应的频域公式及傅里叶变换得到。设时域近场切向分量为

$$\boldsymbol{E}_T(\boldsymbol{r}_0,t)=\int_{-\infty}^{+\infty}\dot{\boldsymbol{E}}_{T\omega}(\boldsymbol{r}_0)\mathrm{e}^{-\mathrm{j}\omega t}\mathrm{d}\omega \tag{7.4.36}$$

其中，$\boldsymbol{r}_0$ 为近场点坐标；下标 T 代表切向分量；下标 ω 代表函数是频域的。

根据式（7.4.32），并考虑到 $k=\dfrac{\omega}{c}$，其中，ω 为角频率，c 为光速，时域远场波谱定义为

$$\boldsymbol{T}(\hat{\boldsymbol{r}},t)=\frac{1}{c}\int_{-\infty}^{+\infty}\mathrm{j}\omega\dot{\boldsymbol{A}}_\omega(\hat{\boldsymbol{r}})\mathrm{e}^{-\mathrm{j}\omega t}\mathrm{d}\omega \tag{7.4.37}$$

其中，$\hat{\boldsymbol{r}}$ 为远场点单位矢量。

根据式（7.4.37）和式（7.4.20），有

$$\begin{aligned}\boldsymbol{T}(\hat{\boldsymbol{r}},t)&=\frac{1}{c}\int_{-\infty}^{+\infty}\int_{-\infty}^{+\infty}\int_{-\infty}^{+\infty}\mathrm{j}\omega\dot{\boldsymbol{E}}_{\mathrm{T}\omega}(\boldsymbol{r}_0)\mathrm{e}^{\mathrm{j}\frac{\omega}{c}\hat{\boldsymbol{r}}\cdot\boldsymbol{r}_0}\mathrm{d}x\mathrm{d}y\mathrm{e}^{-\mathrm{j}\omega t}\mathrm{d}\omega\\&=\frac{1}{c}\int_{-\infty}^{+\infty}\int_{-\infty}^{+\infty}\int_{-\infty}^{+\infty}\mathrm{j}\omega\dot{\boldsymbol{E}}_{\mathrm{T}\omega}(\boldsymbol{r}_0)\mathrm{e}^{\mathrm{j}\frac{\omega}{c}\hat{\boldsymbol{r}}\cdot\boldsymbol{r}_0}\mathrm{e}^{-\mathrm{j}\omega t}\mathrm{d}\omega\mathrm{d}x\mathrm{d}y\end{aligned}$$

再根据式（7.4.36）并考虑傅里叶变换的基本性质，最终时域远场波谱可以表示为

$$\boldsymbol{T}(\hat{\boldsymbol{r}},t)=\frac{-1}{c}\int_{-\infty}^{+\infty}\int_{-\infty}^{+\infty}\frac{\partial}{\partial t}\boldsymbol{E}_{\mathrm{T}}\left(\boldsymbol{r}_0,t-\frac{\hat{\boldsymbol{r}}\cdot\boldsymbol{r}_0}{c}\right)\mathrm{d}x\mathrm{d}y \tag{7.4.38}$$

根据式（7.4.32），定义时域远场方向图为

$$\boldsymbol{F}\left(\hat{\boldsymbol{r}},t\right)=\cos\theta\boldsymbol{T}\left(\hat{\boldsymbol{r}},t\right) \tag{7.4.39}$$

式（7.4.23）可用于进行频域的口径场反演。设时域口径场为

$$\boldsymbol{E}\left(\boldsymbol{r}',t\right)=\int_{-\infty}^{+\infty}\dot{\boldsymbol{E}}_{\omega}\left(\boldsymbol{r}'\right)\mathrm{e}^{-\mathrm{j}\omega t}\mathrm{d}\omega \tag{7.4.40}$$

其中，$\boldsymbol{r}'$ 为口径场点坐标。将式（7.4.36）中的 $\boldsymbol{r}_0$ 换为 $\boldsymbol{r}'$，在两边进行傅里叶变换，并考虑到式（7.4.37），则

$$\begin{aligned}\boldsymbol{E}\left(\boldsymbol{r}',t\right)&=\int_{-\infty}^{+\infty}\dot{\boldsymbol{E}}_{\omega}\left(\boldsymbol{r}'\right)\mathrm{e}^{-\mathrm{j}\omega t}\mathrm{d}\omega\\&=\int_{-\infty}^{+\infty}\frac{1}{4\pi^2}\int_0^{2\pi}\int_0^{\pi}\dot{\boldsymbol{A}}_{\omega}\left(\hat{\boldsymbol{r}}\right)\mathrm{e}^{-\mathrm{j}\boldsymbol{k}\cdot\boldsymbol{r}'}k^2\sin\left(\theta\right)\cos\left(\theta\right)\mathrm{d}\theta\mathrm{d}\phi\mathrm{e}^{-\mathrm{j}\omega t}\mathrm{d}\omega\\&=\frac{1}{4\pi^2c^2}\int_0^{2\pi}\int_0^{\pi}\int_{-\infty}^{+\infty}\dot{\boldsymbol{A}}_{\omega}\left(\hat{\boldsymbol{r}}\right)\mathrm{e}^{-\mathrm{j}\frac{\omega}{c}\boldsymbol{r}'\cdot\hat{\boldsymbol{r}}}\mathrm{e}^{-\mathrm{j}\omega t}\omega^2\mathrm{d}\omega\sin\left(\theta\right)\cos\left(\theta\right)\mathrm{d}\theta\mathrm{d}\phi\\&=\frac{-1}{4\pi^2c^2}\int_0^{2\pi}\int_0^{\pi}\frac{\partial}{\partial t}\boldsymbol{T}\left(\hat{\boldsymbol{r}},t+\frac{\boldsymbol{r}'\cdot\hat{\boldsymbol{r}}}{c}\right)\sin\left(\theta\right)\cos\left(\theta\right)\mathrm{d}\theta\mathrm{d}\phi\end{aligned} \tag{7.4.41}$$

根据式（7.4.39），式（7.4.41）可进一步转化为

$$\boldsymbol{E}\left(\boldsymbol{r}',t\right)=\frac{-1}{4\pi^2c^2}\int_0^{2\pi}\int_0^{\pi}\frac{\partial}{\partial t}\boldsymbol{F}\left(\hat{\boldsymbol{r}},t+\frac{\boldsymbol{r}'\cdot\hat{\boldsymbol{r}}}{c}\right)\sin\left(\theta\right)\mathrm{d}\theta\mathrm{d}\phi \tag{7.4.42}$$

平面近场测量针对的是高增益笔形波束天线，在工程实践中可认为这种天线的辐射场只在半空间存在，故在本节介绍的公式系统中 θ 的取值范围可只取 $\left[0,\frac{\pi}{2}\right)$。

本节所得到的频域近远场变换和时域近远场变换公式都是建立在已知采样面电场分布的基础之上，即不带探头修正的公式。但在实际测量中，总是通过探头来测量采样面上的电场分布，由于探头的方向性，接收电平并不真实代表采样点的电场。通过某种方法在近远场变换中消除探头方向性的影响，即第 7.4.2 节所要讨论的探头修正理论。

7.4.2 探头修正理论

探头归根结底是一个天线。在被测天线近场区，还没有哪一方向的平面波谱能占优势，因此，不能用远区场近似表达式，式（7.4.31）来描述被测天线的辐射场，被测天线的辐射场只能用式（7.4.23）或与之等价的其他波谱积分式来描述，此时探头接收到的是各个方向平面波的叠加。如果探头对各个方向的平面波均有相同的接收效果，则探头的输出电平与接收点（采样点）的实际场强成正比，此时接收点的实际场强即可用探头的接收电平代替，进而可直接用 7.4.1 节给出的方法求出波谱，以及所关心的场值。但是在真实世界中，理想的全向天线是不存在的，探头总有一定的方向性，这使探头在接收各个方向平面波的过程中，将按自身的方向性对其进行加权，如此探头的接收电平并不真实地反映接收点的场强。既然场点场强是各个方向平面波叠加的结果，因此，研究一个有方向性的天线对单一方向平面波的接收特性是进行探头修正的第一步。

1. 天线对平面波的接收公式

天线所接收的信号是由其上的感应电流所决定的，但在以往的频域近场测量探头修正理论中，总是忽略了场值和感应电流之间的关系。当所得结果只用于频域内时，这样做是没有关系的，因为在一个固定频点上，场值总是与感应电流成正比。但在时域中，情况将变得复杂，因为当电流幅度一定时，其产生的电磁场的幅度随频率的变化而变化。本书采用时频域结合的方法推导时域近场测量理论，明确不同频点的场的幅度之间的相互关系是必需的，因此，为了使本节要研究的探头修正的方法既适用于频域，也适用于时域，必须以发射或接收电流为基准，对场值随频率变化的规律进行研究。

我们一般借助等效原理来说明这一问题。如图 7.4.4 所示，S 为包围天线的一个闭合曲面，根据等效原理，S 面之外的场与位于 S 面上的等效电流 $\boldsymbol{i}$ 产生的场相同。根据矢量格林定理，天线辐射场的等效形式为

$$\boldsymbol{E}=\mathrm{j}\omega\mu\oiint_S \boldsymbol{i}G\mathrm{d}s \tag{7.4.43}$$

其中，G 为格林函数。

由式（7.4.43）可知，当电流 $\boldsymbol{i}$ 的幅度一定时，电场 $\boldsymbol{E}$ 与频率成正比。式（7.4.43）中的 $\boldsymbol{i}$ 虽是等效电流，但其具有与真实电流相同的物理意义。除此之外，任意天线产生的场均可看成其表面电偶极子产生的场的积分，而根据电磁场理论可知，电偶极子产生的场与频率成正比。因此，当以电流为基准定义场值时，应在电流之前乘以角频率 ω，以明确场值与频率成正比的关系。

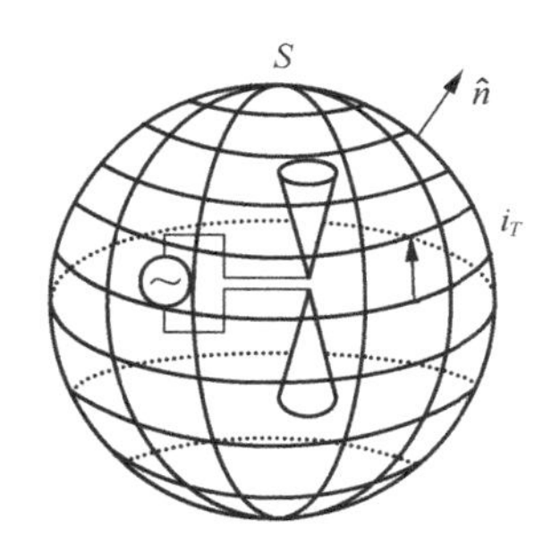

图 7.4.4　任意天线产生场的等效原理

天线的辐射和接收特性是互易的，将二者联系起来的是洛伦兹互易定理。

如图 7.4.5 所示，图中有两个场源，一个是天线激励源，另一个是远场辐射源。设天线激励源产生的电磁场为 $\boldsymbol{E}_1$、$\boldsymbol{H}_1$，远场辐射源产生的电磁场为 $\boldsymbol{E}_2$、$\boldsymbol{H}_2$。图中的天线是一个由理想导体构成并带有一个波导馈电结构的天线（这样设置是为了分析方便，所得的分析结果同样适用于其他结构的天线）。在馈电波导内部，天线激励源外面取一波导横截面，设为 S_1，与 S_1 相连向天线口径方向延伸紧贴天线表面的曲面设为 S_2，S_1 与 S_2 一起构成了包围天线及天线激励源在内的闭合曲面。S_∞ 为包含天线和 S_1、S_2 面在内的球面，其半径无穷大，然图 7.4.5 中所示远场辐射源更在 S_∞ 之外，以致该源产生的电磁场在 S_∞ 内全为平面波。设 $S=S_1+S_2+S_\infty$，这样，由 S 围成的空间 V 为 $\boldsymbol{E}_1$、$\boldsymbol{H}_1$ 和 $\boldsymbol{E}_2$、$\boldsymbol{H}_2$ 的无源区，而无源区的洛伦兹互易定理为

$$\oiint_S\left(\boldsymbol{E}_1\times\boldsymbol{H}_2-\boldsymbol{E}_2\times\boldsymbol{H}_1\right)\cdot\hat{\boldsymbol{n}}\mathrm{d}s=0 \tag{7.4.44}$$

其中，$\hat{\boldsymbol{n}}$ 为 S 的外法矢。

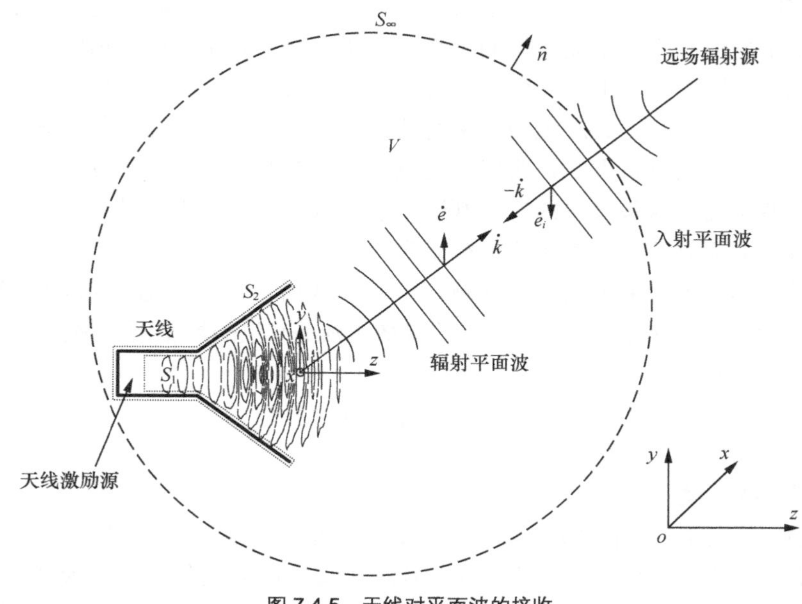

图 7.4.5　天线对平面波的接收

设馈电波导内只存在主模，且负载完全匹配无反射。图 7.4.5 所示的天线馈电波导是单导体波导，单导体波导内的导行波是存在色散的，其色散传输函数与角频率 ω 成正比，此外，在波导内，激励电流与场值的关系与频率无关，即 $\boldsymbol{J}=\boldsymbol{n}\times\boldsymbol{H}$，所以其传输的电磁场与 ω 成正比。当天线处于发射状态时，在馈电波导横截面 S_1 上，$\boldsymbol{E}_1$、$\boldsymbol{H}_1$ 可具体为

$$\boldsymbol{E}_1(x,y,z)=\omega a\boldsymbol{e}_g(x,y)\mathrm{e}^{-\mathrm{j}\beta_g z} \tag{7.4.45a}$$

$$\boldsymbol{H}_1(x,y,z)=\frac{1}{Z_g}\hat{\boldsymbol{e}}_z\times\boldsymbol{E}_1(x,y,z) \tag{7.4.45b}$$

$$\hat{\boldsymbol{e}}_z\cdot\boldsymbol{E}_1(x,y,z)=0 \tag{7.4.45c}$$

其中，a 是发射信号电流幅度；$\boldsymbol{e}_g(x,y)$ 是波导横截面上归一化场分布；β_g 为波导波数；Z_g 是波导波阻抗。设波导是无损耗的，则 β_g 和 Z_g 都是实数。由于波导内相位参考面可以任意选取，所以可取 S_1 面为相位参考面，如此 a 可定为实数，并轴向坐标 z 可设为 0。

设供给天线的功率是 P_0，则根据坡印亭定理和式（7.4.45a）～式（7.4.45c），P_0 为

$$\begin{aligned}P_0&=\frac{1}{2}\iint\limits_{S_1}\left[\boldsymbol{E}_1(x,y,0)\times\boldsymbol{H}_1^*(x,y,0)\right]\cdot\hat{\boldsymbol{e}}_z\mathrm{d}x\mathrm{d}y\\&=\frac{a^2\omega^2}{2Z_g}\iint\limits_{S_1}e_g^2(x,y)\mathrm{d}x\mathrm{d}y\end{aligned} \tag{7.4.46}$$

由于 P_0 是归算到电流的值，所以式（7.4.46）中的 $\dfrac{\omega^2}{Z_g}\iint\limits_{S_1}e_g^2(x,y)\mathrm{d}x\mathrm{d}y$ 项相当于电路中的

负载Z，从而有$P_0=a^2Z/2$，这样P_0只与a^2成正比。

当天线处于接收状态时，在馈电波导横截面S_1上，$\boldsymbol{E}_2$、$\boldsymbol{H}_2$可写成与式（7.4.45a）～式（7.4.45c）同样的形式。

$$\boldsymbol{E}_2(x,y,z)=\omega\dot{b}\boldsymbol{e}_g(x,y)\mathrm{e}^{\mathrm{j}\beta_g z} \tag{7.4.47a}$$

$$\boldsymbol{H}_2(x,y,z)=\frac{1}{Z_g}(-\hat{\boldsymbol{e}}_z)\times\boldsymbol{E}_2(x,y,z) \tag{7.4.47b}$$

$$\hat{\boldsymbol{e}}_z\cdot\boldsymbol{E}_2(x,y,z)=0 \tag{7.4.47c}$$

其中，$\dot{b}$是接收信号电流幅度，一般情况下为复数。此外，应注意到在波导横截面S_1上z=0，传播方向为$-z$方向。

将式（7.4.45a）～式（7.4.45c）、式（7.4.47a）～式（7.4.47c）代入式（7.4.44）中，则

$$\begin{aligned}
&\iint_{S_1}(\boldsymbol{E}_1\times\boldsymbol{H}_2-\boldsymbol{E}_2\times\boldsymbol{H}_1)\cdot\hat{\boldsymbol{n}}\mathrm{d}s\\
&=\iint_{S_1}\left[\boldsymbol{E}_1(x,y,0)\times\boldsymbol{H}_2(x,y,0)-\boldsymbol{E}_2(x,y,0)\times\boldsymbol{H}_1(x,y,0)\right]\cdot\hat{\boldsymbol{e}}_z\mathrm{d}x\mathrm{d}y\\
&=\iint_{S_1}\omega\left[a\omega\boldsymbol{e}_g\times\left(\frac{-1}{Z_g}\hat{\boldsymbol{e}}_z\times\dot{b}\boldsymbol{e}_g\right)-\dot{b}\omega\boldsymbol{e}_g\times\left(\frac{1}{Z_g}\hat{\boldsymbol{e}}_z\times a\boldsymbol{e}_g\right)\right]\cdot\hat{\boldsymbol{e}}_z\mathrm{d}x\mathrm{d}y\\
&=\frac{2a\dot{b}\omega^2}{Z_g}\iint_{S_1}e_g^2(x,y)\mathrm{d}x\mathrm{d}y\\
&=4P_0\frac{\dot{b}}{a}
\end{aligned} \tag{7.4.48}$$

在S_2面上，由于天线是理想导体，所以其切向电场为 0，对于$\boldsymbol{E}_1$、$\boldsymbol{E}_2$来说，它们都只有法向分量，即$\boldsymbol{E}_1\times\hat{\boldsymbol{n}}=\boldsymbol{E}_2\times\hat{\boldsymbol{n}}=0$，进而有$\boldsymbol{E}_1\times\boldsymbol{H}_2\perp\hat{\boldsymbol{n}}$，$\boldsymbol{E}_2\times\boldsymbol{H}_1\perp\hat{\boldsymbol{n}}$。以此关系式知式（7.4.44）在$S_2$面上的积分有

$$\oiint_{S_2}(\boldsymbol{E}_1\times\boldsymbol{H}_2-\boldsymbol{E}_2\times\boldsymbol{H}_1)\cdot\hat{\boldsymbol{n}}\mathrm{d}s=0 \tag{7.4.49}$$

在S_∞面上，$\boldsymbol{E}_1$、$\boldsymbol{H}_1$为球面远场，传播矢量$\boldsymbol{k}$与场点矢量$\boldsymbol{r}_0$的方向重合，即有$\hat{\boldsymbol{k}}=\hat{\boldsymbol{r}}_0$，$\boldsymbol{k}\cdot\boldsymbol{r}_0=kr_0$。在计算远场时同样应按前面的方法将$\boldsymbol{E}_1$、$\boldsymbol{H}_1$归算到发射电流，则$\boldsymbol{E}_1$、$\boldsymbol{H}_1$可写为

$$\boldsymbol{E}_1(\boldsymbol{r}_0)=\omega a\frac{\mathrm{e}^{-\mathrm{j}kr_0}}{r_0}\dot{\boldsymbol{e}}_r(\theta,\phi) \tag{7.4.50a}$$

$$\boldsymbol{H}_1(\boldsymbol{r}_0)=\frac{1}{Z}\hat{\boldsymbol{r}}_0\times\boldsymbol{E}_1(\boldsymbol{r}_0) \tag{7.4.50b}$$

$$\hat{\boldsymbol{r}}_0\cdot\boldsymbol{E}_1(\boldsymbol{r}_0)=0 \tag{7.4.50c}$$

其中，$\dot{\boldsymbol{e}}_r$为天线的复矢量远场方向图，其相位参考点定在S_∞面的球心；$Z=\sqrt{\dfrac{\mu}{\varepsilon}}$为自由

空间波阻抗。

在 S_∞面上，$\boldsymbol{E}_2$、$\boldsymbol{H}_2$为平面波，与$\boldsymbol{E}_1$、$\boldsymbol{H}_1$一样，$\boldsymbol{E}_2$、$\boldsymbol{H}_2$的相位参考点也定在 S_∞面的球心。如图 7.4.6 所示，球面 S_∞上任意点$\boldsymbol{r}_0$的相位为$\boldsymbol{k}\cdot\boldsymbol{r}_0$，根据平面波的基本表示方法，得到球面上的入射波为

$$\boldsymbol{E}_2\left(\boldsymbol{r}_0\right)=\boldsymbol{e}_i\mathrm{e}^{\mathrm{j}\boldsymbol{k}\cdot\boldsymbol{r}_0} \tag{7.4.51a}$$

$$\boldsymbol{H}_2\left(\boldsymbol{r}_0\right)=\frac{1}{Z}(-\boldsymbol{k})\times\boldsymbol{E}_2\left(\boldsymbol{r}_0\right) \tag{7.4.51b}$$

$$\hat{\boldsymbol{k}}\cdot\boldsymbol{E}_2\left(\boldsymbol{r}_0\right)=0 \tag{7.4.51c}$$

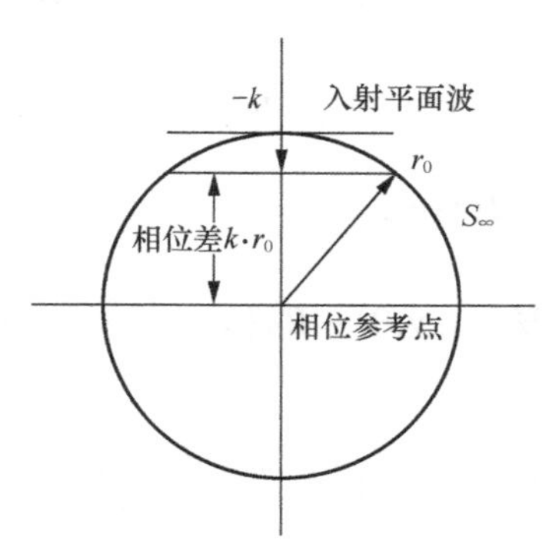

图 7.4.6 入射平面波在 S_∞面上的相位

将式（7.4.50a）～式（7.4.50c）与式（7.4.51a）～式（7.4.51c）代入式（7.4.44），由$\hat{\boldsymbol{n}}=\hat{\boldsymbol{r}}_0$得到

$$\begin{aligned}&\oiint_{S_\infty}\left(\boldsymbol{E}_1\times\boldsymbol{H}_2-\boldsymbol{E}_2\times\boldsymbol{H}_1\right)\cdot\hat{\boldsymbol{n}}\mathrm{d}s\\&=\frac{\mathrm{e}^{-\mathrm{j}kr_0}\omega a}{Zr_0}\int_0^{2\pi}\int_0^{\pi}\left\{\dot{\boldsymbol{e}}_r\left(\theta,\phi\right)\times\left(-\boldsymbol{k}\times\boldsymbol{e}_i\right)-\boldsymbol{e}_i\times\left[\hat{\boldsymbol{r}}_0\times\dot{\boldsymbol{e}}_r\left(\theta,\phi\right)\right]\right\}\cdot\hat{\boldsymbol{r}}_0\mathrm{e}^{\mathrm{j}\boldsymbol{k}\cdot\boldsymbol{r}_0}r_0^2\sin\theta\mathrm{d}\theta\mathrm{d}\phi\end{aligned} \tag{7.4.52}$$

当r_0为一大宗量时，式（7.4.52）可用驻相法简化，仿照简化式（7.4.23）的方法，设

$$\boldsymbol{r}_0=\hat{\boldsymbol{e}}_x x_0+\hat{\boldsymbol{e}}_y y_0+\hat{\boldsymbol{e}}_z z_0 \tag{7.4.53}$$

其中，

$$x_0=r_0\sin\theta\cos\phi \tag{7.4.54a}$$

$$y_0=r_0\sin\theta\sin\phi \tag{7.4.54b}$$

$$z_0=r_0\cos\theta \tag{7.4.54c}$$

设

$$\boldsymbol{k}=\hat{\boldsymbol{e}}_x k_x+\hat{\boldsymbol{e}}_y k_y+\hat{\boldsymbol{e}}_z k_z \tag{7.4.55}$$

其中，

$$k_x = k\sin\theta_i\cos\phi_i \tag{7.4.56a}$$

$$k_y = k\sin\theta_i\sin\phi_i \tag{7.4.56b}$$

$$k_z = k\cos\theta_i \tag{7.4.56c}$$

则

$$g(\theta,\phi) = \frac{-\boldsymbol{k}\cdot\boldsymbol{r}_0}{kr_0} = -\left[\sin\theta\sin\theta_i\cos(\phi-\phi_i)+\cos\theta\cos\theta_i\right] \tag{7.4.57}$$

由式（7.4.28）得到两个驻相点分别为(θ_i,ϕ_i)和$(\pi-\theta_i,\pi+\phi_i)$，在驻相点$(\theta_i,\phi_i)$上，$\boldsymbol{k}=\boldsymbol{r}_0$；在驻相点$(\pi-\theta_i,\pi+\phi_i)$上，$\boldsymbol{k}=-\boldsymbol{r}_0$。此时式（7.4.58）中$\{\quad\}$内的部分等于 0，这与事实不符，应舍去，因此，确定(θ_i,ϕ_i)为唯一的驻相点。由式（7.4.29a）～式（7.4.29c）得到$a=1$，$b=\sin^2(\theta_i)$，$c=0$，再由式（7.4.30）得到$\sigma=1$。将以上诸项代入式（7.4.27），则式（7.4.52）简化为

$$\begin{aligned}&\oiint_{S_\infty}(\boldsymbol{E}_1\times\boldsymbol{H}_2-\boldsymbol{E}_2\times\boldsymbol{H}_1)\cdot\hat{\boldsymbol{n}}\mathrm{d}s\\&=-\mathrm{j}\frac{2\pi ca}{Z}\left\{\dot{\boldsymbol{e}}_r(\theta_i,\phi_i)\times(-\hat{\boldsymbol{r}}_0\times\dot{\boldsymbol{e}}_i)-\boldsymbol{e}_i\times\left[\hat{\boldsymbol{r}}_0\times\dot{\boldsymbol{e}}_r(\theta_i,\phi_i)\right]\right\}\cdot\hat{\boldsymbol{r}}_0\end{aligned} \tag{7.4.58}$$

应用矢量恒等式

$$\boldsymbol{A}\times(\boldsymbol{B}\times\boldsymbol{C})=(\boldsymbol{A}\cdot\boldsymbol{C})\boldsymbol{B}-(\boldsymbol{A}\cdot\boldsymbol{B})\boldsymbol{C}$$

则式（7.4.58）变为

$$\begin{aligned}&\oiint_{S_\infty}(\boldsymbol{E}_1\times\boldsymbol{H}_2-\boldsymbol{E}_2\times\boldsymbol{H}_1)\cdot\hat{\boldsymbol{n}}\mathrm{d}s\\&=-\mathrm{j}\frac{2\pi ac}{Z}\left\{-(\dot{\boldsymbol{e}}_r\cdot\boldsymbol{e}_i)\hat{\boldsymbol{r}}_0+(\dot{\boldsymbol{e}}_r\cdot\hat{\boldsymbol{r}}_0)\boldsymbol{e}_i-(\boldsymbol{e}_i\cdot\dot{\boldsymbol{e}}_r)\hat{\boldsymbol{r}}_0+(\dot{\boldsymbol{e}}_i\cdot\hat{\boldsymbol{r}}_0)\boldsymbol{e}_r\right\}\cdot\hat{\boldsymbol{r}}_0\end{aligned}$$

根据式（7.4.50c）和式（7.4.51c），式（7.4.58）最终变为

$$\oiint_{S_\infty}(\boldsymbol{E}_1\times\boldsymbol{H}_2-\boldsymbol{E}_2\times\boldsymbol{H}_1)\cdot\hat{\boldsymbol{n}}\mathrm{d}s=\mathrm{j}\frac{4\pi ca}{Z}\dot{\boldsymbol{e}}_r\cdot\boldsymbol{e}_i \tag{7.4.59}$$

根据式（7.4.48）、式（7.4.49）和式（7.4.59），式（7.4.44）变为

$$\oiint_{S}(\boldsymbol{E}_1\times\boldsymbol{H}_2-\boldsymbol{E}_2\times\boldsymbol{H}_1)\cdot\hat{\boldsymbol{n}}\mathrm{d}s=4P_0\frac{\dot{b}}{a}+\mathrm{j}\frac{4\pi ca}{Z}\dot{\boldsymbol{e}}_r\cdot\boldsymbol{e}_i=0$$

最终得到

$$\dot{b}=-\mathrm{j}\frac{\pi a^2c}{ZP_0}\dot{\boldsymbol{e}}_r\cdot\boldsymbol{e}_i \tag{7.4.60}$$

式（7.4.60）即为天线对平面波的接收公式，式（7.4.60）中，$\dot{b}$即为天线的接收信号，

为简便起见，略去与场点位置和频率均无关的量，则式（7.4.60）变为

$$\dot{b}=\dot{\boldsymbol{e}}_r\cdot\boldsymbol{e}_i \tag{7.4.61}$$

它包含了方向性幅相加权和极化匹配两种因素。

在以上的证明中，负载被设为是完全匹配的。当负载不匹配时，天线波导内的发射场和接收场将变成包含反射场的量，其形式可不作改变。反射波将经由天线产生二次辐射，此外入射波投射在天线上也会产生散射场。二次辐射场与一次辐射场的特性是相同的，其存在可归结为发射信号电流幅度的变化，不会对式（7.4.60）的基本形式产生影响。散射场由于其源为平面波，在 S_∞面之外，故其对式（7.4.52）的积分没有贡献，因此，不会影响式（7.4.60）的结果。

2. 探头修正

式（7.4.61）为天线（也就是探头）对单一平面波的接收公式，但在近场采样时，探头接收的是各个方向平面波的和，所以接收信号应为式（7.4.61）在 k 域的积分。设探头的接收信号为 $\dot{P}(\boldsymbol{r}_0)$，注意来波方向为 $-\boldsymbol{k}$ 方向，则

$$\begin{aligned}\dot{P}(\boldsymbol{r}_0)&=\int_{-\infty}^{+\infty}\int_{-\infty}^{+\infty}\dot{b}\mathrm{e}^{-\mathrm{j}(-\boldsymbol{k})\cdot\boldsymbol{r}_0}\mathrm{d}k_x\mathrm{d}k_y\\&=\int_{-\infty}^{+\infty}\int_{-\infty}^{+\infty}\dot{\boldsymbol{e}}_r(\boldsymbol{k})\cdot\boldsymbol{e}_i(-\boldsymbol{k})\mathrm{e}^{\mathrm{j}\boldsymbol{k}\cdot\boldsymbol{r}_0}\mathrm{d}k_x\mathrm{d}k_y\end{aligned} \tag{7.4.62}$$

式（7.4.62）的傅里叶反变换为

$$\dot{\boldsymbol{e}}_r(\boldsymbol{k})\cdot\boldsymbol{e}_i(-\boldsymbol{k})=\int_{-\infty}^{+\infty}\int_{-\infty}^{+\infty}\dot{P}(\boldsymbol{r}_0)\mathrm{e}^{-\mathrm{j}\boldsymbol{k}\cdot\boldsymbol{r}_0}\mathrm{d}x_0\mathrm{d}y_0 \tag{7.4.63}$$

在式（7.4.63）中略去了与频率无关的常数项。

式（7.4.63）所用的是图 7.4.5 所示的探头坐标系，实际中我们所希望获得的是被测天线的波谱，因此应把波谱定义在正对探头的被测天线坐标系，则式（7.4.63）平面波谱 $\boldsymbol{e}_i(-\boldsymbol{k})$ 中的 $-\boldsymbol{k}$ 应变成 $\boldsymbol{k}$，相位中心由 S_∞面的球心变为被测天线坐标系的原点，相应地，$\boldsymbol{e}_i$ 由实矢量变成复矢量 $\dot{\boldsymbol{e}}_i$。于是式（7.4.63）变为

$$\dot{\boldsymbol{e}}_r(-\boldsymbol{k})\cdot\dot{\boldsymbol{e}}_i(\boldsymbol{k})=\int_{-\infty}^{+\infty}\int_{-\infty}^{+\infty}\dot{P}(\boldsymbol{r}_0)\mathrm{e}^{\mathrm{j}\boldsymbol{k}\cdot\boldsymbol{r}_0}\mathrm{d}x_0\mathrm{d}y_0 \tag{7.4.64}$$

同样，式（7.4.62）变为

$$\dot{P}(\boldsymbol{r}_0)=\int_{-\infty}^{+\infty}\int_{-\infty}^{+\infty}\dot{\boldsymbol{e}}_r(-\boldsymbol{k})\cdot\dot{\boldsymbol{e}}_i(\boldsymbol{k})\mathrm{e}^{-\mathrm{j}\boldsymbol{k}\cdot\boldsymbol{r}_0}\mathrm{d}k_x\mathrm{d}k_y \tag{7.4.65}$$

将探头复矢量方向图 $\dot{\boldsymbol{e}}_r$ 用 $\dot{\boldsymbol{G}}$ 代替，平面波谱 $\dot{\boldsymbol{e}}_i$ 用 $\dot{\boldsymbol{A}}$ 代替，并在空间角域描述式（7.4.64），则

$$\dot{\boldsymbol{G}}(\pi-\theta,\pi+\phi)\cdot\dot{\boldsymbol{A}}(\theta,\phi)=\int_{-\infty}^{+\infty}\int_{-\infty}^{+\infty}\dot{P}(\boldsymbol{r}_0)\mathrm{e}^{\mathrm{j}\boldsymbol{k}\cdot\boldsymbol{r}_0}\mathrm{d}x_0\mathrm{d}y_0 \tag{7.4.66}$$

式（7.4.66）中的探头复矢量方向图 $\dot{\boldsymbol{G}}$ 用的是被测天线坐标系。但在实际中我们所得到的探头的方向图总是基于探头的坐标系，因此，应建立探头坐标系和被测天线坐标系间的转换关系。

图 7.4.7 表现了探头坐标系与被测天线坐标系之间的相互关系，如图 7.4.7 所示，被测天线发射 $\boldsymbol{k}$ 方向的平面波谱，此时对探头接收 $\boldsymbol{k}$ 方向平面波谱起作用的是探头方向图在 $-\boldsymbol{k}$ 方向的值。设 $\boldsymbol{k}$ 方向在被测天线坐标系下表示为 (θ,ϕ)。$-\boldsymbol{k}$ 方向在探头坐标系下表示为 (θ',ϕ')。从图中可以看出 (θ,ϕ) 和 (θ',ϕ') 的相互关系为

$$\theta' = \theta \tag{7.4.67a}$$

$$\phi' = -\phi \tag{7.4.67b}$$

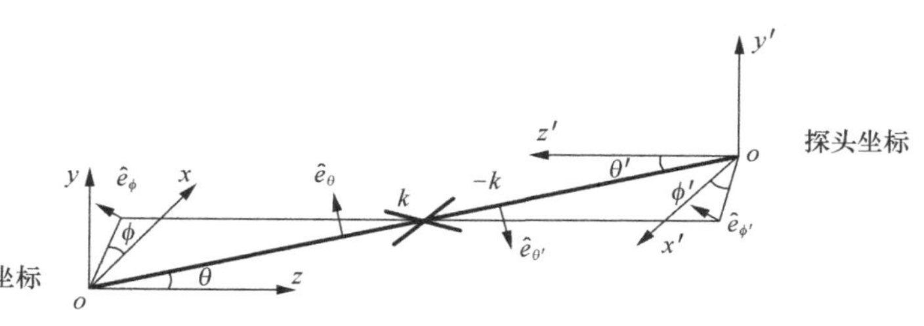

图 7.4.7　探头坐标系与被测天线坐标系的相互关系

则式（7.4.66）变为

$$\dot{\boldsymbol{G}}(\theta,-\phi)\cdot\dot{\boldsymbol{A}}(\theta,\phi)=\int_{-\infty}^{+\infty}\int_{-\infty}^{+\infty}\dot{P}(\boldsymbol{r}_0)\mathrm{e}^{\mathrm{j}\boldsymbol{k}\cdot\boldsymbol{r}_0}\mathrm{d}x_0\mathrm{d}y_0 \tag{7.4.68}$$

与式(7.4.66)不同的是，在式(7.4.65)中所有的变量都基于被测天线坐标系，在式(7.4.68)中，探头的角度变量是基于探头的坐标系，而其他变量则基于被测天线坐标系。式（7.4.68）即为频域平面近场测量的探头修正式。

在式（7.4.68）中，矢量波谱函数和矢量探头方向图函数都是定义在其各自的球坐标系之下。由式（7.4.8）和式（7.4.32）知，矢量波谱和矢量探头方向图均与波矢 $\boldsymbol{k}$ 正交。在探头坐标系下，接收波矢 $-\boldsymbol{k}$ 与探头坐标系矢径 $\hat{\boldsymbol{r}}'$ 重合，在被测天线坐标系下发射波矢 $\boldsymbol{k}$ 与被测天线坐标系矢径 $\hat{\boldsymbol{r}}$ 重合，因此将矢量波谱函数和矢量探头方向图函数在球坐标系下按 θ 分量和 ϕ 分量展开是最方便的，如此只需展开成两个分量，如果采用直角坐标系，则必须展开成 x、y、z 这 3 个分量。设

$$\dot{\boldsymbol{G}} = \hat{\boldsymbol{e}}_\theta \dot{G}_\theta + \hat{\boldsymbol{e}}_\phi \dot{G}_\phi$$

$$\dot{\boldsymbol{A}} = \hat{\boldsymbol{e}}_\theta \dot{A}_\theta + \hat{\boldsymbol{e}}_\phi \dot{A}_\phi$$

此外，被测天线矢量波谱和探头矢量探头方向图之间除了方向匹配，还有极化匹配，如图 7.4.7 所示，其 $\hat{\boldsymbol{e}}_\theta$ 和 $\hat{\boldsymbol{e}}_{\theta'}$、$\hat{\boldsymbol{e}}_\phi$ 和 $\hat{\boldsymbol{e}}_{\phi'}$ 的相互关系为

$$\hat{\boldsymbol{e}}_\theta = -\hat{\boldsymbol{e}}_{\theta'} \tag{7.4.69a}$$

$$\hat{\boldsymbol{e}}_\phi = \hat{\boldsymbol{e}}_{\phi'} \tag{7.4.69b}$$

则式（7.4.68）应按如下方式展开。

$$-\dot{G}_\theta(\theta,-\phi)\dot{A}_\theta(\theta,\phi)+\dot{G}_\varphi(\theta,-\phi)\dot{A}_\varphi(\theta,\phi)=\int_{-\infty}^{+\infty}\int_{-\infty}^{+\infty}\dot{P}(\boldsymbol{r}_0)\mathrm{e}^{\mathrm{j}\boldsymbol{k}\cdot\boldsymbol{r}_0}\mathrm{d}x_0\mathrm{d}y_0 \tag{7.4.70}$$

在实际测量中，探头矢量方向图 $\dot{\boldsymbol{G}}$ 是已知的，待求的是被测天线矢量波谱 $\dot{\boldsymbol{A}}$。但

式（7.4.70）有 $\dot{A}_\theta$ 、 $\dot{A}_\phi$ 两个未知数，因此用式（7.4.70）一个方程是无法求解的。因此，我们需要进行两次独立的测量，获得两组彼此无关的采样值，这样就可以依据式（7.4.70）构建一个二元一次方程组，解出 $\dot{A}_\theta$ 和 $\dot{A}_\phi$ 。

要进行两次独立的测量可以有多种方式，比如可以换一个探头或改变一下探头和采样面之间的相对位置等，但在一般情况下最简便的方法是在一次采样结束后将探头的极化方向旋转90° 再进行第二次测量。显然这种方法成立的前提是探头不能是圆极化的，因为这将使两次测量事件是相关的，即获得的第二个方程只相当于在第一个方程的两边乘以一个相移量。事实上总要求探头的线极化纯度越高越好。

设探头按垂直极化放置时，方向图的 θ 分量为 $\dot{G}_{V\theta}(\theta,\phi)$，$\phi$ 分量为 $\dot{G}_{V\phi}(\theta,\phi)$，接收信号为 $\dot{P}_V(\boldsymbol{r}_0)$，探头按水平极化放置时，方向图的 θ 分量为 $\dot{G}_{H\theta}(\theta,\phi)$，$\phi$ 分量为 $\dot{G}_{H\phi}(\theta,\phi)$，接收信号为 $\dot{P}_H(\boldsymbol{r}_0)$。则基于（7.4.70）式得到的两个方程为

$$-\dot{G}_{V\theta}(\theta,-\phi)\dot{A}_\theta(\theta,\phi)+\dot{G}_{V\phi}(\theta,-\phi)\dot{A}_\phi(\theta,\phi)=\int_{-\infty}^{+\infty}\int_{-\infty}^{+\infty}\dot{P}_V(\boldsymbol{r}_0)\mathrm{e}^{\mathrm{j}\boldsymbol{k}\cdot\boldsymbol{r}_0}\mathrm{d}x_0\mathrm{d}y_0 \quad (7.4.71\mathrm{a})$$

$$-\dot{G}_{H\theta}(\theta,-\phi)\dot{A}_\theta(\theta,\phi)+\dot{G}_{H\phi}(\theta,-\phi)\dot{A}_\phi(\theta,\phi)=\int_{-\infty}^{+\infty}\int_{-\infty}^{+\infty}\dot{P}_H(\boldsymbol{r}_0)\mathrm{e}^{\mathrm{j}\boldsymbol{k}\cdot\boldsymbol{r}_0}\mathrm{d}x_0\mathrm{d}y_0 \quad (7.4.71\mathrm{b})$$

将以上两式右边的积分项设为

$$\begin{aligned}\dot{I}_V(\theta,\phi)&=\int_{-\infty}^{+\infty}\int_{-\infty}^{+\infty}\dot{P}_V(\boldsymbol{r}_0)\mathrm{e}^{\mathrm{j}\boldsymbol{k}\cdot\boldsymbol{r}_0}\mathrm{d}x_0\mathrm{d}y_0\\&=\int_{-\infty}^{+\infty}\int_{-\infty}^{+\infty}\dot{P}_V(\boldsymbol{r}_0)\mathrm{e}^{\mathrm{j}k(x_0\sin\theta\cos\phi+y_0\sin\theta\sin\phi+z_0\cos\theta)}\mathrm{d}x_0\mathrm{d}y_0\end{aligned} \quad (7.4.72\mathrm{a})$$

$$\begin{aligned}\dot{I}_H(\theta,\phi)&=\int_{-\infty}^{+\infty}\int_{-\infty}^{+\infty}\dot{P}_H(\boldsymbol{r}_0)\mathrm{e}^{\mathrm{j}\boldsymbol{k}\cdot\boldsymbol{r}_0}\mathrm{d}x_0\mathrm{d}y_0\\&=\int_{-\infty}^{+\infty}\int_{-\infty}^{+\infty}\dot{P}_H(\boldsymbol{r}_0)\mathrm{e}^{\mathrm{j}k(x_0\sin\theta\cos\phi+y_0\sin\theta\sin\phi+z_0\cos\theta)}\mathrm{d}x_0\mathrm{d}y_0\end{aligned} \quad (7.4.72\mathrm{b})$$

则由式（7.4.70）、式（7.4.71a）和式（7.4.71b）构成的二元一次方程组为

$$\begin{cases}-\dot{G}_{V\theta}(\theta,-\phi)\dot{A}_\theta(\theta,\phi)+\dot{G}_{V\phi}(\theta,-\phi)\dot{A}_\phi(\theta,\phi)=\dot{I}_V(\theta,\phi) & (7.4.73\mathrm{a})\\-\dot{G}_{H\theta}(\theta,-\phi)\dot{A}_\theta(\theta,\phi)+\dot{G}_{H\phi}(\theta,-\phi)\dot{A}_\phi(\theta,\phi)=\dot{I}_H(\theta,\phi) & (7.4.73\mathrm{b})\end{cases}$$

解得

$$\dot{A}_\theta(\theta,\phi)=\frac{\dot{I}_H(\theta,\phi)\dot{G}_{V\phi}(\theta,-\phi)-\dot{I}_V(\theta,\phi)\dot{G}_{H\phi}(\theta,-\phi)}{\Delta(\theta,\phi)} \quad (7.4.74\mathrm{a})$$

$$\dot{A}_\phi(\theta,\phi)=\frac{\dot{I}_H(\theta,\phi)\dot{G}_{V\theta}(\theta,-\phi)-\dot{I}_V(\theta,\phi)\dot{G}_{H\theta}(\theta,-\phi)}{\Delta(\theta,\phi)} \quad (7.4.74\mathrm{b})$$

其中，$\Delta(\theta,\phi)$ 为求解（7.4.73）方程组时用到的雅克比行列式，其值为

$$\Delta(\theta,\phi)=\begin{vmatrix}-\dot{G}_{V\theta}(\theta,-\phi) & \dot{G}_{V\phi}(\theta,-\phi)\\ -\dot{G}_{H\theta}(\theta,-\phi) & \dot{G}_{H\phi}(\theta,-\phi)\end{vmatrix} \\ =\dot{G}_{H\theta}(\theta,-\phi)\dot{G}_{V\phi}(\theta,-\phi)-\dot{G}_{V\theta}(\theta,-\phi)\dot{G}_{H\phi}(\theta,-\phi) \tag{7.4.75}$$

经过式（7.4.74a）和式（7.4.74b）解出被测天线波谱后，可通过式（7.4.32）求出被测天线远场方向图，继而根据式（7.4.35a）和式（7.4.35b）进行口径场反演。

以上得到的方法可以对任意极化方式的天线进行测量，但它需要两次彼此独立的采样。在大多数情况下，被测天线只是单一的线极化，此时在工程上往往采用近似的采样方法，即只在探头与被测天线极化匹配的情况下进行一次采样。从理论上来说，这样做成立的条件在于当探头的极化方向与被测天线的极化方向正交时，采样面的任一点探头的接收信号为零。但我们知道，任意天线的辐射场都可以看成电偶极子辐射场在空间域的积分，而一个电偶极子辐射场的极化方向是随场点位置的变化而变化的，因此，天线采样面上的场的极化方向不可能是处处相同的。但探头的极化方向一旦被选定，则在整个采样过程中不再变化（这是理论本身的要求），这也就是说，单次采样的理论基础并不严格成立。但在实际中，当天线主极化方向的场值在整个采样面上处处占据明显优势时，工程上可以忽略与之极化方向正交的场的存在，因此，可以采用单次采样的方法，此时式（7.4.73a）和式（7.4.73b）中的$\dot{I}_V(\theta,\phi)$和$\dot{I}_H(\theta,\phi)$将有一个等于零。

前面已经提到，带探头修正的近远场变换要用到探头极化正交放置时的两个方向图。当我们已知探头在一种极化方向的方向图时，可据此求出另一种极化方向与之正交的探头方向图。

如图 7.4.8 所示。探头垂直极化放置时，坐标系为x、y、z坐标系，$\boldsymbol{k}$方向的波矢在x、y、z坐标系下的空间角坐标为θ、φ，在$\boldsymbol{k}$方向上电场的θ分量的单位矢为$\hat{\boldsymbol{e}}_\theta$、电场的$\phi$分量的单位矢为$\hat{\boldsymbol{e}}_\phi$。探头水平极化放置时，坐标系为$x'$、$y'$、$z'$坐标系，$\boldsymbol{k}$方向的波矢在$x'$、$y'$、$z'$坐标系下的空间角坐标为$\theta'$、$\phi'$，在$\boldsymbol{k}$方向上电场的$\theta$分量的单位矢为$\hat{\boldsymbol{e}}'_\theta$、电场的$\phi$ 分量的单位矢为$\hat{\boldsymbol{e}}'_\phi$。从图 7.4.8 中可以看出，$x$、$y$、$z$坐标系和$x'$、$y'$、$z'$坐标系的对应关系为

$$x=y' \tag{7.4.76a}$$

$$y=-x' \tag{7.4.76b}$$

$$z=z' \tag{7.4.76c}$$

空间角坐标θ、ϕ和θ'、ϕ'的对应关系为

$$\theta'=\theta \tag{7.4.77a}$$

$$\phi'=\phi+\frac{\pi}{2} \tag{7.4.77b}$$

单位矢量$\hat{\boldsymbol{e}}_\theta$、$\hat{\boldsymbol{e}}_\phi$和$\hat{\boldsymbol{e}}'_\theta$、$\hat{\boldsymbol{e}}'_\phi$的对应关系为

$$\hat{\boldsymbol{e}}_\theta=\hat{\boldsymbol{e}}'_\theta \tag{7.4.78a}$$

$$\hat{\boldsymbol{e}}_\phi=\hat{\boldsymbol{e}}'_\phi \tag{7.4.78b}$$

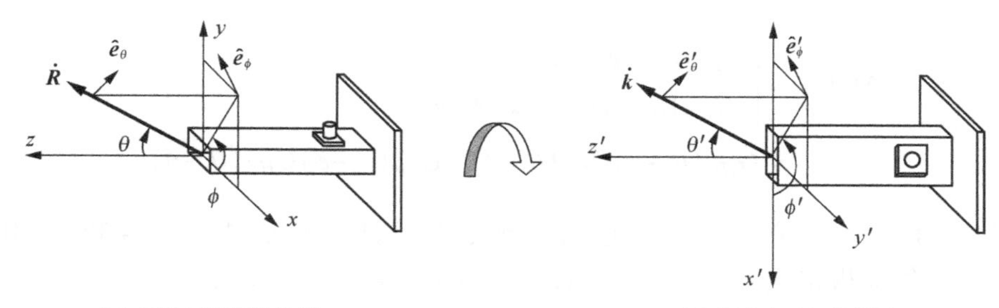

（a）探头垂直极化放置　　　（b）探头水平极化放置

图 7.4.8　探头正交放置的方向图变换关系

至此可得到垂直极化放置的探头方向图 $\dot{G}_{V\theta}(\theta,\phi)$、$\dot{G}_{V\phi}(\theta,\phi)$ 和水平极化放置的探头方向图 $\dot{G}_{H\theta}(\theta,\phi)$、$\dot{G}_{H\phi}(\theta,\phi)$ 的对应关系为

$$\dot{G}_{H\theta}(\theta,\phi)=\dot{G}_{V\theta}(\theta,\phi+\frac{\pi}{2}) \tag{7.4.79a}$$

$$\dot{G}_{H\phi}(\theta,\phi)=\dot{G}_{V\phi}(\theta,\phi+\frac{\pi}{2}) \tag{7.4.79b}$$

将式（7.4.79a）和式（7.4.79b）代入式（7.4.73a）和式（7.4.73b）中，则

$$-\dot{G}_{V\theta}(\theta,-\phi)\dot{A}_\theta(\theta,\phi)+\dot{G}_{V\phi}(\theta,-\phi)\dot{A}_\phi(\theta,\phi)=\dot{I}_V(\theta,\phi) \tag{7.4.80a}$$

$$-\dot{G}_{V\theta}(\theta,-\phi-\frac{\pi}{2})\dot{A}_\theta(\theta,\phi)+\dot{G}_{V\phi}(\theta,-\phi-\frac{\pi}{2})\dot{A}_\phi(\theta,\phi)=\dot{I}_H(\theta,\phi) \tag{7.4.80b}$$

接下来，

$$\dot{A}_\theta(\theta,\phi)=\frac{\dot{I}_H(\theta,\phi)\dot{G}_{V\phi}(\theta,-\phi)-\dot{I}_V(\theta,\phi)\dot{G}_{V\phi}\left(\theta,-\phi-\frac{\pi}{2}\right)}{\Delta(\theta,\phi)} \tag{7.4.81a}$$

$$\dot{A}_\phi(\theta,\phi)=\frac{\dot{I}_H(\theta,\phi)\dot{G}_{V\theta}(\theta,-\phi)-\dot{I}_V(\theta,\phi)\dot{G}_{V\theta}\left(\theta,-\phi-\frac{\pi}{2}\right)}{\Delta(\theta,\phi)} \tag{7.4.81b}$$

其中，

$$\begin{aligned}\Delta(\theta,\phi)&=\begin{vmatrix}-\dot{G}_{V\theta}(\theta,-\phi) & \dot{G}_{V\phi}(\theta,-\phi)\\ -\dot{G}_{V\theta}\left(\theta,-\phi-\frac{\pi}{2}\right) & \dot{G}_{V\phi}\left(\theta,-\phi-\frac{\pi}{2}\right)\end{vmatrix}\\ &=\dot{G}_{V\theta}\left(\theta,-\phi-\frac{\pi}{2}\right)\dot{G}_{V\phi}(\theta,-\phi)-\dot{G}_{V\theta}(\theta,-\phi)\dot{G}_{V\phi}\left(\theta,-\phi-\frac{\pi}{2}\right)\end{aligned} \tag{7.4.82}$$

3. 带探头修正的时域近远场变换

对（7.4.73）两式进行傅里叶变换可得到带探头修正的时域近远场变换公式。

设探头垂直极化放置时采样点时域波形为 $P_V(\boldsymbol{r}_0,t)$，探头水平极化放置时采样点时域波形为 $P_H(\boldsymbol{r}_0,t)$。$P_V(\boldsymbol{r}_0,t)$ 和 $P_H(\boldsymbol{r}_0,t)$ 可以表示为如下两个傅里叶积分。

$$P_V(\boldsymbol{r}_0,t)=\int_{-\infty}^{+\infty}\dot{P}_V(\boldsymbol{r}_0)\mathrm{e}^{-\mathrm{j}\omega t}\mathrm{d}\omega \tag{7.4.83a}$$

$$P_H(\boldsymbol{r}_0,t)=\int_{-\infty}^{+\infty}\dot{P}_H(\boldsymbol{r}_0)\mathrm{e}^{-\mathrm{j}\omega t}\mathrm{d}\omega \tag{7.4.83b}$$

其中，$\dot{P}_V(\boldsymbol{r}_0)$ 和 $\dot{P}_H(\boldsymbol{r}_0)$ 定义在式（7.4.71a）和式（7.4.71b）中。

设时域波谱的 θ 分量为 $A_\theta(\hat{\boldsymbol{r}},t)$，$\phi$ 分量为 $A_\phi(\hat{\boldsymbol{r}},t)$，则 $A_\theta(\hat{\boldsymbol{r}},t)$ 和 $A_\phi(\hat{\boldsymbol{r}},t)$ 的傅里叶展开式为

$$A_\theta(\hat{\boldsymbol{r}},t)=\int_{-\infty}^{+\infty}\dot{A}_\theta(\hat{\boldsymbol{r}})\mathrm{e}^{-\mathrm{j}\omega t}\mathrm{d}\omega \tag{7.4.84a}$$

$$A_\phi(\hat{\boldsymbol{r}},t)=\int_{-\infty}^{+\infty}\dot{A}_\phi(\hat{\boldsymbol{r}})\mathrm{e}^{-\mathrm{j}\omega t}\mathrm{d}\omega \tag{7.4.84b}$$

将式（7.4.81a）和式（7.4.81b）的雅克比行列式 $\Delta(\theta,\phi)$ 移到等号左边，并对两式进行傅里叶变换，则

$$\int_{-\infty}^{+\infty}\dot{A}_\theta(\theta,\phi)\Delta(\theta,\phi)\mathrm{e}^{-\mathrm{j}\omega t}\mathrm{d}\omega=\int_{-\infty}^{+\infty}\left[\dot{I}_H(\theta,\phi)\dot{G}_{V\varphi}(\theta,-\phi)-\dot{I}_V(\theta,\phi)\dot{G}_{V\phi}(\theta,-\phi-\frac{\pi}{2})\right]\mathrm{e}^{-\mathrm{j}\omega t}\mathrm{d}\omega$$

$$\int_{-\infty}^{+\infty}\dot{A}_\phi(\theta,\phi)\Delta(\theta,\phi)\mathrm{e}^{-\mathrm{j}\omega t}\mathrm{d}\omega=\int_{-\infty}^{+\infty}\left[\dot{I}_H(\theta,\phi)\dot{G}_{V\theta}(\theta,-\phi)-\dot{I}_V(\theta,\phi)\dot{G}_{V\theta}(\theta,-\phi-\frac{\pi}{2})\right]\mathrm{e}^{-\mathrm{j}\omega t}\mathrm{d}\omega$$

根据傅里叶变换的卷积定理，上面两式变为

$$A_\theta(\theta,\phi,t)*\Delta(\theta,\phi,t)=I_H(\theta,\phi,t)*G_{V\phi}(\theta,-\phi,t)-I_V(\theta,\phi,t)*G_{V\phi}(\theta,-\phi-\frac{\pi}{2},t) \tag{7.4.85a}$$

$$A_\phi(\theta,\phi,t)*\Delta(\theta,\phi,t)=I_H(\theta,\phi,t)*G_{V\theta}(\theta,-\phi,t)-I_V(\theta,\phi,t)*G_{V\theta}(\theta,-\phi-\frac{\pi}{2},t) \tag{7.4.85b}$$

其中，$*$ 代表卷积运算，$A_\theta(\theta,\phi,t)$ 和 $A_\phi(\theta,\phi,t)$ 由式（7.4.83a）和式（7.4.83b）定义；此外 $\Delta(\theta,\phi,t)$ 为式（7.4.82）的傅里叶变换。

$$\begin{aligned}\Delta(\theta,\phi,t)&=\int_{-\infty}^{+\infty}\Delta(\theta,\phi)\mathrm{e}^{-\mathrm{j}\omega t}\mathrm{d}\omega\\&=\int_{-\infty}^{+\infty}\dot{G}_{V\theta}(\theta,-\phi-\frac{\pi}{2})\dot{G}_{V\phi}(\theta,-\phi)-\dot{G}_{V\theta}(\theta,-\phi)\dot{G}_{V\phi}(\theta,-\phi-\frac{\pi}{2})\mathrm{e}^{-\mathrm{j}\omega t}\mathrm{d}\omega\end{aligned} \tag{7.4.86}$$

$I_V(\theta,\phi,t)$ 为式（7.4.71a）的傅里叶变换。

$$\begin{aligned}I_V(\theta,\phi,t)&=\int_{-\infty}^{+\infty}\dot{I}_V(\theta,\phi)\mathrm{e}^{-\mathrm{j}\omega t}\mathrm{d}\omega\\&=\int_{-\infty}^{+\infty}\int_{-\infty}^{+\infty}\int_{-\infty}^{+\infty}\dot{P}_V(\boldsymbol{r}_0)\mathrm{e}^{\mathrm{j}\boldsymbol{k}\cdot\boldsymbol{r}_0}\mathrm{e}^{-\mathrm{j}\omega t}\mathrm{d}x_0\mathrm{d}y_0\mathrm{d}\omega\\&=\int_{-\infty}^{+\infty}\int_{-\infty}^{+\infty}P_V\left(\boldsymbol{r}_0,t-\frac{\hat{\boldsymbol{r}}\cdot\boldsymbol{r}_0}{c}\right)\mathrm{d}x_0\mathrm{d}y_0\end{aligned} \tag{7.4.87a}$$

其中，$\hat{\boldsymbol{r}}$ 为 $\boldsymbol{k}$ 的方向矢量。式（7.4.87a）的推导过程中用到了式（7.4.83a）的关系。同理，运用式（7.4.83b）的关系，对（7.4.72b）式进行傅里叶变换得到

$$\begin{aligned}I_H(\theta,\phi,t)&=\int_{-\infty}^{+\infty}\dot{I}_H(\theta,\phi)\mathrm{e}^{-\mathrm{j}\omega t}\mathrm{d}\omega\\&=\int_{-\infty}^{+\infty}\int_{-\infty}^{+\infty}\int_{-\infty}^{+\infty}\dot{P}_H(\boldsymbol{r}_0)\mathrm{e}^{\mathrm{j}\boldsymbol{k}\cdot\boldsymbol{r}_0}\mathrm{e}^{-\mathrm{j}\omega t}\mathrm{d}x_0\mathrm{d}y_0\mathrm{d}\omega\\&=\int_{-\infty}^{+\infty}\int_{-\infty}^{+\infty}P_H\left(\boldsymbol{r}_0,t-\frac{\hat{\boldsymbol{r}}\cdot\boldsymbol{r}_0}{c}\right)\mathrm{d}x_0\mathrm{d}y_0\end{aligned}\tag{7.4.87b}$$

在式（7.4.85a）和式（7.4.85b）中，等号右边的量均为已知，而等号左边的$\Delta(\theta,\phi,t)$亦为已知。虽然严格的理论中没有直接从式（7.4.85a）和式（7.4.85b）中解出被测天线时域波谱 $A_\theta(\hat{\boldsymbol{r}},t)$ 和 $A_\phi(\hat{\boldsymbol{r}},t)$ 的方法，但在工程上可以采用“反卷积”的数值方法求出 $A_\theta(\hat{\boldsymbol{r}},t)$ 和 $A_\phi(\hat{\boldsymbol{r}},t)$。

当采样面上天线辐射场的垂直极化分量与水平极化分量相比占明显优势时，可忽略水平极化分量的存在，此时式（7.4.85a）和式（7.4.85b）中的$I_H(\theta,\phi,t)$等于零，由此式（7.4.85a）和式（7.4.85b）简化为

$$A_\theta(\theta,\phi,t)*\Delta(\theta,\phi,t)=-I_V(\theta,\phi,t)*G_{V\phi}(\theta,-\phi-\frac{\pi}{2},t)\tag{7.4.88a}$$

$$A_\phi(\theta,\phi,t)*\Delta(\theta,\phi,t)=-I_V(\theta,\phi,t)*G_{V\theta}(\theta,-\phi-\frac{\pi}{2},t)\tag{7.4.88b}$$

7.4.3 矩形开口波导探头的辐射场

根据前面关于探头修正的理论，以及实际工程经验我们知道，一个适用于频域近场测量的探头应该是这样的一个天线。第一，它应该是小口径的，这样可以尽量减少探头的存在对被测天线辐射场的扰动。第二，它应该具有适中的增益，增益太强则方向性太强，不利于探头修正的数据处理，并且高增益往往对应大口径；增益太低则信噪比太差，无法准确测量被测天线的低旁瓣。第三，它应该具有较高的极化纯度，以尽量降低探头在两次极化正交取样时采样信号的相关性。第四，它在前半空间的方向图应尽量均匀，没有大的起伏并且没有零点。第五，有可靠的办法获得探头精确的复矢量方向图，并最好有解析解。此外，对一个时域探头来说，除满足上面所说的 5 条要求外，还应具有极宽的频带和紧凑的相位中心。

在传统的频域近场测量中，采用最多的是矩形开口波导探头，因为它满足上面所提到的频域近场测量探头所应满足的全部五条要求。此外，矩形开口波导探头具有较宽的频带和稳定的相位中心，因此目前在工程上亦将其作为时域探头使用。

根据等效源法可获得矩形开口波导探头的较为精确的解析解。如图 7.4.9 所示，矩形开口波导探头的口径面位于 $z=0$ 平面，口径面上切向电场分布为 $\boldsymbol{E}_a$，并有

$$\boldsymbol{E}_a=\hat{\boldsymbol{e}}_xE_{ax}+\hat{\boldsymbol{e}}_yE_{ay}$$

则天线的远区辐射场为

$$\boldsymbol{E}(\boldsymbol{r})=\mathrm{j}k_0\frac{\mathrm{e}^{-\mathrm{j}k_0r}}{2\pi r}\left[\hat{\boldsymbol{\theta}}(f_x\cos\phi+f_y\sin\phi)+\hat{\boldsymbol{\varphi}}\cos\theta(f_y\cos\phi-f_x\sin\phi)\right]\tag{7.4.89}$$

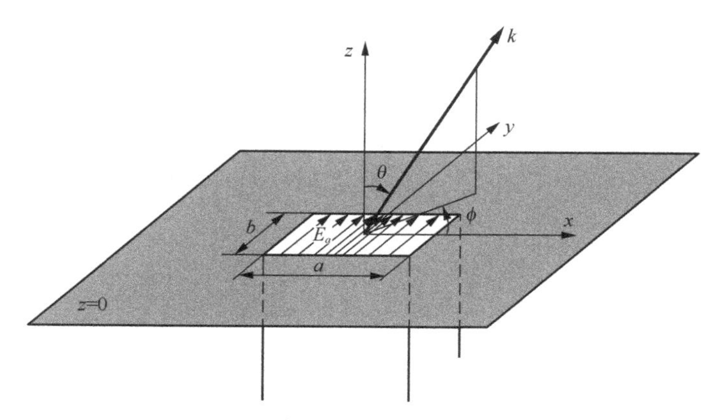

图 7.4.9　矩形开口波导探头的辐射场

其中，

$$f_x = \int_a E_{ax} \mathrm{e}^{\mathrm{j}\left(k_x x' + k_y y'\right)} \mathrm{d}s' \tag{7.4.90a}$$

$$f_y = \int_a E_{ay} \mathrm{e}^{\mathrm{j}\left(k_x x' + k_y y'\right)} \mathrm{d}s' \tag{7.4.90b}$$

其中，$k_x = k_0 \sin\theta\cos\phi$、$k_y = k_0 \sin\theta\sin\phi$；积分号下标 a 代表积分区域为波导口径面；积分变量 x'、y' 为波导口径面场点坐标；积分元 $\mathrm{d}s' = \mathrm{d}x'\mathrm{d}y'$ 为波导口径面的积分元。

口径面上切向电场分布 $\boldsymbol{E}_a$ 可按式（7.4.45a）定义。暂不考虑波导内的色散（有关波导色散的影响将在后面的分析中具体给出），考虑到在波导口径面上 $z=0$，并将电流幅度做归一化处理，则 $\boldsymbol{E}_a$ 可写成

$$\boldsymbol{E}_a = \boldsymbol{e}_g\left(x', y'\right) \tag{7.4.91}$$

设波导宽边尺寸为 a，窄边尺寸为 b，波导内只存在 TE10 模，则如图 7.4.9 所示，电场只有 Y 分量，此时式（7.4.91）中的 $\boldsymbol{e}_g\left(x', y'\right)$ 可以写为

$$\boldsymbol{e}_g\left(x', y'\right) = \hat{\boldsymbol{e}}_y \cos\left(\frac{\pi x'}{a}\right) \tag{7.4.92}$$

由于 $E_{ax} = 0$，所以 $f_x = 0$，根据式（7.4.92）知 $E_{ay} = \cos\dfrac{\pi x'}{a}$，再根据式（7.4.90b），$f_y$ 为

$$\begin{aligned} f_y(\theta,\phi) &= \int_a \cos\left(\frac{\pi x'}{a}\right) \mathrm{e}^{\mathrm{j}\left(k_x x' + k_y y'\right)} \mathrm{d}s' \\ &= \int_{-\frac{b}{2}}^{\frac{b}{2}} \int_{-\frac{a}{2}}^{\frac{a}{2}} \cos\left(\frac{\pi x'}{a}\right) \mathrm{e}^{\mathrm{j}k\left(x'\sin\theta\cos\phi + y'\sin\theta\sin\phi\right)} \mathrm{d}x'\mathrm{d}y' \end{aligned} \tag{7.4.93}$$

将 $\cos\dfrac{\pi x'}{a}$ 按指数函数展开，则式（7.4.93）变为

$$f_y(\theta,\phi) = \int_{-\frac{b}{2}}^{\frac{b}{2}} \int_{-\frac{a}{2}}^{\frac{a}{2}} \frac{\mathrm{e}^{\mathrm{j}\frac{\pi}{a}x'} + \mathrm{e}^{-\mathrm{j}\frac{\pi}{a}x'}}{2} \mathrm{e}^{\mathrm{j}k\left(x'\sin\theta\cos\phi + y'\sin\theta\sin\phi\right)} \mathrm{d}x'\mathrm{d}y' \tag{7.4.94}$$

解得

$$f_y(\theta,\phi)=\frac{2ab}{\pi}\frac{\cos\left(\frac{a}{2}k\sin\theta\cos\phi\right)}{1-\left(\frac{a}{\pi}k\sin\theta\cos\phi\right)^2}\frac{\sin\left(\frac{b}{2}k\sin\theta\sin\phi\right)}{\frac{b}{2}k\sin\theta\sin\phi} \tag{7.4.95}$$

将 f_x 和 f_y 代入式（7.4.89），得到 $\boldsymbol{E}(\boldsymbol{r})$ 为

$$\begin{aligned}\boldsymbol{E}(\boldsymbol{r})&=\mathrm{j}k_0\frac{\mathrm{e}^{-\mathrm{j}k_0r}}{2\pi r}\left[\hat{\boldsymbol{\theta}}f_y\sin\phi+\hat{\boldsymbol{\varphi}}\cos\theta f_y\cos\phi\right]\\&=\mathrm{j}k_0\frac{ab\mathrm{e}^{-\mathrm{j}k_0r}}{\pi^2r}\left[\hat{\boldsymbol{\theta}}\frac{\cos\left(\frac{a}{2}k\sin\theta\cos\phi\right)}{1-\left(\frac{a}{\pi}k\sin\theta\cos\phi\right)^2}\frac{\sin\left(\frac{b}{2}k\sin\theta\sin\phi\right)}{\frac{b}{2}k\sin\theta\sin\phi}\sin\phi\right.\\&\left.+\hat{\boldsymbol{\varphi}}\cos\theta\frac{\cos\left(\frac{a}{2}k\sin\theta\cos\phi\right)}{1-\left(\frac{a}{\pi}k\sin\theta\cos\phi\right)^2}\frac{\sin\left(\frac{b}{2}k\sin\theta\sin\phi\right)}{\frac{b}{2}k\sin\theta\sin\phi}\cos\phi\right]\end{aligned} \tag{7.4.96}$$

在频域近场测量的探头修正中，知道式（7.4.96）表示的探头方向图就可以了，但在时域近场测量的探头修正中，还必须考虑电磁波在波导内传输的色散特性。

图 7.4.10 表示的是电磁波在矩形波导内传输所产生的色散。由于色散的影响，经过距离为 d 的传输，信号由高斯脉冲变成一个剧烈振荡且有很长拖尾的波形。一般情况下，矩形波导的传输函数为

$$\dot{S}_{wg}=\mathrm{e}^{-\mathrm{j}\beta d}$$

其中，d 为传播距离；β 为波导内波数。

$$\beta=\begin{cases}\frac{\mathrm{j}\sqrt{\omega_c^2-\omega^2}}{c}, & \omega\leqslant\omega_c\\ \frac{\sqrt{\omega^2-\omega_c^2}}{c}, & \omega>\omega_c\end{cases}$$

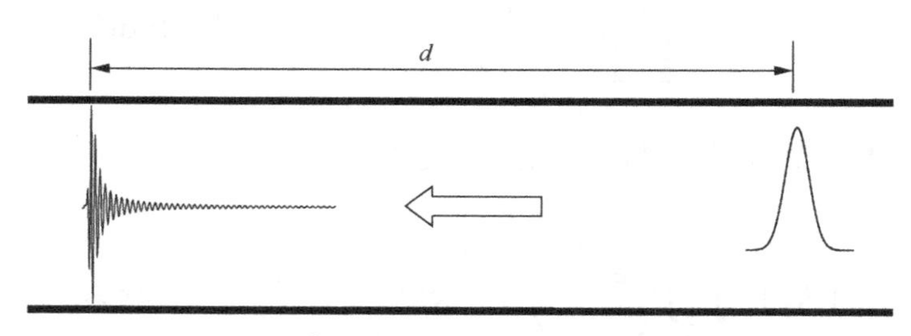

图 7.4.10　电磁波在矩形波导内传输所产生的色散

此外对于矩形开口波导来说，在 TE10 模工作模式下，其有近似不变的反射系数 $ref = 0.27\mathrm{e}^{-jx1.4}$，则考虑端口反射的矩形开口波导传输函数为

$$\dot{S}_{wg} = \omega \mathrm{e}^{-\mathrm{j}\beta d}\left[1 + ref + \left(1 - ref\right)\beta\frac{c}{\omega}\right] \tag{7.4.97}$$

综合考虑式（7.4.96）、式（7.4.97），则考虑端口反射和传输色散的矩形开口波导探头的辐射远场为

$$\boldsymbol{E}(\boldsymbol{r}) = \mathrm{j}\omega^2\left[1 + ref + \left(1 - ref\right)\frac{\beta c}{\omega}\right]\frac{ab\mathrm{e}^{-\mathrm{j}k_0 r}\mathrm{e}^{-\mathrm{j}\beta d}}{\pi^2 rc}\left[\hat{\boldsymbol{\theta}}\frac{\cos\left(\frac{a}{2}k\sin\theta\cos\phi\right)}{1 - \left(\frac{a}{\pi}k\sin\theta\cos\phi\right)^2}\cdot\right.$$

$$\left.\frac{\sin\left(\frac{b}{2}k\sin\theta\sin\phi\right)}{\frac{b}{2}k\sin\theta\sin\phi}\sin\phi + \hat{\boldsymbol{\varphi}}\cos\theta\frac{\cos\left(\frac{a}{2}k\sin\theta\cos\phi\right)}{1 - \left(\frac{a}{\pi}k\sin\theta\cos\phi\right)^2}\frac{\sin\left(\frac{b}{2}k\sin\theta\sin\phi\right)}{\frac{b}{2}k\sin\theta\sin\phi}\cos\phi\right] \tag{7.4.98}$$

将式（7.4.98）与式（7.4.50a）进行对比，略去与频率和方位角无关的量，得到矩形开口波导的复矢量远场方向图 $\dot{\boldsymbol{e}}_r$，也就是式（7.4.66）以后出现的 $\dot{\boldsymbol{G}}$ 为

$$\dot{\boldsymbol{e}}_r(\boldsymbol{r}) = \omega\left[1 + ref + \left(1 - ref\right)\frac{\beta c}{\omega}\right]\mathrm{e}^{-\mathrm{j}\beta d}\left[\hat{\boldsymbol{\theta}}\frac{\cos\left(\frac{a}{2}k\sin\theta\cos\phi\right)}{1 - \left(\frac{a}{\pi}k\sin\theta\cos\phi\right)^2}\frac{\sin\left(\frac{b}{2}k\sin\theta\sin\phi\right)}{\frac{b}{2}k\sin\theta\sin\phi}\sin\phi + \right.$$

$$\left.\hat{\boldsymbol{\varphi}}\cos\theta\frac{\cos\left(\frac{a}{2}k\sin\theta\cos\phi\right)}{1 - \left(\frac{a}{\pi}k\sin\theta\cos\phi\right)^2}\frac{\sin\left(\frac{b}{2}k\sin\theta\sin\phi\right)}{\frac{b}{2}k\sin\theta\sin\phi}\cos\phi\right] \tag{7.4.99}$$

我们可以看到式（7.4.99）是一个非常复杂的表达式，如果对其两边进行傅里叶变换无法直接得到探头时域方向图的解析式，因此，实际工程只能采用数值方法来求解。

7.5　天线近场测量的误差及其修正

测量技术的核心问题是“精度”。要保证一定的测量精度，并对近场测量系统进行误差评估，保证测量结果的可信度，只有在这个前提下，才能有效并准确地测出待测天线实际的近远场特性。因此，误差分析和修正理论与技术历来都是近场测量的一个重要组成部分，它与测量方法的研究几乎是同步的。近场测量系统本身是集软件、硬件于一体的复杂的测量系统，其误差因素来源多种多样。提出有效的误差分析和修正理论，分析各种误差源对目标参量的影响，并进一步采取修正手段，以达到或接近测量要求，是误差分析和修正理论的主要任务。误差分析和修正理论与技术既是近场测量研究的基础性工作，又是提高近场测量精度急需解

决的问题，只有解决好这一问题，近场测量的水平才能走上一个新的台阶，才能使这一测量系统工程化、应用化和普及化。

影响精度的根本原因在于测量系统的固有误差及测量误差。

7.5.1 频域近场测量误差

自 20 世纪 60 年代频域近场测量体系基本建立以来，来自国外的国家标准局、乔治亚理工学院，国内的西安电子科技大学、中国电子科技集团公司第十四研究所等研究机构的众多研究者对频域近场测量中的误差展开了大量的研究。最终 Newell 等人对这些误差对天线测量参数影响的上界给出了解析表达式，并由 Jensen 等人进行了计算机模拟，最终总结了频域测量中存在的 21 项误差。20 世纪 80 年代，频域近场测量的误差体系基本建立，这使得频域近场测量中的误差分析修正理论与技术走向成熟。目前，该体系已经基本嵌入商品化的频域近场测量系统，使得频域近场测量的误差控制与修正水平达到了相当的高度，取得了完全不低于甚至远优于其他天线测量手段的测量精度这一成果，这也是频域近场测量成为电大尺寸天线测量主体技术的核心原因之一。

频域测量中存在的 21 项误差，按其产生的原因可分为以下 4 个方面。

① 理论计算及数值计算所产生的误差。

② 测量仪器及设备产生的误差。

③ 环境产生的误差。

④ 探头天线所产生的误差。

天线近场测量的具体误差来源及其一般修正措施主要有如下几种。

① 探头方向图。

② 探头极化率。

③ 探头增益。

④ 探头校准。

⑤ 标准常数。

⑥ 阻抗失配：当接收机等部件的阻抗不匹配时，存在反射，导致测量结果与真实值存在误差。

⑦ 插入损耗：连接部件的电缆造成的损耗，一般电缆每个波长损耗在 0.05～0.1dB。

⑧ 待测天线校准：测量要求待测天线的法向与采样面法向一致，所以在每次安装待测天线时，要对其安装位置（即对其法向方向）做调整，否则测得的方向图可能偏离主轴。

⑨ 采样间距：采样面上采样点之间的距离。

⑩ 测量域截断。

⑪ 探头 X-Y 位置误差：探头扫描时，理想情况是所有的扫描线是完全平行和垂直的，但是实际上记录的数据是一个区间而不是一个点上的结果。通常有 X、Y、Z 3 个方向的误差，一般 Z 向误差影响远旁瓣，而 X、Y 向误差影响主瓣。一般可采用一套光学干涉仪精确测量，可用这些测得的数据库以进行定位修正。

⑫ 探头 Z 位置误差。

⑬ 多重反射：实验中可以根据探头与待测天线之间测试距离的变化，得到一组超低旁瓣天线的远场方向图，据此确定误差对测量结果的影响，并可以确定最佳的近区测试距离。多

重反射可通过减小探头天线尺寸，增加探头和天线间的距离，使用有效的吸波材料来遮挡扫描区域而加以消除，但要精确预估多次反射所引起的远场误差还需要通过实际测量加以确定。在平行面上，间隔$\lambda/4$ 或更小一些，将整个长度为一个波长的扫描面上所推得的远场幅度进行加权平均。

⑭ 接收机非线性幅度：接收机对不同电平状态下的读数不同，例如，10V 可能读数为 10.1V，而 0.1V 读数可能为 0.2V；可利用标准衰减器和相移器，对不同接收电平的测量信号进行校准，分别给出在不同电平状态下接收机幅相误差的标准误差曲线，以进行非线性误差补偿。

⑮ 系统相位：探头和接收机之间电缆的扭曲摆动、室温的变化和接收机的不稳定，都会引起相位的变化。

⑯ 接收机动态范围：例如接收机标示牌上显示其动态范围为 0～100dB，如果实测数据范围为−10～120dB，则认为超出接收机的动态范围，部分数据不可信。

⑰ 采样探头动态范围。

⑱ 室内散射：近场测量通常在微波暗室内进行。理想情况下，暗室墙壁上的吸波材料将入射电磁波完全吸收，散射信号几乎为零，从而能够有效地消除周围环境对测量结果的影响。但是，由于吸波材料的性能有限，实际上其不可能完全吸收入射电磁波，因此总会产生一定的散射，从而给测量结果带来一定的误差，这种误差是由暗室墙壁散射产生的误差。

⑲ 泄露和窜扰：发射机和接收机之间的途径是通过测试探头的路径，实际上，可能由于发射机和接收机之间的强耦合，接收机已经直接接收到了发射机的辐射，这时接收机的数据就已经掺杂了因耦合带来的误差，这就是泄露和窜扰。

⑳ 电缆弯曲、接头等：电磁波在电缆中通过反射传播，如果电缆的放置形式发生改变，则会导致电磁波的相位发生剧烈变化，最典型的就是与探头连接的电缆总是要跟随探头而运动，这会明显地引起相位误差。

表 7.5.1 和表 7.5.2 列出了有关文献中近场测量的误差分析方法和平均值以及对结果影响的电参数。

表 7.5.1　　频域近场测量的误差分析方法

	误　差　源	主要分析方法
1	探头方向图误差	理论分析
2	探头极化率误差	理论分析
3	探头增益误差	理论分析
4	探头校准误差	理论分析
5	归一化常数误差	理论分析
6	阻抗失配误差	理论分析
7	待测天线校准误差	理论分析
8	数据点采样间距误差	实际测量
9	扫描截断误差	实际测量
10	探头 X-Y 位置误差	理论分析
11	探头 Z 位置误差	理论分析

续表

	误　差　源	主要分析方法
12	多重反射误差	实际测量
13	接收机非线性幅度误差	实际测量
14	系统相位误差	实际测量
	温度影响误差	实际测量
	接收机相位误差	仿真
15	接收机动态范围误差	实际测量
16	室内散射误差	实际测量
17	泄露和窜扰误差	实际测量
18	幅度和相位随机误差	实际测量

表 7.5.2　　频域近场测量的误差平均值和影响的电参数

误差的类型			平　均　值	最　优　值	影响电参数
探头	定位		0.50mm	0.13mm	旁瓣
	位置		0.25mm	0.05mm	旁瓣
	振动		0.13mm	0.01mm	旁瓣
	被测天线瞄准		0.1°	0.01°	瞄准
	增益		0.5 dB	0.1 dB	增益
	瞄准		1°	0.25°	旁瓣
	方向图		1.0 dB	0.25 dB	旁瓣
	散射		–35 dB	–50 dB	旁瓣
仪器	相位	渐变	5°	0.5°	瞄准
		随机	5°	0.5°	旁瓣
	幅度	非线性	1.0 dB	0.2 dB	增益
		随机	0.3 dB	0.1 dB	旁瓣
	动态范围		40 dB	60 dB	增益
	截断		±60°	±75°	旁瓣
环境	室内散射		–45 dB	–60 dB	旁瓣
	泄露		–40 dB	–65 dB	旁瓣
	混叠		0.5 dB	0.1 dB	旁瓣

7.5.2　时域近场测量误差

作为一个来源于频域近场测量的新体系，时域近场测量的误差对频域近场测量既有的误差不可避免地有很大的继承性。根据我们的前期研究，频域近场测量的 21 项误差在时域近场测量中也同样存在，但由于运行方式和仪器设备方面的不同，21 项误差在时域近场测量中会有一些新的特点出现。

更为重要的是，由于时域化测量这一全新状态，时域近场测量还存在由于时域化引入的若干项全新的误差，这是测量方法本身所特有的，例如，时频域变换计算精度、T/R（发射机/接收机）设备时间基准、时域采样间隔、时域采样长度及探头频率响应特性等，这些误差对测量结果的影响有时是更主要的和严重的。天线的时域近场测量的测量方法本身所特有的误差来源包括如下几种。

① 近远场变换精度。

② T/R 设备时间基准。

③ 时域采样间隔。

④ 时域采样窗宽度。

⑤ 时频域变换计算精度。

⑥ 探头频率响应特性。

这几项主要时域误差来源的特点总结如下。

① T/R 设备时间基准：时域测量系统硬件有两个重要组成部分，即脉冲发生器和采样示波器，前者作为时域发射机，后者作为接收机，理论上要求脉冲源严格按照某个重复频率发射脉冲，且接收机与其在工作时间上严格同步。脉冲发生器有两个输出端口，一个端口用于输出脉冲信号激励待测天线工作，另一个端口输出同步信号，触发采样示波器接收信号，而在实际测量中，发射脉冲周期存在漂移，且两个输出端口之间并非完全同步，加之信号在传输过程中存在时延变化，这就导致接收机接收到的信号比脉冲发生器的实际输出信号超前或滞后。脉冲发生器和采样示波器工作起始时刻间的时间差的变化称为“时间基准误差”。

由于采样探头在采样架上移动采样，各采样点的接收信号相位是不一致的，这构成了近场相位分布。而这种不一致是由两方面因素造成的，一方面，采样面上各采样点距待测天线相位中心的波程差是近场扫描测量所要反映的，这是测量的重要内容；另一方面，T/R 设备的时间基准漂移也造成了各采样点接收信号相位的差异，这一差异在测量中是要避免的，它叠加到波程差上，是对测量结果准确性的极大干扰。反映在测量所得的时域数据上，就是各采样点波形整体出现时间的变化是由两部分合成的：一部分是各采样点波程差导致的波形时间先后；另一部分是时间基准漂移导致的波形时间非正常差异。在实际测量中，由于无法从测得的相位差（或者说时间差）中分离出哪部分是需要的近场相位分布（或者说近场时差分布），哪部分是不需要的时间基准漂移，这就造成了测量误差。

图 7.5.1 和图 7.5.2 分别是不含时间基准和含时间基准误差的示意图，中心采样点信号和边缘采样点信号图，可见在存在时间基准误差时，采样点信号的起始时间点发生变换，导致最终的测量结果存在误差。

② 时域采样间隔：在某一确定空间采样点上进行时域采样时的时间步长 Δt，这是时域测量特有的参数。根据用信号样本表示连续时间信号的抽样定理，Δt 应小于奈奎斯特抽样间隔，即 $\Delta t < 1/(2f_m)$，其中 f_m 为测试频带的最高频率。这样，当用测得的时域信号分析频谱时，不会出现频谱重叠，就不会有混叠误差存在。当测量过程中的时域采样间隔 Δt 发生漂移时，也会导致最终的测量结果存在误差。

③ 时域采样窗宽度：这一参数主要取决于时域脉冲从脉冲源发出后经传输线到待测天线再辐射出去，辐射波被探头接收再经传输线到接收机整个过程的系统时延和由于探头的响应引起的脉冲时域扩展。由于时域信号自脉冲源发出的同时也触发接收机开始工作，接收机以触发时刻为零时刻开始记录所接收到的时域信号。若采样时间窗过小，则接收机可能接收不到探头采集的信号，或者截断时域信号由于待测天线色散特性所造成的时域拖尾信息；若采

样时间窗过宽，则接收机会接收被反射后的干扰信号，甚至可能会接收到发射源脉冲串序列中下一个脉冲的响应信号，这会造成测量的时间偏差。还有一个问题是，如果采样窗取得过大，而接收机的记录长度有限（记录长度指采样窗内接收机记录的时域采样点数量），则时域采样间隔会过长，不能正确记录待测天线实际的响应信号。因此在测量中应依据系统的具体情况确定采样时间窗的大小，一般要达到几纳秒到几十纳秒，对应的系统传输总长度在几米到几十米。

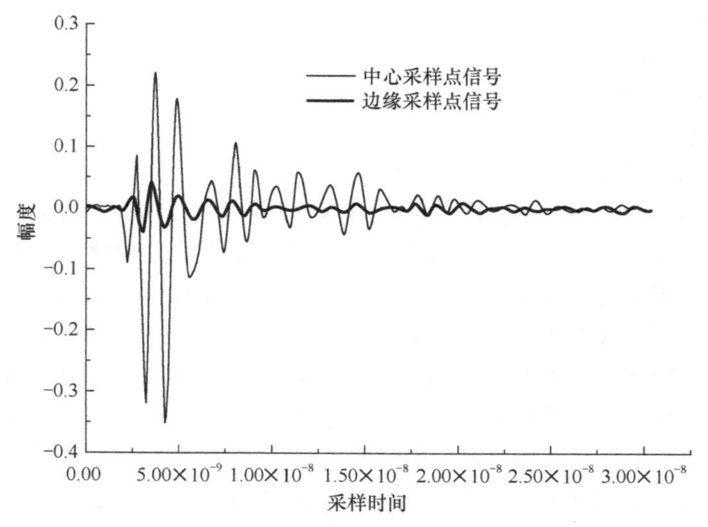

图 7.5.1　不含时间基准误差的示意图

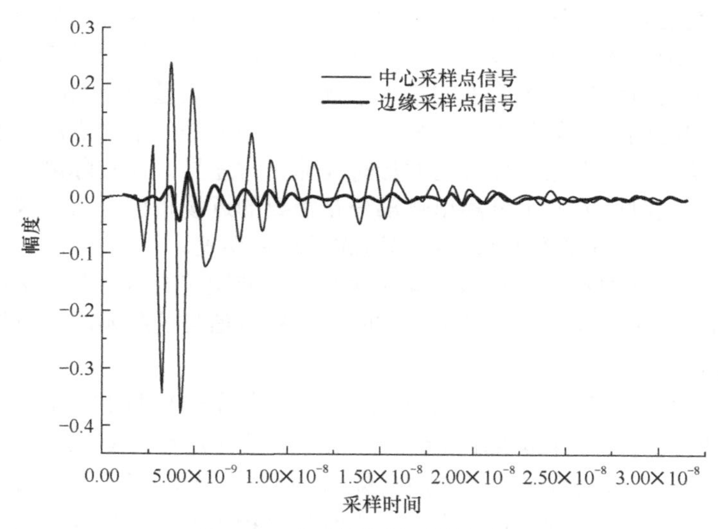

图 7.5.2　含时间基准误差的示意图

④ 时频域变换计算精度：因为时域系统测得的是全频谱上的近场信息，为得到某一确定频点上的近场及远场信息就要经过傅里叶变换（DFT 或 FFT），因此在这一计算过程中会引入计算精度误差。

⑤ 探头频率响应特性：不同于频域测量，在时域测量系统中，在不同的工作频率下探头特性也会相应发生变化，比如对探头修正来说，在 5GHz 和 10GHz 下就要用不同的修正公式，

如果在分析天线各频点的远场特性时采用相同的探头修正公式，则会产生误差，影响测量结果。而且在时域近场测量中使用的探头天线一般比频域测量使用的尺寸要大一些，这样在测量中探头也可能是工作在近场。以往的频域探头修正用的是探头天线的远场特性，如果时域测试探头修正没有考虑探头也工作在近场，而仍然用频域的探头修正公式，则测量结果也会产生不可忽略的误差。

误差分析和修正理论是天线测量技术中最复杂也是最困难的部分，时域近场测量中误差来源众多，那些与频域共有的误差可沿用频域的误差分析修正理论，对时域近场测量当中所特有的误差则必须开展专门的研究和实践。

7.6　天线近场测量系统

7.6.1　概述

一般而言，天线近场测量系统是一套在中心计算机控制下进行天线近场扫描、数据采集、数据处理及测量结果显示与输出的自动化测量系统。整个天线近场测量系统由硬件分系统和软件分系统两大部分构成，其系统组成如图 7.6.1 所示。硬件分系统又可进一步分为测量暗室子系统，包括无反射测试室及附属机构；采样架子系统，包括多轴采样架及多轴步进电机、多轴运动控制器、伺服驱动器、近场测试探头、工业控制计算机及外部设备等；信号链路子系统，包括矢量网络分析仪系统（或者时域信号源及时域接收机）、数据处理计算机及外部设备等。核心是采样架子系统。软件分系统包括测量控制与数据采集子系统、数据处理子系统和结果显示与输出子系统 3 个组成部分，核心是数据处理子系统。天线频域近场和时域近场测量系统原理框图如图 7.6.2 和图 7.6.3 所示。

由于每个近场测量系统根据测量功能需求都有各自的特点，统一地介绍近场测量系统而又能够适应于各个不同个体是比较困难的，脱离某一具体系统想要描述清楚近场测量系统的一般情况也是困难的，因此这里主要以编者单位组建的近场测量系统为背景和样本介绍近场测量系统，本节特别注意对一般规律和一般要求的归纳，回避了系统极具个性特色的情况，力求使读者能够对近场测量系统的全貌有所了解，而不仅是一个具体实例。编者单位的近场测量系统是以时域测量为基本框架组建的，当然由于时域近场测量是由频域近场测量发展而来的，其系统是可以向下兼容到频域近场测量系统的。实际上也确是如此，这套系统是时域测量功能和频域测量功能兼有的，仅在进行具体测试时根据需求更换测试仪表和测试探头，调整采样控制方式而已，因此这里的介绍是时频域兼具的。此外，天线近场测量系统组建的理论和技术领域比较深入和广泛，已经有不少技术文章和专著详细介绍和讨论，鉴于本书的主要宗旨，这里仅加以初步介绍，有需求的读者可以进一步参考更为深入的资料。

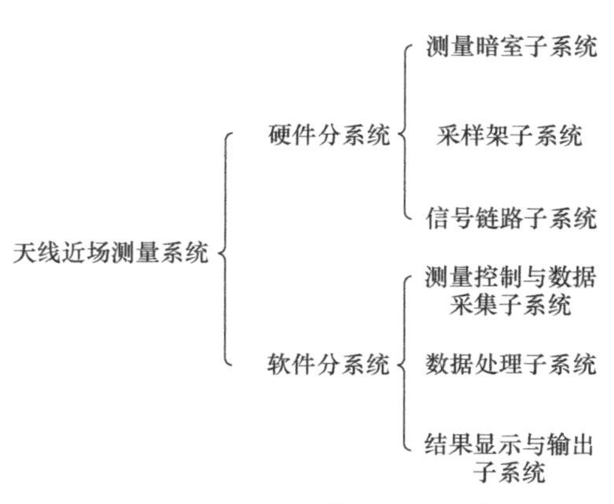

图 7.6.1　天线近场测量系统组成

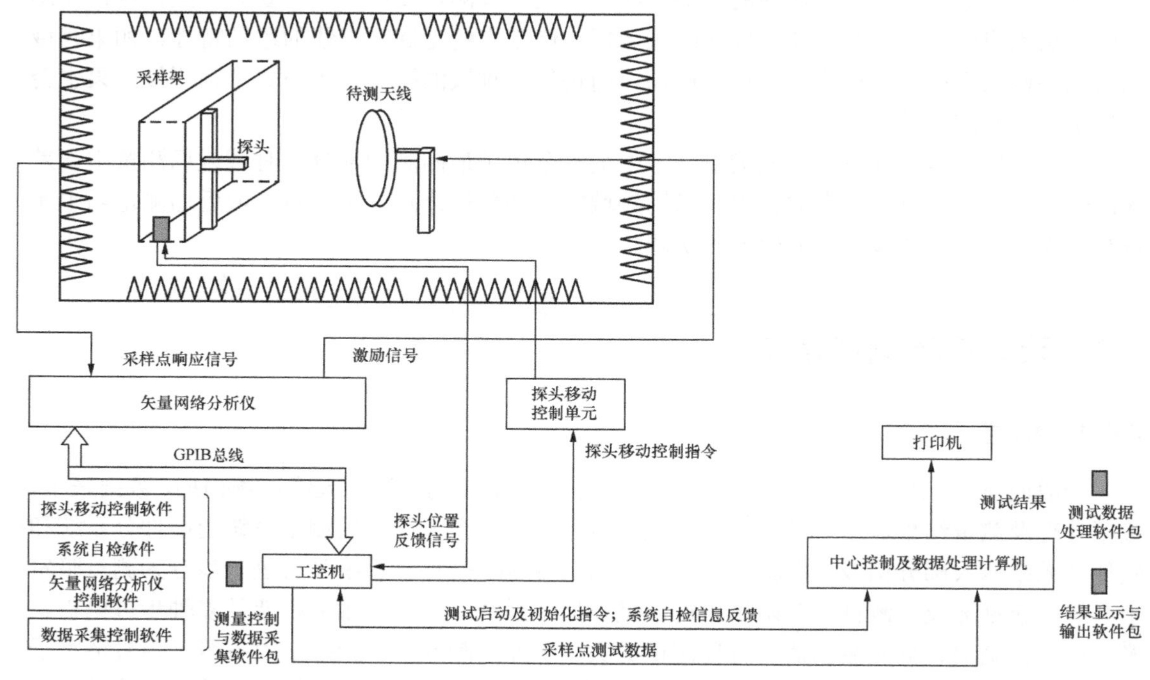

图 7.6.2　天线频域近场测量系统原理框图

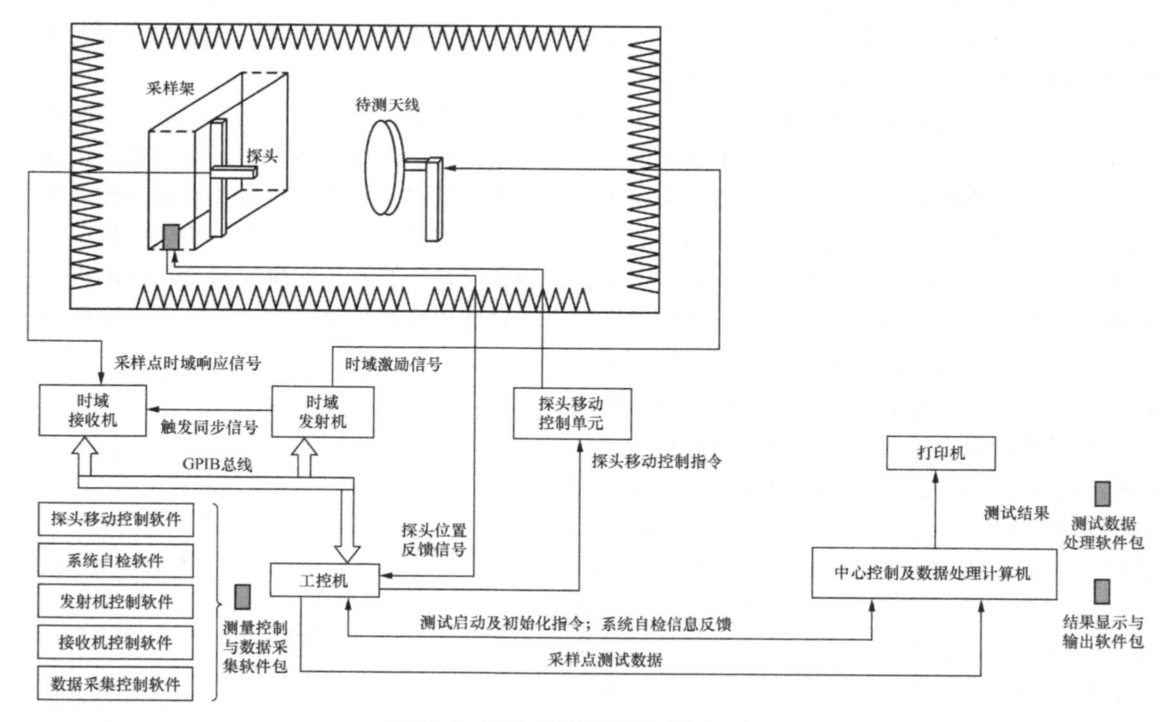

图 7.6.3　天线时域近场测量系统原理框图

7.6.2　硬件分系统

根据测量系统执行的是频域测量还是时域测量，硬件分系统存在明显的区别。时域近场测量系统是在频域近场测量系统的基础上发展起来的。时域近场测量系统同频域近场测量系统的不同之处在于信号源、接收设备、探头方面。频域测量系统的信号链路一般以矢量网络分析仪系统为中心组织，测试探头一般选用各个频段标准波导开口天线；而时域系统一般选用窄脉冲发生器作为测试信号源，以采样接收机作为近场测试信号接收设备，在信号源与接收机之间采用外触发同步方式，测试探头则需采用超宽带天线。

测量暗室子系统主要承担着测量系统电磁环境保障的任务；采样架子系统是硬件系统的核心，它的任务是根据用户的设置或指令，带动探头按预设的方式运动，并实时反馈位置和速度信息，在中心计算机的控制下，与信号链路子系统相配合，完成采样任务；信号链路子系统完成信号的产生、传输、辐射、接收和采集。

以编者单位组建的天线时域近场测量系统为例，其硬件系统组成如图 7.6.4 所示。

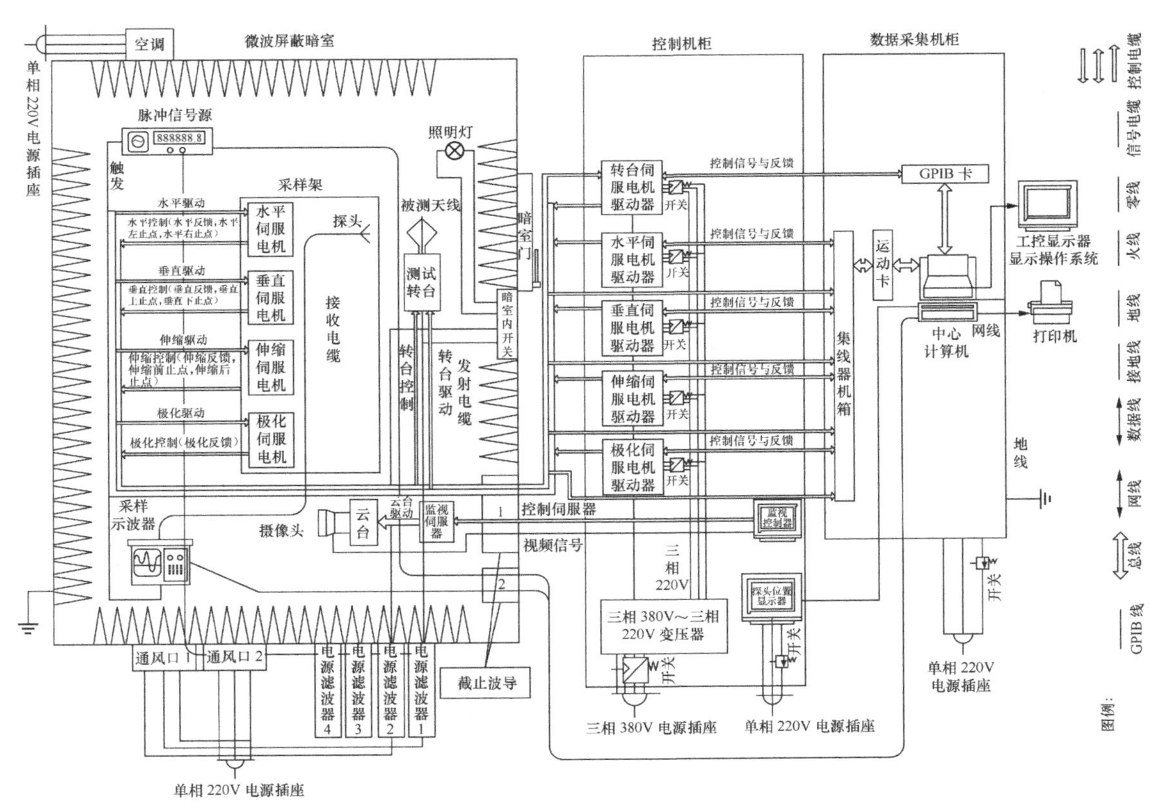

图 7.6.4　天线时域近场测量系统的硬件系统组成

1. 测量暗室子系统

近场测量通常在暗室中进行。暗室被称为电波暗室，有的暗室又被称为微波暗室、无反射室等。暗室的作用首先是防止外来电磁波的干扰，使测量活动不受外界电磁环境的影响，防止测试信号向外辐射形成干扰源，污染电磁环境，对其他电子设备造成干扰。其次，在暗室中进行测量可以做到保密和避免外来电磁干扰，工作稳定可靠。最后，在暗室这一室内测量环境下执行测量可以做到全天候工作，不受环境因素干扰。

电波暗室一般可分为两类：电磁兼容测试电波暗室和天线测试电波暗室。

天线测试电波暗室的主要功能是模拟自由空间环境，因此电波暗室的 6 个面全部粘贴吸波材料，在主反射区粘贴比其他区域性能更优质的吸波材料。在理想状态下，暗室各个方向都应无电磁波反射，这是建造天线测试电波暗室的原则。但无论设计得多么合理，建造得多么完善，在各个方向上都没有电磁波反射显然是不可能的。因此设计天线测试暗室时，要根据待测天线的口径尺寸、频率范围、辐射特性等设计一个“静区”，静区内的电磁环境应符合待测天线的测量需要。

一般来说，进行天线测试的暗室对电磁屏蔽没有严格的要求，有的甚至不需要单独设计屏蔽体，直接在墙壁上粘贴吸波材料即可，利用建筑墙壁和吸波材料即可达到对电磁波的屏蔽和吸收效果。不过，这当然还要看建造暗室地点的电磁环境如何，电磁环境不同，其要求也不一样。建造暗室的地点周边电磁环境较差，可能会影响到测量结果，或者天线测量时辐射功率较大，可能会影响到周围的电磁环境，则需考虑建造合适的屏蔽体。

天线测试暗室其性能要求无统一标准，以屏蔽测试暗室为例，其主要技术指标包括以下若干项（见表 7.6.1）。

表 7.6.1　　屏蔽测试暗室的主要技术指标

工作频率范围	—
静区位置及尺寸	—
暗室吸收特性	—
静区要求	静区交叉极化
	静区最大反射电平
	静区多路径损耗
	静区场强幅度均匀性
屏蔽效能	1MHz～1GHz
	1～10GHz
	10～18GHz
	18～40GHz
	40～110GHz

一般来说，频率范围应满足测量需要，在设计的天线测试暗室静区内最大反射电平值相对主波束电平值低于 45dB，横向和纵向场强均匀性优于 1.5dB。当然，表 7.6.1 所列出的和前述的指标数值只是一般小型天线测试暗室的性能要求，对于高性能天线、低旁瓣天线或者有特殊要求的天线，还应根据实际需要计算设计的暗室的性能要求。例如，对于一个测量雷达天线所用的大型微波暗室来说，我们还需主要考虑吸波材料的功率容量等问题。就暗室规模来说，用于进行远场测量的电波暗室，当然应该考虑暗室空间是否符合远场测量条件。不

过，用于近场测量的暗室的尺寸一般远小于远场测量的，它基本上只取决于待测天线口径和采样架规模。除此之外，设计天线测试的电波暗室还需考虑包括电源与信号通路、通风、照明、空调、安全与消防等诸多因素。

目前，暗室设计已经成为一个独立的研究和应用方向，其专业化和工程化程度都很高，感兴趣的读者可以参看这方面的许多专著。

图 7.6.5 即为一个为近场测量服务的屏蔽测试暗室。该暗室内部贴满屏蔽材料，外部为钢壳，6 面全包并良好接地，因此该暗室既是一个天线测量暗室，又是一个电磁兼容测试暗室。暗室内配备空调、通风口和电源，其中电源的引入需经由电源滤波器。连接暗室内设备的各种电缆通过两个截止波导进暗室，以防止电磁波的泄露。暗室内还配备照明设备、烟感探头和视频监视器。

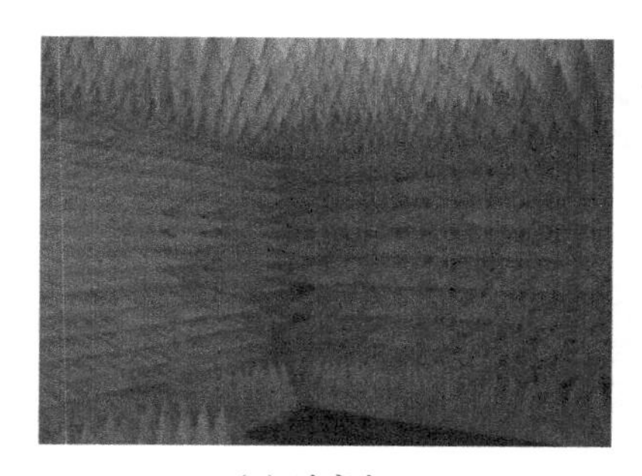

（a）暗室内

（b）暗室门

图 7.6.5　屏蔽测试暗室

在时域近场测量的 3 个硬件分系统中，暗室与传统的频域近场测量所用的暗室相比并无差别。

2. 采样架子系统

采样架子系统是近场测量硬件系统的核心，其主要包含采样架本体和伺服系统两部分。采样架的功能是带动近场测试探头在待测天线近场范围内进行扫描取样，典型的多轴采样架有水平、垂直、伸缩、极化 4 个自由度，每个自由度可由程序独立控制。

目前，绝大多数平面近场测量都采用垂直面采样模式，因为这种模式最易使采样架实现高精度和大的采样范围。垂直面采样模式要求被测天线的口径垂直放置，但在一些特殊情况下，被测天线的口径无法垂直放置（如星载大口径编织型反射面天线在地面测量时其口径只能水平张开，又如一些车载或舰载相控阵天线的口径只能是倾斜的），此时就要求采样架迁就被测天线。目前已开发出了水平面采样架和任意倾斜面采样架，对于任意倾斜面采样架来说（当然其可以进行垂直面和水平面的采样），一种高效的设计就是高精度的摇臂和大承载固定面采样架的组合。在这种设计中，原来装载探头的位置用来装载摇臂，摇臂可以在正交的两轴自由旋转，而探头装载在摇臂上。

一个典型的自立式平面近场测量采样架如图 7.6.6 所示。美国 NSI 公司的两款平面近场采样架如图 7.6.7 和图 7.6.8 所示。

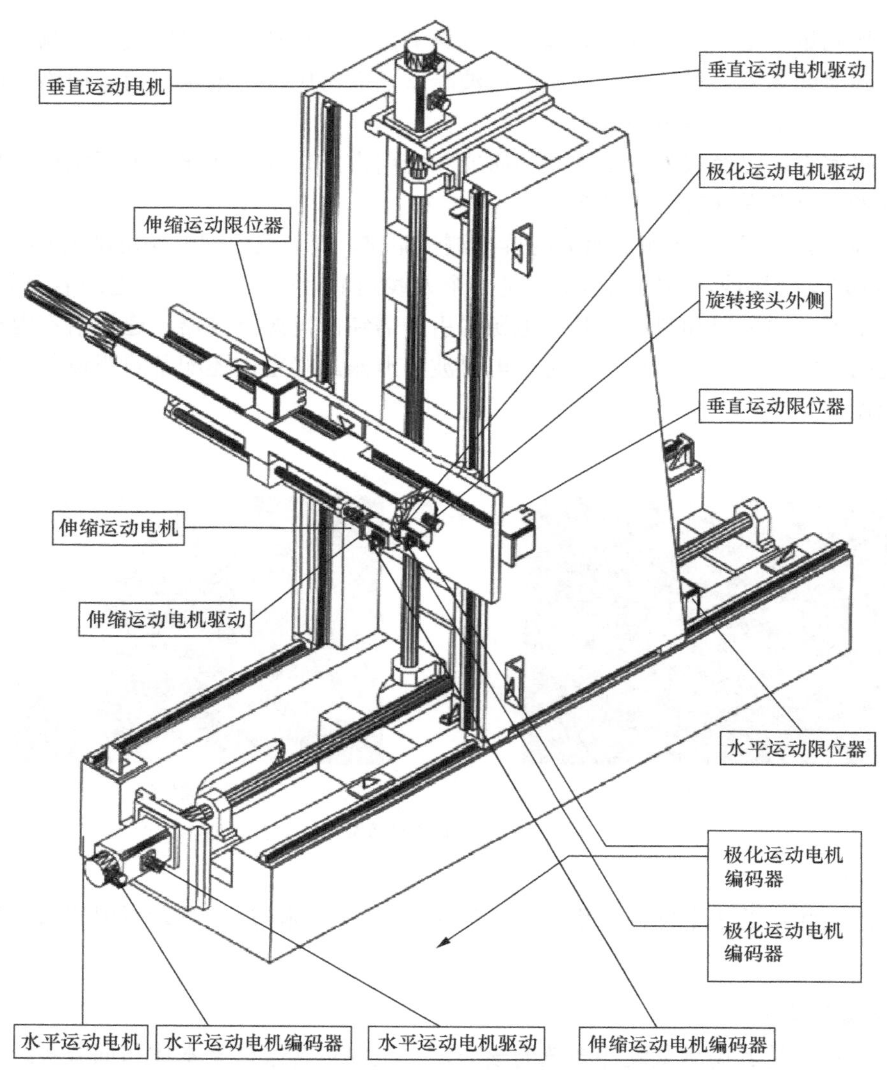

图 7.6.6　自立式平面近场测试采样架

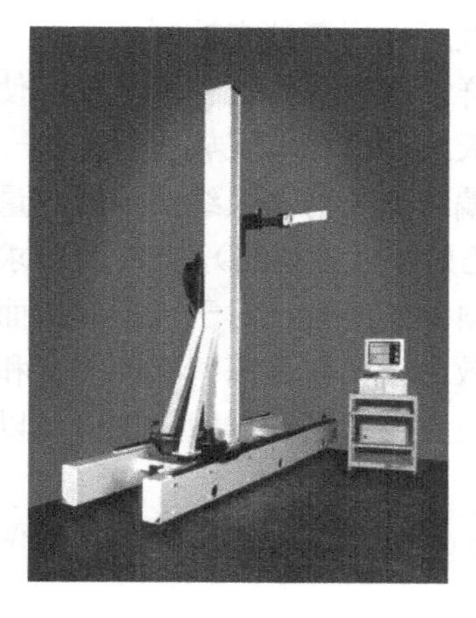

图 7.6.7　NSI 300V-6m×6m 采样架

图 7.6.8　NSI 300V-18m×18m 采样架

采样架的各轴是在控制系统的统一指挥下按照预定轨迹运动的。举例来说，可以采用 PMAC 卡构成控制系统的核心。PMAC 卡即多轴可编程控制卡，是美国 DELTA TAU 数字系统公司生产的功能强大的运动控制器。借助于 Motorola 的 DSP56001 数字信号处理器，它可同时操控 8 轴，并且每一轴的运动都是独立的，因此可实现多轴联动。PMAC 具有极强的伺服控制功能，20MHz 的 CPU 处理速度，准确平滑的轨迹特性，良好的输入带宽特性，使其优于其他非数字信号处理的控制器。

时域近场测量的采样架从结构与机械精度方面也与频域近场测量的采样架相似。

近场测量中的理想探头应该具有弱方向性甚至无方向性、强极化性且前向无零点等特征，典型的近场测试探头采用波导开口天线。例如，用 8 付开口波导探头覆盖 L 频段到 Ku 频段：

- HD-9OEWG 开口波导探头覆盖频段 0.1～1.2GHz；
- HD-14OEWG 开口波导探头覆盖频段 1.1～1.8GHz；
- HD-22OEWG 开口波导探头覆盖频段 1.8～2.6GHz；
- HD-32OEWG 开口波导探头覆盖频段 2.6～4.0GHz；
- HD-48OEWG 开口波导探头覆盖频段 4.0～6.0GHz；
- HD-70OEWG 开口波导探头覆盖频段 6.0～8.0GHz；
- HD-100OEWG 开口波导探头覆盖频段 8.0～12.0GHz；
- HD-140OEWG 开口波导探头覆盖频段 12.0～18.0GHz。

从理论上说，时域近场测量所用的探头应与频域近场测量所用的探头不同，除了应具备频域探头所具有的小口径、增益适中、前半空间方向图均匀无零点这些特点，还应具有超宽带和无色散（或尽量小的色散）特性。图 7.6.9 所示 HD-10180DRHA(T)加板双脊喇叭探头是一种时域近场测试超宽带探头，其覆盖频率范围在 1～18GHz。

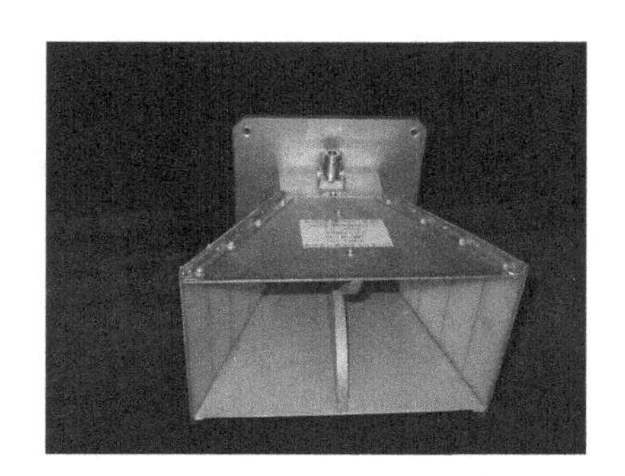

图 7.6.9 HD-10180DRHA（T）加板双脊喇叭探头

时域探头修正在实际测量中非常困难，所以最好的时域探头应是不需修正就能达到比较高的测量精度，尤其要避免色散修正。但是满足这样要求的天线难以设计，所以时域探头是天线时域近场测量配套技术中一个亟待攻克的难点。目前，时域近场测量采用频域近场测量所用的矩形开口波导探头（对于一般的天线来说，开口波导探头的带宽大于被测天线的带宽，即可用），相应地采用时频域结合法进行数据处理，这样探头修正可在频域内完成。

3. 信号链路子系统

对频域近场测量而言，构成信号链路的核心是矢量网络分析仪系统。在待测天线和探头之间，形成了一个由开放空间联系起来的一个广义双端口系统，对应每一个采样点，通过矢量网络分析仪测试得到一个 S_{21} 参数，遍历所有采样点后，即可获知待测天线近场扫描面上的近场幅度分布和相位分布。这一矢量网络分析仪系统的设计与远场测量系统非常类似，这里不再赘述。

时域近场测量用一个时域脉冲去激励被测天线，与时域接收设备相连的探头在采样架的带动下在一个采样面上（一般是平面）采集被测天线的时域近场，进而利用所采得的时域近场通过近远场变换计算被测天线的远场，以及再通过口面反演计算出被测天线的口径场。其中，信号链路分系统担负着信号由产生、传输、辐射、接收直至采集的任务。信号链路分系统框图如图 7.6.10 所示。

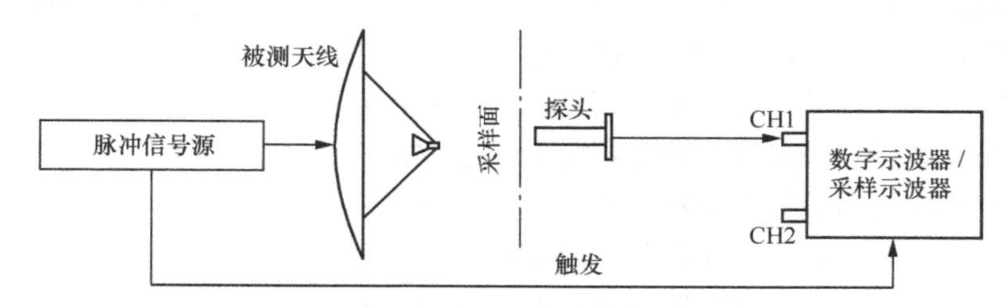

图 7.6.10　信号链路分系统框图

在图 7.6.10 中，信号链路的源即为一窄脉冲信号源，信号源的脉冲频谱应能覆盖被测天线的全通带，为了提高信号源输出能量的利用效率，脉冲信号源最好要有波形设计的能力，即它可以是一个任意波形发生器。但目前市场上宽频带的（达到 5GHz 以上带宽）任意波形发生器的价格十分昂贵，所以在一般情况下，我们可以退而求其次，采用一种突波发生器作为激励源。突波发生器可以看成一种粗糙的脉冲信号源，其信号的波形形状不像一般的脉冲信号源一样有明确而又严格的指标，一般只能对其信号幅度和脉冲宽度进行指定，并且其输出波形是单一固定的，只能对其幅度和周期进行控制。突波信号源虽然不如脉冲信号源精细，但其同脉冲信号源相比具有脉宽窄、幅度高的优点，一个性能稳定的突波信号源可以满足天线时域近场测量的最基本要求。

图 7.6.11 所示为 AVH-S-1-B 突波信号源，其产生的脉冲宽度为 130ps，输出电平 0～10V 可调，脉冲重复频率最高为 1MHz。

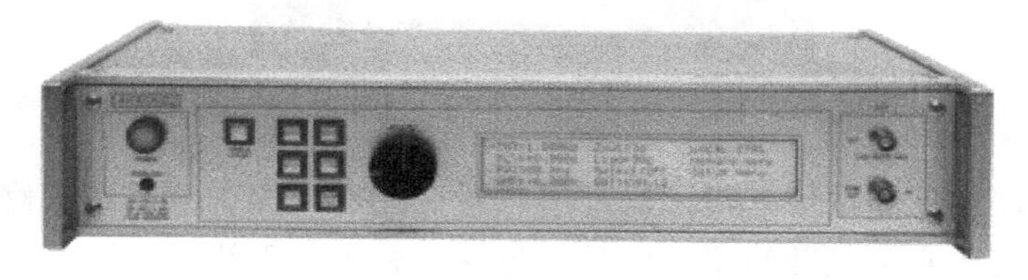

图 7.6.11　AVH-S-1-B 突波信号源

因为时域信号源的输出能量是有限的，同时天线近场测量的信号链路中必然产生被测天线到探头之间的自由空间的传播损耗，所以其信号能量是非常宝贵的，因此信号链路中的有线传输部分，应采用优质的低损耗电缆，并尽量缩短传输距离。

信号由被测天线辐射，并由探头在采样面上接收。信号由探头接收后，经由电缆传到时域采样设备的接收端。在图 7.6.10 中，时域采样设备部分有数字示波器或采样示波器两种选择，这两种选择各有各的特点，当数字示波器的带宽能覆盖信号带宽时，数字示波器是最佳选择。因为数字示波器能在一次触发中采集一个完整的波形，利用时基修正技术能达到比较良好的数据采集效果。同时数字示波器采集数据的时间仅仅是信号在一个触发周期内存在的时间，所以其采样速度很快，显然快速的采样能够支持探头更高的运动速度。此外，由于采集数据的时间短，这使得如果信号源的输出在一个触发周期内是良好的，那么采集的波形就是良好的，这对信号源的压力也最小。但是同采样示波器相比，数字示波器的带宽远小于采样示波器的等效带宽，目前最先进的数字示波器的带宽能达到 20GHz 甚至 80GHz，且价格十分昂贵。

选择采样示波器作为时域采样设备是一种经济并且在大多数场合下可行的方案。采样示波器以一种等效采样方式工作，如采集的波形由 n 个时间点构成，则需要信号重复出现 n 个周期，在每个周期内采样示波器只采集信号的一个点，这样 n 个周期之后即完成了整个波形的采样。同数字示波器相比，采样示波器采集一个波形所用的时间是数字示波器的 n 倍。当采样的时间点数很多时，探头将不得不采用步进运动的方式采样，即在每一个采样点等待足够的时间以使采样示波器完成采集一个波形的工作。同时采样示波器对信号源的时基稳定性和波形稳定性的要求也是十分苛刻的。采样示波器针对的是干净稳定的重复信号，如果在信号重复 n 个周期的过程中，信号时基不稳或波形发生变化，采集波形就会有错误，即便使用时基修正技术（进行时基修正所用的参考通道信号也是由采样示波器接收的），对这种情况也无济于事。采用采样示波器可以大大降低成本、提高工作带宽，但其付出的是采样效率下降的代价，同时对信号源的压力也大大增加。目前最先进的采样示波器的等效带宽可达 80GHz。

图 7.6.12 为 TDS8000B 采样示波器，该示波器带宽为 12.5GHz，最小采样间隔可达到 1fs。

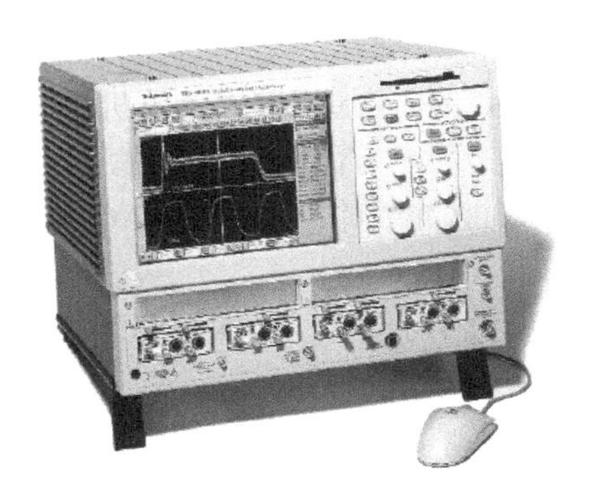

图 7.6.12　TDS8000B 采样示波器

7.6.3　软件分系统

软件分系统包括测量控制与数据采集子系统、数据处理子系统和结果显示与输出子系统 3 部分，均由中心计算机控制。采样控制软件子系统包括 GPIB 卡控制程序和运动卡控制程序。GPIB 卡控制天线转台、测量仪表的工作；运动卡控制采样架的运行。数据处理软件子系统在频域功能下包括测量数据编组、数据预处理、近场到远场变换、近场到口径场反演、探头修正与其他误差修正等功能，在时域功能下包括时域信号预处理程序、纯时域近远场变换程序、时域到频域傅里叶变换程序、时基（即相位）修正程序、频域近场重建程序、频域近远场变换程序、频域口径场反演程序、频域到时域傅里叶变换程序。结果显示软件子系统包括三维功能和二维功能两部分。其中三维功能包括三维球坐标显示功能、三维极坐标显示功能和三维直角坐标显示功能，以及 3 种坐标系下的动画显示功能。二维功能包括二维直角坐标显示功能，二维极坐标显示功能和二维平面显示功能。下面就测量控制与数据采集、数据处理和结果显示与输出 3 个子系统分别加以介绍。

1. 测量控制与数据采集子系统

自动化的采样系统要求实现用工控机对采样架和发射、接收设备的控制。具体来说，就是通过工控机对插在工控机底板扩展槽上的 GPIB 卡发送指令，进而控制与 GPIB 卡相连的测量仪表的工作状态；还可通过工控机对插在工控机底板扩展槽上的 PAMC 卡（多轴运动控制卡）发送运动指令，PMAC 卡根据所接收的指令计算驱动步进电机的脉冲数，进而向控制电机运动的电机控制器（也称变频器）发送脉冲输出指令，由电机控制器发射驱动步进电机转动的高功率脉冲，电机转动带动相应的传动设备，由此实现对采样架运动的控制。采样控制软件框图如图 7.6.13 所示。

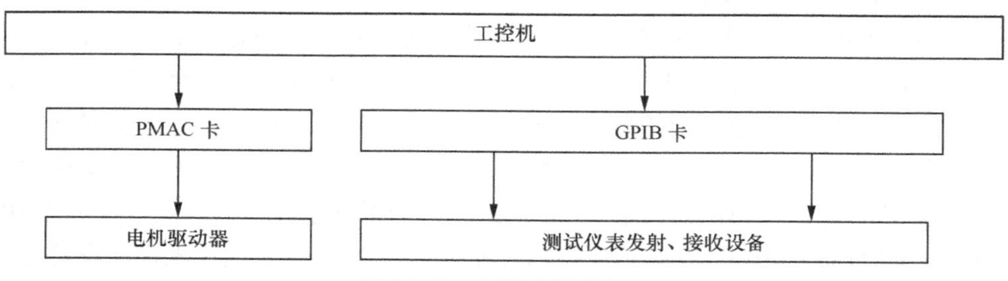

图 7.6.13　采样控制软件框图

采样控制程序存储在工控机内，该程序通过某种计算机语言（如 VC++等）一方面对 GPIB 卡编程，控制测量仪表的工作状态；另一方面要生成用户所需要的采样模式的运动指令组并控制 PMAC 卡。将运动指令转化为脉冲数的工作由 PMAC 卡内部的程序完成，无须考虑采样控制程序。

以时域测量控制脉冲信号源和数字示波器（或采样示波器）为例，采样控制程序对 GPIB 卡编程所要实现的基本功能如表 7.6.2 所示。

表 7.6.2　　时域测量采样控制程序对 GPIB 卡编程所要实现的基本功能

控制设备	控制项目	实现功能
脉冲信号源	脉冲波形	根据测试频带确定脉冲波形
	脉冲幅度	根据系统动态范围确定脉冲幅度
	触发延迟	根据测量系统的布局调整触发延迟时间，配合数字示波器的时延功能调整时窗位置
	重复周期	设置脉冲输出的重复周期
	脉冲输出	开启/关闭脉冲输出

续表

控制设备	控制项目	实现功能
数字示波器	采集波形	采集测量通道和参考通道的时域波形，并将每个波形保存在一个独立的文件中
	时窗宽度	调整时窗宽度，使之与所采集的脉冲波形宽度相当
	延迟时间	通过设定延迟时间调整时窗位置，使得示波器能采集波形的有效部分
	采样点数	通过设置采样点数调整采集波形的时间分辨率
	其他功能	实现平均降噪等功能

在频域测量状态下，采样控制程序对 GPIB 卡编程所要实现的基本功能如表 7.6.3 所示。

表 7.6.3　频域测量采样控制程序对 GPIB 卡编程所要实现的基本功能

控制设备	控制项目	实现功能
矢量网络分析仪	系统自检	实现系统的自检和内部状态复位
	频率	根据测量需要设置测试频率点和扫频的起始频率与终止频率
	功率	根据测量需要设置测试信号输出功率
	数据保存	传输系数测试数据的获取方式和保存方式

采样控制程序对 PMAC 卡编程所要实现的基本功能如表 7.6.4 所示。

表 7.6.4　采样控制程序对 PMAC 卡编程所要实现的基本功能

控制项目		实现功能
探头定位	水平运动	根据用户所给的距离实现探头水平运动
	垂直运动	根据用户所给的距离实现探头垂直运动
	伸缩运动	根据用户所给的距离实现探头伸缩运动
	探头直线运动速度	探头水平运动、垂直运动和伸缩运动的速度在一定范围内可调
	极化旋转	实现探头的极化旋转
	探头极化旋转速度	探头的极化旋转速度可调
	设定工作原点	用户可根据实际测量需要将探头所在的某一位置设为工作原点
	返回工作原点	实现探头从任意位置返回工作原点位置
	返回绝对原点	绝对原点由系统内部设定，采样结束后探头即返回此位置
	限位监测	采样架的水平、垂直、伸缩运动均配有电限位器，当探头运动触发限位器时即报警并自动停止运动，以保护采样架。此外探头极化旋转也应具备软件限位功能，保证探头极化旋转角度不超过 360°，以免扭伤信号电缆
	运动位置实时显示	程序从 PMAC 卡实时读取探头运动位置返回值并显示在界面上
采样参数设置	水平方向采样面尺寸	根据用户需要设置采样面的水平方向尺寸
	水平方向采样点间隔	根据采样准则和用户需要确定水平方向探头步进间隔
	垂直方向采样面尺寸	根据用户需要设置采样面的垂直方向尺寸

续表

控制项目		实现功能
采样参数设置	垂直方向采样点间隔	根据采样准则和用户需要确定垂直方向探头步进间隔
	平面采样模式	由用户选择是采用水平向静止、垂直向运动的采样方式，还是采用垂直向静止、水平向运动的采样方式
	探头运动速度	由用户确定探头采样时的运动速度
	限位监测	同上
	运动位置实时显示	同上
	采样进度条实时显示	根据采样任务的完成情况实时显示采样进度条
	采样数据实时显示	由用户选择监测采样数据的方式，并实时显示

以时域测量为例，图 7.6.14 即为采样控制软件的主要界面。频域测量与此非常相似。

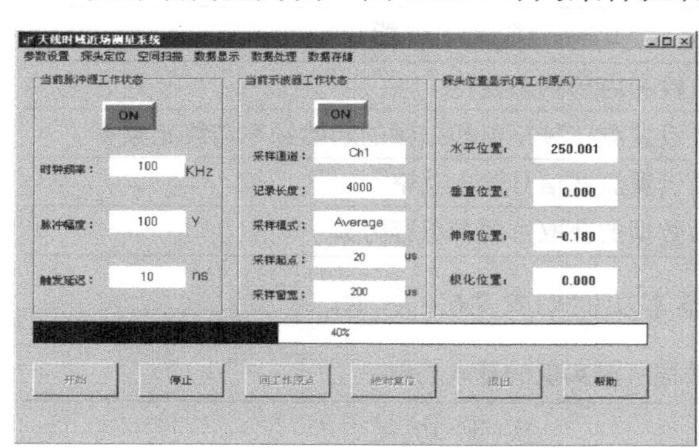

（a）采样软件主界面

（b）探头定位界面

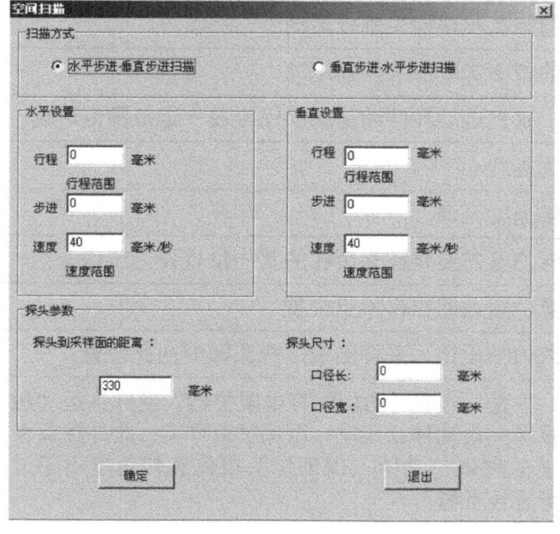

（c）扫描设置界面

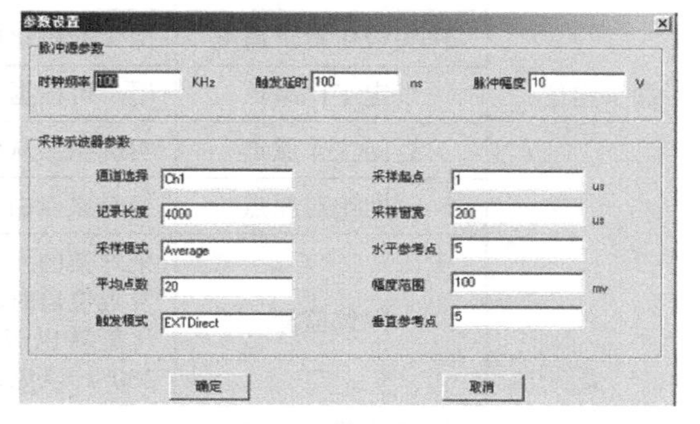

（d）采样示波器与脉冲信号源参数设置界面

图 7.6.14 采样控制软件部分界面

2. 数据处理子系统

数据处理软件子系统是近场测量系统的核心和灵魂。

在频域测量状态下，数据处理功能相对比较简单：完成近场测量数据的排列和编组，进行近远场变换和口径反演，修正各种误差，最后输出处理结果。

时域测量的数据处理相对比较复杂，总体来说，数据处理包含数据预处理、纯时域数据处理和时域频域结合数据处理 3 部分。由于纯时域数据处理对系统噪声和时基精度要求过于苛刻，同时其计算量又过于庞大，所以只用来计算单点的远场时域波形。数据处理由时域频域结合数据处理完成。

时域数据处理软件总框图如图 7.6.15 所示。

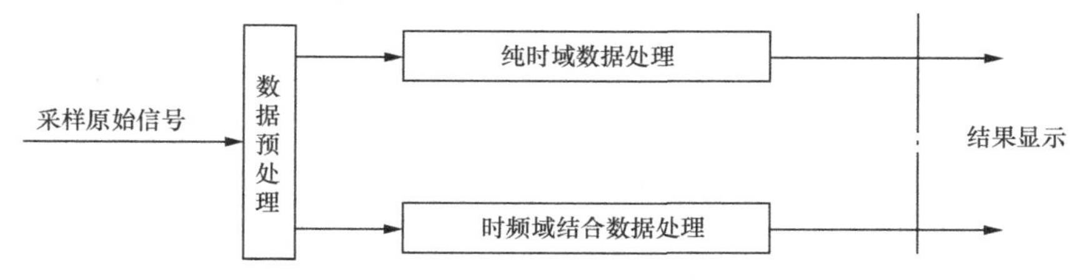

图 7.6.15　时频数据处理软件总框图

在图 7.6.15 中，采样系统采集的原始信号要先经过数据预处理，将数字示波器（或数字采样示波器）输出的原始数据转化成适合程序处理的格式。这一部分工作到底包含哪些内容要视具体的时域采样设备而定，一般来说应包含有效数据提取，加配时间轴等。此外采样数据排序也要在这一部分完成，因为原始的采样数据是按照探头的运动轨迹排列的，排序就是要为每一个采样点的数据配上空间坐标，并按空间坐标顺序重新排列。然后，数据处理由时频域结合数据处理完成，其包含的一系列基本流程如图 7.6.16 所示。

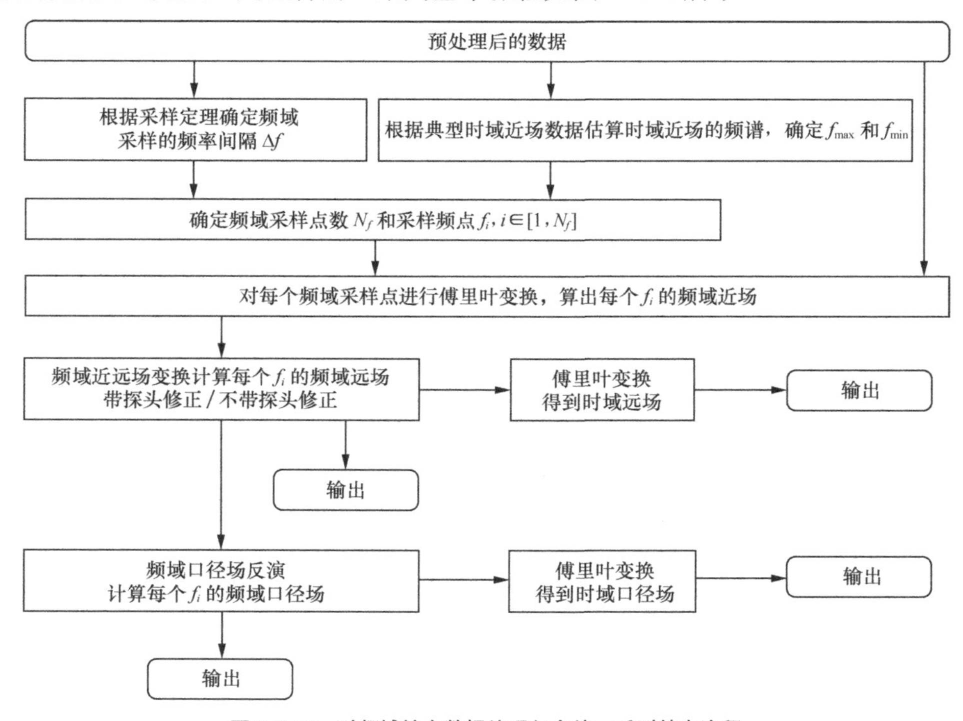

图 7.6.16　时频域结合数据处理包含的一系列基本流程

3．结果显示与输出子系统

在结果显示层面，频域测量与时域测量基本相同。只是时域测量需要额外考虑时域测量结果的显示与输出，因此时域测量的数据显示是完全兼容频域测量的，这里仅以时域测量为例加以简要说明。

时域近场测量技术既能得到被测天线的频域方向图，又能得到被测天线的时域辐射场，因此其结果显示软件应包含静态显示和动态显示两种功能。结果显示软件包括三维功能和二维功能两部分，其中三维功能包括三维球坐标显示功能、三维极坐标显示功能和三维直角坐标显示功能；二维功能包括二维直角坐标显示功能、二维极坐标显示功能和二维平面图显示功能。在三维功能中还包括3种坐标系下的动画显示功能。各种结果显示方式的功能如表7.6.5所示。

表7.6.5　各种结果显示方式的基本功能

显示方式	显示对象	功　能
静态三维球坐标	显示被测天线三维远场方向图	旋转、平移、缩放、剖切、标注特征点、显示等高线、调整标尺
静态三维极坐标	显示被测天线三维远场方向图	旋转、平移、缩放、剖切、标注特征点、显示等高线、调整标尺
静态三维直角坐标	显示被测天线频域近场和频域口径场	旋转、平移、缩放、剖切、标注特征点、显示等高线、调整标尺
动态三维球坐标	显示被测天线三维时域远场动画	旋转、平移、缩放、剖切、标注特征点、显示等高线、调整标尺、调整播放速度
动态三维极坐标	显示被测天线三维时域远场动画	旋转、平移、缩放、剖切、标注特征点、显示等高线、调整标尺、调整播放速度
动态三维直角坐标	显示被测天线时域近场和时域口径场动画	旋转、平移、缩放、剖切、标注特征点、显示等高线、调整标尺、调整播放速度
二维直角坐标	显示被测天线二维频域方向图和场点时域波形	标注特征点、坐标轴调整
二维极坐标	显示被测天线二维频域方向图	标注特征点
二维平面图	显示被测天线频域近场和频域口径场	平移、缩放、调整标尺

图7.6.17即为结果显示软件的用户界面，其中三维球坐标系界面中包含静态三维球坐标显示功能和动态三维球坐标显示功能；三维极坐标系界面中包含静态三维极坐标显示功能和动态三维极坐标显示功能；三维直角坐标系界面中包含静态三维直角坐标显示功能和动态三维直角坐标显示功能。

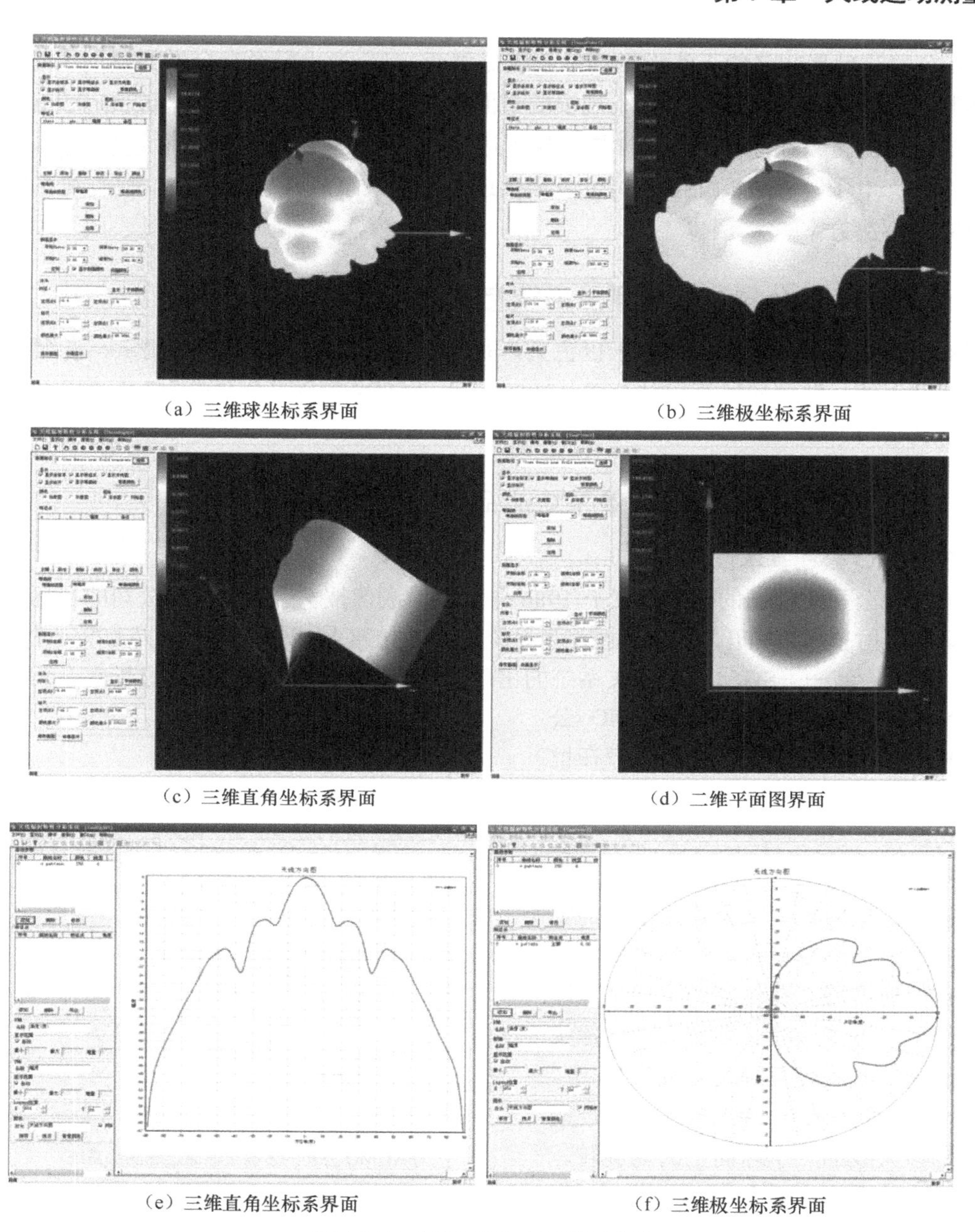

（a）三维球坐标系界面　（b）三维极坐标系界面

（c）三维直角坐标系界面　（d）二维平面图界面

（e）三维直角坐标系界面　（f）三维极坐标系界面

图 7.6.17　结果显示软件的用户界面

7.7　典型近场测量系统介绍

7.7.1　NSI 公司及近场测量系统产品

NSI 公司是一家专门从事天线测量的高科技公司，设计生产的仪器系统主要应用于微波天线的射频特性测量。NSI 公司创建于 1988 年，总部位于美国加利福尼亚州。

NSI公司是世界知名的天线近场测量系统提供商，迄今为止已经在全世界建造了超过450个近场测量系统，其产品覆盖从很小规模的桌面型测量系统（采样架范围 0.9m×0.9m）到超大规模的近场测量系统（其平面采样架规模可达 33m×16m），应用方向包括航空航天、国防、商业、汽车、电子等领域。NSI 公司可以提供近场测量系统从构思、设计、制造到现场安装调试等完整解决方案。

7.7.2 ORBIT/FR 公司及近场测量系统产品

1980年，ORBIT/FR 公司创建于以色列，是一家提供远场测量、近场测量、紧缩场测量系统和微波天线、转台等的高科技公司，2008年与 SATIMO 公司合并成立 Microwave Vision Group（MVG）。

7.7.3 SATIMO 公司及近场测量系统产品

1. SATIMO 公司基本情况

SATIMO 公司是法国的一家成立于1986年的微波成像技术应用公司。公司的目标集中在用高级调制散射技术专利开发快速天线测量系统，并在1998年成功研制了世界上第一个多探头球面近场测量系统——SG64。多探头系统的出现标志着一场天线测量技术的革命，天线测量速度提高了数十倍到上百倍。SATIMO 公司目前共有400多套多探头测量系统在世界各地运行，已成为全球天线测量技术领先的公司。

虽然目前世界上有几十家公司生产近场测量设备，然而绝大部分公司生产的都是单探头的近场测量设备。这种单探头方案的缺点是速度慢。在传统的单探头球面测量系统里，被测天线必须在一个单探头前二维旋转，其旋转范围为方位角从 0° 到 360° 、俯仰角从 0° 到 180° ，以便确定在包围该天线的一个球面上的场旋转。由于单探头的采样点很多、测量时间太长，信号的漂移、仪器的稳定性、温度的变化都将会对测量精度产生影响。

SATIMO 公司的多探头球面近场测量系统在俯仰方向上布置多个宽带低反射的探头进行电子扫描，这样被测天线只需要在方位方向旋转180° 就够了。由于电子扫描是“瞬时”完成的，这使天线测量速度提高了数十倍到上百倍，如图7.7.1所示。

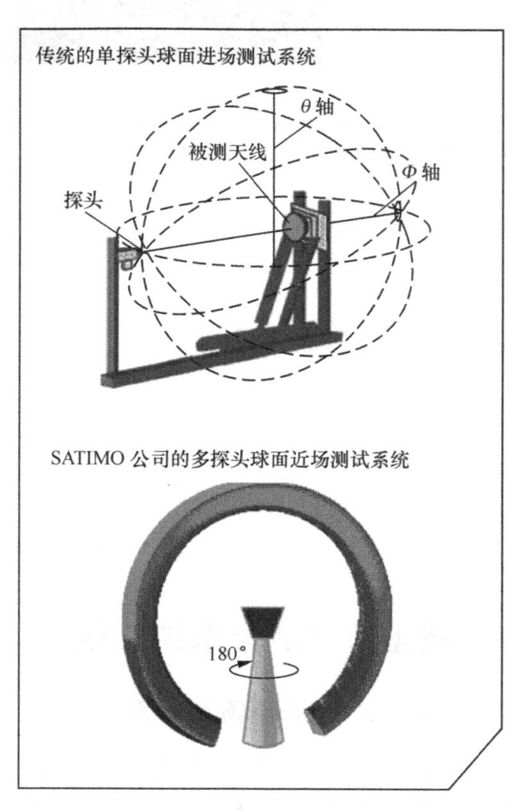

图7.7.1 单探头和多探头球面近场测量系统

多探头由于减少了一维机械运动，效果如下。

（1）测量精度改进：运动是一个干扰的来源。

（2）测量的重复性增加：减少了出错的风险。

（3）系统的寿命缩短：重复动作，可能会影响机械零件的可靠性。

一个典型多探头球面近场测量系统如图 7.7.2 所示。

图 7.7.2　西安海天 SG128 多探头球面近场测量系统

2. 多探头技术在天线测量中应用的基本原理

用于天线测量的多探头技术原理如图 7.7.3 所示。

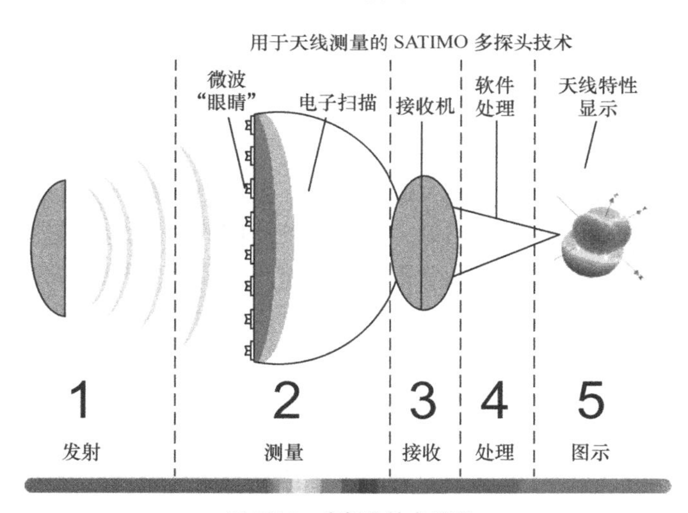

图 7.7.3　多探头技术原理

作为该技术核心的多个探头组成直线形、圆周形或平面形的阵列，排列在近场测量系统的取样面上。这些探头就像微波“眼睛”，可以对被测天线发射的电磁场进行取样。取样时由于探头作为调制散射体，采用了顺序电子调制扫描技术和多工组合网络系统，因此保证了快速和高精度的取样。

采用类似于网络分析仪的外差式接收机，以及 I & Q 解调器技术，能够保证其测量得到探头所在位置的电磁场的实部和虚部数值。

采用功能强大的 SatEnv 软件能对数据进行近远场变换、计算和显示天线特性的图形，在测试过程中对仪器进行自动控制以及对系统进行校准等。

图 7.7.4 表示了采用射频技术的多探头系统的工作状况。被测天线安放在系统的转台上，转台的外形是一个白色的由密实型聚苯乙烯泡沫塑料制成的圆锥体，内部有旋转关节、传动机构和高频电缆等设备。

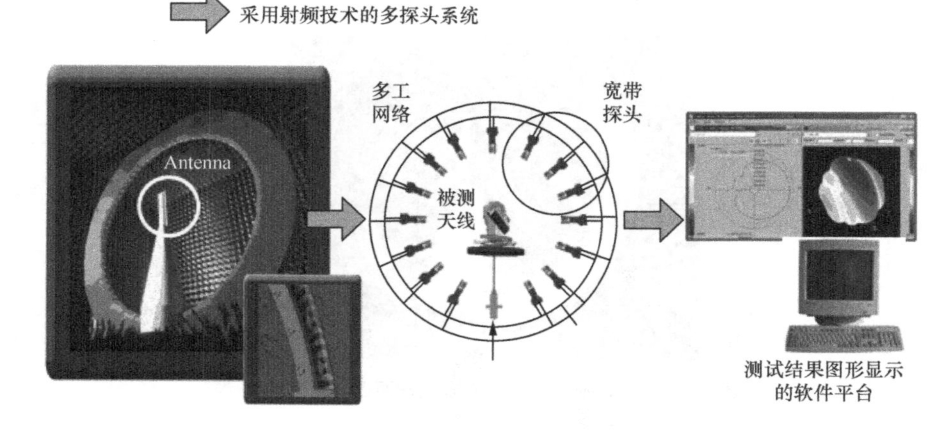

图 7.7.4　采用射频技术的多探头系统

宽带探头所接收到的天线发射的信号，经过调制散射技术处理后，得到中频信号，通过由多个功率分配器组成的多工网络，逐个地把每个探头所得到的数据传送到接收机，最终在计算机的屏幕上软件的界面显示方向图数据和图形。

3. 多探头测量系统产品的优点

多探头测量系统与传统的天线测量系统相比较，表现出一系列明显的优点，具体如下。

（1）测量天线速度快了数十倍，例如第 3 代移动通信的两个关键技术之一的智能天线的测量在普通的单探头的近场或远场进行全部性能的测量需要 1 个月；但是使用 SG128 系统进行这样的测量只需要 1 天的时间，这就大大地提高了天线新产品的研制效率、缩短了开发周期、降低了成本。

（2）能测得天线三维立体方向图的各种参数（包括幅度、相位、轴比、交叉极化、增益系数、波瓣、前后比、上旁瓣抑制、下旁瓣零值填充等）和任意切面的二维方向图。而传统的测量方法，只能测得天线某几个切面的方向图，这就难免会遗漏一些重要的信息。多探头系统特别适合测量一些方向图形状复杂的天线，如多波束天线和智能天线等。图 7.7.5 是 TD-SCDMA 的基站天线和智能天线的立体方向图。

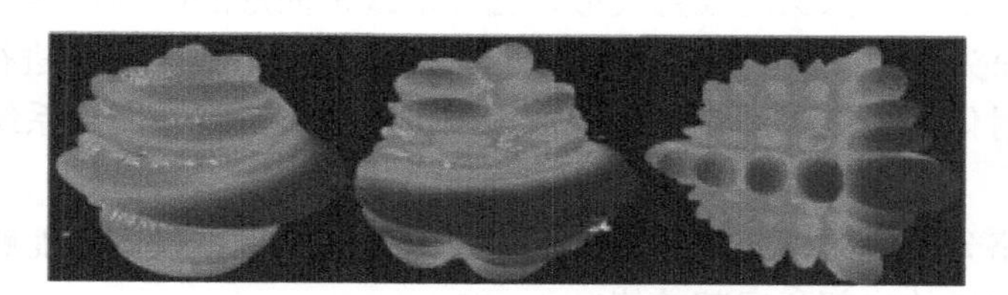

图 7.7.5　基站天线和智能天线的立体方向图

（3）高准确度：根据在西安海天 SG128 系统进行的大量试验结果，基站天线在多探头系统测量得到的方向图与在一个测量环境优良的远场测量得到的方向图吻合得非常好（见图 7.7.6）。

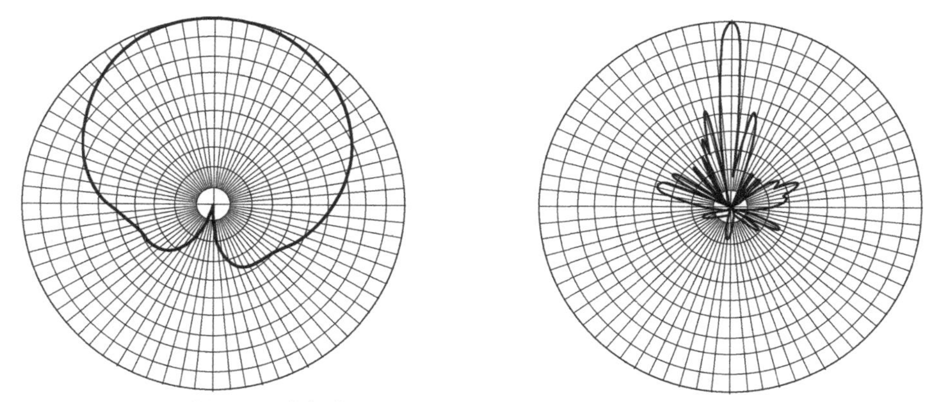

图 7.7.6　多探头系统和远场系统测量得到的方向图吻合情况

（4）高重复性：根据一个基站天线在西安海天 SG128 系统一周内先后测量 12 次所得到的方向图，标准差在±0.135 dB。

4．两类多探头测量系统

根据探头取样平面的不同，多探头测量系统可以划分为两类。

（1）球面测量系统（SG 系统又称 StarGate 系统）：可以用来测量任何种类的天线，而且对于测试宽波束和全方位的定向天线是必要的（如图 7.7.7 第 1、2 行所示），SG 系统按照探头个数的不同而命名测量系统。如其探头的个数分别为 23、35、63、127，则命名的测量系统分别为 SG24、SG36、SG64、SG128。

（2）平面和柱面测量系统（SL 系统）：平面测量系统适合测量高定向天线，如抛物面天线（如图 7.7.7 第 4 行所示），柱面测量系统适合测量半定向天线如基站天线（如图 7.7.7 第 3 行所示）；SL 系统（又称 StarLab 系统）即安装在 4 个轮子上的简易的多探头测量系统，暗室与探头阵合为一体，探头数为 15。

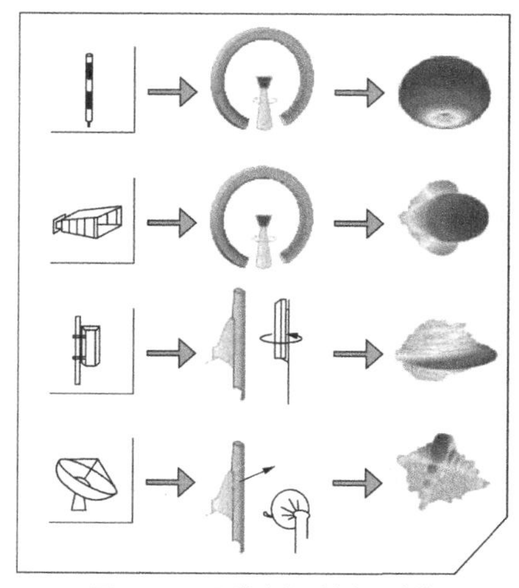

图 7.7.7　两类多探头测量系统

StarLab 是在空间尺寸有限、经费紧张，而又要求系统必须是灵活和可移动的情况下，在实验室和生产环境里测量天线方向图的最佳的工具。其探头阵和吸收材料都安装在一个圆筒里，结构十分紧凑。该系统安装在 4 个轮子上，便于移动。其实际尺寸只有 1.98m×1.82m×1.08m，探头阵的内径为 0.9m，可以通过普通实验室的双门。

该系统可以在 0.8～18GHz 频段工作。由于采用了多重取样技术，在整个工作频段，其可以测量的最大的天线尺寸为 0.45m。系统包括了 15 个探头和 1 个参考通道，可以进行无源的天线测量和有源的手机测量。

如果加入一个轴向的线性扫描器，Starlab 可以从球面近场测量系统转换为圆柱近场测量系统，这就特别适合在基站天线的生产流水线上进行测量（见图 7.7.8）。除了标准的特点，这种结构还可以进行波束倾斜的测量。

图 7.7.8　平面和柱面测量系统

7.8　基于灵巧机械臂的近远场混合场测量系统

使用当前常规的天线测量手段对单个天线的辐射特性进行测量，需要将被测天线放置在指定的目标区处。如果进行的是远场测量，一般需要使用专门的天线测量云台安装被测天线，控制被测天线按照设计的运动方式精确运动，一般通过 *X*-*Y* 轴平移调整天线位置，然后围绕天线相位中心进行方位、俯仰、极化的旋转。如果进行的是近场测量，则需将被测天线架设在合适的距离位置上，一般将最大辐射方向指向近场测试探头天线最大辐射方向，通过机械装置带动并控制测试探头，在天线辐射近场区内精确地按照设计好的扫描面空间位置参数进行扫描运动（一般也可以互易，即待测天线扫描而近场测试探头不动）。柱面扫描测量和球面扫描测量时还需要被测天线同步围绕天线相位中心做方位旋转运动。

无论是远场测量还是近场测量，均需要设计一个非常强大的目标架设运动机构，能够承载并带动整个目标载体进行大范围高精度的平移、升降，以调整当前被测天线的相位中心位置，然后带动整个目标载体围绕被测天线的相位中心进行方位、俯仰旋转运动，以满足天线测量时的姿态变化要求。对远场测量来说，这种机械装置一般是高精度多轴转台，而对近场测量来说，这种机械装置一般是三维（或者多轴）扫描采样架。除技术复杂、控制精密、场地要求高等因素外，这些高精度机械装置也是天线测量系统的主要成本来源。

得益于机器人技术的快速发展，2015 年美国国家标准与技术研究院（NIST）提出一种全新的、采用机械臂实现高精度扫描的近远场扫描天线测量解决方案，可以满足如 5G 通信、卫星通信系统天线测量的实际工程需求。本节对这种新出现的天线测量技术进行简要介绍。

7.8.1　系统构成

目前已经有多家厂商可以提供基于这种技术体系的商用天线测量系统，典型的有中山香山微波科技有限公司（以下简称"香山微波"）、北京测威科技有限公司等。

这种系统一般由射频系统、扫描系统和后处理软件三大部分组成。香山微波提供的测量系统组成如图 7.8.1 所示。北京测威科技有限公司提供的测量系统（RAMS）组成如图 7.8.2 所示（以测量卫星有效载荷天线为例）。

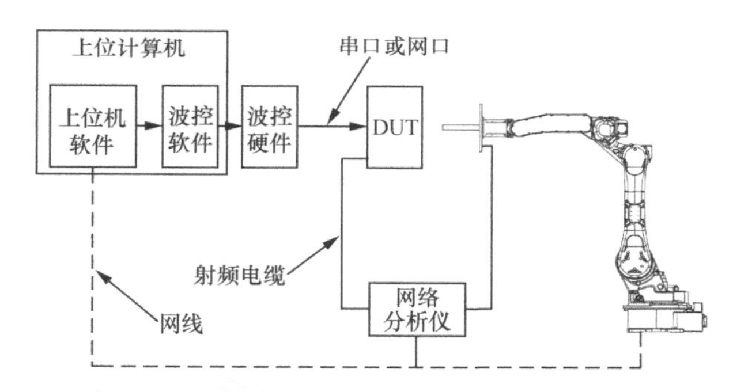

图 7.8.1　香山微波机器臂近场测量系统组成（图片来源：香山微波）

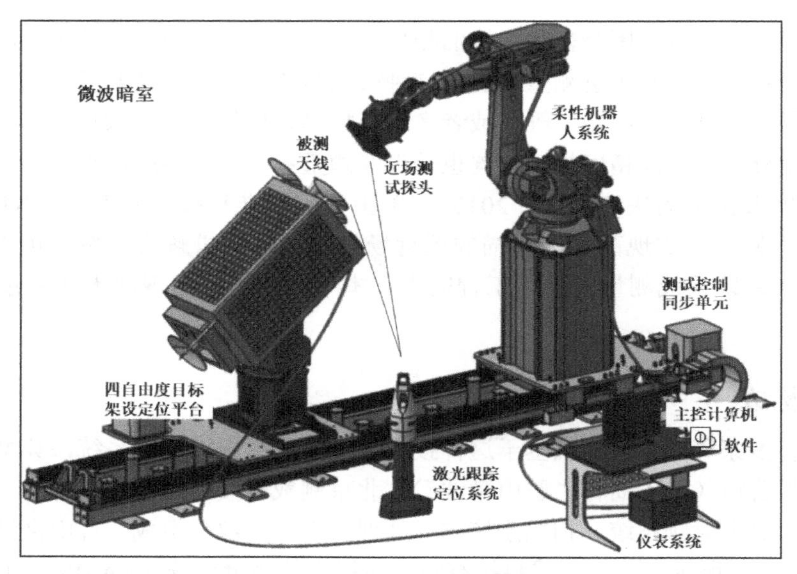

图 7.8.2　北京测威科技有限公司近场测量系统组成（图片来源：北京测威科技有限公司）

香山微波测量系统支持 1～270GHz 的天线性能测试，系统可为智能雷达生产提供自动化电磁测量、分析和质量检测等有效手段。尤其是在大角度相控阵雷达测量上获得产业应用。以工业机器人作为运动载体、利用光学配准技术，提供六自由度高自由度坐标校准，可实现平面近场、柱面场、球面场、远场性能测量，机器臂近场测量系统商业软件界面如图 7.8.3 所示。天线角度测量系统侧角精度不超过 0.01°，系统指向精度不超过 0.05°，同时支持 3D 探头模型补偿功能，此类新型系统可应用于 5G/6G、太赫兹大增益天线和相控阵雷达测量、教育、科研等诸多领域的测量与性能分析。

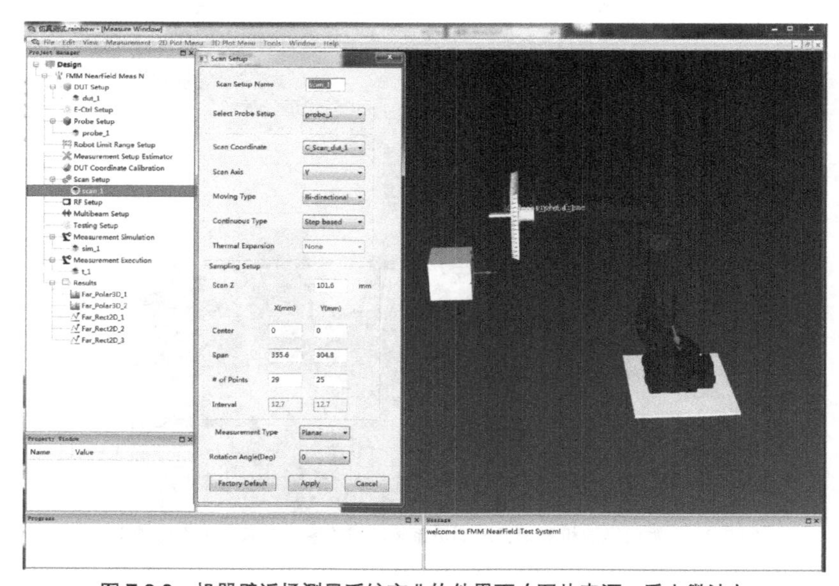

图 7.8.3　机器臂近场测量系统商业软件界面（图片来源：香山微波）

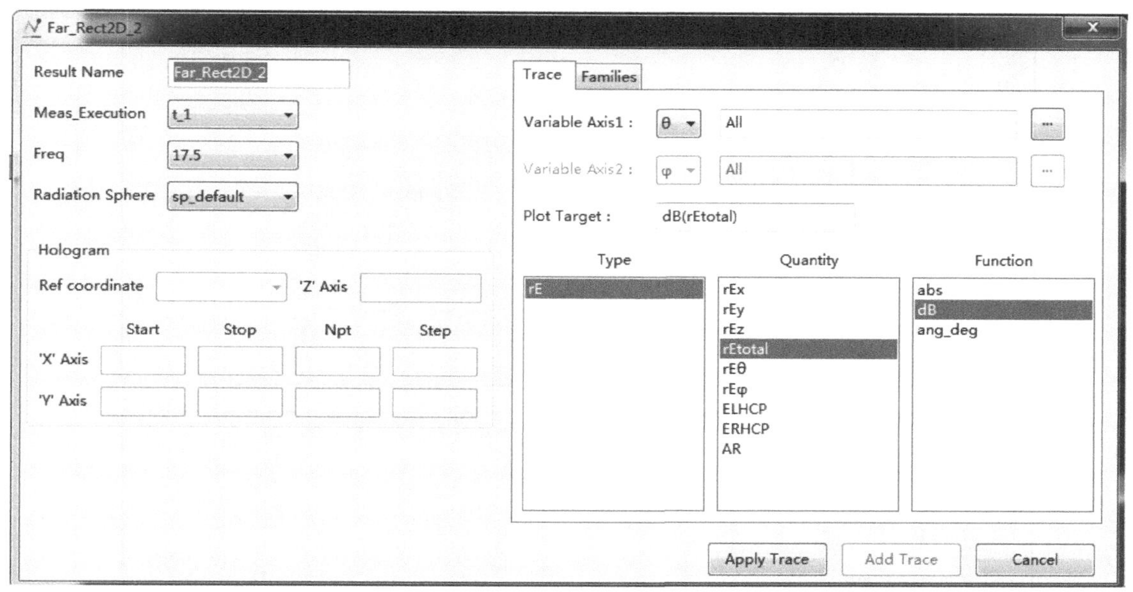

图 7.8.3　机器臂近场测量系统商业软件界面（图片来源：香山微波）（续）

在 RAMS 地面铺设一维导轨基座，柔性机器人系统和目标架设定位系统安装在导轨基座上，可以通过前后移动来调节两者之间的距离。被测目标天线安装在四自由度目标架设定位平台上，通过目标架设平台的 X-Y 位置平移、方位旋转和俯仰旋转调节，将目标待测天线设置在合适的位置和角度。激光跟踪附件及微波测试探头安装在柔性机器人系统的机械臂末端。通过激光跟踪仪，精确测量目标天线与微波探头的空间位置，建立联合空间坐标系。微波测量系统以矢量网络分析仪作为核心，生成微波信号并精确采集幅相数据。通过主控计算机对矢量网络分析仪和柔性机器人系统进行同步控制，机械臂带动微波测试探头按照设定的扫描面实现高精度空间扫描测量，计算机控制矢量网络分析仪进行幅相测量，存储测量数据的同时记录测量点的精确空间坐标。对于 67GHz 以下频率的测量，机械臂的自身的定位精度（0.2mm）即可满足 RAMS 的扫描面轨迹定位精度要求，可以通过主控计算机直接获取控制机械臂的位置信息和矢网测量得到的幅相数据，再对近场幅相测试数据进行远场展开处理，获取被测天线的远场辐射特性。对于 67GHz 以上频率的测量，激光跟踪仪配合安装在机械臂末端的激光跟踪附件，在测量过程中精确测量微波探头的运动轨迹（每个测量点的空间坐标及指向角），同步记录幅相测量数据的测量点位置信息，在近场数据展开处理时，使用精确的空间轨迹信息进行补偿处理，获取被测天线的远场辐射特性。

该系统采用测试控制及数据分析软件（MCDAS），专用于微波暗室紧缩场测量、近场测量、室外场目标散射特性测量软件平台。软件基于.NET 平台开发，采用多层结构、接口与实现分离的设计思想，具有高度的水平扩展能力和垂直扩展能力。RAMS 数据采集与处理界面如图 7.8.4 所示。

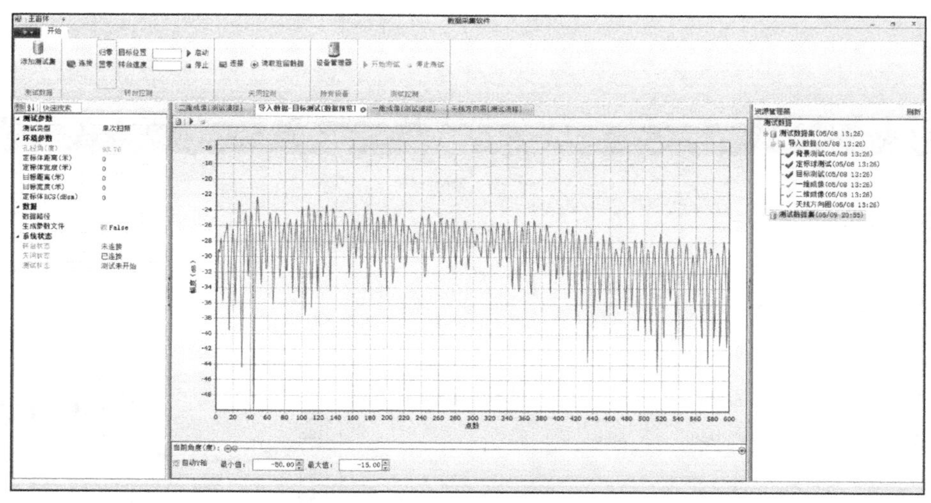

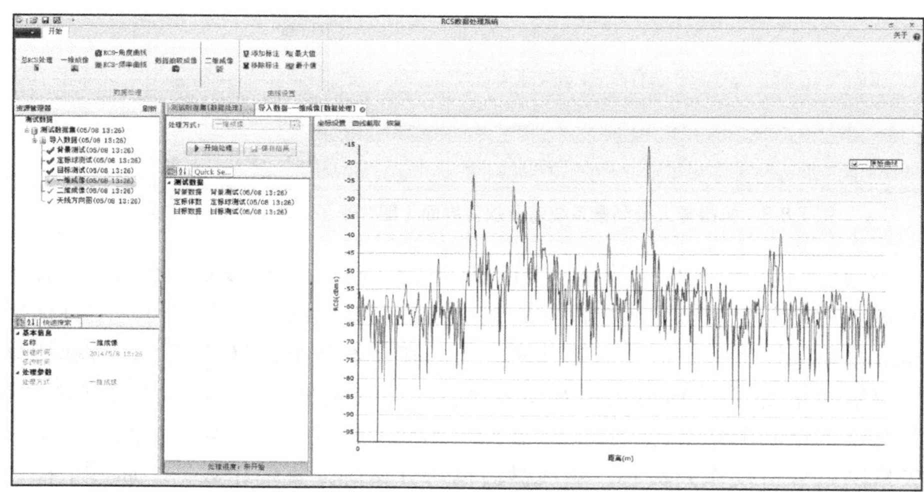

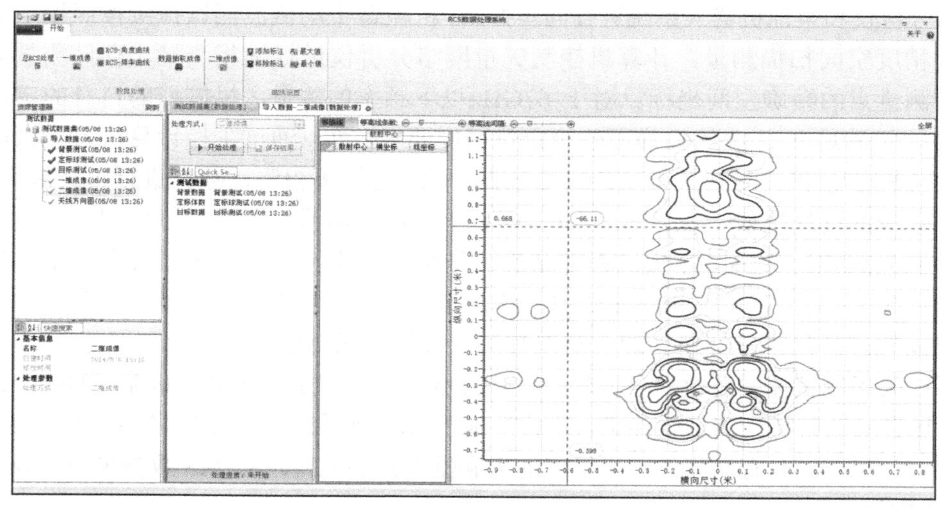

图 7.8.4　RAMS 数据采集与处理界面（图片来源：北京测威科技有限公司）

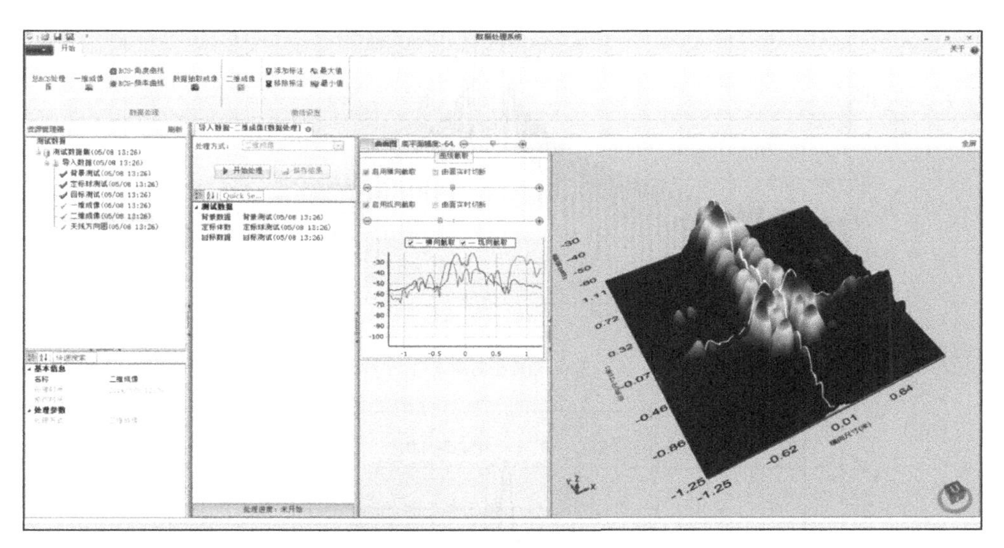

图 7.8.4　RAMS 数据采集与处理界面（图片来源：北京测威科技有限公司）（续）

7.8.2　射频参数测量结果

1. Ka 频段天线近场、远场测量结果对比

对 Ka 频段天线进行了近场、远场测量结果对比，3 次测量结果表明近场、远场测量数据非常吻合，如图 7.8.5 所示。

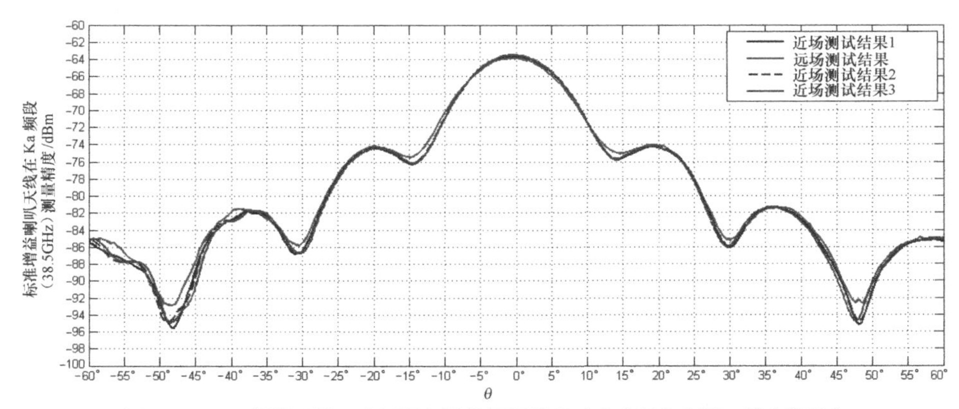

图 7.8.5　Ka 频段天线 3 次近场与远场测量结果对比（图片来源：香山微波）

2. 天线指向精度测量

天线指向精度测量结果如图 7.8.6 所示，发射天线分别转角 3° 和 4° ，测得的天线方向图指向变化 2.98° 和 4.01° ，指向精度实测误差分别为 0.02° 和 0.01° 。

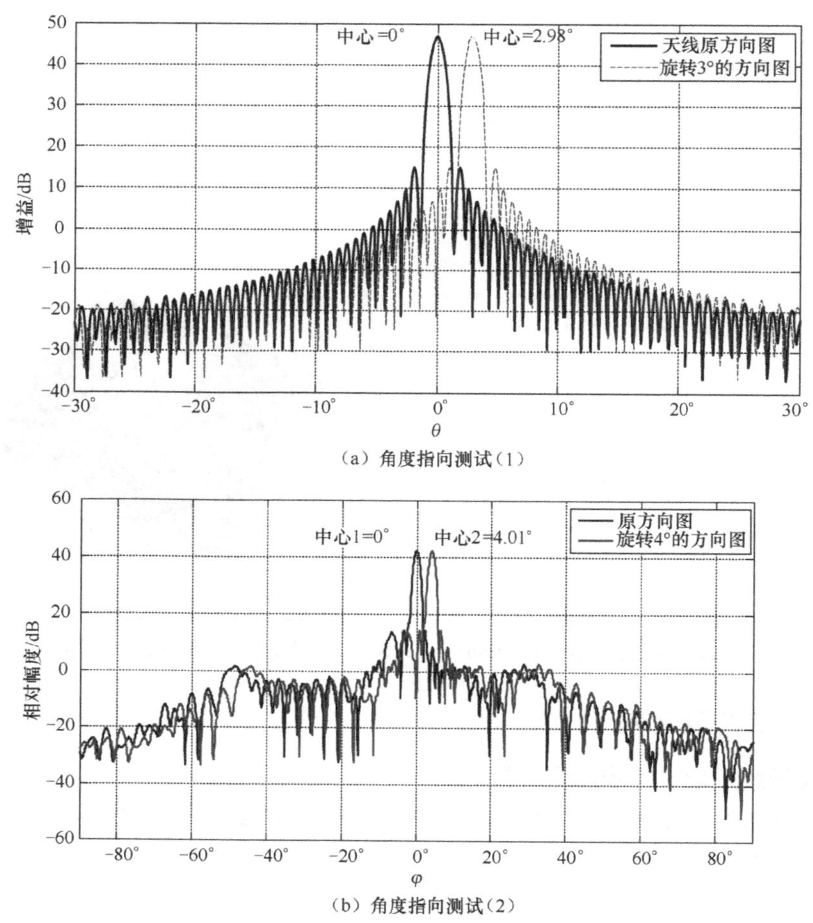

（a）角度指向测试（1）

（b）角度指向测试（2）

图 7.8.6　天线指向精度测量结果（图片来源：香山微波）

3. 相控阵雷达标定测量

相控阵雷达提供程序交互接口，系统可根据通信协议灵活配置自动化阵面标定测量程序。图 7.8.7 所示的是相控阵雷达标定测量图，其中图 7.8.7（a）和图 7.8.7（b）分别是典型接线原理图和典型配置界面，图 7.8.7（c）是通过近场算法反演相控阵幅相分布实测案例。

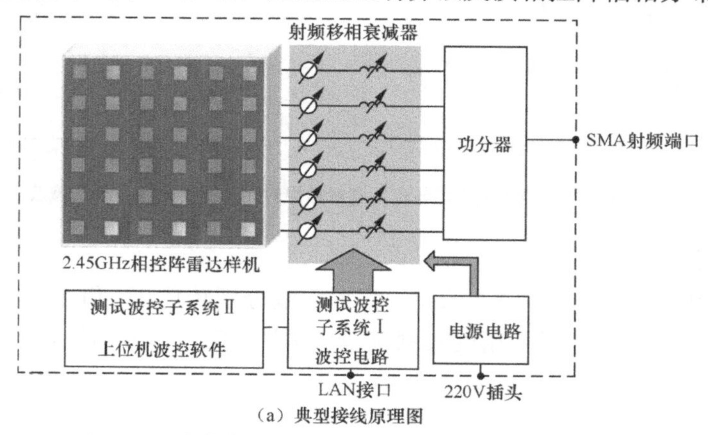

（a）典型接线原理图

图 7.8.7　相控阵雷达标定测量图（图片来源：香山微波）

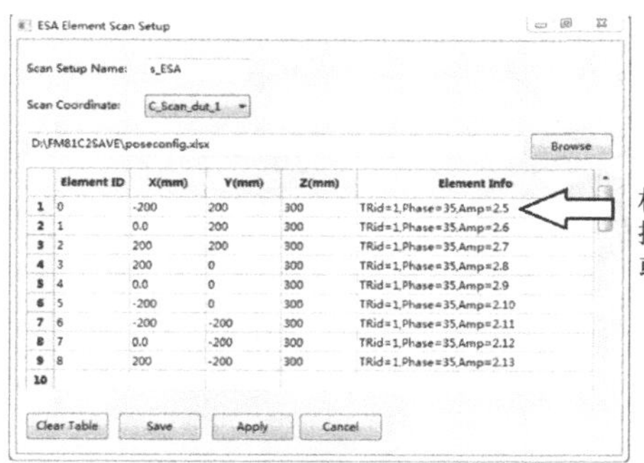

相控阵单个天线的控制指令实现透传或预处理后透传

（b）典型配置界面

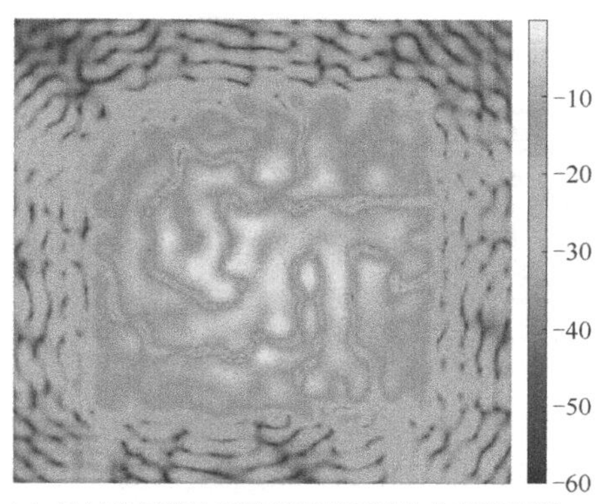

（c）通过近场算法反演相控阵幅相分布实测案例

图 7.8.7　相控阵雷达标定测量图（图片来源：香山微波）（续）

4. 片上天线的标定和测量

太赫兹涡旋波束可以提高雷达通信系统的通信容量及成像系统的分辨率，如何有效地产生这种波束成为近期的一个研究热点。西安交通大学团队利用反射型超表面，在太赫兹频段实现了高质量偏折涡旋波束的产生，设计出的超表面在太赫兹雷达成像、目标探测、通信等领域有较大的潜在应用价值。西安交通大学和香山微波合作搭建了我国西部首套基于机器臂的片上天线自动化测量系统，并成功实现 340GHz 涡旋天线近场成像测量和 400GHz 喇叭天线高精度测量，图 7.8.8（a）、（b）、（c）分别为片上天线测量系统、系统结构组成及测量结果。

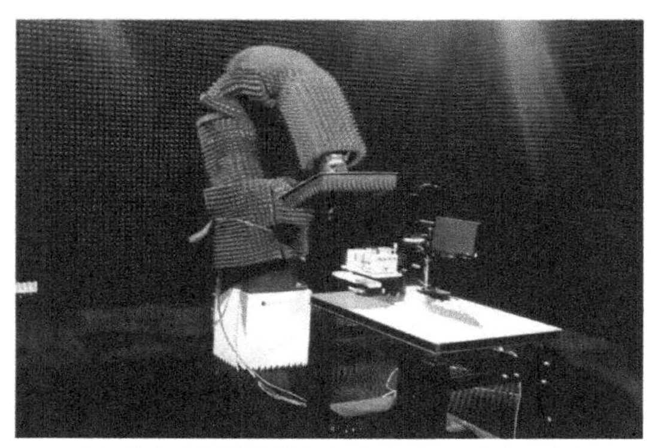

（a）片上天线测量系统（图片来源：西安交通大学）

图 7.8.8　片上天线的标定和测量

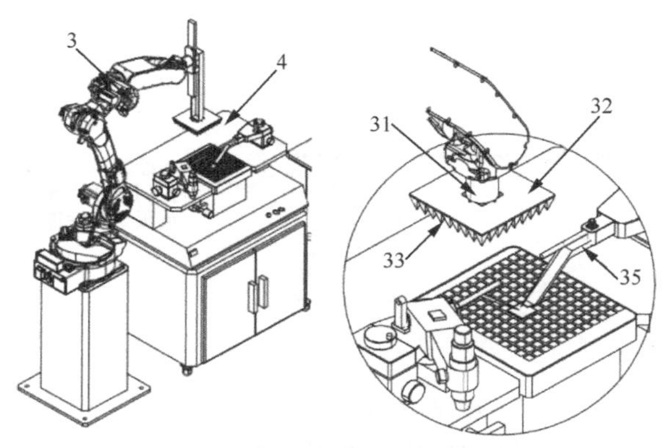

（b）系统结构组成（图片来源：香山微波）

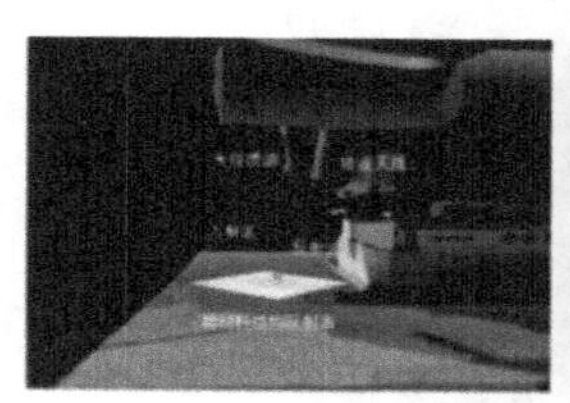

340GHz反射面天线测量设备

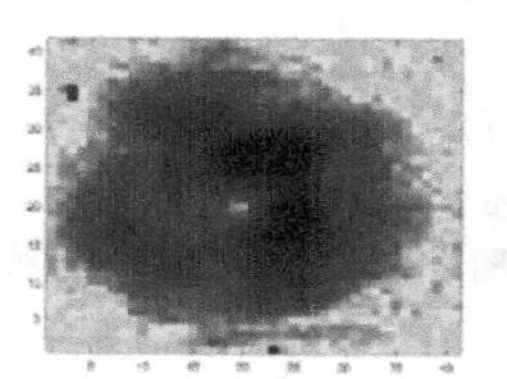

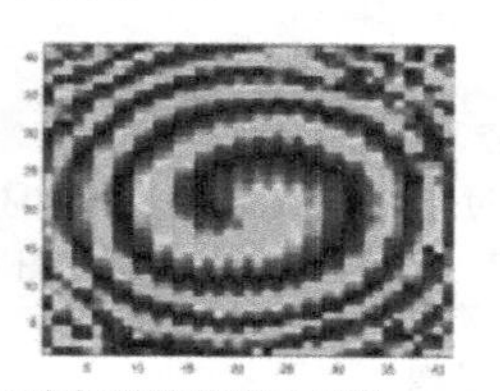

340GHz涡旋电磁波反射面天线幅度相位测量结果

（c）340GHz频段测量结果（图片来源：西安交通大学）

图 7.8.8　片上天线的标定和测量（续）

第 8 章 典型天线测量实践

无论哪一种天线都得经过调试检验才能使用。即便是设计成熟的天线，由于制造的偏差，天线性能也有可能偏离我们期盼的设计值。天线的测量和检验是重要的、不可缺少的。尽管所有天线的测量技术、原理都带有普遍性、一致性，但由于它们的特殊性，就有了某些在测量方法、手段上的差异。已走进寻常百姓家的移动通信设备——手机，为其量身定做的天线，它的各项参数不但与收发电路紧密相连，而且也受人的影响。所以，本章对手机天线测量分有源、无源进行探讨。

相控阵天线控制灵活、天线结构和对转动机械要求低、波束扫描快、精度高，且随着电子技术的进步，基于半导体的控制电路成本越来越低、一致性越来越好，这种扫描方式的相控阵天线已经逐渐占据了主导地位。目前不仅在高成本的雷达领域，甚至在传统上采用低成本的一般天线和机械扫描天线的通信领域，相控阵天线已被广泛采用，它成为先进技术和高性能天线的象征，所以相控阵天线的测量也是本章介绍的重点。

微波通信天线主要应用于点对点微波中继通信、移动网基站间和城域网无线连接等。微波通信的广阔市场，大大促进了该天线行业的发展，在我国移动通信基站天线、微波通信天线生产厂家已发展到上百家，百舸争流的市场竞争中，产品质量、天线指标就成了重要砝码。显然研究该类型天线尤其是毫米波通信天线的测量，已经是势在必行。

随着现代科技的发展，大量的天线应用于飞机、飞船及通信、导航、遥测遥控等领域。为了免受恶劣环境的影响，研究人员给天线设计制作了天线罩提高天线系统工作可靠性和使用寿命。天线罩和天线已置于同等重要的地位，同时，对天线罩的性能和测量技术开始了越来越深入的研究。

8.1 手机天线的测量

手机是目前应用最广泛的个人移动通信工具之一。由于其移动通信属性，手机必然要通过天线来无线收发信号，它是手机与空间进行电磁能量交换的门户。手机天线也是在机身上唯一“量身定做”的器件，因此天线必然是手机的一个重要组成部分。手机天线性能的好坏严重影响手机的通信功能和质量，是手机性能的最重要的指标之一。在手机研发过程中，对于手机天线的测量要求非常严格，这样才能保证手机的正常使用。

与此同时，手机天线由于其应用环境要求及结构约束，又不同于一般天线，一般不能仅用方向图、增益、旁瓣电平、零点等指标来表征其性能，当然也不能仅用一般的天线测量方法来测量其性能，需要用专门的指标体系及测量方法来表征和获取性能。

手机天线的性能测量规定了两种方法：无源法和有源法。无源法是传统的常规远场天线测量方法；有源法又称 OTA 法，是在特定微波暗室内，测量整机在三维空间各个方向的发射功率和接收灵敏度，直接地反映手机整机的辐射性能。

本节简要介绍手机天线的重要参数及测量方法。

8.1.1 手机天线性能指标

一般来说，手机天线测量参数包括有源参数与无源参数两部分。

有源参数包括以下参数。

（1）TRP（Total Radiated Power）：总辐射功率

TRP 为手机用作发射源时，其辐射电磁波到自由空间的总功率。它通过对整个辐射球面的发射功率进行面积分并取平均得到，反映手机整机的发射功率，与发射功率和天线辐射性能有关。

（2）TIS（Total Isotropic Sensitivity）：总各向同性灵敏度

TIS 为手机用作接收器时，它在整个辐射球面的接收灵敏度，与手机天线的传导灵敏度和天线的辐射性能有关。

（3）EIRP/ERP（Effective Isotropic Radiated Power/Effective Radiated Power）：有效各向同性辐射功率/有效辐射功率

EIRP/ERP 为手机天线得到的功率与其以 dBi/dBd 表示的增益的乘积。它反映手机天线在各个方向上辐射功率的大小。

（4）EIS（Effective Isotropic Sensitivity）：有效各向同性灵敏度

EIS 为手机天线的总各向同性灵敏度与其以 dBi 表示的增益的乘积，反映手机天线在各个方向上的接收灵敏度的大小。

（5）NHPRP（Near Horizon Partial Radiated Power）：近水平面发射功率

NHPRP 为手机天线在 *H* 面附近发射功率情况的参数。

（6）NHPIS（Near Horizon Partial Isotropic Sensitivity）：近水平面接收灵敏度

NHPIS 为手机天线在 *H* 面附近接收灵敏度情况的参数。

（7）PEIRP（Peak Effective Isotropic Radiated Power）：峰值有效全向辐射功率

PEIRP 为手机天线在各个方向上辐射功率的峰值。一般提到 EIRP 指的是峰值 EIRP，即 PEIRP。

无源参数即一般用来表征手机天线性能的指标，包括以下参数。

- 增益。
- 辐射方向图。
- 输入阻抗。
- 电压驻波比/回波损耗。
- 3D：3D 场强图。
- 3dB BW：3dB 波束宽度。
- 前后比（*F*/*B*）。
- 交叉极化比（Cross polar）。
- 隔离度。
- 方向性。
- 效率。

8.1.2　手机天线的有源测量

手机天线的有源测量，其实就是模拟手机的实际使用情况的测量。常见的手机天线测量平台有微波暗室、TEM CELL 和耦合测试板等。

微波暗室法比较准确而且系统，对于手机天线的测量，其测量指标可以很好地衡量手机天线的性能好坏，但其造价比较昂贵。TEM CELL 方法只可以测量天线的有源指标，这种方法与微波暗室法类似，但是相较于微波暗室法误差比较大，成本比较低。耦合测试板方法是用于测量产品的一致性，并不是针对手机天线性能的测量。

使用手机时，人体会吸收天线的辐射功率，而且对手机天线的远区辐射方向图、输入阻抗、辐射效率、反射系数等参数也有影响，所以手机天线性能的测量一般需要模拟手机实际使用时的情况。

测量方法主要包括二维测量和三维测量。二维测量时，只需选择射频辐射和接收灵敏度最好的平面进行测量，即仅测量天线的峰值有效全向辐射功率（EIRP）和峰值有效各向同性灵敏度（EIS），从而无法全方位了解手机性能。三维测量即手机射频空间性能测量法（如 OTA 法），它是由 CTIA（美国无线通信和互联网协会）制定的一个手机射频空间性能测量标准。这种方法能够从各个角度对手机三维总辐射功率（TRP）和总各向同性灵敏度（TIS）进行测量，从而得到更加全面和准确的辐射性能及接收性能。

1. 圆锥切和大圆切割法的三维测量系统

图 8.1.1 给出的两种典型的三维测量系统。图 8.1.1（a）所示是分布轴测量系统（圆锥切系统），在分布轴测量系统中，辅助天线架设在半圆的拱桥上，围绕 AUT 升高或降低移动，并且因此表示仰角 θ 的变化。测量过程：辅助天线先定位在一个起始 θ 角上，固定在单方位转台上的 AUT 绕 ϕ 轴旋转 360°，当辅助天线移动到下一个 θ 角时，重复上述步骤进行测量。通过移动辅助天线绘制出不同直径的圆，因此得到圆锥切割方向图。

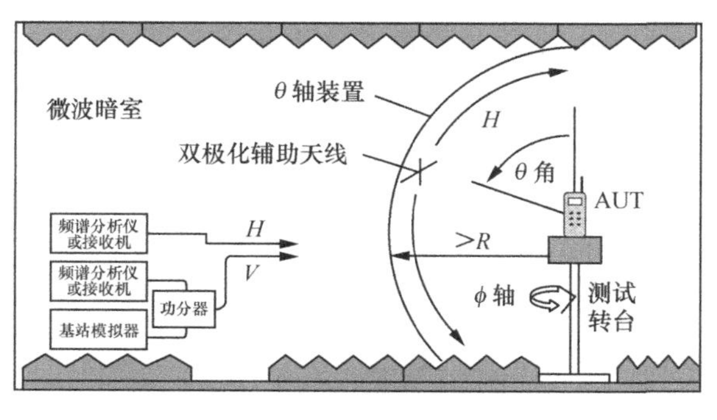

（a）分布轴测试系统

图 8.1.1　天线球面方向图测量系统

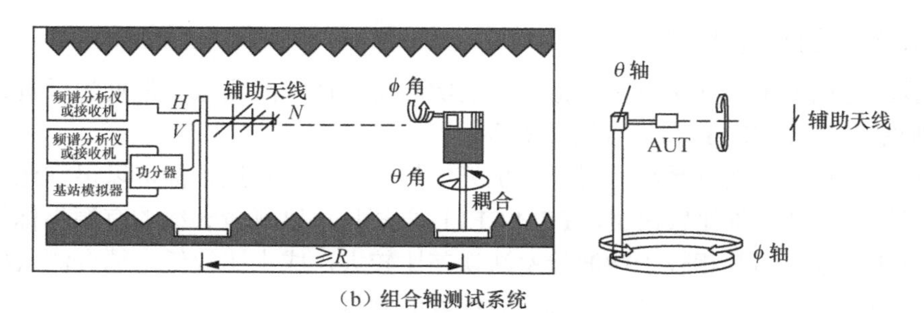

（b）组合轴测试系统

图 8.1.1　天线球面方向图测量系统（续）

在图 8.1.1（b）所示的组合轴测量系统中，辅助天线固定不动，AUT 在两个正交轴上按照一定顺序旋转。如 ϕ 轴每步进 30°，θ 轴旋转一周。由此得到大圆切割方向图。

在手机天线的应用中，人头对天线性能有较大影响，所以人头模型下的天线测量也是重要项目，详见标准 YD/T 1484—2006《移动台空间射频辐射功率和接收机性能测量方法》。

2. 采用基站模拟器的手机天线测量方法

（1）手机天线 *TRP* 测量方法

手机天线的三维总辐射功率（*TRP*）定义为

$$TRP \approx \frac{\pi}{2NM}\sum_{i=1}^{N-1}\sum_{j=0}^{M-1}\left[EIRP_{\theta}\left(\theta_i,\phi_j\right)+EIRP_{\phi}\left(\theta_i,\phi_j\right)\right]\sin\left(\theta_i\right) \tag{8.1.1}$$

其中，N 和 M 表示完整的球面有 N 个 θ 间隔和 M 个 ϕ 间隔；$EIRP_{\theta}$ 和 $EIRP_{\phi}$ 分别表示 *EIRP* 在 θ 和 ϕ 两个正交极化方向上的测量值。

具体测量方法是，在球坐标的 θ 轴和 ϕ 轴分别间隔 15° 取一个测量点，即能够充分描述移动台的远场辐射模式和总辐射功率。由于在 θ=0° 和 θ=180° 时不用测量，所以每个极化角需测量 264 个点。

图 8.1.2 所示是一个手机天线 *TRP* 测量简化框图。手机放在一个三维转台上，不附加任何电缆。一个基站模拟器连接到手机附近的基准天线（Link 天线），基站模拟器可以与手机建立连接并使手机以最大功率发射电磁波。进行实际功率测量的设备是频谱分析仪，通过单刀双掷开关可以测得垂直极化和水平极化场的功率。Link 天线的位置和基站模拟器的发射功率都不重要，只要在测量中能保证无线连接的建立。由于大部分手机都是线极化的，因此通常用圆极化的对数螺旋线天线作为 Link 天线。如果 Link 天线也是线极化的，当待测手机和 Link 天线交叉极化时，它们之间的连接可能因此而中断。

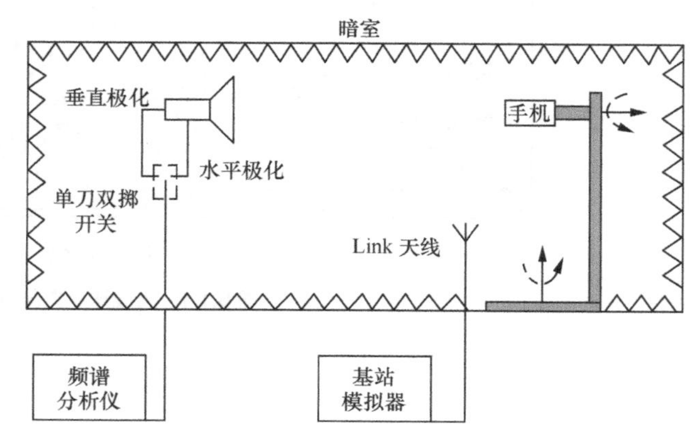

图 8.1.2　手机天线 *TRP* 测量简化框图

（2）手机天线 *TIS* 测量方法

手机天线的总各向同性灵敏度（*TIS*）定义为

$$TIS \approx \frac{2MN}{\pi \sum_{i=1}^{N-1}\sum_{j=1}^{M-1}\left[\frac{1}{EIS_{\theta}(\theta_i,\theta_j)}+\frac{1}{EIS_{\phi}(\theta_i,\theta_j)}\right]\sin(\theta_i)} \tag{8.1.2}$$

其中，N 和 M 表示完整的球面有 N 个 θ 间隔和 M 个 ϕ 间隔；EIS_θ 表示当电磁波入射到 EUT 上时，为达到灵敏度限值，理想全向 θ 极化天线在入射方向（θ,ϕ）上由 θ 极化平面波产生的功率；EIS_ϕ 表示当电磁波入射到 EUT 上时，为达到灵敏度限值，理想全向 ϕ 极化天线在入射方向（θ,ϕ）上由 ϕ 极化平面波产生的功率。

TIS 表征天线的接收性能，测量中通过误码率（*BER*）来衡量。在球坐标的 θ 轴和 ϕ 轴分别间隔 30° 取 1 个测量点，即能够充分描述 EUT 的 60 个点。

图 8.1.3 所示是手机天线 *TIS* 测试简化框图。手机放在一个三维转台上，不附加任何电缆。一个基站模拟器必须工作在双端口模式，它的输出端口连接到双极化喇叭天线，输入端口连接到手机附近的 Link 天线。通过调节单刀双掷开关可以测得水平极化及垂直极化的 *TIS*。

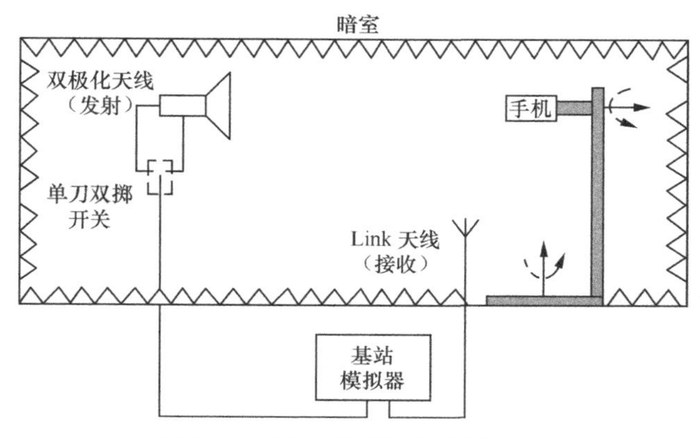

图 8.1.3　手机天线 *TIS* 测试简化框图

3．OTA 全自动测量系统

OTA 着重进行整机辐射性能方面的测量，并逐渐成为手机厂商重视和认可的测量项目。OTA 全自动测量系统如图 8.1.4 所示。系统置于特定微波暗室内，主要由 MAPS 控制器、辅助天线、标准天线、无线电综合测试仪、频谱分析仪及计算机等组成。

该测量系统主要用于测量天线的方向系数、增益、效率、总辐射功率（*TRP*）和总各向同性灵敏度（*TIS*）。测量系统可由 *EIRP*（θ,ϕ）和 *EIS*（θ,ϕ）分别计算出 *TRP* 和 *TIS*。图 8.1.4（a）和（b）分别是 *EIRP*（θ,ϕ）和 *EIS*（θ,ϕ）测量系统的配置。

4．手机天线有源测量典型流程

以采用 Satimo 测量系统进行典型大批量手机天线有源测量为例，其典型测试流程主要包括以下步骤。

① 移动终端开机放置在 Satimo 测量系统的暗室转台固定位置，通过暗室测量天线将其连接到基站仿真器，基站仿真器的发射信号通过暗室测量天线发送给移动终端，移动终端的接收系统接收所述基站仿真器的发射信号并解码，基站仿真器的工作信道设为任意一个待测信道。

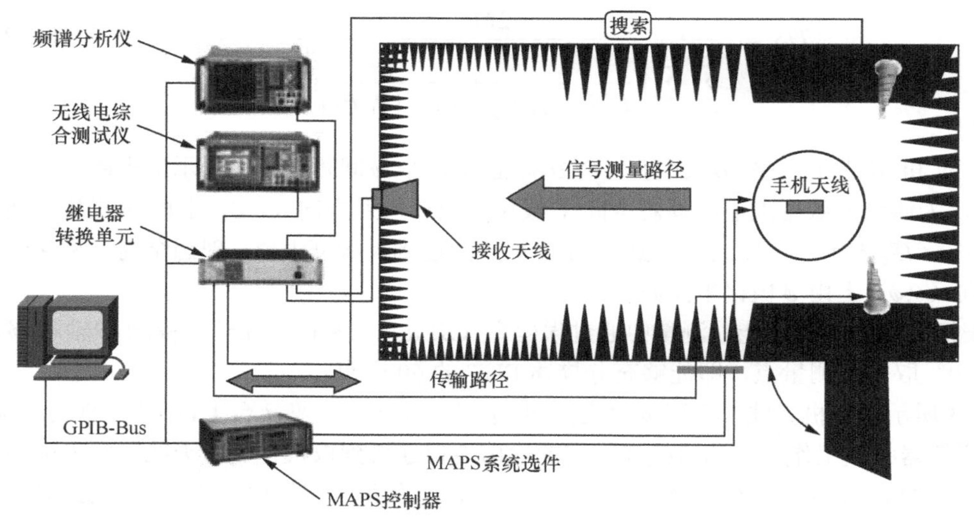

（a）*EIRP*（θ，ϕ）测量系统示意图

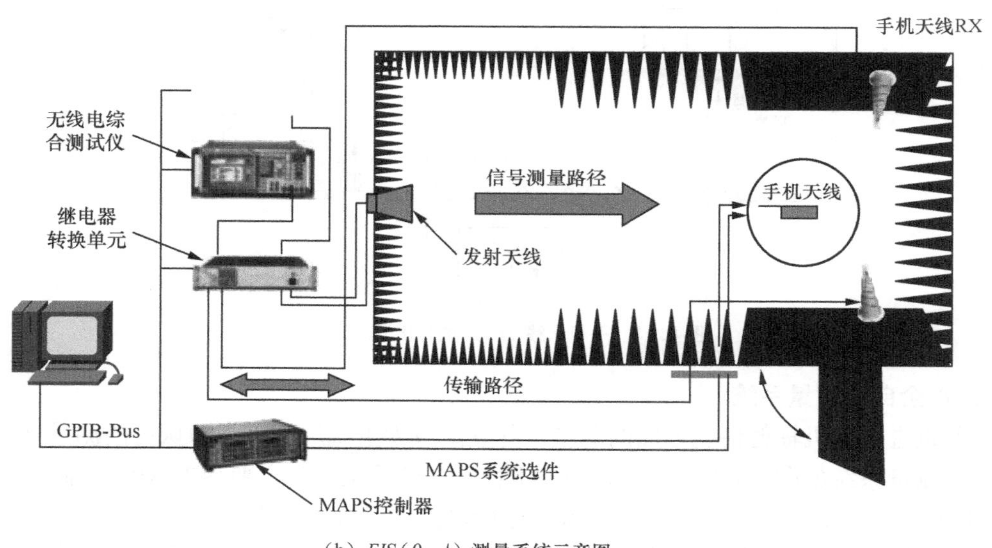

（b）*EIS*（θ，ϕ）测量系统示意图

图 8.1.4　手机天线 OTA 全自动测量系统

② 将移动终端依次运动到不同的转台方位角（ϕ 角度和 θ 角度），通过切换环天线来达到 θ 的角度运动；在每个 θ/ϕ 角度上，通过切换测量天线水平极化和垂直极化，实现对一部手机进行全方向性性能测量，并实时记录数据。

③ 经过对一部手机进行全方向性能测量，获得最佳方向角度值。

④ 测量参数恒定设置为最佳方向角度值，以最佳方向角度的值作为恒定参数组对同种天线型的手机依次进行测量，以此判断同种天线的手机性能的一致性；将所有测量点的 ERP 组成终端天线的发射功率强度方向图并保存。

⑤ 测量完成后用 SatEnv 软件计算导出并输出测量结果。

在此基础上，进行快速测量具体步骤如下。

① 测量 TRP 时，通过外部输入设备向计算机控制模块输入功率扫描指令；测量 TIS 时，通过外部输入设备向计算机控制模块输入灵敏度扫描指令。

② 计算机控制模块将所述功率扫描指令或灵敏度扫描指令通过信号线传输至基站仿真器仪表内的信号接收/发射端，经由基站仿真器仪表内的信号接收/发射端传输至暗室转台的通信天线及测试天线，进行最佳方向角度测量。

③ 测量完成后，基站仿真器仪表内的信号接收/发射端反馈至计算机计算存储模块，测试完成。

④ 这种测量方法的有益效果为：通过在天线形式一样的情况下，天线辐射方向图基本一致，对最佳方向角度进行测量，以最佳方向角度的值来判断同种天线形式的手机性能的一致性，有效地减少测量所花的时间，在原有测量环境的基础上提高了测量效率，解决了测量资源紧缺的压力（见表 8.1.1 和表 8.1.2）。

表 8.1.1　　测量效果提升

名称	*TRP*（3 信道）	*TIS*（3 信道）
正常测量时长	1min	30min
快速测量时长	12s	39s
提升率	80%	97.83%

表 8.1.2　　常规 *TRP&TIS* 测量 MAX 值与快速测量值

TRP	
常规 *TRP* 测量 MAX 值	快速测量值
30.81	30.81
30.67	30.64
29.94	29.92
TIS	
常规 *TIS* 测量 MAX 值	快速测量值
104.58	104.5788

5. 手机天线效率测量方法

手机天线等电小天线的效率测量问题一直以来是一个既重要但又比较困难的问题。从天线指标测量的角度来讲，可用于电小天线效率测量的方法一般包括以下 4 种。

① 辐射计方法。

② 方向性增益比对方法。

③ 品质因数方法。

④ “惠勒”帽（Wheeler Cap）方法。

这些测量方法各有优势和不足。一般认为，“惠勒”帽方法简便易行，对测量环境和测量设备要求较低，测量数据处理简单，测量精度满足一般工程要求，测量不确定性小，测量可重复性好。其不足之处是它的理论并不严谨，在待测天线间相对效率测量效果较好，而在绝对效率测量存在一定误差，其应用范围一般限于简单天线（谐振型天线，天线可等效为 RLC 串联或并联谐振电路）。因此本书重点介绍用“惠勒”帽（Wheeler Cap）法测量手机天线效率。

“惠勒”帽方法基本原理如下。

天线效率η可以定义为：$\eta=\dfrac{P_r}{P_{in}}=\dfrac{P_r}{P_r+P_l}$ （8.1.3）

其中，P_r为天线的辐射功率总和；P_{in}为天线的馈电功率或者说输入功率，可分解为辐射功率P_r和总损耗功率P_l两个部分之和。

η可以等效为以下形式：$\eta=\dfrac{R_r}{R_{in}}=\dfrac{R_r}{R_r+R_l}$ （8.1.4）

其中，R_r是辐射阻抗实部；R_{in}为天线的输入阻抗实部，可分解为辐射阻抗实部R_r和损耗电阻R_l两个部分之和。

如果可以测得辐射阻抗实部R_r和天线的输入阻抗实部R_{in}，则可根据式（8.1.4）很容易求得天线效率。

在实际测量中，R_{in}可以很方便地由网络分析仪等设备测出，而直接测量R_r非常困难。“惠勒”帽的方法则是依靠阻断天线辐射的方法测得R_l，根据式（8.1.5）即可求得R_r。

$$R_r=R_{in}-R_l \quad (8.1.5)$$

以微带贴片天线为例，其测量系统组成如图 8.1.5 所示。

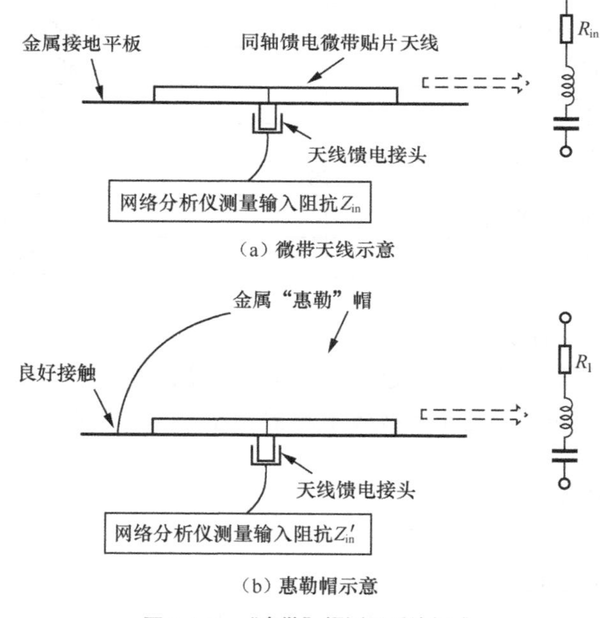

（a）微带天线示意

（b）惠勒帽示意

图 8.1.5 “惠勒”帽测量系统组成

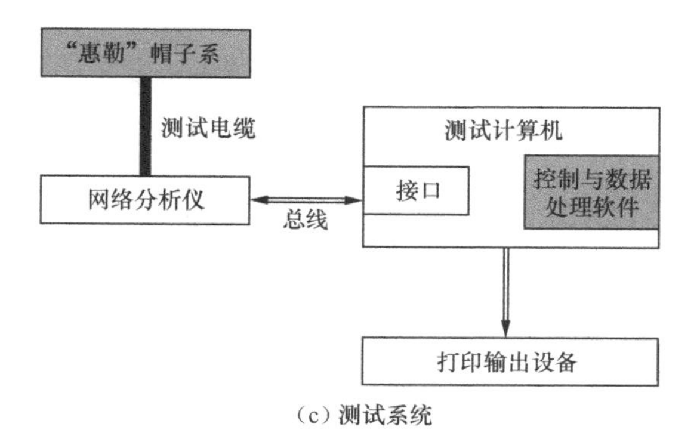

（c）测试系统

图 8.1.5　“惠勒”帽测量系统组成（续）

8.1.3　手机天线的无源测量

1. 测量系统

将手机收发电路断开，单独进行天线的测量称为手机天线的无源测量。这对于手机天线最初设计性能判定是很重要的。采用图 8.1.2 所示的测量系统进行圆锥切割或大圆切割绘制立体方向图可以直观地了解天线在整个空域的辐射分布情况，但不易定量地标注旁瓣电平值和位置。用包含主瓣最大值切面上的一维方向图可以很方便地表示这些信息，这就是表示某个切面的平面方向图。在手机天线的应用中，同样关心两个平面方向图，即 E 平面方向图和 H 平面方向图。

典型的测量系统是一套在计算机控制下的自动测量系统，主要由两轴（方位轴、极化轴）转台及其控制器、辅助天线、测试仪器（如矢量网络分析仪）、计算机、射频电缆等组成，如图 8.1.6 所示。

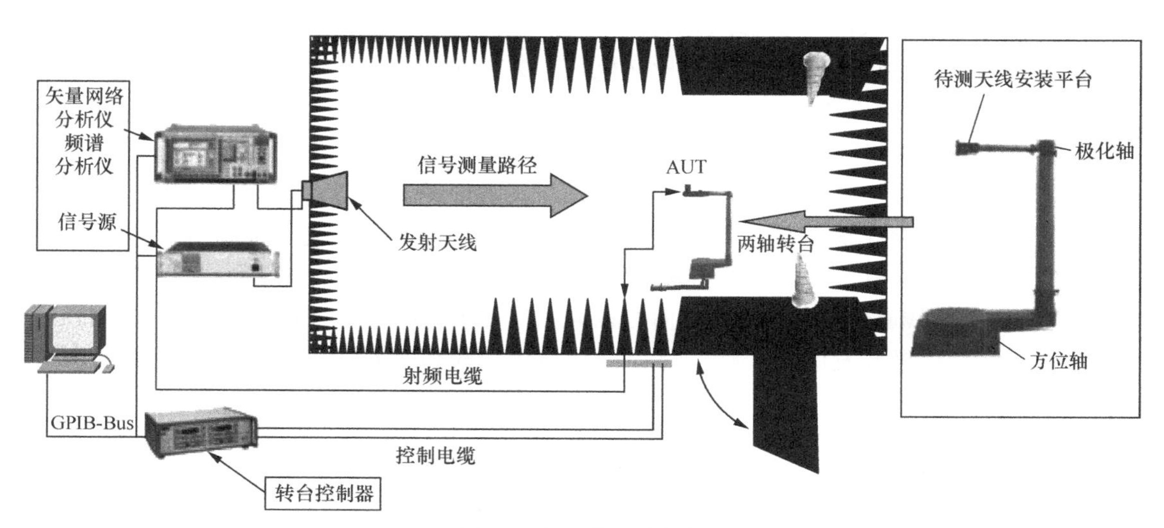

图 8.1.6　手机天线测量系统

测量采用常规远场测试法。在远场条件下应满足$R \geqslant \frac{2D^2}{\lambda}$，手机天线属于电小天线，测试距离可以选择 $R \geqslant 10\lambda$，这样比较容易计算。如果测量精度要求不高，$R \geqslant (3\sim5)\lambda$ 也可以。辅助天线置于发射工作状态，待测天线（AUT）置于接收工作状态。处于发射状态的辅助天线通常称为源天线。

收发天线极化相同测得的方向图为主极化方向图，两者极化正交测得的方向图为交叉极化方向图。线极化天线主要测量水平极化和垂直极化两个平面的方向图。

2. 绝对功率测量法

采用绝对功率测量法，待测天线增益（GAUT）可以很方便测得。依据传输公式 $GAUT$ 为

$$GAUT = P_r + (L_r + L_t + L_d) - (P_t + G_t) \quad (\text{dBi}) \tag{8.1.6}$$

式（8.1.6）中，P_r 为测量显示电平值，单位为 dBm；L_r、L_t 为收发射频电缆损耗，单位为 dB；L_d 为自由空间传输损耗，单位为 dB，$L_d = 34.44 + 20\lg R\ (m) + 20\lg f\ (\text{GHz})$；$P_t$ 为信号源发射功率，单位为 dBm；G_t 为源天线增益，单位为 dBi。

测量前需对 P_t、L_r、L_t 进行仔细标校，G_t 还可以采用三天线法在测量现场标校。

8.2 微波通信天线的测量

微波通信天线主要应用于点对点微波中继通信、移动网基站间和城域网无线连接、电力与水利等专网的无线通道等。微波通信具有容量大、质量好并可传至很远的距离的特点，因此是国家通信网的一种重要通信手段，也普遍适用于各种专用通信网。正因为微波通信的广阔市场，大大促进了微波通信天线行业的发展，在对手如云、百舸争流的市场竞争中，天线测量设备、测量技术及测试数据则显得尤其重要。

8.2.1 微波通信天线的主要技术指标

微波通信天线主要技术指标有前后比（*F*/*B*）、交叉极化鉴别率、旁瓣包络、增益、电压驻波比及半功率波束宽度等。

由于微波通信天线在应用中的特点，相关标准对天线与天线之间的互扰提出非常严格的要求，衡量这种互扰的主要天线参数是 *F*/*B* 及方向图包络等。在国内、国外的有关标准中，按 *F*/*B* 可将微波通信天线分类为标准型、高性能型、超高性能型等。对于天线辐射包络图，ETSI（欧洲电信标准化协会）标准按 Class1～Class4 分级。目前市场上畅销的点对点微波天线属于 Class3 级别，而 Class4 天线要求具备更高的 *F*/*B* 及方向图包络，已经成为各大厂家积极开发的下一代产品。微波通信天线覆盖频段极宽，目前最高工作频率已达 86GHz。

8.2.2 *F*/*B* 指标的确定

后瓣信号强度的最大值与主瓣最大值之比，记为 *F*/*B*，通常用分贝表示。在我国标准 YD/T

508.1—1997《微波接力通信系统抛物面天线技术条件》文件中，*F/B* 指标规定在一定空间角度范围内，如标准型：180° ±45° ；高性能型：180° ±70° 。

前后比由经验公式计算：$F/B=G+A$ (8.2.1)

式（8.2.1）中，*G* 为天线增益；*A* 为附加系数，单位为 dB，参考值见表 8.2.1。

表 8.2.1　*F/B* 计算附加系数推荐表（由广州盛路通信科技股份有限公司提供）

A 值				
类型	标准型	高性能型	超高性能	
Class 等级 / 频率范围（GHz）	Class1	Class2	Class3	Class4
3～14	6	20	25	30
14～20	6	20	27	30
20～24	10	20	23	30
24～30	10	18	25	30
30～47	10	17	17	24
47～66	10	18	17	—
66～86	5	10	17	21

微波通信天线方向图旁瓣电平必须满足标准规定的包络限值，即天线方向图包络（RPE）。目前，固定无线电系统的点对点通信天线，广泛采用 ETSI（EN 302 217-4-1）标准，在该标准中按不同频段划分了不同的限定等级（Class），见表 8.2.2。ETSI 标准给出了天线主极化（Co-polar）和交叉极化（Cross-polar）的 RPE 限定值。现部分摘录如图 8.2.1 所示。

表 8.2.2　天线辐射方向图包络的频段与等级（Class）对应表

频率范围（GHz）	RPE 等级
1～3	1A、1B、1C、2、3
3～14	2、3、4
14～20	2、3、4
20～24	2、3、4
24～30	2、3、4
30～47	2、3A、3B、3C、4
47～66	2、3A、3B
66～86	2、3、4

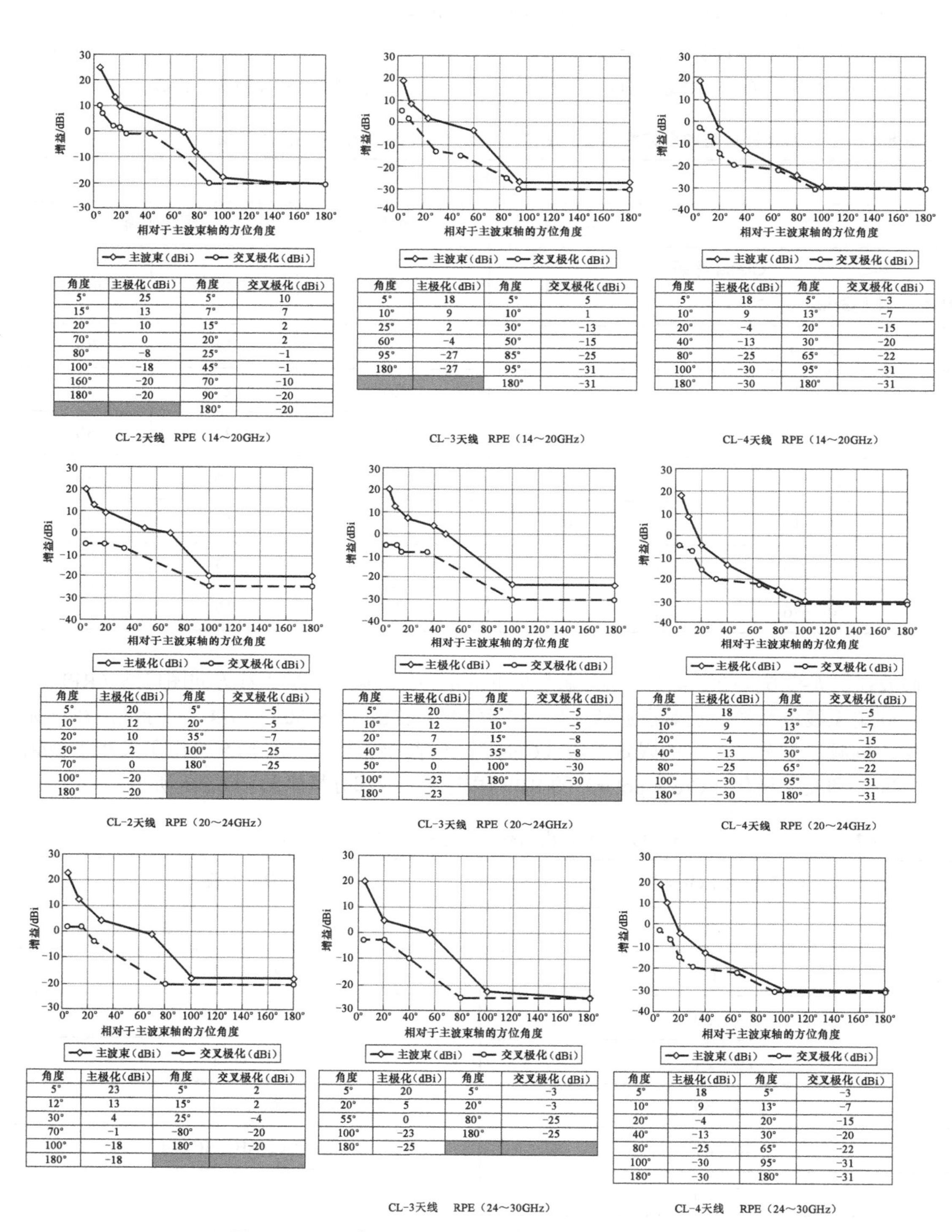

角度	主极化（dBi）	角度	交叉极化（dBi）
5°	25	5°	10
15°	13	7°	7
20°	10	15°	2
70°	0	20°	2
80°	-8	25°	-1
100°	-18	45°	-1
160°	-20	70°	-10
180°	-20	90°	-20
		180°	-20

CL-2天线 RPE（14～20GHz）

角度	主极化（dBi）	角度	交叉极化（dBi）
5°	18	5°	5
10°	9	10°	1
25°	2	30°	-13
60°	-4	50°	-15
95°	-27	85°	-25
180°	-27	95°	-31
		180°	-31

CL-3天线 RPE（14～20GHz）

角度	主极化（dBi）	角度	交叉极化（dBi）
5°	18	5°	-3
10°	9	13°	-7
20°	-4	20°	-15
40°	-13	30°	-20
80°	-25	65°	-22
100°	-30	95°	-31
180°	-30	180°	-31

CL-4天线 RPE（14～20GHz）

角度	主极化（dBi）	角度	交叉极化（dBi）
5°	20	5°	-5
10°	12	20°	-5
20°	10	35°	-7
50°	2	100°	-25
70°	0	180°	-25
100°	-20		
180°	-20		

CL-2天线 RPE（20～24GHz）

角度	主极化（dBi）	角度	交叉极化（dBi）
5°	20	5°	-5
10°	12	10°	-5
20°	7	15°	-8
40°	5	35°	-8
50°	0	100°	-30
100°	-23	180°	-30
180°	-23		

CL-3天线 RPE（20～24GHz）

角度	主极化（dBi）	角度	交叉极化（dBi）
5°	18	5°	-5
10°	9	13°	-7
20°	-4	20°	-15
40°	-13	30°	-20
80°	-25	65°	-22
100°	-30	95°	-31
180°	-30	180°	-31

CL-4天线 RPE（20～24GHz）

角度	主极化（dBi）	角度	交叉极化（dBi）
5°	23	5°	2
12°	13	15°	2
30°	4	25°	-4
70°	-1	-80°	-20
100°	-18	180°	-20
180°	-18		

角度	主极化（dBi）	角度	交叉极化（dBi）
5°	20	5°	-3
20°	5	20°	-3
55°	0	80°	-25
100°	-23	180°	-25
180°	-25		

CL-3天线 RPE（24～30GHz）

角度	主极化（dBi）	角度	交叉极化（dBi）
5°	18	5°	-3
10°	9	13°	-7
20°	-4	20°	-15
40°	-13	30°	-20
80°	-25	65°	-22
100°	-30	95°	-31
180°	-30	180°	-31

CL-4天线 RPE（24～30GHz）

图 8.2.1 ETSI（EN 302 217-4-1）规定的 RPE 限定值（部分）

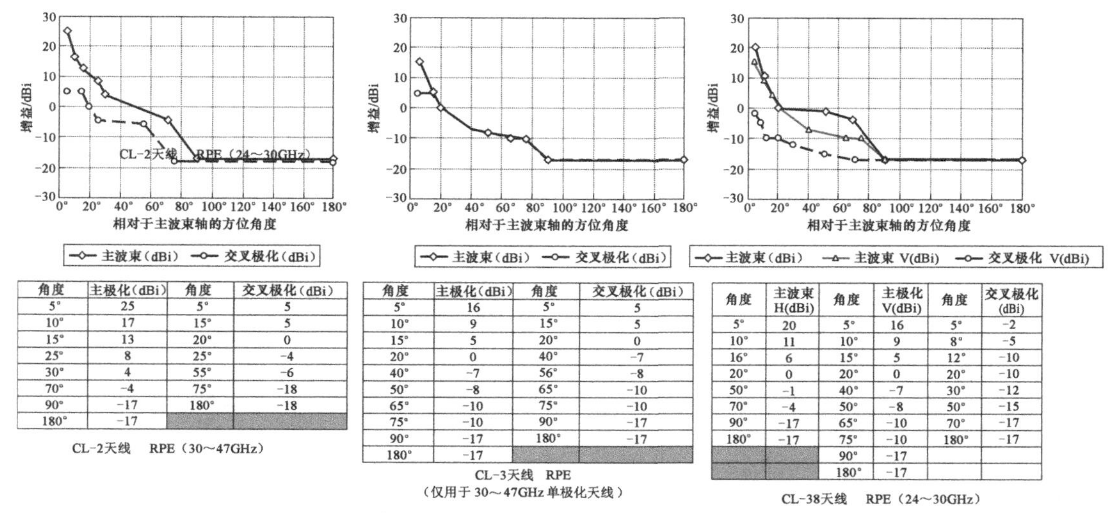

角度	主极化（dBi）	角度	交叉极化（dBi）
5°	25	5°	5
10°	17	15°	5
15°	13	20°	0
25°	8	25°	-4
30°	4	55°	-6
70°	-4	75°	-18
90°	-17	180°	-18
180°	-17		

CL-2天线　RPE（30～47GHz）

角度	主极化（dBi）	角度	交叉极化（dBi）
5°	16	5°	5
10°	9	15°	5
15°	5	20°	0
20°	0	40°	-7
40°	-7	56°	-8
50°	-8	65°	-10
65°	-10	75°	-10
75°	-10	90°	-17
90°	-17	180°	-17
180°	-17		

CL-3天线　RPE
（仅用于 30～47GHz 单极化天线）

角度	主波束 H(dBi)	角度	主极化 V(dBi)	角度	交叉极化 (dBi)
5°	20	5°	16	5°	-2
10°	11	10°	9	8°	-5
16°	6	15°	5	12°	-10
20°	0	20°	0	20°	-10
50°	-1	40°	-7	30°	-12
70°	-4	50°	-8	50°	-15
90°	-17	65°	-10	70°	-17
180°	-17	75°	-10	180°	-17
		90°	-17		
		180°	-17		

CL-38天线　RPE（24～30GHz）

图 8.2.1　ETSI（EN 302 217-4-1）规定的 RPE 限定值（部分）（续）

8.2.3　测试场地的选择

微波通信天线对方向图包络，尤其是对 *F*/*B*、交叉极化鉴别率等参数有极严格的要求，测试场地的设计与选择也就成了非常重要的工作。我们通常认为微波暗室是全天候理想天线测试环境，但由于室内任意一点反射电平的大小随收发天线的增益、工作频率及吸收材料性能等因素的变化而变化，不同的反射电平造成的方向图会产生误差。另外，暗室几何尺寸不可能严格对称，吸收材料针对各种极化的吸收性能也不一致，这使得电磁波在暗室传播过程中会产生不纯现象，所以，对于高性能及超高性能的微波通信天线的测量，通常选择室外自由空间类型测试场。

为了满足远场测量条件，大口径天线也需要选择室外测试场。

我们在选择室外场地时，基本是在企业周边或在单位楼顶，因此测试环境有了一定局限性，为了在不太理想的场地完成高精度测量任务，必须仔细设计该测试场地。比较理想的一种架设方法是，把待测天线架设在较高的建筑物（如楼房顶）上，将其当作接收器使用；把辅助发射天线靠近地面架设，由于发射天线相对待测天线有一定仰角，适当调整它的高度，使自由空间方向图的最大辐射方向对准待测天线口面中心，零辐射方向对准地面，就能有效抑制地面反射。这样，当待测天线旋转到背后，即后瓣对准发射源时，主波束是朝向天空的，周围物体及地面反射波就会大大减小，从而提高了 *F*/*B* 的测量精度。

对 *F*/*B* 的影响还要看场地的具体情况，在东莞市驰铭精工科技有限公司微波天线测试场进行了场地建筑物的电磁波反射对天线方向图的影响试验。该公司测试场为发低收高的倾斜场，待测天线下俯 4° 左右，场地满足远场条件。试验在待测天线两个不同架设高度（3.5m 和 6m）下进行，试验结果如图 8.2.2 所示。待测天线口径为 1.2m，工作频段在 7.125～8.5GHz，分别在水平极化（H）和垂直极化（V）状态下进行比对测试。方向图包络依据 ETSI 标准 Class3 超过性能标准，每个左图为天线架高 6m，右图为天线架高 3.5m，不难看出天线架高后其后瓣干扰增大，这是由于天线旋转到 180° ±60° 范围时，楼顶水箱和楼边缘金属围栏电磁波反射，当天线高度降低后主波束指向内移反射减小了，*F*/*B* 水平极化优化了 3dB，垂直极化优化大于 5.5dB。

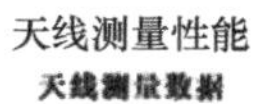

1.2m天线

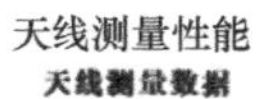

1.2m天线

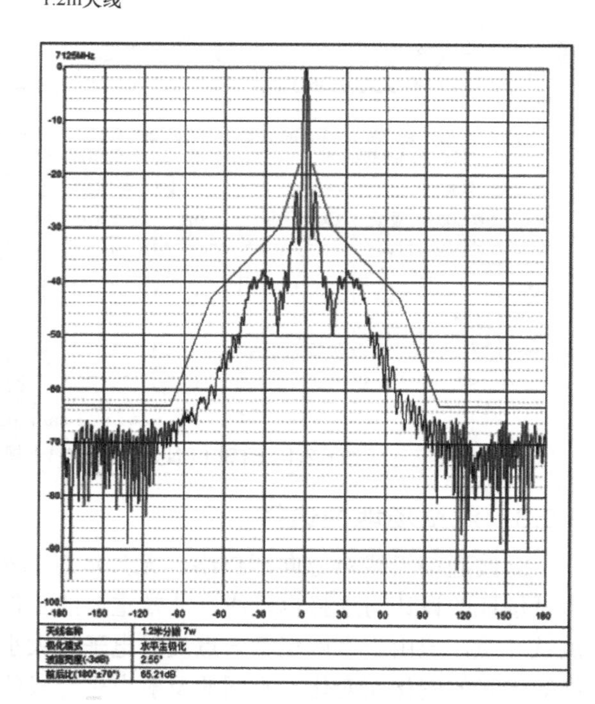

天线测量性能

天线测量数据

1.2m天线

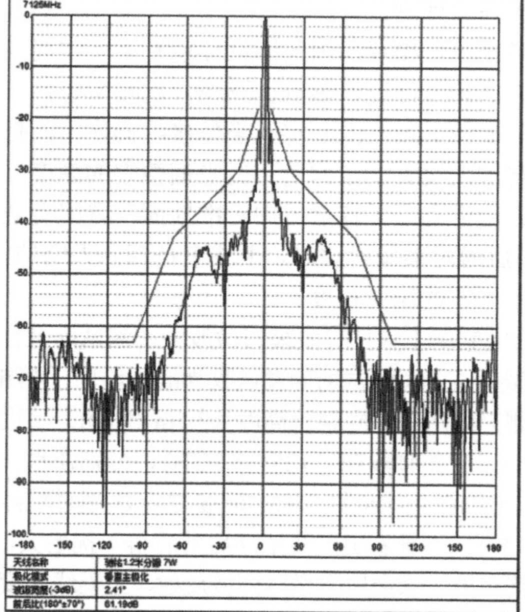

天线测量性能

天线测量数据

1.2m天线

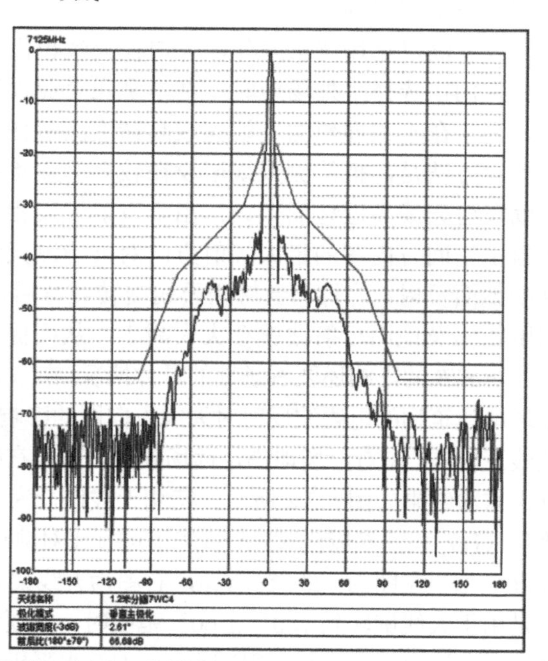

图 8.2.2　天线测试场物体反射对方向图的影响

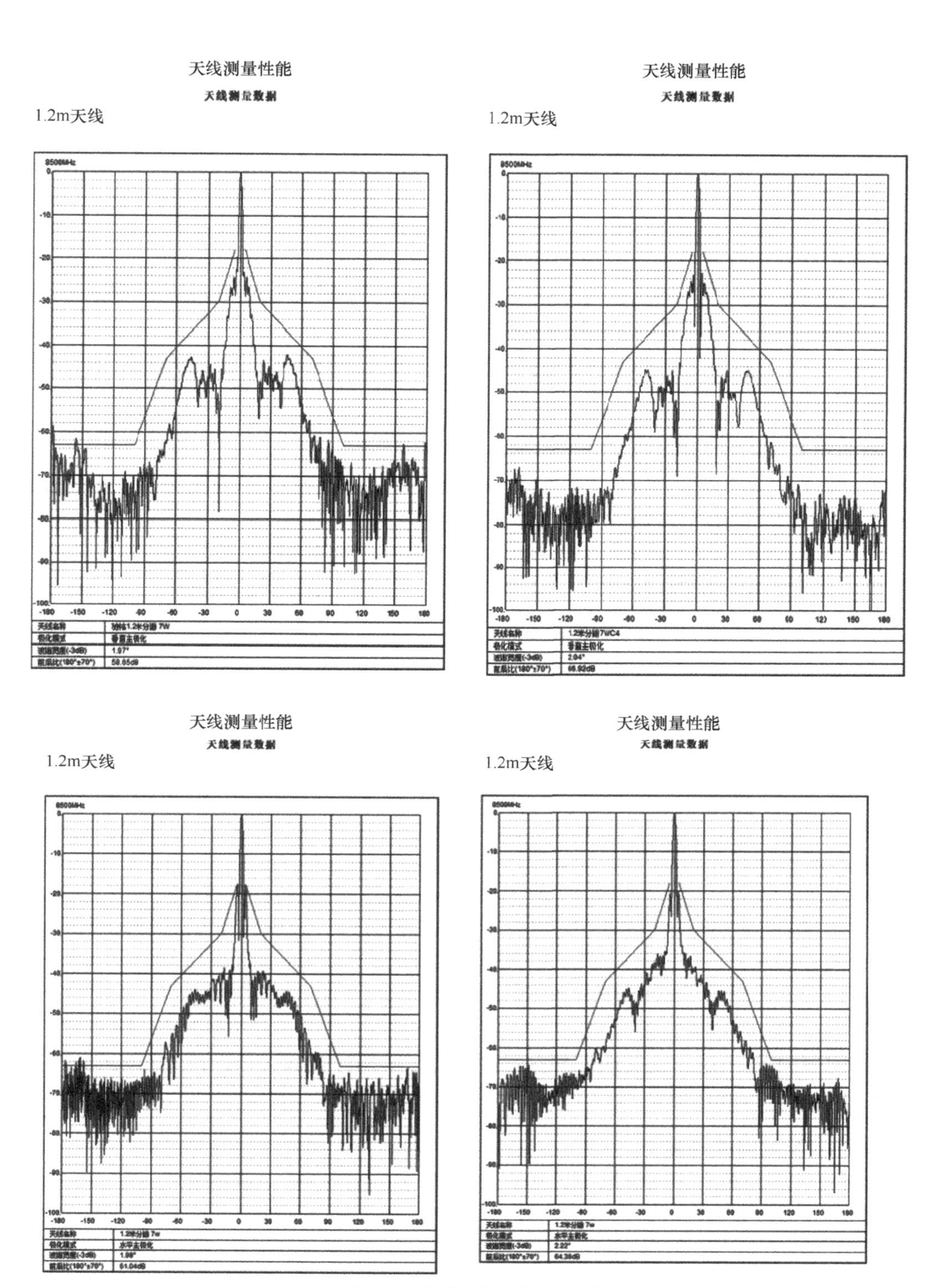

图 8.2.2　天线测试场物体反射对方向图的影响（续）

8.2.4　测量动态范围的计算

1. 动态范围定义

第 2 章和第 5 章的有关章节涉及动态范围的概念，其定义是指测量最大、最小的两个信号幅度差的能力。如幅度方向图是指主瓣峰值电平与远旁瓣最小旁瓣电平值之差。在微波通信天线测量中主要用动态范围来衡量系统测量 *F*/*B* 的能力。

2. 灵敏度定义

灵敏度是影响动态范围的因素之一。灵敏度有系统灵敏度和终端接收机（如频谱分析仪或矢量网络分析仪）灵敏度之分。灵敏度是指在指定带宽下，系统或终端接收机测量最小信号的能力。在第 5.2.3 节中，我们已经介绍了灵敏度的计算方法。如果系统加入低噪声放大器（LNA），依据式（5.2.5），系统灵敏度主要取决于 LNA 的噪声系数（或噪声温度）。另外，待测天线和 LNA 之间连接电缆的损耗越小越好，因为在此时 0.1dB 的插入损耗会引入将近 7K 的噪声温度。

3. 系统中有源器件非线性概念

在微波毫米波天线测量系统中，配置有放大器（HPA 和 LNA）或者混频器。在过去的测量中曾经有过这样的情况：测得的方向图发现其主瓣峰顶像被削掉一块，而第一旁瓣电平高。调天线焦距不起作用，之后发现由放大器输入信号电平过饱和所致。

这里引入一个 1dB 压缩点的概念，它的定义为：由于器件饱和区的影响，增益降低 1dB 的点。最大测量信号不能超过该点电平。其原理示意图如图 8.2.3 所示。

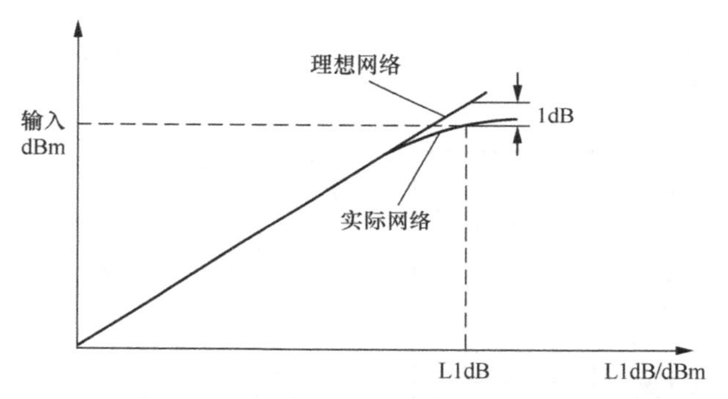

图 8.2.3　有源器件 1dB 压缩点原理示意图

在测量中为了使系统不失真地工作在线性状态，必须注意放大器的最大输入信号电平不能超过 1dB 压缩点所规定值。

4. 系统动态范围的计算

鉴于前面讲述的概念，微波通信天线测量系统的动态范围最小值由公式（8.2.2）给出。

$$DR_{\min}=F/B+10 \tag{8.2.2}$$

式（8.2.2）中，+10 是考虑在测量天线远旁瓣电平时，信号受到仪器非线性和噪声的影响。注意，信号电平一般要比噪声电平大 10dB，才能准确地测量该指标的真实值。

8.2.5　室外场全自动天线测量系统的设计

1. 系统组成

微波通信天线室外远场全自动测量典型系统如图 8.2.4 所示。它是由发射端（源端）、自由空间测试场、接收端（待测端）3 部分组成。发射端主要由辅助天线（源天线）、功率放大器（HPA）、信号源、射频电缆、极化转台、俯仰/方位转台与转台控制器及计算机等组成，接收端主要由待测天线、LNA 或下变频器（LNB）、射频电缆、多轴测试转台（极化轴、上方位轴、俯仰轴、下方位轴等）、转台控制器、计算机及打印机等组成。

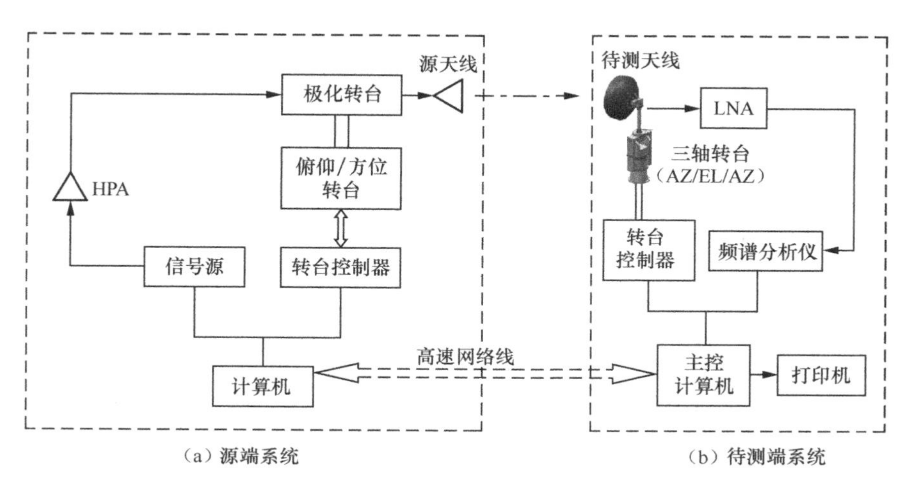

图 8.2.4　微波通信天线室外远场全自动测量典型系统

当测量 40GHz 以上天线时，可采用混频器将毫米波信号下变频到中频（如 20MHz），详见第 5 章。

2. 系统信道设计考虑

在图 8.2.4（a）中，信号源安置在发射端紧邻源天线处，在接收端的频谱分析仪通常通过 LNA 与待测天线相连接，采用的频谱分析仪灵敏度较高，并且很容易发现、鉴别空间进入系统的干扰信号，但点频测量的测量速度较慢。

目前，微波天线测量广泛采用矢量网络分析仪测量系统。扫频测量可以一次测得多个频点的方向图，不但大大缩短了测试时间，而且测量精度高。矢量网络分析仪采用的是内置信号源，在测试频率不高、测试距离不远（百米内）时可以安装功率放大器。但在更高频段和测试距离很远的情况下，需要采用图 8.2.4（b）所示的系统，独立的信号源安放在发射端，但信号源、矢量网络分析仪和测试转台相互间除需要触发信号进行同步外，信号源还要提供一个 10MHz 参考时基给矢量网络分析仪。但这需要有线连接，在测试距离达几千米时，显然是很困难甚至是不可能的。在这种情况下，采用频谱分析仪是最好的选择。

影响系统测量动态范围的主要因素是射频电缆，尤其是接收端射频电缆，其长度尽量要短，即便如此，从 LNA 到机房的频谱分析仪至少几十米，其损耗高达 20～30dB。为了弥补射频电缆和自由空间的损耗，我们不能过度增加信号源及 HPA 的功率，这会使 LNA 工作在非线性区（放大器饱和），方向图主瓣被压缩。所以我们必须预先知道LNA的1dB压缩点所允许的最大输入电平，该电平最好设置为正的dB值（如10dBm）。

如果我们将LNA更换为LNB，由于LNB输出的是中频，接收端长电缆损耗可大大减小，满足大动态范围测量的要求。

3. 轴向精确瞄准的设计考虑

室外远场测量由于距离远、地形复杂，轴向精确瞄准是比较困难的。为了方便、快速地进行收发天线轴向对准，信号源、源天线的极化、俯仰、方位设计为计算机控制，我们可通过网口在接收端（机房）进行操作。这样不但节省人力和时间，而且能够精确测量XPD。

4. 源天线的选择

关于源天线的选择在本书第4章已做介绍。在微波天线测量中，为了满足测量动态范围和减小地面发射的要求，源天线需要采用锐方向性的面天线，可根据测试距离远近、是否满足幅度锥削等情况选择源天线的口径大小，通常采用0.3～0.6m口径。在测量微波天线交叉极化方向图时，需要采用高极化纯度的标准矩形喇叭天线，但宽频段双脊喇叭天线也是一种很好的选择，如图8.2.5所示，XPD实测数据达到35dB以上。

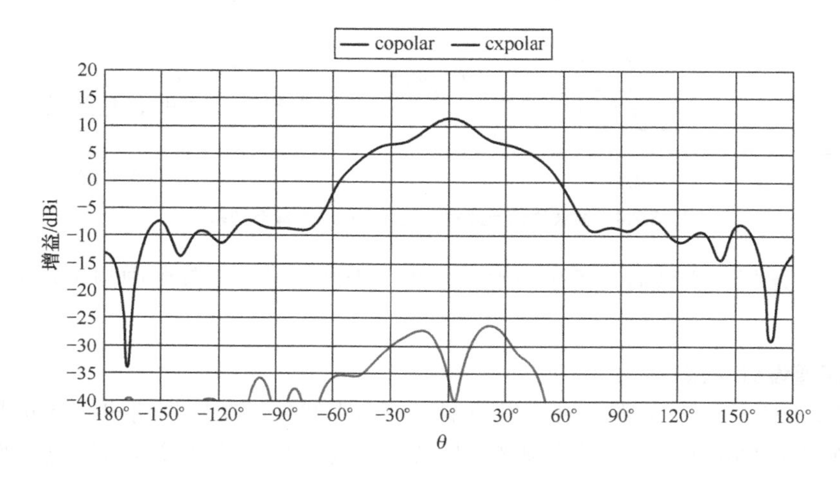

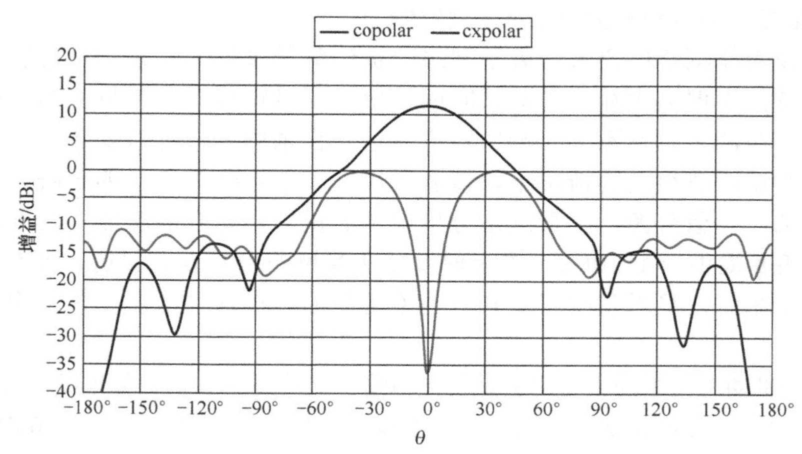

图8.2.5 宽频段双脊喇叭天线的XPD测试数据

8.2.6　测量案例分析

图 8.2.6 所示是广东通宇通讯股份有限公司微波通信天线测量系统及测试设备。接收端（待测天线端）设备安置在 7 层楼楼顶，发射端安置在楼下地面，源天线架高 1.6m。由河北威赛特科技有限公司设计制造的四轴转台（极化轴、上方位轴、俯仰轴、下方位轴），有很大的倾覆力矩，可测试最大口径为 4.5m 的天线。转台精度大于 0.005°。

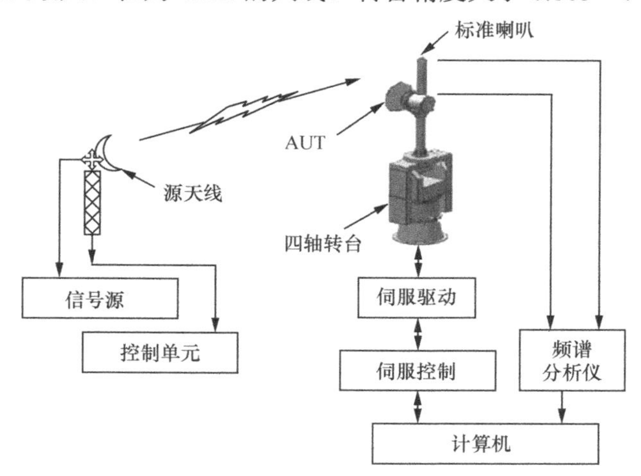

图 8.2.6　微波通信天线测量系统及测试设备

整个测量系统通过软件，能够对所有轴系和仪器精确控制，且数据的计算和最终的显示快速有效。测量系统支持“绝对模式”“相对模式”和“归一化模式”，并且可以自由和独立地控制。为了测量具有极高前后比或者极高动态范围的天线，河北威赛特科技有限公司设计了一个远程频谱分析仪控制系统，这个设计使频谱分析仪可以远程获得射频传输损耗和校正参数，如图 8.2.7 所示。

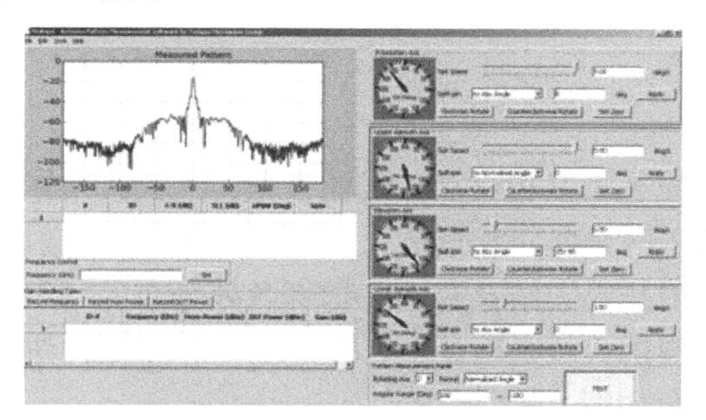

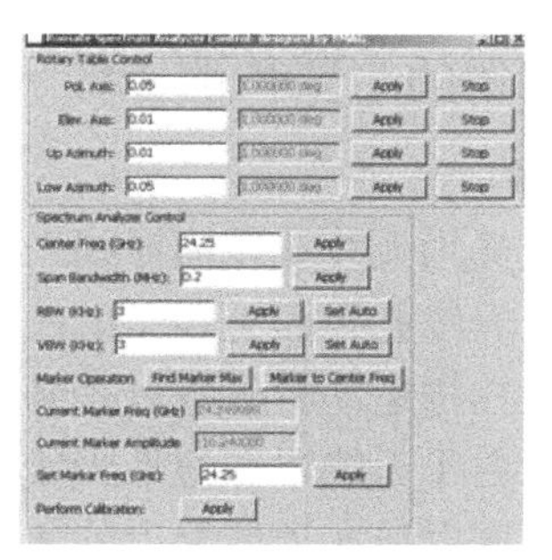

图 8.2.7　远程频谱分析仪控制系统

测量系统支持 ETSI Class3、Class4 标准。前后比测量动态范围大于 75dB，半功率角测量精度小于 0.5°。依据 ETSI Class3、Class4 测得 0.3m 天线，在 86GHz 的天线辐射方向图测试结果如图 8.2.8 所示。

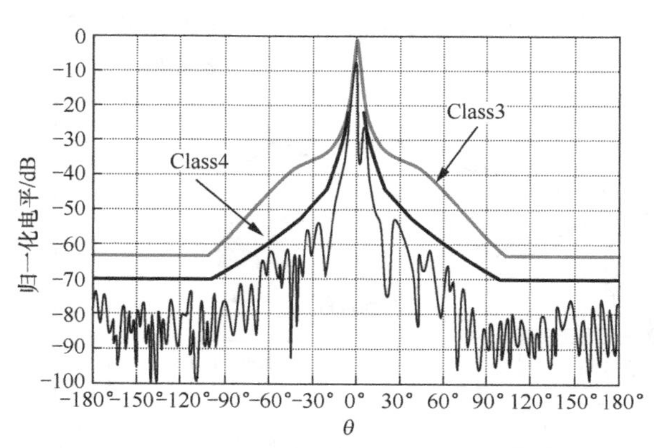

图 8.2.8 0.3m 天线远场辐射方向图测量结果

8.3 天线罩的测量

天线罩最初主要用来保护飞机的电子设备，保护其电气性能不受外界环境干扰，随着时间的推移，天线罩的应用已经从飞机、舰船发展到宇航等应用更为广泛的领域。

天线罩是一种保护但是不会干扰雷达天线及电子设备工作的结构件，其材料的发展与航空航天和雷达技术有着密切的关系。天线罩的发展主要是材料体系的研究与选择，以现代的高超音速导弹天线罩为例，其要求的天线罩材料需具有优异的介电、力学、抗热冲击性能，同时与计算机辅助设计、制造、测试有密切的关系，这使得现代天线罩的设计与研制的水平越来越高。

就天线罩测量技术来看，国内与国外水平差距较大，国外天线罩测量技术经过多年的发展，在远场、近场等测量方法上已经很成熟，近年来随着天线工作频率的不断提高，天线罩紧缩场测量系统应运而生，其自身的优点使其在出现之后迅速发展，已成为大部分天线罩测量系统建设方案的首选。随着计算机的快速发展，天线罩的自动化测量技术研究发展迅速，并开始采用虚拟仪器的设计理念进行系统的开发，使测量系统功能更为强大，数据处理方式更多样，自动化程度更高。

8.3.1 天线罩的主要性能参数

1. 入射角

入射角定义为天线孔径面射线与天线罩罩壁相交点法线的夹角，当天线罩罩壁为次曲线的旋转体时，天线孔径面上各条射线的入射角是不相同的，天线转角不同，入射角也是不同的。当天线做扫描运动时，可以得到入射角沿天线孔径面在罩壁各处分布的一组曲线。在计算入射角时，由于天线罩和位于天线罩内的天线是对称的，可以在一个平面内进行计算。天线孔径面上不同射线在天线罩上的入射角如图 8.3.1 所示。

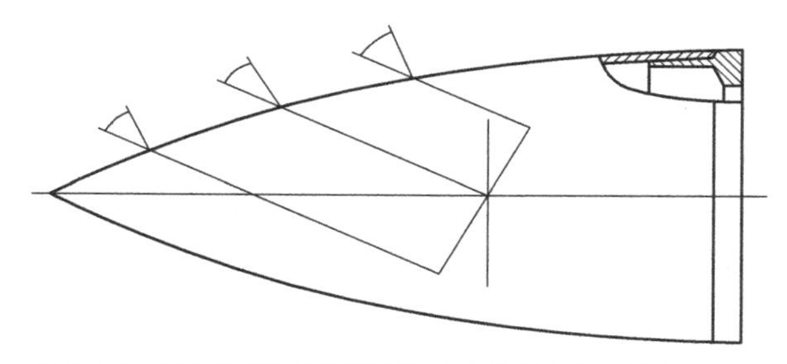

图 8.3.1　天线孔径面上不同射线在天线罩上的入射角示意图

2. 天线罩的极化

天线罩的电气性能与入射电磁波的极化有关。在天线技术中，一般情况下多以电场矢量的空间指向作为天线辐射电磁波的极化方向，但在描述天线罩性能时，天线罩极化的定义与我们习惯的天线极化的定义有些不同，天线罩的极化与天线的相对运动平面和入射电磁场的极化有关。一般规定，天线罩内天线的扫描平面与入射电磁波的电场方向垂直时，天线罩为垂直极化状态（crass-plane）。同样，天线罩的扫描平面与电场方向相平行时，天线罩为平行极化状态（in-plane）。对于捷联导引头，天线罩内天线固联于导引头平台上，不进行机械扫描运动，这时天线罩的极化可以认为和天线的极化状态一致。

3. 功率传输系数

带天线罩时天线给定方向辐射功率电平与不带天线罩时天线给定方向辐射功率电平之比称为天线罩功率传输系数，其表示为

$$|T|^2 = p_1/p_0 \tag{8.3.1}$$

影响天线罩功率传输系数的主要因素为结构外形和法向壁厚、工作频率及带宽、介质材料的介电常数和损耗角正切、电磁波的入射角及天线的辐射特性等，功率传输系数是天线扫描角的函数，单位用百分比或 dB 表示。

4. 瞄准线误差

天线瞄准到某一方位角时，天线罩相对于天线孔径面的结构和电气上的不对称性会引起天线电轴线的偏移，天线罩引起的视线角偏差称为瞄准线误差，也就是目标视线与实际视线之间的夹角，如图 8.3.2 所示。

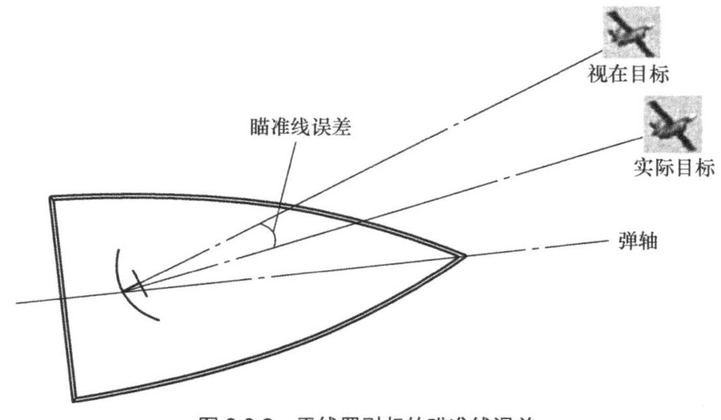

图 8.3.2　天线罩引起的瞄准线误差

瞄准线误差与天线罩壁材料的性能、气动外形、天线罩内天线类型及其相对位置、工作频率、带宽有关。瞄准线误差是天线扫描角的函数，单位用度或分表示。当天线罩外形是相对于弹轴的旋转体时，瞄准线误差相对于测量坐标系原点对称。

瞄准线误差不仅与天线视角（近似地可以看作天线的转角）有关，而且还与电磁波的 ***E*** 矢量在天线运动平面内的取向（天线罩极化）有关。当电磁波 ***E*** 矢量平行于天线扫描平面时（平行极化），在偏航通道与俯仰通道多会产生瞄准线误差，分别称为平行极化方位误差与平行极化俯仰误差；同样，当电磁波 ***E*** 矢量正交于天线扫描平面时（垂直极化），在偏航通道与俯仰通道也多会产生瞄准线误差，分别称为垂直极化方位误差与垂直极化俯仰误差。

瞄准线误差的定义应在三维下进行，但绝大多数导弹天线是上下、左右对称的旋转体，因此在天线罩的设计与测量中可将三维问题简化为二维问题来处理。当采用计算机补偿瞄准线误差时，为了正确描述天线罩的瞄准线误差特性，还需按三维的方式测量和编制瞄准线误差数学模型。

5. 瞄准线误差斜率

瞄准线误差斜率表示在天线波束扫描时，瞄准误差相对于天线扫描角的变化率，通常采用平均梯度概念，它可以按一定天线波束扫描角范围内的瞄准误差增量与天线扫描角之比进行定义，其表示为

$$\mathrm{grad}\Delta = \delta\Delta/\delta a \tag{8.3.2}$$

单位用度/度或分/度表示。在天线罩外形是弹轴旋转体时，误差斜率曲线是相对于测量坐标系轴对称的。

与瞄准误差一样，瞄准线误差斜率也是三维问题，当将三维问题简化为二维问题处理时，两个正交平面（平行极化方位误差与垂直极化方位误差）的瞄准线误差斜率应该是最大的。天线罩瞄准线误差斜率是天线罩最主要的电气性能参数，在各种因素限定的情况下，天线罩的瞄准线误差斜率的大小，可用式（8.3.3）估计。

$$R_{\mathrm{T}} = \frac{2.83\times\left(F-0.5\right)\left[1+\left(2.35\varepsilon B\right)^{2}\right]\lambda}{K_{\mathrm{m}} d_{\mathrm{s}}\sqrt{\varepsilon-1}} \tag{8.3.3}$$

式（8.3.3）中，F 为天线罩的长细比；d_{s} 为天线的直径；ε 是天线罩材料的介电常数；B 是设计频带带宽；λ 为工作波长；K_{m} 是由设计与加工工艺决定的品质因数；R_{T} 则是天线罩瞄准线误差斜率的期望值。瞄准线误差斜率比瞄准线误差更重要，它会影响导弹的跟踪精度、稳定性、脱靶量。

6. 波束偏移

天线罩引起的天线主波束轴线的偏移量是天线罩的波束偏移，同样与天线罩的结构外形和法向壁厚、天线与天线罩的相对几何位置、工作频率及带宽、介电常数和损耗角正切、电磁波的入射角及天线的辐射特性等因数有关。波束偏移与瞄准线误差不是同一个概念，波束偏移是天线主波束轴线的偏移量，而瞄准线误差是等强信号线或差波束零深点的偏移量，这两者的测量方法也是不相同的，两者之间的比较如图 8.3.3 所示。

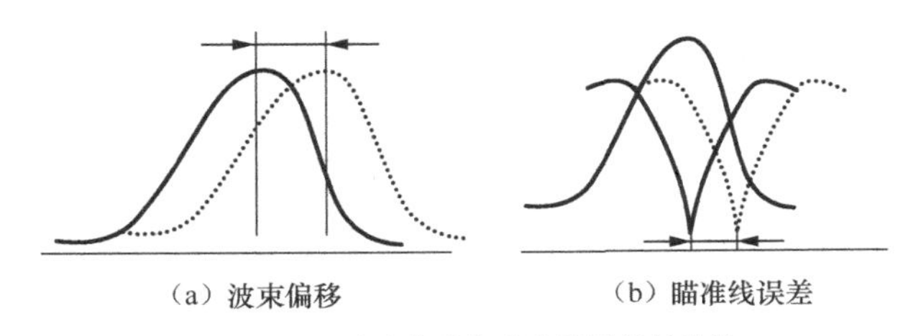

图 8.3.3　波束偏移与瞄准线误差的比较

7. 天线罩对天线驻波的影响

对主动导引头来说，通过天线与馈源发射通道发射出去的能量，经过天线罩壁有一部分会反射回来，这些反射能量会妨碍主动导引头发射机的工作，大的驻波变化会引起频率迁移，驻波还会引起接收信号的功率变化及瞄准线误差。天线罩对天线驻波的影响可用式（8.3.4）进行评估。

设天线罩反射回发射机馈源的能量为 $M\%$，原天线的驻波为 S，则加天线罩后的驻波系数的最大值为

$$S_{R\max}=\frac{1+\left(\dfrac{S-1}{S+1}+\sqrt{\dfrac{M}{100}}\right)}{1-\left(\dfrac{S-1}{S+1}+\sqrt{\dfrac{M}{100}}\right)} \tag{8.3.4}$$

8. 天线方向图畸变

天线方向图为天线辐射或接收电磁波强度的场分布，电磁波在通过天线罩后天线的相位波前发生变化，从而会改变天线方向图的主瓣宽度、旁瓣电平、主瓣方向、极化轴比等参量。

8.3.2　天线罩测量系统组成原理

在寻零原理天线罩测量系统中，转动天线罩实现了天线与天线罩之间的相对运动。当天线罩转动时，由于天线罩对入射电磁波折射，天线电轴发生偏移（俯仰或方位轴），单脉冲天线差通道输出解调后的相应角误差电压，该误差电压通过检测、功率放大、驱动寻零伺服系统，移动发射天线使轴向对准，此时可以认为俯仰、方位角误差电压近似为零，记录寻零器的位移通过转换即为瞄准线误差值。在转动天线罩的过程中，可以连续采样寻零器的位移完成天线罩瞄准线误差测量。寻零原理天线罩测量系统的主要优点是测量系统采用寻零原理工作，通过无罩和有罩状态，发射天线的重复定位获得天线罩瞄准误差。

寻零系统是一个闭环系统，其基本组成框图如图 8.3.4 所示。该系统由天线罩转台、*X-Y* 寻零器支架、发射天线、接收天线、接收系统、伺服系统等组成。理想的寻零器支架是一个以接收天线为中心的球面结构件，它能使发射天线始终瞄准接收天线。闭环寻零的伺服系统在测量期间，接收天线始终是固定不动的，通过天线罩的转动实现天线与天线罩之间的相对运动关系。在现有的瞄准线误差测量系统中，这种寻零系统的测量精度具有明显优势，当场

地条件优异，而且设备安装得当时，其瞄准线测量误差精度达到 0.00573°。但寻零系统的缺点也很明显，它要求有一套庞大的寻零伺服控制系统，并且要求寻零器有相当快的响应速度，对设备结构稳定性、刚性要求都比较高。近年来随着计算机与机械制造水平的不断提升，已经出现了一种新的转台系统——多自由度转台——天线罩转台与天线转台的组合，利用这种小型的天线转台，可以实现天线在天线罩内的方位、俯仰扫描，而天线罩转台始终保证天线罩系统的瞄准视轴对准发射天线，这种天线直接模拟了导引头天线与天线罩的实际工作状态，具有良好的测量精度与测量效率。但无论采用什么测量方案，天线罩的瞄准线测量误差系统都存在硬件成本高昂的问题。

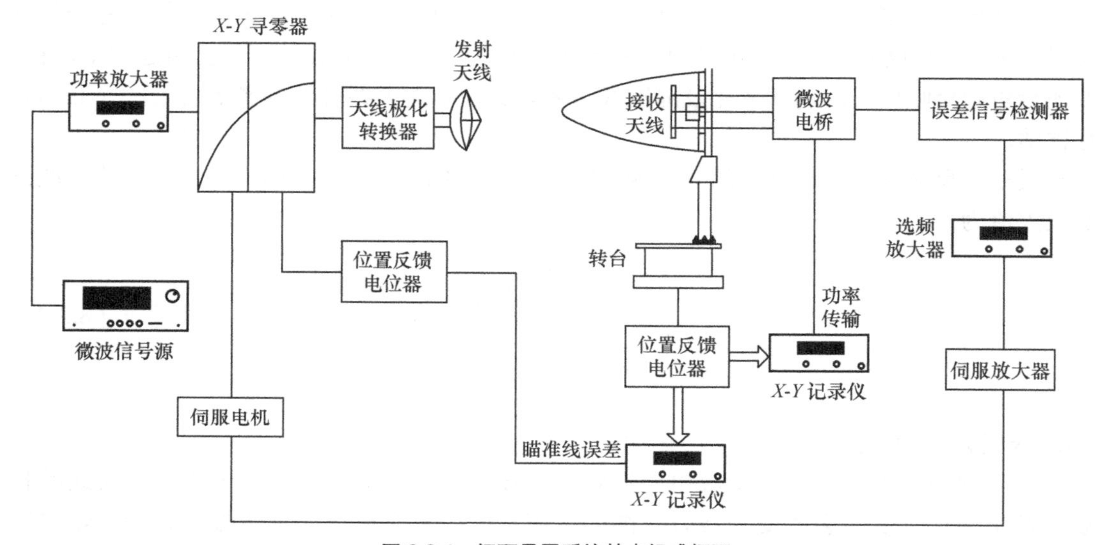

图 8.3.4　闭环寻零系统基本组成框图

天线罩传输系数的基本测量方法是采用不加罩和加罩前后的比较法。其测量步骤是：调整测量系统，并检查系统有无干扰影响；在不加待测天线罩的情况下按照指定测量参数的要求进行系统校准，并存储、记录系统校准数据或曲线；系统标校完毕后，保持系统所有状态不变，安装待测天线罩，按照标准要求的测量步骤及参数进行测量，被测天线旋转角度（如±60°），移动距离（如 $\lambda_0/4$）必须和标校时的一致。记录待测天线罩测量数据、曲线，取两条曲线的平均值进行比较，即天线罩的传输系数。改变天线的俯仰角或者罩体的角度，可以取得在不同角度上的天线罩的传输系数曲线。

通过测量带有天线罩的天线方向图，可以研究天线罩对罩内天线的方向图的影响程度。测量安装方向图的过程：对窄波束天线测量，在通过最大辐射轴的两个正交平面上，将装有天线罩的方向图与不带罩的天线方向图对比。

瞄准线误差测量过程：在测量前，先用物理和光学方法将天线的瞄准轴线对准。对单脉冲系统，天线差波束零值表示为瞄准轴。对圆锥扫描系统，旋转波束的交叉轴表示为瞄准轴。

在测量过程中，调整天线支架上方位、俯仰环节或寻零器支架对准接收天线的瞄准轴方向。微波信号源根据测量软件的命令输出规定频率和功率的微波信号，该信号通过电缆馈入天线发射信号。

接收天线的输出信号由接收机完成幅度和相位测量，调整误差检测网络，使伺服系统处于寻零状态。

在要求的天线罩转角范围内，转动带有安装天线罩工装的转台，测得无罩状态下基准曲线。装上天线罩，令接收天线静止，转台带动天线罩运动，以模拟天线与天线罩相对扫描过程，由于天线罩产生的折射，发射天线偏离瞄准轴，此时接收机中的误差检测网络输出误差信号，误差信号通过 DSP 软件控制 *X-Y* 寻零器支架运动，使发射天线轴线再次对准接收天线轴线。寻零器 *X*、*Y* 的运动位移信号代表天线罩相对天线的各个位置产生的瞄准线误差，经转换网络转变成角度信号（瞄准线误差）送至记录器（计算机），并获得瞄准线误差随天线扫描角的变化曲线。从该曲线中按规定的天线波束扫描角区间要求，计算天线罩瞄准线误差斜率。

8.3.3　天线罩测量系统原理框图及测量流程

天线罩远场测量系统原理框图如图 8.3.5 所示，该测量系统主要由发射天线、开关控制器、测试混频器、参考混频器、混频分布单元、本振信号源、矢量网络分析仪、转台控制器、扫描架等组成。

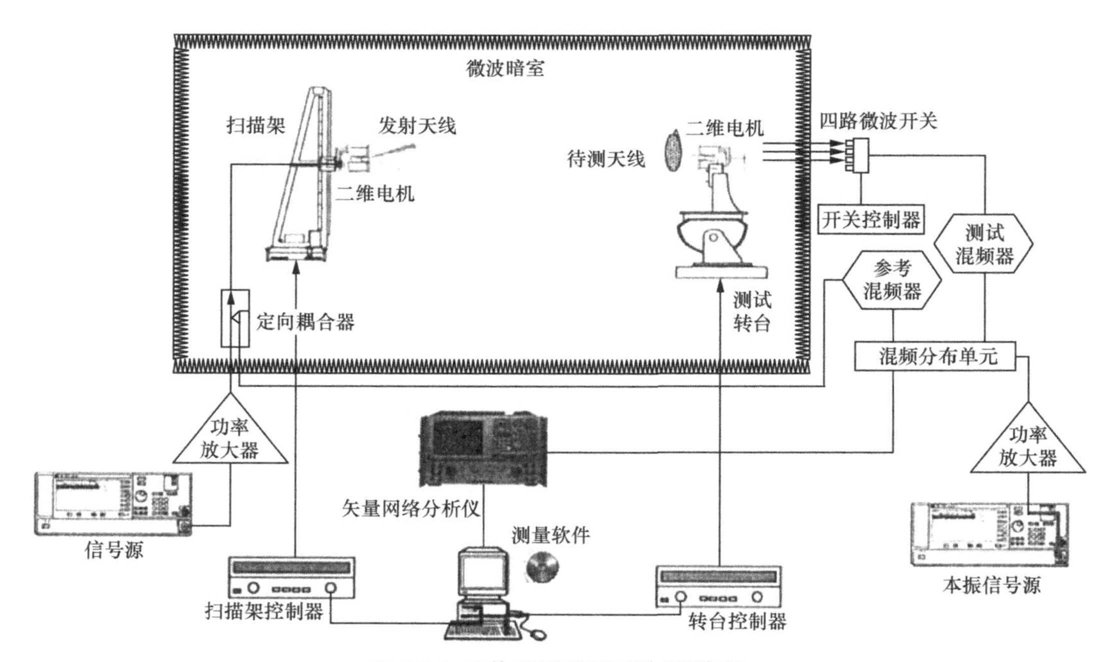

图 8.3.5　天线罩远场测量系统原理框图

整个测量过程由上位机进行控制和调配，使网络分析仪、信号源、开关控制器、扫描架和转台协同工作，一起完成远场方向图、增益的测量。对于单脉冲体制，差波束零值代表瞄准轴，当发射天线偏离瞄准轴时，系统检测网络输出误差信号送至扫描架的驱动电机，驱动电机带动扫描架支架使发射天线再次对准接收天线。同时寻零器的 *X*、*Y* 位移信号输出经转换网络变成角度信号送至数据采集系统。

在测量前调整扫描架支架对准接收天线的瞄准轴方向，然后装上天线罩，测量天线转台子系统带动天线和天线罩转动一定角度，天线后方的小转台带动天线转回同样的角度使接收天线相对原来的位置不变，以模拟天线和天线罩相对扫描过程，天线罩相对于天线的各个位置产生的瞄准线误差数据被采集，经处理得到瞄准线误差随天线扫描角的变化曲线，从曲线中按照要求计算天线罩的瞄准线误差斜率。

8.4 相控阵雷达天线的测量

相控阵天线属于波束扫描天线中的电控扫描阵列天线。按照各个单元馈电控制物理量的不同类型，电控扫描又可以细分为改变各个单元相位的相扫天线阵（也称为相控天线阵或相控阵天线）和改变阵列馈电频率的频扫天线阵两种类型。电控扫描阵列天线由于其控制灵活、天线结构和转动机械要求低、波束扫描快、精度高等优势，尤其是随着电子技术的发展，基于半导体的控制电路成本越来越低、一致性越来越好，这种扫描方式已经逐渐占据了主导地位。目前，电控扫描阵列天线不仅在高成本的雷达领域，甚至在传统采用低成本的一般天线和机械扫描天线的通信领域，都已经被广泛采用，成为先进技术和高性能天线的象征。

相控阵天线是指用电子方法按一定规律改变阵列中各单元的激励相位，从而实现整体合成波束在空间扫描的天线阵列。在波束控制计算机（波控机）的控制下，按照与要求的天线方向图对应的天线口径照射函数，改变天线单元之间的相对相位关系，可快速改变天线的波束指向和波束形状。

一般而言，即便相控阵天线是由多个单元天线按照一定的方式排列和激励的，但一旦各个单元组成相控阵天线后，构造成这种阵列排列的多天线也可看作一副独立的天线。从这种意义上说，相控阵天线的性能指标表征和测量方法与一般天线没有什么不同。但是，由于相控阵天线的波束扫描特性，其测量必须与此相适应，因此相控阵天线的测量有自己独特的方式和流程。

对相控阵天线进行测量，可以在远场进行，也可以在近场进行。由于一般而言相控阵天线口径大、波束窄、旁瓣电平低，很难找到理想的、满足远场条件的测量场地，因此目前大多数相控阵天线的测量是在室内近场开展的。

本节以雷达有源相控阵天线近场测量为基础，简单介绍相控阵天线测量的基本问题。

8.4.1 相控阵雷达天线的主要性能指标

相控阵雷达天线的性能参数主要包括以下指标。

（1）天线扫描范围

相控阵天线采用电扫描技术，天线的主波束方向会随着 TR 组件中移相器相量的变换而改变。天线主波束指向能够覆盖的角度范围即为天线的扫描范围。

（2）天线增益

天线增益是表示天线在某一特定方向上集中能量的定量参数。一天线在某一特定方向上的增益可以表示为式（8.4.1）。

$$G(\theta,\phi)=\frac{4\pi\times p_{\mathrm{r}}(\theta,\phi)}{P_{\mathrm{in}}} \tag{8.4.1}$$

其中，$P_{\mathrm{r}}(\theta,\phi)$为在$(\theta,\phi)$方向上单位立体角的辐射功率；$P_{\mathrm{in}}$为天线从源接收的总功率。天线增益这个数值是天线固有的特性，它不包括天线与功率源之间的阻抗失配损耗或接收天线的极化失配损耗，但包含欧姆损耗或由金属导电性引起的耗散损耗和介质损耗。

（3）波束指向精度

相控阵雷达天线的波束的最大辐射方向称为波束指向，波束指向会随着天线移相器的改变而变动，天线波束指向与移相器移相量之间的关系可以表示为式（8.4.2）。波束指向精度是实际波束指向与控制波束指向的差值。

$$\theta_{\mathrm{B}}=\sin^{-1}\left(\frac{\lambda}{2\pi d}\Delta\phi_{\mathrm{B}}\right) \tag{8.4.2}$$

式（8.4.2）中，θ_{B}为天线波束指向；d为天线单元间距；λ为天线工作波长；$\Delta\phi_{\mathrm{B}}$为天线移相器的移相量。

（4）波束宽度

半功率波束宽度是指天线方向图中最大值方向两边功率下降 3dB 的角度的大小。一个相控阵雷达天线的方向图示例如图 8.4.1 所示。

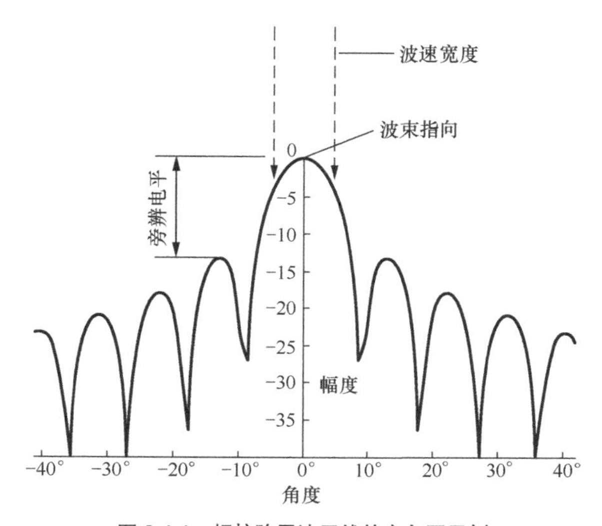

图 8.4.1　相控阵雷达天线的方向图示例

天线波束宽度主要用于表征天线主要能量的辐射角度范围，一般认为雷达天线主要的辐射能量集中在波束宽度内。

（5）天线极化方向

天线辐射的电磁波的极化方向是天线的极化方向。电磁波的极化表示为时间函数的场矢量端点轨迹的取向与形状。在天线实际情况中，辐射的电磁波为平面波或部分平面波。电场（$\boldsymbol{E}$）分布与磁场（$\boldsymbol{H}$）分布可通过一常数（传播媒质的本征导纳）转换，此时电场与磁场满足式（8.4.3）的关系。

$$H/E=\sqrt{\varepsilon_0/\mu_0} \tag{8.4.3}$$

式（8.4.3）中，ε_0为介电常数；μ_0为磁导率。天线的极化方向可以描述为线极化波、圆极化波或椭圆极化波。

（6）天线旁瓣电平

天线旁瓣电平是指天线方向图中主瓣区域外的波瓣。天线旁瓣电平是指方向图中最大旁瓣电平与主瓣电平的比值。

（7）天线波束跃度

在相控阵雷达天线中，由于 TR 组件中的移相器位数是离散性的，因此天线波束指向位置也是离散的，不像机械扫描天线那样，天线波束可以在扫描空间连续运动。

相控阵雷达天线相邻单元之间的相移 $\Delta\phi_{\min}$ 与移相器的位数满足式（8.4.4）的关系。

$$\Delta\phi_{\min}=2\pi/2^k \tag{8.4.4}$$

式（8.4.4）中，k 为移相器位数。

相控阵天线由第（p-1）至第 p 个波束位置时的天线波束跃度满足式（8.4.5）。

$$\Delta\theta_p=\frac{1}{\cos\theta_{(p-1)}}\times\frac{\lambda}{d\cdot 2^k} \tag{8.4.5}$$

式（8.4.5）中，d 为天线单元间距；$\theta_{(p\text{-}1)}$为天线波束指向角；λ 为天线工作波长。

从式（8.4.4）可以看出，为了降低相控阵天线波束跃度，需要增大移相器的位数。在雷达处于搜索状态时，为了降低天线波束覆盖的损失，往往需要调整天线波束跃度。

8.4.2　相控阵天线测量原理及系统组成

有源相控阵雷达天线测量系统主要由 3 部分组成，分别为天线采码子系统、天线校准子系统、天线近场方向图测量子系统。

（1）天线采码测量

天线采码测量主要测量相控阵雷达天线 TR 组件每个通道的移相量和衰减量随波控机波控码变化的关系。根据采码测量数据建立移相量、衰减量和波控码的关系表或函数，在波控机中根据测量得到的幅相—波控码关系表或函数实现相控阵天线的波束扫描和波束赋形。TR 组件的其他参数，如发射功率、发射抑制、发射脉宽、接收增益、带宽等，也需要在采码测量过程中完成测量。

相控阵天线采码测量时需使用主控计算机、通用测量仪器、开关网络、状态控制器。相控阵天线采码测量原理框图如图 8.4.2 所示。

（2）天线校准测量

相控阵雷达天线校准技术主要有天线快速校准法、矩阵求逆法、FFT 校准法、时域技术、互耦技术、中场校准技术等。这里主要介绍中场校准技术。中场校准技术基本方法是将一个信号采集天线置于天线阵面前方某个位置，该位置对于天线单元来说满足远场条件，而对于整个天线来说并不满足远场条件。通过信号采集天线结合天线阵面单元的开关控制完成整个阵面测量，根据测量结果按照相应的关系式处理最终得到天线的校准参数。校准子系统由扫描机械系统、射频测量系统和控制系统组成。

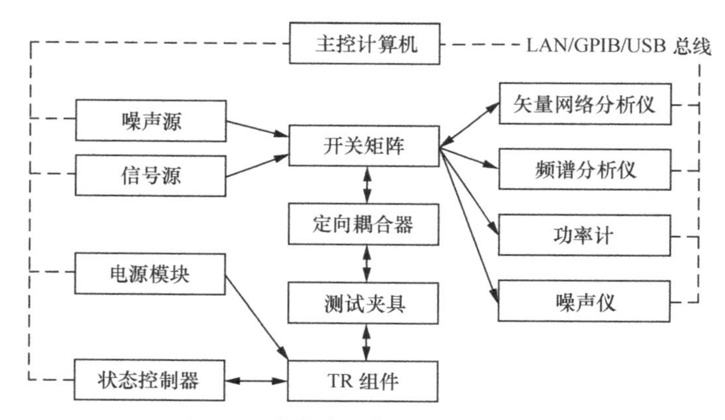

图 8.4.2　相控阵天线采码测量原理框图

两点法中场校准原理如图 8.4.3 所示。

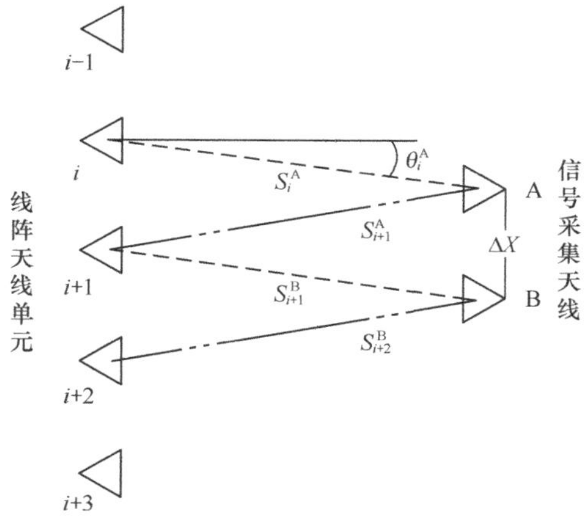

图 8.4.3　两点法中场校准原理

（3）天线近场扫描方向图测量

天线近场扫描方向图测量的基本原理是利用一个探头按照平面、柱面或球面扫描采集待测天线的近场幅度和相位数据，对幅相数据进行处理，实现方向图近远场变换，最终得到天线的远场辐射特性。根据探头运动面分为平面扫描近场测量、柱面近场测量、球面近场测量。平面近场测量原理主要基于平面波展开和探头补偿原理来实现。根据奈奎斯特定理确定近场扫描探头采样间隔。利用平面波展开中的波谱衰减因子确定天线与待测天线的距离。天线近场方向图测量子系统由扫描机械系统、射频系统和控制系统组成。

图 8.4.4 是相控阵天线接收方式外混频测量射频系统图。

综上所述，相控阵雷达天线测量系统主要由采码子系统、校准子系统、近场方向图测量子系统 3 部分组成。采码子系统由主控计算机、通用测试仪器、开关矩阵、TR 组件组成；

天线近场方向图测试子系统由扫描机械系统、射频系统和控制系统组成；校准子系统由机械系统、射频系统和控制系统组成，其射频系统与控制系统可以与近场方向图测量子系统的设备通用，机械系统除了利用近场方向图测量系统的扫描架，还需增设位置可调整的待测天线安装支架。

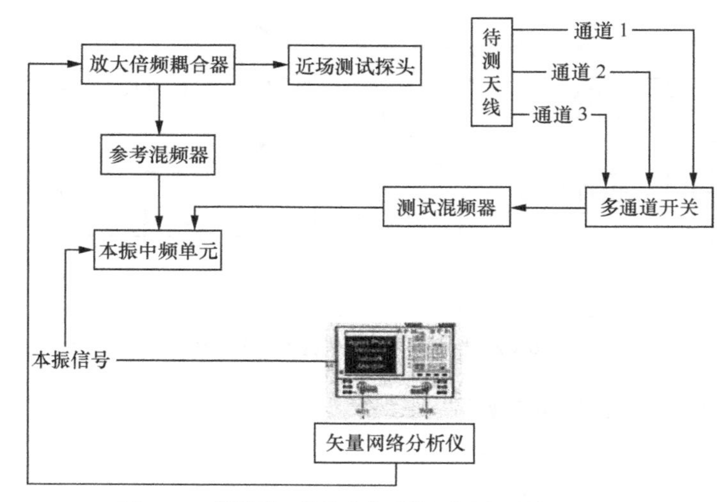

图 8.4.4　相控阵天线接收方式外混频测量射频系统图

整个有源相控阵雷达天线电性能测量平台组成图如图 8.4.5 所示。

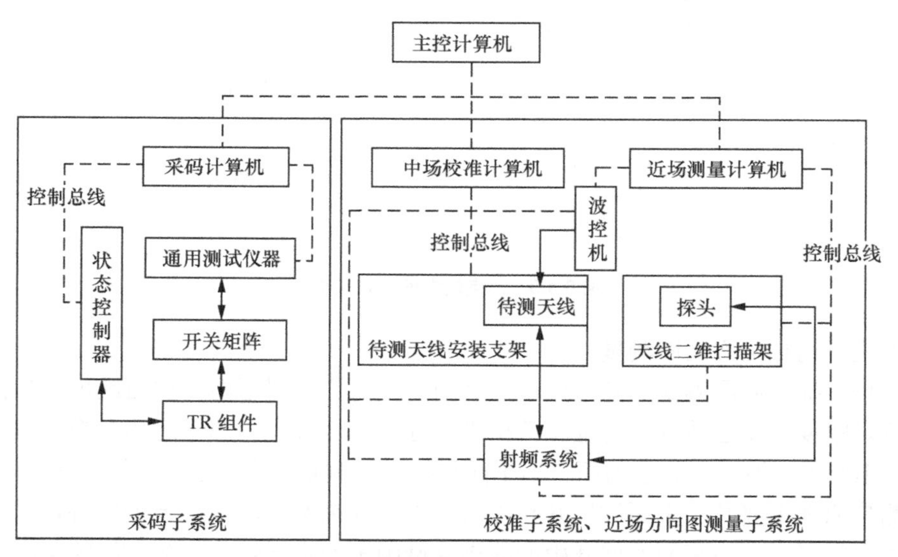

图 8.4.5　有源相控阵雷达天线电性能测量平台组成图

各子系统的组成在前面已经有所介绍，为了阐述硬件连接方案，在此以近场测量为例介绍系统硬件框架。有源相控阵雷达天线近场测量系统硬件设备连接如图 8.4.6 所示。

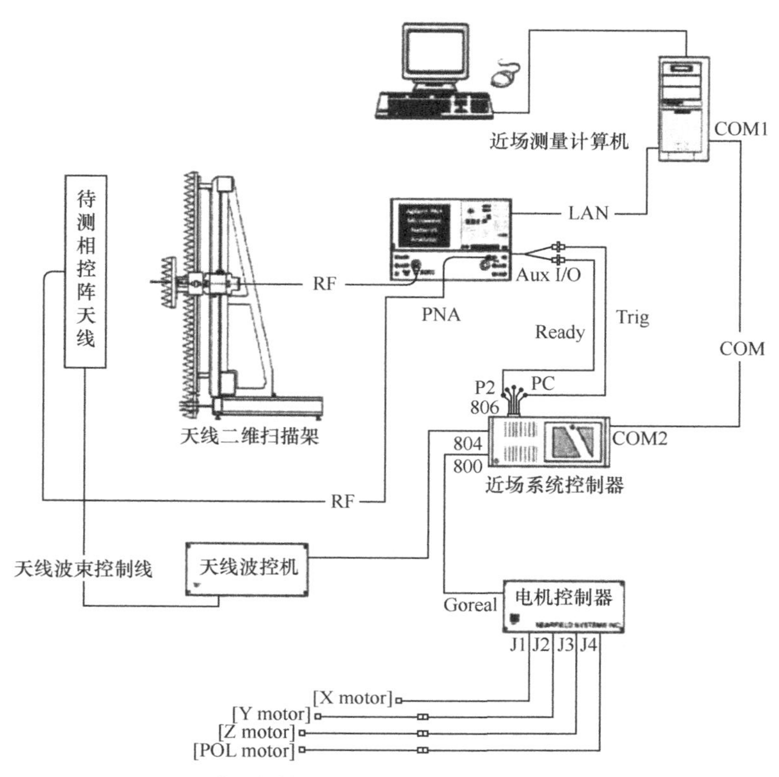

图 8.4.6　有源相控阵雷达天线近场测量系统硬件设备连接

8.4.3　相控阵天线测量流程

有源相控阵天线电性能测量步骤如下。

（1）TR 组件采码测量

TR 组件采码测量是测量天线 TR 组件系统中每个通道的移相量和衰减量随波控机波控码变化的关系。根据采码测量数据建立移相量、衰减量与波控码的关系表或函数，同时还需要测量 TR 组件的其他参数如发射功率、发射抑制、发射脉宽、接收增益、带宽等参数。另一方面还需对采集的数据完成存储、处理、显示等操作。

（2）相控阵天线校准测量

相控阵天线校准测量利用中场校准设备采集相控阵天线各个通道的中场幅度和相位信息，并与目标幅相分布进行对比；利用波控机控制 TR 组件完成幅相分布补偿，最终实现要求的通道幅相分布值。

（3）相控阵天线近场方向图测量

近场方向图测量利用一个探头按照平面、柱面或球面扫描采集待测天线的近场的幅度和相位数据，然后对幅相数据进行处理实现方向图近远场转换，最终得到天线的远场辐射特性。

（4）相控阵天线方向图测量数据分析处理

根据近场方向图测量得到的天线方向图数据，经分析和处理后，最终得到天线的性能参数，如天线的波束宽度、旁瓣电平、指向精度等数据，并形成测量报告。

有源相控阵天线测量流程如图 8.4.7 所示。

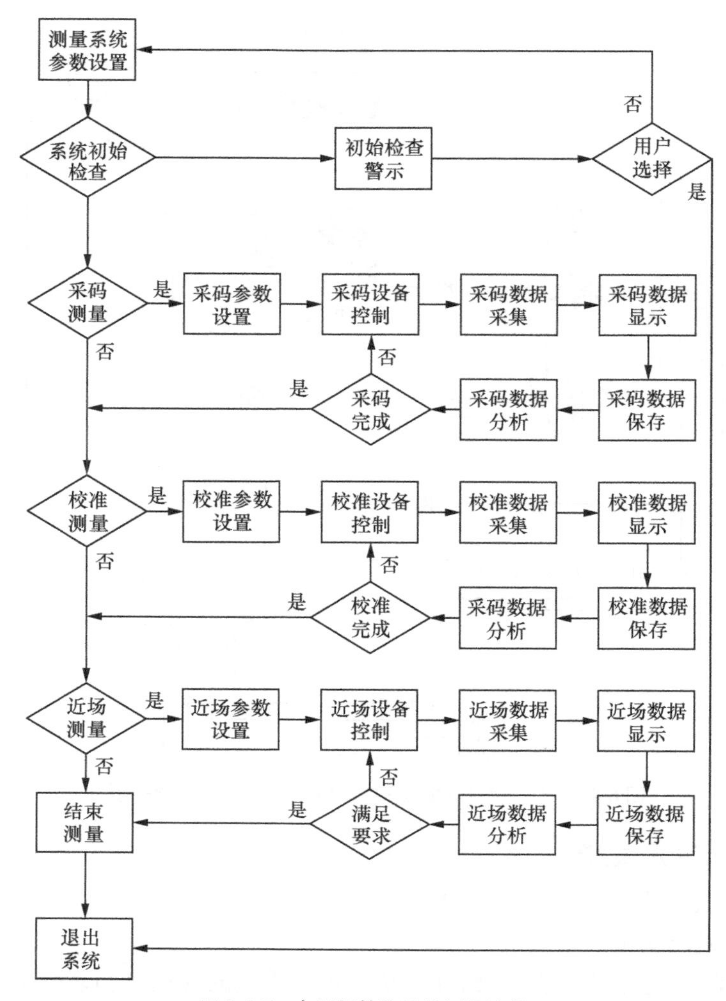

图 8.4.7　有源相控阵天线测量流程

首先对天线的所有 TR 组件完成采码测量，建立 TR 组件幅相—波控码关系表，其用于波控机中的波束控制；然后测量由波控机控制的天线所有通道的幅相分布，并利用目标幅相分布与幅相—波控码关系表比较各通道幅相分布，完成校准；最后得到校准完成后的天线近场幅相分布。近场外推得到相控阵天线的远场方向图数据，对方向图数据进行分析处理得到天线所有参数的性能，最终完成相控阵天线的测量。

附录A 天线标准摘录

A1 微波通信天线

A1.1 YD/T 508.1—1997 微波接力通信系统抛物面天线技术条件

表 1　　标准天线电气特性要求

频段（GHz）	极化方式	型号	口径（m）	增益（中心频率）（dBi）		半功率角度	前后比（dB）180°±45°	驻波比（最大值）	隔离度（dB）	正交极化鉴别率	接口尺寸
				η=50%	η=55%						
1.427～1.536	单极化	WTB10-14D	1.0	20.8	21.2	14.80°	32	1.20	—	27	同轴输入（1）339IEC-50- 22-2/3（2）7/16 50Ω（内径ϕ7mm，外径ϕ16mm）
		WTB15-14D	1.5	24.3	24.7	9.45°	36	1.20			
		WTB20-14D	2.0	26.6	27.2	7.09°	30	1.20			
		WTB25-14D	2.5	28.7	29.1	5.57°	40	1.20			
		WTB30-14D	3.0	30.3	30.1	4.73°	42	1.15			
		WTB32-14D	3.2	30.9	31.2	4.43°	43	1.15			
		WTB37-14D	3.7	32.1	32.5	5.53°	44	1.15			
		WTB40-14D	4.0	32.8	33.2	5.54°	45	1.15			
	双极化	WTB20-14S	2.0	25.6	27.2	7.09°	39	1.20	30		
		WTB25-14S	2.5	23.5	28.5	5.67°	40	1.20			
		WTB30-14S	3.0	30.1	30.5	4.73°	42	1.15			
		WTB32-14S	3.2	30.7	31.1	4.48°	43	1.15			
		WTB37-14S	3.7	31.9	32.1	3.83°	44	1.15			
		WTB40-14S	4.0	32.6	33.0	3.54°	45	1.15			
1.7～1.9	单极化	WTB10-17D	1.0	22.5	22.9	11.66°	34	1.20	—	27	同轴输入（1）339IEC-50- 22-2/3（2）7/16 50Ω（内径ϕ7mm，外径ϕ16mm）
		WTB15-17D	1.5	26.4	26.4	7.77°	38	1.20			
		WTB20-17D	2.0	28.5	28.9	5.83°	10	1.15			
		WTB25-17D	2.5	30.4	30.8	4.57°	42	1.15			
		WTB30-17D	3.0	32.0	32.4	3.90°	44	1.10			
		WTB32-17D	3.2	32.6	33.0	3.65°	45	1.10			
		WTB37-17D	3.7	33.8	34.2	3.15°	46	1.10			
		WTB40-17D	4.0	34.5	34.8	3.98°	47	1.10			

续表

频段（GHz）	极化方式	型号	口径（m）	增益（中心频率）（dBi）		半功率角度	前后比（dB）180°±45°	驻波比（最大值）	隔离度（dB）	正交极化鉴别率	接口尺寸
				η=50%	η=55%						
1.7～1.9	双极化	WTB20-17S	2.0	28.3	28.730 6	5.83°	40	1.15	30		同轴输入 （1）339IEC-50- 22-2/3 （2）7/16 50Ω （内径ϕ7mm，外径ϕ16mm）
		WTB25-17S	2.5	30.2		4.67°	42	1.15			
		WTB30-17S	3.0	31.9	32.2	3.90°	44	1.10			
		WTB32-17S	3.2	32.4	33.8	3.65°	45	1.10			
		WTB37-17S	3.7	33.6	34.0	3.15°	46	1.10			
		WTB40-17S	4.0	34.3	34.7	2.92°	47	1.10			
1.9～2.3	单极化	WTB10-19D	1.0	23.9	24.3	10.00°	35	1.20	—	27	同轴输入 （1）339IEC-50-22-2/3 （2）7/16 50Ω （内径ϕ7mm，外径ϕ16mm）
		WTB15-19D	1.5	27.4	27.8	6.67°	38	1.20			
		WTB20-19D	2.0	29.8	30.2	5.00°	40	1.15			
		WTB25-19D	2.5	31.8	32.2	4.00°	43	1.15			
		WTB30-19D	3.0	33.4	33.8	3.33°	45	1.10			
		WTB32-19D	3.2	33.9	34.3	3.12°	46	1.10			
		WTB37-19D	3.7	35.1	36.5	2.70°	47	1.10			
		WTB40-19D	4.0	35.9	36.3	2.50°	48	1.10			
	双极化	WTB20-19S	2.0	29.6	7.09	5.00°	40	1.15	30		
		WTB25-19S	2.5	31.6	5.67	4.00°	43	1.15			
		WTB30-19S	3.0	33.2	4.73	3.33°	45	1.10			
		WTB32-19S	3.2	33.7	4.48	3.12°	46	1.10			
		WTB37-19S	3.7	34.9	3.83	2.70°	47	1.10			
		WTB40-19S	4.0	35.7	3.54	2.50°	48	1.10			
2.3～2.7	单极化	WTB10-23D	1.0	25.2	25.7	0.75°	36	1.20	—	27	同轴输入 （1）339EC-50-22-2/3 （2）7/16 50Ω （内径ϕ7mm，外径ϕ16mm）
		WTB15-23D	1.5	28.5	29.2	5.83°	40	1.20			
		WTB20-23D	2.0	31.3	31.7	4.80°	41	1.15			
		WTB25-23D	2.5	33.7	33.6	3.38°	45	1.15			
		WTB30-23D	3.0	34.8	35.2	2.80°	46	1.10			
		WTB32-23D	3.2	35.4	35.0	2.62°	47	1.10			
		WTB37-23D	3.7	36.6	37.0	2.57°	48	1.10			
		WTB40-23D	4.0	37.3	37.7	2.10°	49	1.10			
	双极化	WTB20-23S	2.0	31.1	31.5	4.20°	41	1.15	30		
		WTB25-23S	2.5	33.0	33.1	3.36°	45	1.15			
		WTB30-23S	3.0	34.3	35.0	2.80°	46	1.10			
		WTB32-23S	3.2	35.2	35.6	2.62°	47	1.10			
		WTB37-23S	3.7	36.1	36.8	2.27°	48	1.10			
		WTB40-23S	4.0	37.1	37.5	2.10°	49	1.10			

续表

频段（GHz）	极化方式	型号	口径（m）	增益（中心频率）（dBi）		半功率角度	前后比（dB）180°±45°	驻波比（最大值）	隔离度（dB）	正交极化鉴别率	接口尺寸
				η=50%	η=55%						
3.4～3.8	单极化	WTB20-34D	2.0	34.5	34.9	2.93°	45	1.08	—	30	154IEC-PDR40（UDR40）
		WTB25-34D	2.5	35.4	36.8	2.33°	47	1.08			
		WTB30-34D	3.0	33.0	38.4	1.91°	49	1.06			
		WTB32-34D	3.2	38.6	39.0	1.82°	50	1.06			
		WTB37-34D	3.7	39.8	40.2	1.57°	51	1.06			
		WTB10-34D	4.0	40.5	40.5	1.46°	52	1.06			
	双极化	WTB20-34S	2.0	34.3	34.7	2.93°	45	1.08	35		
		WTB25-34S	2.5	36.2	35.6	2.33°	47	1.07			
		WTB30-34S	3.0	37.6	38.2	1.94°	49	1.06			
		WTB32-34S	3.2	38.4	38.0	1.82°	50	1.06			
		WTB37-34S	3.7	39.6	40.0	1.57°	51	1.06			
		WTB40-34S	4.0	40.3	40.7	1.46°	52	1.06			
3.8～4.2	单极化	WTB20-38D	2.0	35.4	35.8	2.63°	45	1.08	—	30	154IEC-PDR40（UDR40）
		WTB25-38D	2.5	37.4	37.8	2.10°	47	1.07			
		WTB30-38D	3.0	39.0	39.4	1.75°	48	1.06			
		WTB32-38D	3.2	39.5	39.9	1.64°	50	1.06			
		WTB37-38D	3.7	40.7	41.1	1.42°	51	1.06			
		WTB10-38D	4.0	41.4	41.8	1.31°	52	1.06			
	双极化	WTB20-38S	2.0	35.2	35.6	2.63°	45	1.08	35		
		WTB25-38S	2.5	37.2	37.6	2.10°	47	1.07			
		WTB30-38S	3.0	35.8	39.2	1.75°	49	1.06			
		WTB32-38S	3.2	38.3	39.7	1.64°	50	1.06			
		WTB37-38S	3.7	40.5	40.9	1.42°	51	1.06			
		WTB40-38S	4.0	41.2	41.6	1.31°	52	1.06			
		WTB50-38S	5.0	43.2	43.6	1.05°	53	1.07			
4.4～5.0	单极化	WTB15-44D	1.5	34.4	34.8	2.97°	45	1.08	—	30	154IEC-PDR40（UDR40）
		WTB20-44D	2.0	36.8	37.2	2.23°	48	1.08			
		WTB25-44D	2.5	38.8	39.2	1.78°	48	1.08			
		WTB30-44D	3.0	40.8	40.7	1.49°	50	1.07			
		WTB32-44D	3.2	40.9	41.3	1.39°	51	1.07			
		WTB37-44D	3.7	42.6	42.6	1.20°	52	1.07			
		WTB40-44D	4.0	42.8	43.2	1.11°	53	1.07			
	双极化	WTB20-44S	2.0	33.2	37.0	2.28°	46	1.08	35		
		WTB25-44S	2.5	36.7	38.4	1.78°	48	1.08			
		WTB30-44S	3.0	35.2	40.5	1.49°	50	1.07			
		WTB32-44S	3.2	41.8	41.1	1.39°	51	1.07			
		WTB37-44S	3.7	42.7	42.4	1.20°	52	1.07			
		WTB40-44S	4.0	43.8	43.0	1.11°	53	1.07			
		WTB50-44S	5.0	44.6	45.0	0.89°	54	1.07			

续表

频段（GHz）	极化方式	型号	口径（m）	增益（中心频率）（dBi） η=50%	增益（中心频率）（dBi） η=55%	半功率角度	前后比（dB）180°±45°	驻波比（最大值）	隔离度（dB）	正交极化鉴别率	接口尺寸
5.983～6.125	单极化	WTB10-59D	1.0	33.2	33.5	3.40°	45	1.08	—	30	154IEC-PDR70（UDR70）
		WTB15-59D	1.5	34.7	37.1	2.27°	48	1.08			
		WTB20-59D	2.0	35.2	39.5	1.70°	51	1.07			
		WTB25-59D	2.5	41.2	41.8	1.36°	53	1.07			
		WTB30-59D	3.0	42.7	42.7	1.13°	54	1.05			
		WTB32-59D	3.2	43.8	43.8	1.06°	55	1.05			
		WTB37-59D	3.7	44.5	44.5	0.92°	56	1.05			
		WTB40-59D	4.0	45.9	45.8	0.85°	57	1.05			
	双极化	WTB20-59S	2.0	38.0	39.4	1.70°	51	1.08	40		
		WTB25-59S	2.5	40.0	41.3	1.36°	53	1.08			
		WTB30-59S	3.0	42.0	42.8	1.13°	54	1.06			
		WTB32-59S	3.2	43.1	43.5	1.06°	55	1.06			
		WTB37-59S	3.7	44.9	44.7	0.92°	56	1.06			
		WTB40-59S	4.0	45.0	45.4	0.85°	57	1.06			
		WTB50-59S	5.0	46.9	47.3	0.68°	59	1.06			
6.125～7.125	单极化	WTB10-64D	1.0	34.0	34.4	3.09°	40	1.08	—	30	154IEC-PDR70（UDR70）
		WTB15-64D	1.5	37.5	37.9	2.06°	48	1.08			
		WTB20-64D	2.0	40.0	40.4	1.55°	52	1.07			
		WTB25-64D	2.5	41.9	42.8	1.14°	54	1.07			
		WTB30-64D	3.0	43.5	43.9	1.03°	55	1.05			
		WTB32-64D	3.2	44.1	44.5	0.97°	56	1.05			
		WTB37-64D	3.7	45.1	45.1	0.83°	57	1.05			
		WTB40-64D	4.0	46.0	46.4	0.77°	58	1.05			
	双极化	WTB20-64S	2.0	39.8	40.2	1.95°	52	1.08	40		
		WTB25-64S	2.5	41.7	42.1	1.24°	54	1.08			
		WTB30-64S	3.0	42.2	43.7	0.03°	55	1.06			
		WTB32-64S	3.2	43.3	44.3	0.97°	56	1.06			
		WTB37-64S	3.7	44.1	45.5	0.83°	57	1.06			
		WTB40-64S	4.0	45.5	46.2	0.77°	58	1.06			
		WTB50-64S	5.0	47.7	48.1	0.68°	59	1.06			
7.125～7.726	单极化	WTB10-71D	1.0	34.8	35.2	2.52°	46	1.08	—	30	154IEC-PDR70（UDR70）或 154IEC-PDR84（UDR84）
		WTB15-71D	1.5	38.3	35.7	1.88°	50	1.08			
		WTB20-71D	2.0	40.5	41.2	1.41°	53	1.07			
		WTB25-71D	2.5	48.7	43.1	1.12°	55	1.07			
		WTB30-71D	3.0	44.3	43.7	0.94°	56	1.06			
		WTB32-71D	3.2	44.5	45.3	0.88°	53	1.06			
		WTB37-71D	3.7	46.1	46.5	0.76°	58	1.06			
		WTB40-71D	4.0	46.8	47.2	0.71°	59	1.06			

续表

频段（GHz）	极化方式	型号	口径（m）	增益（中心频率）（dBi）		半功率角度	前后比（dB）180°±45°	驻波比（最大值）	隔离度（dB）	正交极化鉴别率	接口尺寸
				η=50%	η=55%						
7.125～7.726	双极化	WTB20-71S	2.0	40.5	41.0	1.41°	53	1.08	40		154IEC-PDR70（UDR70）或154IEC-PDR84（UDR84）
		WTB25-71S	2.5	42.5	42.9	1.12°	55	1.08			
		WTB30-71S	3.0	44.1	44.5	0.94°	56	1.07			
		WTB32-71S	3.2	44.3	45.1	0.88°	57	1.07			
		WTB37-71S	3.7	45.8	46.3	0.76°	58	1.07			
		WTB40-71S	4.0	46.6	47.8	0.71°	59	1.07			
6.125～7.125	单极化	WTB10-64D	1.0	35.4	38.8	2.62°	47	1.08	—	30	154IEC-PDR84（UDR84）
		WTB15-64D	1.5	38.9	39.8	1.75°	51	1.08			
		WTB20-64D	2.0	41.4	41.8	1.31°	53	1.07			
		WTB25-64D	2.5	43.4	43.8	1.05°	55	1.07			
		WTB30-64D	3.0	45.0	45.4	0.99°	56	1.06			
		WTB32-64D	3.2	45.5	46.9	0.82°	57	1.06			
		WTB37-64D	3.7	46.7	47.1	0.71°	58	1.06			
		WTB40-64D	4.0	47.5	47.9	0.66°	59	1.06			
	双极化	WTB20-64S	2.0	41.2	41.6	1.21°	53	1.08	40		
		WTB25-64S	2.5	43.2	43.6	1.03°	55	1.08			
		WTB30-64S	3.0	44.8	45.2	0.88°	57	1.07			
		WTB32-64S	3.2	45.3	45.7	0.82°	58	1.07			
		WTB37-64S	3.7	46.5	46.9	0.71°	58	1.07			
		WTB40-64S	4.0	47.3	47.7	0.66°	59	1.07			
7.125～7.726	单极化	WTB10-71D	1.0	35.8	38.8	2.51°	47	1.08	—	30	154IEC-PDR84（UDR84）
		WTB15-71D	1.5	39.3	39.3	1.65°	51	1.08			
		WTB20-71D	2.0	41.8	41.8	1.26°	53	1.07			
		WTB25-71D	2.5	43.7	43.7	1.01°	55	1.07			
		WTB30-71D	3.0	45.3	45.8	0.84°	58	1.06			
		WTB32-71D	3.2	45.9	45.9	0.70°	58	1.06			
		WTB37-71D	3.7	47.1	47.1	0.68°	59	1.06			
		WTB40-71D	4.0	47.8	47.8	0.63°	60	1.06			
	双极化	WTB20-71S	2.0	41.6	41.6	1.26°	53	1.08	40		
		WTB25-71S	2.5	43.5	43.5	1.01°	55	1.08			
		WTB30-71S	3.0	45.1	45.1	0.84°	58	1.07			
		WTB32-71S	3.2	45.7	45.7	0.79°	58	1.07			
		WTB37-71S	3.7	46.9	46.9	0.86°	59	1.07			
		WTB40-71S	4.0	47.6	47.6	0.63°	60	1.07			

续表

频段（GHz）	极化方式	型号	口径（m）	增益（中心频率）（dBi） η=50%	增益（中心频率）（dBi） η=55%	半功率角度	前后比（dB）180°±45°	驻波比（最大值）	隔离度（dB）	正交极化鉴别率	接口尺寸
8.5～8.75	单极化	WTB10-64D	1.0	35.4	38.8	2.62°	47	1.08	—	30	154IEC-PDR84（UDR84）
		WTB15-64D	1.5	38.9	39.8	1.75°	51	1.08			
		WTB20-64D	2.0	41.4	41.8	1.31°	53	1.07			
		WTB25-64D	2.5	43.4	43.8	1.05°	55	1.07			
		WTB30-64D	3.0	45.0	45.4	0.99°	56	1.06			
		WTB32-64D	3.2	45.5	46.9	0.82°	57	1.06			
		WTB37-64D	3.7	46.7	47.1	0.71°	58	1.06			
		WTB40-64D	4.0	47.5	47.9	0.66°	59	1.06			
	双极化	WTB20-64S	2.0	41.2	41.6	1.21°	53	1.08	40		
		WTB25-64S	2.5	43.2	43.6	1.03°	55	1.08			
		WTB30-64S	3.0	44.8	45.2	0.88°	57	1.07			
		WTB32-64S	3.2	45.3	45.7	0.82°	58	1.07			
		WTB37-64S	3.7	46.5	46.9	0.71°	58	1.07			
		WTB40-64S	4.0	47.3	47.7	0.66°	59	1.07			
10.7～11.7	单极化	WTB10-71D	1.0	35.8	38.8	2.51°	47	1.07	—	30	154IEC-PDR100（UDR100）或 PBR100（UBR100）
		WTB15-71D	1.5	39.3	39.3	1.65°	51	1.07			
		WTB20-71D	2.0	41.8	41.8	1.26°	53	1.07			
		WTB25-71D	2.5	43.7	43.7	1.01°	55	1.07			
		WTB30-71D	3.0	45.3	45.8	0.84°	58	1.07			
		WTB32-71D	3.2	45.9	45.9	0.70°	58	1.07			
		WTB37-71D	3.7	47.1	47.1	0.68°	59	1.07			
	双极化	WTB20-71S	2.0	41.6	41.6	1.26°	53	1.08	40		
		WTB25-71S	2.5	43.5	43.5	1.01°	55	1.08			
		WTB30-71S	3.0	45.1	45.1	0.84°	58	1.08			
		WTB32-71S	3.2	45.7	45.7	0.79°	58	1.08			
		WTB37-71S	3.7	46.9	46.9	0.86°	59	1.08			
11.7～12.5	单极化	WTB10-117D	1.0	39.0	39.4	1.73°	50	1.08	—	30	154IEC-PDR120（UDR120）或 PBR120（UBR120）
		WTB15-117D	1.5	42.6	42.9	1.16°	54	1.08			
		WTB20-117D	2.0	46.0	45.4	0.87°	57	1.07			
		WTB25-117D	2.5	47.0	47.4	0.69°	59	1.07			
		WTB30-117D	3.0	48.0	49.0	0.58°	60	1.07			
		WTB32-117D	3.2	49.1	49.5	0.54°	61	1.07			
	双极化	WTB20-117S	2.0	44.8	45.2	0.87°	57	1.08	35		
		WTB25-117S	2.5	45.8	47.2	0.69°	59	1.08			
		WTB30-117S	3.0	48.4	48.4	0.58°	60	1.08			
		WTB32-117S	3.2	48.9	49.3	0.54°	61	1.08			

续表

频段（GHz）	极化方式	型号	口径（m）	增益（中心频率）（dBi）		半功率角度	前后比（dB）180°±45°	驻波比（最大值）	隔离度（dB）	正交极化鉴别率	接口尺寸
				η=50%	η=55%						
12.75～13.85	单极化	WTB06-127D	0.6	38.8	35.4	2.70°	45	1.15	—	30	154IEC-PDR120（UDR120）或 PBR120（UBR120）
		WTB10-127D	1.0	39.6	40.0	1.61°	51	1.12			
		WTB12-127D	1.2	41.2	41.1	1.34°	53	1.10			
		WTB15-127D	1.5	43.2	43.1	1.08°	55	1.10			
		WTB18-127D	1.8	44.7	45.1	0.90°	56	1.10			
		WTB20-127D	2.0	45.7	46.1	0.81°	57	1.10			
		WTB25-127D	2.5	47.6	48.0	0.65°	59	1.10			
		WTB30-127D	3.0	48.2	49.1	0.54°	61	1.10			
		WTB32-127D	3.2	49.7	50.1	0.50°	61	1.10			
	双极化	WTB12-127S	2.0	45.5	45.3	0.81°	57	1.12	35		
		WTB15-127S	2.5	47.4	47.2	0.65°	59	1.12			
		WTB18-127S	3.0	49.0	49.4	0.54°	61	1.12			
		WTB20-127S	3.2	49.5	49.6	0.50°	61	1.12			
11.7～12.50	单极化	WTB06-127D	0.6	36.4	39.8	2.35°	46	1.15	—	30	154IEC-PDR140（UDR140）或 PBR140（UBR140）
		WTB10-127D	1.0	40.8	41.8	1.43°	52	1.12			
		WTB12-127D	1.2	42.4	42.8	1.17°	54	1.10			
		WTB15-127D	1.5	44.3	44.7	0.90°	56	1.10			
		WTB18-127D	1.8	45.9	46.3	0.78°	57	1.10			
		WTB20-127D	2.0	46.8	47.2	0.72°	58	1.10			
		WTB25-127D	2.5	48.7	49.1	0.57°	60	1.10			
		WTB30-127D	3.0	50.3	50.7	0.50°	61	1.10			
	双极化	WTB18-117S	1.8	45.7	46.1	0.78°	57	1.12	35		
		WTB20-117S	2.0	46.6	47.0	0.72°	58	1.12			
		WTB25-117S	2.5	48.5	48.9	0.57°	60	1.12			
		WTB30-117S	3.0	50.1	49.9	0.50°	61	1.12			
12.75～13.85	单极化	WTB03-127D	0.3	32.4	32.0	3.74°	42	1.20	—	30	154IEC-PDR220（UBR220）
		WTB06-127D	0.6	38.4	33.8	1.87°	50	1.15			
		WTB10-127D	1.0	42.3	43.2	1.12°	53	1.15			
		WTB12-127D	1.2	44.4	44.8	0.93°	55	1.15			
		WTB15-127D	1.5	46.1	46.7	0.75°	58	1.15			
		WTB18-127D	1.8	47.9	48.2	0.62°	60	1.15			
		WTB20-127D	2.0	48.3	49.2	0.56°	61	1.15			
	双极化	WTB12-127S	1.2	44.2	44.6	0.83°	55	1.20	35		
		WTB15-127S	1.5	46.1	46.1	0.75°	58	1.20			
		WTB18-127S	1.8	47.7	47.7	0.62°	60	1.20			
		WTB20-127S	2.0	48.6	49.0	0.56°	61	1.20			

续表

频段（GHz）	极化方式	型号	口径（m）	增益（中心频率）（dBi）		半功率角度	前后比（dB）180°±45°	驻波比（最大值）	隔离度（dB）	正交极化鉴别率	接口尺寸
				η=50%	η=55%						
21.2～23.6	单极化	WTB03-127D	0.3	33.8	34.2	3.12°	43	1.20	—	30	154IEC-PDR220（UBR220）
		WTB06-127D	0.6	39.9	40.3	1.56°	50	1.15			
		WTB10-127D	1.0	44.3	44.7	0.93°	55	1.15			
		WTB12-127D	1.2	45.9	46.3	0.78°	56	1.15			
		WTB15-127D	1.5	47.8	48.2	0.62°	58	1.15			
		WTB18-127D	1.8	46.5	49.8	0.52°	60	1.15			
	双极化	WTB12-127S	1.2	45.7	46.1	0.78°	56	1.20	35		
		WTB15-127S	1.5	47.6	48.0	0.62°	58	1.20			
		WTB18-127S	1.8	49.2	49.6	0.52°	60	1.20			
24.85～25.5	单极化	WTB03-127D	0.3	34.8	35.2	2.82°	45	1.20	—		154IEC-PDR220（UBR220）
		WTB06-127D	0.6	40.8	41.2	1.41°	51	1.20			
27.5～29.5	双极化	WTB03-127S	0.3	36.0	36.4	2.48°	48	1.20	—		154IEC-PDR320（UBR320）
		WTB06-127S	0.6	42.0	42.4	1.23°	54	1.20			
27.5～29.5	双极化	WTB03-127S	0.3	36.4	39.0	1.82°	50	1.20	—		154IEC-PDR320（UBR320）
		WTB06-127S	0.6	44.5	45.0	0.91°	56	1.20			

表 2　　高性能天线电气特性要求

频段（GHz）	极化方式	型号	口径（m）	增益（中心频率）（dBi）	半功率角度	前后比（dB）180°±70°	驻波比（最大值）	隔离度（dB）	正交极化鉴别率（dB）	接口尺寸
1.427～1.536	单极化	WTG10-14D	1.0	21.2	14.20°	41	1.20	—	27	同轴输入 （1）339IEC-50-22-213 （2）7/16 50Ω （内径ϕ7mm，外径ϕ16cm）
		WTG15-14D	1.8	24.7	9.50°	44	1.20			
		WTG20-14D	2.0	27.2	7.09°	47	1.20			
		WTG20-14D	2.5	29.2	5.67°	49	1.20			
		WTG30-14D	3.0	30.8	4.79°	60	1.15			
		WTG32-14D	3.2	31.3	4.43°	51	1.15			
		WTG37-14D	3.8	32.7	3.83°	52	1.15			
		WTG40-14D	4.0	33.3	3.54°	53	1.15			
	双极化	WTG20-14S	2.0	27.0	7.09°	47	1.20	30		
		WTG25-14S	2.3	28.0	5.67°	49	1.20			
		WTG30-14S	3.0	30.6	4.78°	50	1.15			
		WTG32-14S	3.2	31.1	4.43°	51	1.15			
		WTG37-14S	3.7	32.4	3.83°	52	1.15			
		WTG40-14S	4.0	33.1	3.34°	53	1.15			

续表

频段（GHz）	极化方式	型号	口径（m）	增益（中心频率）（dBi）	半功率角度	前后比（dB）180°±70°	驻波比（最大值）	隔离度（dB）	正交极化鉴别率（dB）	接口尺寸
1.7～1.99	单极化	WTG10-17D	1.0	22.9	11.66°	48	1.20	—	30	同轴输入 （1）339IEC-50-22-213 （2）7/16 50Ω （内径φ7mm，外径φ16cm）
		WTG15-17D	1.5	26.4	7.77°	46	1.20			
		WTG20-17D	2.0	28.9	5.33°	49	1.15			
		WTG20-17D	2.5	30.9	4.67°	50	1.15			
		WTG30-17D	3.0	32.4	3.67°	52	1.10			
		WTG32-17D	3.2	33.0	5.65°	53	1.10			
		WTG37-17D	3.7	34.8	3.15°	54	1.10			
		WTG40-17D	4.0	34.9	2.92°	55	1.10			
	双极化	WTG20-17S	2.0	28.7	5.83°	49	1.15	35/40	30/38	
		WTG25-17S	2.5	30.7	4.67°	50	1.15			
		WTG30-17S	3.0	32.2	3.39°	52	1.10			
		WTG32-17S	3.2	33.8	3.65°	53	1.10			
		WTG37-17S	3.7	34.1	3.15°	54	1.10			
		WTG40-17S	4.0	34.7	2.02°	55	1.10			
1.9～2.3	单极化	WTG10-19D	1.0	24.3	10.00°	44	1.20	—	27	同轴输入 （1）339IEC-50-22-213 7/16 50Ω （2）（内径φ7mm，外径φ16cm）
		WTG15-19D	1.8	27.8	6.67°	49	1.20			
		WTG20-19D	2.0	30.2	5.00°	50	1.15			
		WTG20-19D	2.5	32.3	4.00°	52	1.15			
		WTG30-19D	3.0	33.7	3.33°	53	1.10			
		WTG32-19D	3.2	34.3	3.12°	54	1.10			
		WTG37-19D	3.8	35.5	2.70°	55	1.10			
		WTG40-19D	4.0	36.2	2.50°	56	1.10			
	双极化	WTG20-19S	2.0	30.0	2.83°	47	1.15	30		
		WTG25-19S	2.3	33.0	2.33°	49	1.15			
		WTG30-19S	3.0	33.5	1.84°	50	1.10			
		WTG32-19S	3.2	34.1	1.82°	51	1.10			
		WTG37-19S	3.7	35.3	1.57°	52	1.10			
		WTG40-19S	4.0	36.0	1.46°	53	1.10			
3.4～3.8	单极化	WTG20-34D	2.0	34.8	2.92°	59	1.08	—	30	154IEC-PDR40 （UDR40）
		WTG25-34D	2.5	36.8	2.33°	60	1.06			
		WTG30-34D	3.0	38.4	1.94°	61	1.06			
		WTG32-34D	3.2	39.0	1.82°	62	1.06			
		WTG37-34D	3.7	40.2	1.57°	63	1.06			
		WTG40-34D	4.0	40.8	1.46°	64	1.06			

续表

频段（GHz）	极化方式	型号	口径（m）	增益（中心频率）（dBi）	半功率角度	前后比（dB）180°±70°	驻波比（最大值）	隔离度（dB）	正交极化鉴别率（dB）	接口尺寸
3.4～3.8	双极化	WTG20-34S	2.0	34.7	2.92°	59	1.08	35/40"	30/38	154IEC-PDR40（UDR40）
		WTG25-34S	2.5	36.5	2.33°	60	1.06			
		WTG30-34S	3.0	38.2	1.94°	61	1.06			
		WTG32-34S	3.2	38.3	1.82°	62	1.06			
		WTG37-34S	3.7	40.0	1.57°	63	1.06			
		WTG40-34S	4.0	40.7	1.46°	64	1.06			
3.8～4.8	单极化	WTG10-38D						—	30	154IEC-PDR40（UDR40）
		WTG15-38D	2.0	35.8	2.63°	50	1.08			
		WTG20-38D	2.5	37.8	2.10°	51	1.06			
		WTG25-38D	3.0	39.3	1.75°	62	1.06			
		WTG30-38D	3.2	39.9	1.64°	63	1.06			
		WTG32-38D	3.7	41.1	1.42°	64	1.06			
		WTG37-38D	4.0	41.8	1.31°	65	1.06			
	双极化	WTG20-38S	3.0	35.6	2.63°	60	1.08	35/40	32/38	
		WTG25-38S	2.5	37.6	2.10°	61	1.06			
		WTG30-38S	3.0	39.1	1.75°	61	1.06			
		WTG32-38S	3.2	39.7	1.64°	63	1.06			
		WTG37-38S	3.7	40.0	1.42°	64	1.06			
			4.0	41.6	1.31°	65	1.06			
4.4～5.0	单极化	WTG10-44D	1.5	34.8	2.97°	56	1.08	—	30	154IEC-PDR48（UDR48）
		WTG15-44D	2.0	37.3	2.23°	59	1.07			
		WTG20-44D	2.5	39.8	1.78°	61	1.07			
		WTG25-44D	3.0	40.8	1.49°	62	1.06			
		WTG30-44D	3.2	41.8	1.39°	63	1.06			
		WTG32-44D	3.7	42.7	1.20°	65	1.06			
			4.0	43.8	1.11°	67	1.06			
	双极化	WTG20-44S	2.0	36.1	2.33°	59	1.08	35/40	30/38	
		WTG25-44S	2.5	39.0	1.78°	62	1.08			
		WTG30-44S	3.0	40.6	1.49°	63	1.07			
		WTG32-44S	3.2	41.1	1.39°	63	1.07			
		WTG37-44S	3.7	42.5	1.20°	65	1.07			
			4.0	43.1	1.11°	67	1.07			
5.925～6.425	单极化	WTG10-59D	0.6	35.7	2.70°	57	1.15	—	30	154IEC-PDR70（UDR70）
		WTG13-59D	1.0	41.1	1.62°	63	1.12			
		WTG20-59D	1.5	43.6	1.05°	65	1.10			
		WTG30-59D	2.0	46.1	0.81°	67	1.10			
		WTG32-59D	2.5	48.0	0.65°	69	1.10			
		WTG37-59D	3.0	49.6	0.54°	70	1.10			
		WTG40-59D	3.2	50.2	0.51°	71	1.10			

续表

频段（GHz）	极化方式	型号	口径（m）	增益（中心频率）（dBi）	半功率角度	前后比（dB）180°±70°	驻波比（最大值）	隔离度（dB）	正交极化鉴别率（dB）	接口尺寸
5.925～6.425	双极化	WTG20-59S	2.0	39.4	1.70°	62	1.03	40	30/88	154IEC-PDR70（UDR70）
		WTG25-59S	2.5	41.3	1.36°	64	1.03			
		WTG30-59S	3.0	42.9	1.13°	66	1.06			
		WTG32-59S	3.2	43.5	1.06°	67	1.06			
		WTG37-59S	3.7	44.7	0.92°	67	1.06			
		WTG40-59S	4.0	45.4	0.85°	68	1.06			
6.325～7.125	单极化	WTG10-64D	1.0	34.4	3.09°	56	1.03	—	30	154IEC-PDR70（UDR70）
		WTG15-64D	1.5	37.9	2.06°	59	1.03			
		WTG20-64D	2.0	40.4	1.55°	63	1.07			
		WTG25-64D	2.5	42.3	1.24°	65	1.07			
		WTG30-64D	3.0	43.9	1.03°	67	1.05			
		WTG32-64D	3.2	44.5	0.94°	67	1.05			
		WTG37-64D	3.7	45.7	0.83°	68	1.05			
		WTG40-64D	4.0	48.3	0.77°	69	1.05			
	双极化	WTG20-64S	2.0	40.2	1.33°	63	1.08	40	30/48	
		WTG25-64S	2.5	42.1	1.24°	65	1.08			
		WTG30-64S	3.0	43.5	1.03°	67	1.06			
		WTG32-64S	3.2	44.3	0.93°	67	1.06			
		WTG37-64S	3.7	45.5	0.83°	68	1.06			
		WTG40-64S	4.0	46.2	0.55°	69	1.06			
7.125～7.725	单极化	WTG10-71D	1.0	35.2	2.83°	57	1.08	—	30	154IEC-PDR70（UDR70）或 154IEC-PDR44（UDR84）
		WTG15-71D	1.5	38.7	1.89°	61	1.08			
		WTG20-71D	2.0	41.2	1.41°	64	1.07			
		WTG25-71D	2.5	43.1	1.13°	56	1.07			
		WTG30-71D	3.0	44.7	0.34°	67	1.04			
		WTG32-71D	3.2	45.3	0.38°	68	1.04			
		WTG37-71D	3.7	44.5	0.76°	69	1.06			
		WTG40-71D	4.0	47.2	0.71°	70	1.06			
	双极化	WTG20-71S	2.0	43.0	1.41°	54	1.08	40		
		WTG25-71S	2.5	42.9	1.13°	56	1.08			
		WTG30-71S	3.0	44.5	0.94°	57	1.07			
		WTG32-71S	3.2	45.1	0.88°	58	1.07			
		WTG37-71S	3.7	46.3	0.76°	60	1.07			
		WTG40-71S	4.0	47.0	0.71°	70	1.07			

续表

频段（GHz）	极化方式	型号	口径（m）	增益（中心频率）（dBi）	半功率角度	前后比（dB）180°±70°	驻波比（最大值）	隔离度（dB）	正交极化鉴别率（dB）	接口尺寸
7.725～8.275	单极化	WTG10-77D	1.0	35.9	2.62°	58	1.08	—	30	154IEC-PDR84（UDR84）
		WTG15-77D	1.5	39.4	1.75°	62	1.08			
		WTG20-77D	2.0	41.8	1.31°	64	1.07			
		WTG25-77D	2.5	43.8	1.06°	66	1.07			
		WTG30-77D	3.0	45.1	0.88°	67	1.04			
		WTG32-77D	3.2	45.0	0.82°	58	1.04			
		WTG37-77D	3.7	47.1	0.71°	70	1.04			
		WTG40-77D	4.6	47.9	0.66°	70	1.05			
	双极化	WTG20-77S	2.0	41.6	1.31°	64	1.08	40		
		WTG25-77S	2.5	43.6	1.05°	66	1.08			
		WTG30-77S	3.0	45.2	0.88°	67	1.07			
		WTG32-77S	3.2	45.7	0.82°	68	1.07			
		WTG37-77S	3.7	46.9	0.71°	69	1.07			
		WTG40-77S	4.0	47.7	0.66°	70	1.07			
8.200～8.500	单极化	WTG10-85D	1.0	36.3	2.52°	59	1.08	—	30	1541EC-PDR84（UDR84）
		WTG15-85D	1.5	39.8	1.68°	62	1.08			
		WTG20-85D	2.0	42.2	1.28°	63	1.07			
		WTG25-85D	2.5	43.1	1.01°	67	1.07			
		WTG30-85D	3.0	46.3	0.64°	65	1.06			
		WTG32-85D	3.2	46.3	0.19°	69	1.06			
		WTG37-85D	3.7	47.5	0.66°	70	1.06			
		WTG40-85D	4.0	48.2	0.58°	70	1.06			
	双极化	WTG20-85S	2.0	42.0	1.26°	65	1.06	40		
		WTG25-85S	2.5	43.9	1.01°	67	1.06			
		WTG25-85S	3.0	45.5	0.84°	68	1.07			
		WTG32-85S	3.3	46.1	0.79°	69	1.07			
		WTG37-85G	3.7	47.9	0.68°	70	1.07			
		WTG40-85S	4.0	48.0	0.63°	70	1.07			
8.500～8.750	单极化	WTG10-85D	1.0	35.5	2.43°	58	1.08	—	30	154IEC-PDRL00（UDRT100）
		WTG15-85D	1.8	10.0	1.52°	63	1.08			
		WTG20-85D	2.0	42.5	1.22°	65	1.07			
		WTG25-85D	2.5	44.5	0.97°	47	1.07			
		WTG30-85D	3.0	45.1	0.81°	69	1.06			
		WTG32-85D	3.2	46.4	0.76°	70	1.06			
		WTG37-85D	3.7	48.0	0.65°	71	1.06			
		WTG40-85D	4.0	48.4	0.61°	71	1.06			

续表

频段（GHz）	极化方式	型号	口径（m）	增益（中心频率）（dBi）	半功率角度	前后比（dB）180°±70°	驻波比（最大值）	隔离度（dB）	正交极化鉴别率（dB）	接口尺寸
8.500～8.750	双极化	WTG20-85S	2.0	42.3	1.22°	65	1.08	40		154IEC-PDRL00（UDRT100）
		WTG25-85S	2.5	44.3	0.97°	67	1.08			
		WTG30-85S	3.0	46.9	0.83°	68	1.07			
		WTG32-85S	3.2	46.4	0.76°	70	1.07			
		WTG37-85S	3.7	47.3	0.65°	71	1.07			
		WTG40-85S	4.0	48.4	0.51°	71	1.07			
10.70～11.70	单极化	WTG10-107D	1.0	38.8	1.87°	61	1.07	—	30	154IEC-PDR100（UDK100）或154IEC-PDR160（UDK106）
		WTG15-107D	1.5	42.3	1.25°	65	1.07			
		WTG20-107D	2.0	44.8	0.94°	67	1.07			
		WTG25-107D	2.3	46.7	0.75°	68	1.07			
		WTG30-107D	3.0	48.3	0.68°	70	1.07			
		WTG32-107D	3.2	48.3	0.59°	70	1.07			
		WTG37-107D	3.7	50.0	0.51°	70	1.07			
	双极化	WTG20-107S	2.0	44.5	0.94°	57	1.08	40	32/38	
		WTG25-107S	2.5	46.5	0.75°	68	1.08			
		WTG30-107S	3.0	48.1	0.2°	70	1.08			
		WTG32-107S	3.2	4.6	0.59°	70	1.08			
		WTG37-107S	3.7	49.8	0.51°	70	1.08			
11.70～12.50	单极化	WTG10-117D	1.0	39.5	1.73°	61	1.08		30	154IEC-PDR120（UDK130）或154IEC-PDR120（UDK120）
		WTG15-117D	1.5	43.0	1.16°	65	1.08			
		WTG20-117D	2.0	45.4	0.97°	67	1.07			
		WTG25-117D	2.3	47.4	0.69°	68	1.07			
		WTG30-117D	3.0	49.0	0.58°	70	1.07			
		WTG32-117D	3.2	49.5	0.54°	70	1.07			
	双极化	WTG20-117S	2.0	45.7	0.87°	57	1.08	35		
		WTG25-117S	2.5	47.2	0.59°	68	1.08			
		WTG30-117S	3.0	48.8	0.58°	70	1.08			
		WTG32-117S	3.2	49.3	0.54°	70	1.08			
		WTG37-117S								
12.75～13.25	单极化	WTG06-127D	0.6	35.7	2.70°	57	1.15	—	30	154IEC-PDR120（UDK130）或154IEC-PDR120（UDK120）
		WTG10-127D	1.0	41.1	1.62°	63	1.12			
		WTG15-127D	1.5	43.6	1.05°	65	1.10			
		WTG20-127D	2.0	46.1	0.81°	67	1.10			
		WTG25-127D	2.5	48.0	0.65°	69	1.10			
		WTG30-127D	3.0	49.6	0.54°	70	1.10			
		WTG38-127D	3.2	50.2	0.51°	71	1.10			

续表

频段（GHz）	极化方式	型号	口径（m）	增益（中心频率）（dBi）	半功率角度	前后比（dB）180°±70°	驻波比（最大值）	隔离度（dB）	正交极化鉴别率（dB）	接口尺寸
12.75～13.25	双极化	WTG20-127S	2.0	45.9	0.81°	67	1.32	35		154IEC-PDR120（UDK130）或 154IEC-PDR120（UDK120）
		WTG25-127S	2.5	47.8	0.65°	69	1.12			
		WTG30-127S	3.0	49.2	0.54°	70	1.12			
		WTG38-127S	3.2	49.8	0.51°	71	1.12			
14.40～15.35	单极化	WTG05-144D	0.6	34.7	2.38°	58	1.15	—	30	154IEC-PDR140（UDK130）或 154IEC-PDR140（UDK140）
		WTG10-144D	1.0	41.1	1.43°	63	1.12			
		WTG15-144D	1.5	44.6	0.96°	66	1.10			
		WTG20-144D	2.0	47.2	0.75°	69	1.10			
		WTG25-144D	2.5	49.1	0.57°	71	1.10			
	双极化	WTG35-144S	1.5	44.4	0.95°	66	1.12	30		
		WTG20-144S	2.0	47.0	0.32°	69	1.12			
		WTG20-144S	2.5	48.9	0.57°	71	1.12			
17.70～19.10	单极化	WTG03-177D	0.3	32.8	3.74°	54	1.20	—	30	154PBR220（UER220）
		WTG05-177D	0.6	36.9	1.87°	60	1.15			
		WTG10-177D	1.0	43.3	1.12°	65	1.15			
		WTG15-177D	1.5	46.8	0.74°	68	1.15			
		WTG20-177D	2.0	49.3	0.56°	70	1.15			
	双极化	WTG08-177S	0.3	32.6	3.74°	54	1.20	35		
		WTG06-177S	0.6	38.7	1.87°	60	1.20			
		WTG10-177S	1.0	43.1	1.12°	65	1.20			
		WTG15-177S	1.5	46.6	0.74°	68	1.20			
		WTG20-177S	2.0	49.1	0.56°	70	1.20			
21.20～21.60	单极化	WTG03-212D	0.3	34.3	3.13°	56	1.20	—	30	154IEC-PDR220（UPR220）
		WTG06-212D	0.6	40.4	1.56°	62	1.15			
		WTG10-212D	1.0	44.9	0.54°	66	1.15			
		WTG15-212D	1.5	48.3	0.43°	70	1.15			
	双极化	WTG03-212S	0.5	34.1	8.13°	56	1.20	35		
		WTG06-212S	0.6	40.2	1.56°	62	1.20			
		WTG10-212S	1.0	44.6	0.94°	66	1.20			
		WTG15-212S	1.5	48.1	0.63°	70	1.20			

A1.2　YD/T 508.2—1998 栅格抛物面通信天线技术条件

表 1　　电气特性要求

频段（GHz）	型号	口径（m）	增益（dBi） 低	中	高	HPBW *E* 面	*H* 面	驻波比	前后比（dB）180°±45°	交叉极化鉴别率（dB）	接口型号
0.335～0.365	WTS18-033D	1.8	≥13.4	≥13.8	≥14.2	≤36.0°	≤29.3°	≤1.40	≥18	≥23	(1) N-50K (GB11314) (2) 339 IEC 50-22-2/3 (IEC 339-2)
	WTS24-033D	2.4	≥15.9	≥16.3	≥16.7	≤27.0°	≤22.0°	≤1.40	≥20	≥23	
	WTS30-033D	3.0	≥17.9	≥18.2	≥18.6	≤21.6°	≤17.6°	≤1.35	≥22	≥23	
	WTS37-033D	3.7	≥19.7	≥20.0	≥20.4	≤17.5°	≤14.2°	≤1.35	≥24	≥23	
0.365～0.403	WTS18-036D	1.8	≥14.2	≥14.6	≥15.0	≤32.8°	≤26.7°	≤1.40	≥19	≥23	
	WTS24-036D	2.4	≥16.7	≥17.1	≥17.5	≤24.6°	≤20.0°	≤1.40	≥21	≥23	
	WTS30-036D	3.0	≥18.6	≥19.0	≥19.5	≤19.7°	≤16.0°	≤1.35	≥23	≥23	
	WTS37-036D	3.7	≥20.4	20.9	≥21.3	≤15.9°	≤13.0°	≤1.35	≥25	≥23	
0.403～0.470	WTS18-040D	1.8	≥15.0	≥15.7	≥16.4	≤28.8°	≤23.5°	≤1.40	≥20	≥23	
	WTS24-040D	2.4	≥17.5	≥18.2	≥18.9	≤21.6°	≤17.6°	≤1.40	≥22	≥23	
	WTS30-040D	3.0	≥19.5	≥20.1	≥20.8	≤17.3°	≤14.1°	≤1.35	≥24	≥23	
	WTS37-040D	3.7	≥21.3	≥21.9	≥22.6	≤14.0°	≤11.4°	≤1.35	≥26	≥23	
0.450～0.520	WTS18-045D	1.8	≥16.0	≥16.6	≥17.2	≤25.9°	≤21.1°	≤1.40	≥21	≥23	
	WTS24-045D	2.4	≥18.5	≥19.1	≥19.7	≤19.5°	≤15.9°	≤1.40	≥23	≥23	
	WTS30-045D	3.0	≥20.4	≥21.1	≥21.7	≤15.6°	≤12.7°	≤1.35	≥25	≥23	
	WTS37-045D	3.7	≥22.2	≥22.9	≥23.5	≤12.6°	≤10.3°	≤1.35	≥27	≥23	
1.900～2.300	WTS12-19D	1.2	≥25.0	≥25.8	≥26.6	≤8.3°		≤1.25	≥33	≥27	(1) N-50K (GB11314) (2) 339 IEC 50-22-2/3 (IEC 339-2)
	WTS18-19D	1.8	≥28.5	≥29.4	≥30.2	≤5.6°		≤1.25	≥36	≥27	
	WTS24-19D	2.4	≥31.0	≥31.9	≥32.7	≤4.2°		≤1.25	≥39	≥27	
	WTS30-19D	3.0	≥32.9	≥33.8	≥34.6	≤3.3°		≤1.2	≥41	≥27	
	WTS37-19D	3.7	≥34.8	≥35.6	≥36.4	≤2.7°		≤1.2	≥43	≥27	
2.300～2.500	WTS12-23D	1.2	≥26.6	≥27.0	≥27.4	≤7.3°		≤1.25	≥34	≥27	
	WTS18-23D	1.8	≥30.2	≥30.5	≥30.9	≤4.9°		≤1.25	≥37	≥27	
	WTS24-23D	2.4	≥32.7	≥33.0	≥33.4	≤3.6°		≤1.25	≥40	≥27	
	WTS30-23D	3.0	≥34.6	≥35.0	≥35.3	≤2.9°		≤1.2	≥42	≥27	
	WTS37-23D	3.7	≥36.4	≥36.8	≥37.1	≤2.4°		≤1.2	≥44	≥27	

YD/T 508.2—1998

续表

频段（GHz）	型号	口径（m）	增益（dBi）			HPBW	驻波比	前后比（dB）180°±45°	交叉极化鉴别率(dB)	接口型号	
			低	中	高						
2.500～2.700	WTS12-25D	1.2	⩾27.4	⩾27.7	⩾28.0	⩽6.7°	⩽1.25	⩾35	⩾27		YD/T 508.2—1998
	WTS18-25D	1.8	⩾30.9	⩾31.2	⩾31.6	⩽4.5°	⩽1.25	⩾38	⩾27		
	WTS24-25D	2.4	⩾33.4	⩾33.7	⩾34.1	⩽3.4°	⩽1.25	⩾41	⩾27		
	WTS30-25D	3.0	⩾35.3	⩾35.7	⩾36.0	⩽2.7°	⩽1.2	⩾43	⩾27		
	WTS37-25D	3.7	⩾37.1	⩾37.5	⩾37.8	⩽2.2°	⩽1.2	⩾45	⩾27		

注：3dB 波束宽度范围内

A1.3 RFS 微波通信天线技术指标（ETSI）

1. 高性能单极化天线

表 1　6 GHz 频段（5.925~6.425 GHz）

6GHz 频段（5.925～6.425 GHz）：高性能单极化									辐射方向图标准 ETSI
天线口径（m）	增益（dBi）			波束宽度	XPD（dB）	*F/B*	VSWR	冰负荷	
	低	中	高						
0.6	29.0	29.4	29.8	5.67°	30	50	1.10	25 mm radial（7 kN/m³）	Range 1, Class 2
1.2	35.1	35.4	35.8	2.83°	30	55	1.10	25 mm radial（7 kN/m³）	Range 1, Class 2
1.8	38.6	38.9	39.3	1.89°	30	62	1.06	25 mm radial（7 kN/m³）	Range 1, Class 2
2.4	41.1	41.4	41.8	1.42°	30	66	1.06	25 mm radial（7 kN/m³）	Range 1, Class 2
3	43.0	43.4	43.7	1.13°	30	69	1.06	25 mm radial（7 kN/m³）	Range 1, Class 2

表 2　15 GHz 频段（14.40~15.35 GHz）

15GHz 频段(14.40～15.35 GHz)：高性能单极化									辐射方向图标准 ETSI
天线口径（m）	增益（dBi）			波束宽度	XPD（dB）	*F/B*	VSWR	冰负荷	
	低	中	高						
0.3	30.4	30.7	31.0	4.71°	30	52	1.20	25 mm radial（7 kN/m³）	Range 2, Class 2
0.6	36.5	36.7	37.0	2.30°	30	58	1.20	25 mm radial（7 kN/m³）	Range 2, Class 2
1.2	42.5	42.7	43.0	1.18°	30	64	1.15	25 mm radial（7 kN/m³）	Range 2, Class 2
1.8	46.0	46.3	46.5	0.79°	30	69	1.15	25 mm radial（7 kN/m³）	Range 2, Class 2
2.4	48.5	48.8	49.0	0.59°	30	70	1.10	25 mm radial（7 kN/m³）	Range 2, Class 2

表 3　　18 GHz 频段（17.7~19.7 GHz）

18GHz 频段 (17.70～19.7 GHz)：高性能单极化									辐射方向图标准 ETSI
天线口径（m）	增益（dBi）			波束宽度	XPD（dB）	F/B	VSWR	冰负荷	
	低	中	高						
0.3	32.0	32.5	33.0	3.74°	30	55	1.20	25 mm radial（7 kN/m³）	Range 2, Class 2
0.6	38.1	38.5	39.0	1.87°	30	62	1.20	25 mm radial（7 kN/m³）	Range 2, Class 2
1.2	44.1	44.6	45.0	0.94°	30	66	1.20	25 mm radial（7 kN/m³）	Range 2, Class 2

表 4　　23 GHz 频段（21.2~23.6 GHz）

23GHz 频段 (21.20～23.6 GHz)：高性能单极化									辐射方向图标准 ETSI
天线口径（m）	增益（dBi）			波束宽度	XPD（dB）	F/B	VSWR	冰负荷	
	低	中	高						
0.3	33.5	34.0	34.5	3.12°	30	54	1.15	25 mm radial（7 kN/m³）	Range 3, Class 2
0.6	39.6	40.1	40.6	1.56°	30	60	1.15	25 mm radial（7 kN/m³）	Range 3, Class 2
0.9	43.1	43.6	44.1	1.04°	30	64	1.15	25 mm radial（7 kN/m³）	Range 3, Class 2
1.2	45.6	46.1	46.6	0.78°	30	66	1.15	25 mm radial（7 kN/m³）	Range 3, Class 2

2. 超高性能、单极化天线

表 5　　6 GHz 频段（5.925~6.425 GHz）

6GHz 频段 (5.925～6.425 GHz)：超高性能单极化									辐射方向图标准 ETSI
天线口径（m）	增益（dBi）			波束宽度	XPD（dB）	F/B	VSWR	冰负荷	
	低	中	高						
0.6	29.0	29.4	29.8	5.67°	30	54	1.06	25 mm radial（7 kN/m³）	Range1, Class3
1.2	35.1	35.4	35.8	2.83°	30	60	1.06	25 mm radial（7 kN/m³）	Range1, Class3
1.8	38.6	38.9	39.3	1.89°	30	67	1.06	25 mm radial（7 kN/m³）	Range1, Class3
2.4	41.1	41.4	41.8	1.42°	30	70	1.06	25 mm radial（7 kN/m³）	Range1, Class3
3	43.0	43.4	43.7	1.13°	30	72	1.06	25 mm radial（7 kN/m³）	Range1, Class3

表 6　　15 GHz 频段（14.40~15.35 GHz）

15GHz 频段(14.40～15.35 GHz)：超高性能单极化									辐射方向图标准 ETSI
天线口径（m）	增益（dBi）			波束宽度	XPD（dB）	F/B	VSWR	冰负荷	
	低	中	高						
0.3	30.4	30.7	31.0	4.71°	30	53	1.30	25 mm radial（7 kN/m³）	Range 2, Class 3
0.6	36.5	36.7	37.0	2.30°	32	62	1.20	25 mm radial（7 kN/m³）	Range 2, Class 3
1.2	42.5	42.7	43.0	1.18°	32	67	1.20	25 mm radial（7 kN/m³）	Range 2, Class 3
1.8	46.0	46.3	46.5	0.79°	32	70	1.20	25 mm radial（7 kN/m³）	Range 2, Class 3
2.4	48.5	48.8	49.0	0.59°	32	73	1.10	25 mm radial（7 kN/m³）	Range 2, Class 3

表 7　　18 GHz 频段（17.7~19.7 GHz）

18GHz 频段(17.7 ~ 19.7 GHz)：超高性能单极化										辐射方向图标准 ETSI
天线口径（m）	增益（dBi）			波束宽度	XPD（dB）	*F/B*	VSWR	冰负荷		
	低	中	高							
0.3	32.0	32.5	33.0	3.74°	30	60	1.30	25 mm radial（7 kN/m³）		Range 2, Class 3
0.6	38.1	38.5	39.0	1.87°	30	70	1.30	25 mm radial（7 kN/m³）		Range 2, Class 3
1.2	44.1	44.6	45.0	0.94°	32	71	1.20	25 mm radial（7 kN/m³）		Range 2, Class 3

表 8　　23 GHz 频段（21.2~23.6 GHz）

23GHz 频段 (21.2 ~ 23.6 GHz)：超高性能单极化									辐射方向图标准 ETSI
天线口径（m）	增益（dBi）			波束宽度	XPD（dB）	*F/B*	VSWR	冰负荷	
	低	中	高						
0.3	33.5	34.0	34.5	3.12°	32	57	1.3	25 mm radial（7 kN/m³）	Range 3, Class 3
0.6	39.6	40.1	40.6	1.56°	32	63	1.3	25 mm radial（7 kN/m³）	Range 3, Class 3
0.9	43.1	43.6	44.1	1.04°	32	67	1.3	25 mm radial（7 kN/m³）	Range 3, Class 3
1.2	45.6	46.1	46.6	0.78°	32	69	1.3	25 mm radial（7 kN/m³）	Range 3, Class 3

3. 超高性能、双极化天线

表 9　　6 GHz 频段（5.925~6.425GHz）

6GHz 频段 (5.925 ~ 6.425 GHz)：超高性能双极化										辐射方向图标准 ETSI
天线口径（m）	增益（dBi）			波束宽度	XPD（dB）	IPI dBi	*F/B*	VSWR	冰负荷	
	低	中	高							
0.6	29.0	29.4	29.8	5.67°	40	45	54.0	1.06	25 mm radial（7 kN/m³）	Range 1, Class 3
1.2	35.1	35.4	35.8	2.83°	40	45	60.0	1.06	25 mm radial（7 kN/m³）	Range 1, Class 3
1.8	38.6	38.9	39.3	1.89°	40	45	69.0	1.06	25 mm radial（7 kN/m³）	Range 1, Class 3
2.4	41.1	41.4	41.8	1.42°	40	45	71.0	1.06	25 mm radial（7 kN/m³）	Range 1, Class 3
3	43.0	43.4	43.7	1.13°	40	45	74.0	1.06	25 mm radial（7 kN/m³）	Range 1, Class 3

表 10　　15 GHz 频段（14.40~15.35 GHz）

15 GHz 频段(14.40 ~ 15.35 GHz)：超高性能双极化										辐射方向图标准 ETSI
天线口径（m）	增益（dBi）			波束宽度	XPD（dB）	IPI dBi	*F/B*	VSWR	冰负荷	
	低	中	高							
0.3	30.4	30.7	31.0	4.71°	34	40	64.0	1.13	25 mm radial（7 kN/m³）	Range 2, Class 3
0.6	36.5	36.7	37.0	2.30°	40	45	64.0	1.13	25 mm radial（7 kN/m³）	Range 2, Class 3
1.2	42.5	42.7	43.0	1.18°	40	45	70.0	1.10	25 mm radial（7 kN/m³）	Range 2, Class 3
1.8	46.0	46.3	46.5	0.79°	40	45	75.0	1.10	25 mm radial（7 kN/m³）	Range 2, Class 3
2.4	48.5	48.8	49.0	0.59°	38	40	76.0	1.10	25 mm radial（7 kN/m³）	Range 2, Class 3

表 11 18 GHz 频段（17.7~19.7 GHz）

18 GHz 频段(17.7 ~ 19.7 GHz)：超高性能双极化										辐射方向图标准 ETSI
天线口径（m）	增益（dBi）			波束宽度	XPD（dB）	IPI dBi	*F/B*	VSWR	冰负荷	
	低	中	高							
0.3	32.0	32.5	33.0	3.74°	34	40	66.0	1.13	25 mm radial（7 kN/m³）	Range 2, Class 3
0.6	38.1	38.5	39.0	1.87°	40	45	72.0	1.13	25 mm radial（7 kN/m³）	Range 2, Class 3
1.2	44.1	44.6	45.0	0.94°	40	45	76.0	1.13	25 mm radial（7 kN/m³）	Range 2, Class 3

A2 卫星天线

A2.1 GB/T 11442—1995 卫星电视地球接收站通用技术条件

表 1 天线电性能要求（C 频段）

序号	技术参数	单位	天线口径（m）	要　求	备　注
1	接收频段	GHz	—	3.7～4.2	—
2	天线增益（G_0）	dB	1.2	≥30.90	$G \geq G_0 + 20\lg\frac{f(\text{GHz})}{3.95}$
			1.5	≥32.84	
			1.8	≥34.34	
			2.0	≥35.34	
			2.4	≥37.35	
			3.0	≥39.30	
			4.0	≥41.80	
			4.5	≥43.20	
			5.0	≥44.10	
			6.0	≥45.70	
			7.5	≥47.50	
3	天线分系统效率（η）	—	1.2,1.5 1.8,2.0	≤50%	—
			2.4,3.0 4.0	≥55%	—
			4.5,5.0 6.0,7.5	≥60%	适用于 1.2～2.4m 偏馈天线
4	圆极化电压轴比	—	—	≤1.35	—
5	天线噪声温度	K	1.2，1.5 1.8，2.0，2.4	≤51	仰角 10° 时
			3.0，4.0	≤48	
			4.5，5.0 6.0，7.5	≤45	

续表

序号	技术参数	单位	天线口径（m）	要　　求	备　　注
5	天线噪声温度	K	1.2，1.5 1.8，2.0，2.4	≤47	仰角20°时
			3.0，4.0	≤44	
			4.5，5.0 6.0，7.5	≤41	
6	驻波系数	—	1.2～2.4	≤1.35	单偏置天线1.20
			3.0～7.5	≤1.30	
7	交叉极化鉴别率	dB	1.2～3.0	≥23	—
			4.0～7.5	≥25	
8	天线第一旁瓣电平	dB	—	≤-14	单偏置天线应比前馈天线低8dB
	天线广角旁瓣包络	dBi	波瓣峰值 90%不应超过包络线，包络线公式为：$D/\lambda \leq 100$ 时，$52-10\lg(D/\lambda)-25\lg\theta$ [（$100\lambda/D$）° $<\theta<$ 20°]；$D/\lambda > 100$ 时，$32-25\lg\theta$（1° $<\theta<$ 20°）		
9	天线指向调整范围	—	1.2～2.4	俯仰5°～85° 方位0°～360°	—
			3.0～5.0	俯仰0°～90° 方位±90°	
			6.0～7.5	俯仰0°～90° 方位±70°	

A2.2　GB/T 16954—1997 Ku频段卫星电视地球接收站通用规范

表1　　**天线电性能要求（Ku频段）**

序号	技术参数	单位	天线口径（m）	要　　求	备　　注
1	接收频段	GHz	—	11.7～12.2	可扩展到10.7～12.75
2	增益 G	dBi	0.6	≥34.9	$G=G_0+20\lg\frac{f(\text{GHz})}{11.95}$
			1.0	≥39.3	
			1.2	≥40.9	
			1.5	≥42.9	
			1.8	≥44.5	
			2.0	≥45.4	
			2.4	≥47.0	
			3.0	≥49.1	
			3.7	≥50.9	
			4.0	≥51.6	
			4.5	≥52.8	
			5.0	≥53.7	

续表

序号	技术参数	单位	天线口径（m）	要　求	备　注
2	增益 G	dBi	6.0	≥55.3	—
			7.5	≥57.2	
3	效率 η	%	0.6，1.0，1.2，1.5，1.8，2.0，2.4	≥55	—
			3.0，3.7，4.0	≥58	
			4.5，5.0，6.0，7.5	≥60	适用于 2.4MHz 以下偏馈天线
4	噪声温度	K	—	≤55	仰角为 20°；归算到场放输入口，晴天微风
5	驻波系数	—	—	≤1.30	—
6	圆极化轴比	—	—	≤1.1	—
7	交叉极化鉴别率	dB	—	≥27	线极化：正馈：电平下降1dB内；偏馈：轴向
8	天线调整范围	—	0.6～2.4	俯仰 5°～85° 方位 0°～360°	—
			3.0～5.0	俯仰 0°～90°，方位 ±90°	
			6.0～7.5	俯仰 0°～90°，方位 ±70°	
	第一旁瓣电平	dB	—	≤−14	—
9	广角旁瓣包络	dBi	—	$D/\lambda>150$ $29-25\lg\theta$ $1° \leqslant \theta \leqslant 20°$ $100 \leqslant D/\lambda \leqslant 150$ $32-25\lg\theta$ $\left(\frac{100\lambda}{D}\right)^{\circ} \leqslant \theta \leqslant 20°$ $D/\lambda<100$ $52-10\lg D/\lambda-25\lg\theta$ $\left(\frac{100\lambda}{D}\right)^{\circ} \leqslant \theta \leqslant 20°$	天线广角旁瓣峰值 90%应满足给定的包络线

A3 移动通信系统天线技术条件

A3.1 YD/T 1059—2004 移动通信系统基站天线技术条件

表 1 **全向天线电性能要求**

频段（MHz）	增益[①]（dBi）	方向图圆度（dB）	垂直面半功率波束宽度[②]	电下倾角精度	互调[③]（dBm）	电压驻波比	功率容限（W）	接口型号
825～880 885～960	≥8	±1.0	13°	±1.5°	≤−107	≤1.5	500	（1）N-50K （2）7/16-50K
	≥11		6.5°					
1710～1850 1850～1990	≥8	±1.0	13°	±1.5°	≤−107	≤1.5	200	
	≥11		6.5°					
1920～1980 2110～2170	≥8	±1.0	13°	±1.5°	≤−107	≤1.5	100	
	≥11		6.5°					

注：① 指天线最大辐射方向的增益值，在 0°～10°范围内，电下倾角每增加 1°允许天线增益下降 0.07dB；

② 参考值；

③ 指三阶互调，输送到天线的两个不同频率信号的功率各为 20W。

表 2 **定向单极化天线电性能要求**

频段（MHz）	增益[②]（dBi）	半功率波束宽度		电下倾角精度	前后比[④]（dB）	互调[⑤]（dBm）	电压驻波比	功率容限[⑥]（W）	接口型号
		水平面	垂直面[③]						
825～880 885～960 825～960[①]	≥14.5	32±4	34	±1.5°	≥27	≤−107	≤1.5	500	（1）N-50K （2）7/16-50K
	≥17.5		16						
	≥19.0		10.5						
	≥20.0		8						
	≥12.0	65±6	34	±1.5°	≥25	≤−107	≤1.5	500	
	≥15.0		16						
	≥16.5		10.5						
	≥17.5		8						
	≥10.5	90±8	34	±1.5°	≥23	≤−107	≤1.5	500	
	≥13.5		16						
	≥15.0		10.5						
	≥16.0		8						

续表

频段（MHz）	增益②（dBi）	半功率波束宽度		电下倾角精度	前后比④（dB）	互调⑤（dBm）	电压驻波比	功率容限⑥（W）	接口型号
		水平面	垂直面③						
825～880 885～960 825～960①	≥10.0	105±10	34	±1.5°	≥20	≤−107	≤1.5	500	（1）N-50K （2）7/16-50K
	≥13.0		16						
	≥14.5		10.5						
	≥15.5		8						
	≥9.0	120±10	34	±1.5°	≥18	≤−107	≤1.5	500	
	≥12.0		16						
	≥13.5		10.5						
	≥14.5		8						
1710～1850 1850～1990 1710～1990① 1920～1980 2110～2170 1920～2170②	≥14.5	32±4	34	±1.5°	≥27	≤−107	≤1.5	200	（1）N-50K （2）7/16-50K
	≥17.5		16						
	≥19.0		10.5						
	≥20.0		8						
	≥12.0	65±6	34	±1.5°	≥25	≤−107	≤1.5	200	
	≥15.0		16						
	≥16.5		10.5						
	≥17.5		8						
	≥10.5	90±8	34	±1.5°	≥23	≤−107	≤1.5	200	
	≥13.5		16						
	≥15.0		10.5						
	≥16.0		8						

注：① 双频段共用天线频率范围；

② 双频段共用天线允许其低频段（分别为 825～880MHz，1710～1850MHz，1920～1980MHz）增益下降 0.5dB；在 0° ～13° 范围内，内置固定电下倾天线允许天线增益下降（$0.07\times\phi$）dB，可调电下倾天线允许天线增益下降（$0.07\times\phi+0.3$）dB，其中，ϕ为电下倾角；

③ 参考值；

④ 范围为主方向 180° ±30° ；

⑤ 指三阶互调、输送到天线的两个不同频率信号的功率各为 20W；

⑥ 可调电下倾天线功率容量减半。

表 3　　定向±45°双极化天线电性能要求

频段（MHz）	增益[①]（dBi）	半功率波束宽度		电下倾角精度	隔离度（dB）	交叉极化比（dB）	前后比[③]*（dB）	互调[④]（dBm）	电压驻波比	功率容限[⑤]（W）	接口型号
		水平面	垂直面[②]								
825～880 885～960 825～960[①]	⩾14.5	32°±4°	34°	±1.5°	⩾28°	轴向⩾15 ±30°以内⩾10	⩾27	⩽−107	⩽1.5	500	（1）N-50K （2）7/16-50K
	⩾17.5		16°								
	⩾19.0		10.5°								
	⩾20.0		8°								
	⩾12.0	65°±6°	34°	±1.5°	⩾28°	轴向⩾15 ±60°以内⩾10	⩾25	⩽−107	⩽1.5	500	
	⩾15.0		16°								
	⩾16.5		10.5°								
	⩾17.5		8°								
	⩾10.5	90°±8°	34°	±1.5°	⩾28°	轴向⩾15 ±60°以内⩾10	⩾23	⩽−107	⩽1.5	500	
	⩾13.5		16°								
	⩾15.0		10.5°								
	⩾16.0		8°								
1710～1850 1850～1990 1710～1990[②] 1920～1980 2110～2170 1920～2170[⑥]	⩾14.5	32°±4°	34°	±1.5°	⩾28°	轴向⩾15 ±30°以内⩾10	⩾27	⩽−107	⩽1.5	200	（1）N-50K （2）7/16-50K
	⩾17.5		16°								
	⩾19.0		10.5°								
	⩾20.0		8°								
	⩾12.0	65°±6°	34°	±1.5°	⩾28°	轴向⩾15 ±60°以内⩾10	⩾25	⩽−107	⩽1.5	200	
	⩾15.0		16°								
	⩾16.5		10.5°								
	⩾17.5		8°								
	⩾10.5	90°±8°	34°	±1.5°	⩾28°	轴向⩾15 ±60°以内⩾10	⩾23	⩽−107	⩽1.5	200	
	⩾13.5		16°								
	⩾15.0		10.5°								
	⩾16.0		8°								

注：① 双频段共用天线频率范围；

② 双频段共用天线允许其低频段（分别为 825～880 MHz、1710～1850MHz、1920～1980MHz）增益下降 0.5dB；在 0° ～13° 范围内，内置固定电下倾角天线允许天线增益下降（0.07×ϕ）dB，可调电下倾角天线允许天线增益下降（0.07×ϕ+0.3）dBi，其中ϕ为电下倾角；

③ 参考值；

④ 范围为主方向 180° ±30° ，取同极化与交叉极化前后比中较差者；

⑤ 指二阶互调，输送到天线的两个不同频率信号的功率各为 20W；

⑥ 可调电下倾角天线功率容量减半。

A3.2　GB/T 21195—2007 移动通信室内信号分布系统天线技术条件

表 1　　　　**室内全向吸顶天线电性能要求**

<table>
<tr><th>频段（MHz）</th><th>增益①（dBi）</th><th>方向图圆度②（dB）</th><th>垂直面半功率波束宽度③</th><th>互调④（dBm）</th><th>电压驻波比</th><th>功率容限（W）</th><th>接口类型</th></tr>
<tr><td rowspan="4">806～880⑤
885～960
1710～1880
1880～1920
1920～2170
2300～2400</td><td>2±1</td><td>±2</td><td>85°</td><td>≤-107</td><td>≤1.5</td><td>50</td><td rowspan="4">（1）N-50
（2）SMA</td></tr>
<tr><td>3±1</td><td>±2</td><td>65°</td><td>≤-107</td><td>≤1.5</td><td>50</td></tr>
<tr><td>4±1</td><td>±2</td><td>50°</td><td>≤-107</td><td>≤1.5</td><td>50</td></tr>
<tr><td>5±1</td><td>±2</td><td>40°</td><td>≤-107</td><td>≤1.5</td><td>50</td></tr>
</table>

注：① 指天线最大辐射方向的增益值，取同一频段内高、中、低 3 个频率点增益的分贝平均值；

② 指水平面方向图圆度，从θ=90° 和θ=120° 两个切割面方向图中获得，其中，单频段的吸顶天线和宽频段吸顶天线的低频段采用θ=90° 切割面的圆度作为考核标准；宽频段吸顶天线的高频段采用θ=120° 切割面的圆度作为参考指标；

③ 参考值；

④ 指三阶互调，输送到两个不同频率信号的功率均为 20W；时分双工方式无互调要求；SMA 接口型号无互调要求；

⑤ 对于多频段天线，不同的频段允许选用不同的增益档作为检测指标。

表 2　　　　**室内全向吸顶天线电性能要求**

<table>
<tr><th>频段（MHz）</th><th>增益①（dBi）</th><th>水平面半功率波束宽度②</th><th>垂直面半功率波束宽度③</th><th>前后比（dB）</th><th>互调④（dBm）</th><th>电压驻波比</th><th>功率容限（W）</th><th>接口类型</th></tr>
<tr><td rowspan="4">806～880⑤
885～960
1710～1880
1880～1920
1920～2170
2300～2400</td><td>4±1</td><td>115°±2°</td><td>120°</td><td>4</td><td>≤-107</td><td>≤1.5</td><td>50</td><td rowspan="4">（1）N-50
（2）SMA</td></tr>
<tr><td>5±1</td><td>95°±2°</td><td>100°</td><td>6</td><td>≤-107</td><td>≤1.5</td><td>50</td></tr>
<tr><td>6±1</td><td>85°±2°</td><td>80°</td><td>8</td><td>≤-107</td><td>≤1.5</td><td>50</td></tr>
<tr><td>7±1</td><td>75°±2°</td><td>70°</td><td>8</td><td>≤-107</td><td>≤1.5</td><td>50</td></tr>
</table>

注：① 指天线最大辐射方向的增益值，取同一频段内高、中、低 3 个频率点增益的分贝平均值；

② 指水平面方向图圆度，从θ=90° 和θ=120° 两个切割面方向图中获得，其中，单频段的吸顶天线和宽频段吸顶天线的低频段采用θ=90° 切割面的波束宽度作为考核标准；宽频段吸顶天线的高频段采用θ=120° 切割面的波束宽度作为参考指标；

③ 参考值；

④ 指三阶互调，输送到天线的两个不同频率信号的功率均为 20W；时分双工方式无互调要求；SMA 接口型号无互调要求；

⑤ 对于多频段天线，不同的频段允许选用不同的增益档作为检测指标。

表3　　室内全向吸顶天线电性能要求

频段（MHz）	增益①（dBi）	水平面半功率波束宽度	垂直面半功率波束宽度②	前后比（dB）	互调③（dBm）	电压驻波比	功率容限（W）	接口类型
806～880④ 885～960 1710～1880 1880～1920 1920～2170 2300～2400	6±1	100°±2°	78°	6	≤-107	≤1.5	50	（1）N-50 （2）SMA
	7±1	95°±2°	65°	6	≤-107	≤1.5	50	
	8±1	75°±2°	60°	8	≤-107	≤1.5	50	
	9±1	65°±2°	55°	8	≤-107	≤1.5	50	

注：① 指天线最大辐射方向的增益值，取同一频段内高、中、低3个频率点增益的分贝平均值；

② 参考值；

③ 指三阶互调，输送到天线的两个不同频率信号的功率均为20W；时分双工方式无互调要求；SMA接口型号无互调要求；

④ 对于多频段天线，不同的频段允许选用不同的增益档作为检测指标。

表4　　室内全向吸顶天线电性能要求

频段（MHz）	增益①（dBi）	水平面半功率波束宽度	垂直面半功率波束宽度②	前后比（dB）	互调③（dBm）	电压驻波比	功率容限（W）	接口类型
806～880④ 885～960 1710～1880 1880～1920 1920～2170 2300～2400	8±1	90°±15°	60°	10	≤-107	≤1.5	50	(1)N-50 (2)SMA
	9±1	70°±12°	55°	10	≤-107	≤1.5	50	
	10±1	65°±10°	50°	12	≤-107	≤1.5	50	
	11±1	48°±10°	40°	12	≤-107	≤1.5	50	
	12±1	40°±10°	35°	14	≤-107	≤1.5	50	

注：① 指天线最大辐射方向的增益值，取同一频段内高、中、低3个频率点增益的分贝平均值；

② 参考值；

③ 指三阶互调，输送到天线的两个不同频率信号的功率均为20W；时分双工方式无互调要求；SMA接口型号无互调要求。

④ 对于多频段天线，不同的频段允许选用不同的增益档作为检测指标。

A4　标准增益喇叭天线（来源：成都英联科技有限责任公司）

标准增益喇叭天线系列以相互重叠的方式覆盖了 260MHz～110GHz 的频率。标准增益喇叭天线系列及其产品外观如图 1 和图 2 所示。其测量报告如表 1 所示。

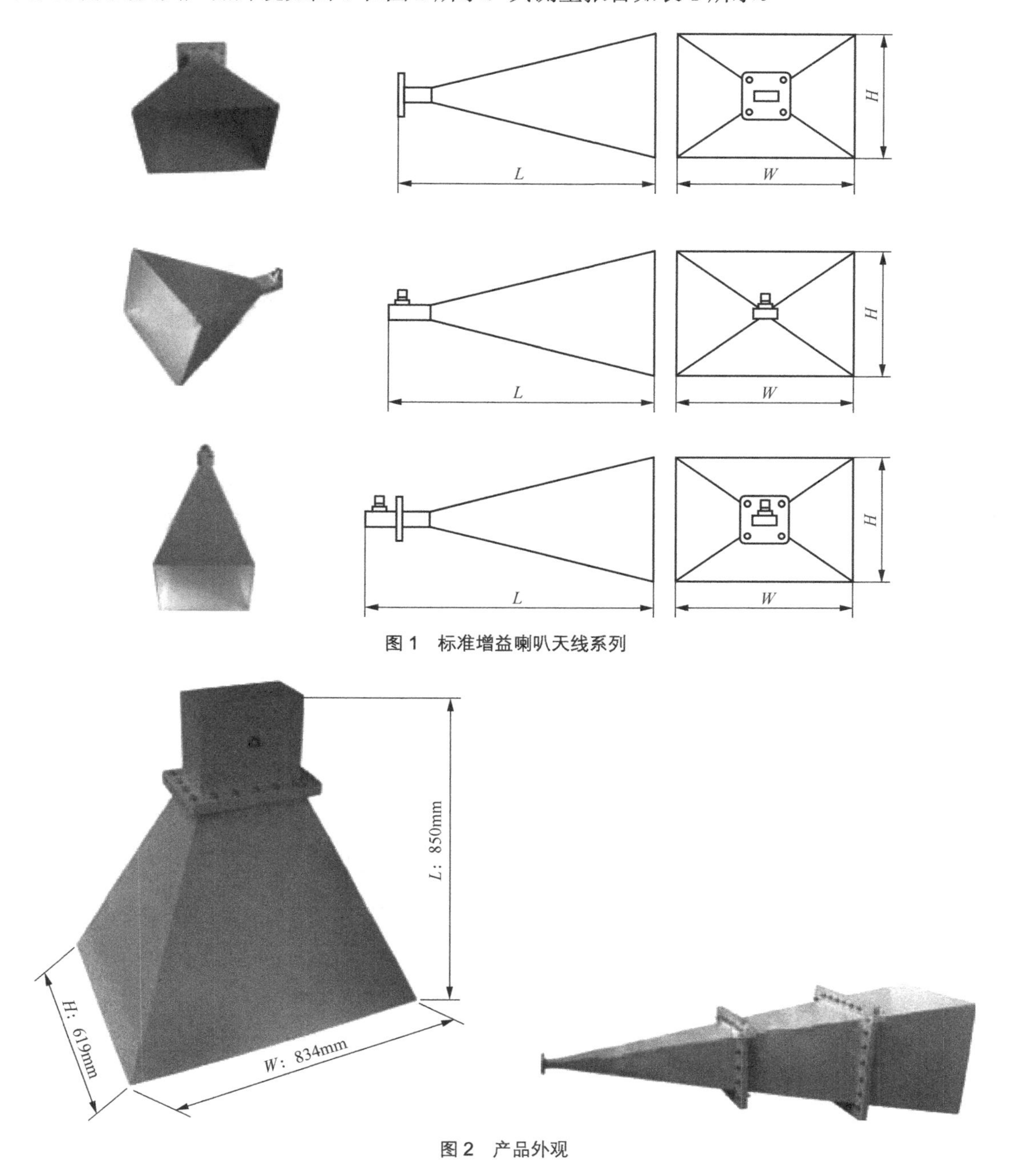

图 1　标准增益喇叭天线系列

图 2　产品外观

表 1 测量报告

型　号	频率（GHz）	波导型号	增益（dBi）	类型	尺寸 *L*×*W*×*H*（mm×mm×mm）	材料	测量报告下载
JXTXLB-2300-10	0.32～0.49	BJ3 (WR2300)	10	A,B	1600×1198×955	铝	—
				C	2000×1198×955		
JXTXLB-2100-10	0.35～0.53	BJ4 (WR2100)	10	A,B	1400×1006×726	铝	—
				C	1780×1006×726		
JXTXLB-1800-10	0.41～0.62	BJ5 (WR1800)	10	A,B	1300×906×656	铝	—
				C	1650×906×656		
JXTXLB-1500-10	0.49～0.75	BJ6 (WR1500)	10	A,B	1100×760×556	铝	—
				C	1400×760×556		
JXTXLB-1150-10	0.64～0.96	BJ8 (WR1150)	10	A,B	1200×606×436	铝	—
				C	1460×606×436		
JXTXLB-975-10	0.75～1.12	BJ9 (WR975)	10	A,B	440×450×324	铝	
				C	671×450×324		
JXTXLB-975-15	0.75～1.12	BJ9 (WR975)	15	A,B	619×834×619	铝	
				C	850×834×619		
JXTXLB-770-10	0.96～1.45	BJ12 (WR770)	10	A,B	635×364×274	铝	
				C	801×364×274		
JXTXLB-770-15	0.96～1.45	BJ12 (WR770)	15	A	650×681×506	铝	
				B,C	818×661×491		
JXTXLB-650-10	1.12～1.70	BJ14 (WR650)	10	A,B	545×315×235	铝	—
				C	695×315×235		
JXTXLB-650-15	1.12～1.70	BJ14 (WR650)	15	A	410×563×423	铝	
				B	580×563×423		
				C	560×563×423		
JXTXLB-510-10	1.45～2.20	BJ18 (WR510)	10	A,B	425×249×184	铝	
				C	545×249×184		
JXTXLB-510-15	1.45～2.20	BJ18 (WR510)	15	A,B	400×441×327	铝	
				C	520×441×327		
JXTXLB-430-10	1.70～2.60	BJ22 (WR430)	10	A,B	345×209×154	铝	
				C	445×209×154		
JXTXLB-430-15	1.70～2.60	BJ22 (WR430)	15	A	300×374×278	铝	
				B,C	400×374×278		
JXTXLB-340-10	2.20～3.30	BJ26 (WR340)	10	A,B	270×163×123	铝	
				C	360×163×123		
JXTXLB-340-15	2.20～3.30	BJ26 (WR340)	15	A	294×309×238	铝	
				B	325×309×238		
				C	384×309×238		

续表

型　　号	频率（GHz）	波导型号	增益（dBi）	类型	尺寸 *L*×*W*×*H*（mm×mm×mm）	材料	测量报告下载
JXTXLB-284-10	2.60～3.95	BJ32 (WR284)	10	A,B	230×143×103	铝	
				C	302×143×103		
JXTXLB-284-15	2.60～3.95	BJ32 (WR284)	15	A	270×224×169	铝	
				B	292×224×169		
				C	347×224×169		
JXTXLB-284-20	2.60～3.95	BJ32 (WR284)	20	A	550×405×325	铝	
				B	585×405×325		
				C	657×405×325		
JXTXLB-229-10	3.30～4.90	BJ40 (WR229)	10	A,B	185×130×88	铝	
				C	250×130×88		
JXTXLB-229-15	3.30～4.90	BJ40 (WR229)	15	A	260×211×148	铝	
				B	290×211×148		
				C	325×211×148		
JXTXLB-229-20	3.30～4.90	BJ40 (WR229)	20	A	388×345×264	铝	
				B	453×345×264		
				C	518×345×264		
JXTXLB-187-10	3.95～5.85	BJ48 (WR187)	10	A,B	150×98×73	铝	
				C	204×98×73		
JXTXLB-187-15	3.95～5.85	BJ48 (WR187)	15	A	210×168×118	铝	
				B	230×168×118		
				C	264×168×118		
JXTXLB-187-20	3.95～5.85	BJ48 (WR187)	20	A	350×274×212	铝	
				B	374×274×212		
				C	428×274×212		
JXTBLB-159-10	4.90～7.05	BJ58 (WR159)	10	A,B	125×83×63	铝/铜	
				C	175×83×63		
JXTXLB-159-15	4.90～7.05	BJ58 (WR159)	15	A	150×138×103	铝/铜	
				B,C	200×138×103		
JXTXLB-159-20	4.90～7.05	BJ58 (WR159)	20	A	265×225×173	铝	
				B	275×225×173		
				C	325×225×173		
JXTXLB-137-10	5.85～8.20	BJ70 (WR137)	10	A,B	110×67×52	铝/铜	
				C	158×67×52		
JXTXLB-137-15	5.85～8.20	BJ70 (WR137)	15	A	170×143×113	铝/铜	
				B	190×143×113		
				C	218×143×113		
JXTXLB-137-20	5.85～8.20	BJ70 (WR137)	20	A,B	290×197×153	铝	
				C	338×197×153		

续表

型　　号	频率（GHz）	波导型号	增益（dBi）	类型	尺寸 *L*×*W*×*H*（mm×mm×mm）	材料	测量报告下载
JXTXLB-137-25	5.85～8.20	BJ70 (WR137)	25	A	1400×440×410	铝	
				B	—		
				C	1448×440×410		
JXTXLB-112-6	7.05～10.0	BJ84 (WR112)	6	A	—	铝	
				B	—		
				C	65×35×26		
JXTXLB-112-10	7.05～10.0	BJ84 (WR112)	10	A,B	90×57×42	铝/铜	—
				C	130×57×42		
JXTXLB-112-15	7.05～10.0	BJ84 (WR112)	15	A	140×102×71	铝/铜	—
				B	150×102×71		
				C	180×102×71		
JXTXLB-112-20	7.05～10.0	BJ84 (WR112)	20	A	230×172×128	铝/铜	
				B	235×172×128		
				C	275×172×128		
JXTXLB-90-10	8.20～12.4	BJ100 (WR90)	10	A,B	75×47×41	铝/铜	
				C	113×47×41		
JXTXLB-90-15	8.20～12.4	BJ100 (WR90)	15	A	90×87.4×59.3	铝/铜	
				B	123×84×60		
				C	143×84×60		
JXTXLB-90-20	8.20～12.4	BJ100 (WR90)	20	A	200×138×107	铝/铜	
				B	230×138×107		
				C	238×138×107		
JXTXLB-90-25	8.20～12.4	BJ100 (WR90)	25	A	640×244×204	铝/铜	
				B	678×244×204		
				C	678×244×204		
JXTXLB-75-10	10.0～15.0	BJ120 (WR75)	10	A,B	65×43×33	铝/铜	
				C	95×43×33		
JXTXLB-75-15	10.0～15.0	BJ120 (WR75)	15	A	90×68×48	铝/铜	—
				B	100×68×48		
				C	120×68×48		
JXTXLB-75-20	10.0～15.0	BJ120 (WR75)	20	A	155×108×83	铝/铜	
				B	160×108×83		
				C	190×108×83		
JXTXLB-75-25	10.0～15.0	BJ120 (WR75)	25	A	400×185×155	铝/铜	
				B	405×185×155		
				C	430×185×155		
JXTXLB-62-10	12.4～18.0	BJ140 (WR62)	10	A,B	60×37×27	铝/铜	
				C	87×37×27		
JXTXLB-62-15	12.4～18.0	BJ140 (WR62)	15	A	60×50×35	铝/铜	
				B	80×50×35		
				C	87×50×35		

续表

型　　号	频率（GHz）	波导型号	增益（dBi）	类型	尺寸 *L*×*W*×*H*（mm×mm×mm）	材料	测量报告下载
JXTXLB-62-20	12.4～18.0	BJ140 (WR62)	20	A	135×93×72	铝/铜	
				B	145×93×72		
				C	175×93×72		
JXTXLB-62-25	12.4～18.0	BJ140 (WR62)	25	A,B	356×155×128	铝/铜	
				C	383×155×128		
JXTXLB-51-10	15.0～22.0	BJ180 (WR51)	10	A,B	47×32×22	铜	—
				C	74×32×22		
JXTXLB-51-15	15.0～22.0	BJ180 (WR51)	15	A	60×44×24	铜	
				B	77×44×34		
				C	87×44×34		
JXTXLB-51-20	15.0～22.0	BJ180 (WR51)	20	A	110×77×60	铜	
				B	141×77×60		
				C	137×77×60		
JXTXLB-51-25	15.0～22.0	BJ180 (WR51)	25	A	260×130×100	铜	—
				B	330×130×100		
				C	327×130×100		
JXTXLB-42-10	18.0～26.5	BJ220 (WR42)	10	A,B	42×25×18	铜	
				C	69×25×18		
JXTXLB-42-15	18.0～26.5	BJ220 (WR42)	15	A	48×34×24.5	铜	
				B	67×34×24.5		
				C	75×34×24.5		
JXTXLB-42-20	18.0～26.5	BJ220 (WR42)	20	A	90×63.5×49.4	铜	
				B	100×63.5×49.4		
				C	117×63.5×49.4		
JXTXLB-42-25	18.0～26.5	BJ220 (WR42)	25	A	271×104×85	铜	
				B	276×104×85		
				C	296×104×85		
JXTXLB-34-10	22.0～33.0	BJ260 (WR34)	10	A,B	39×22×17	铜	—
				C	64×22×17		
JXTXLB-34-15	22.0～33.0	BJ260 (WR34)	15	A	42×31×22	铜	—
				B	60×31×22		
				C	67×31×22		
JXTXLB-34-20	22.0～33.0	BJ260 (WR34)	20	A	95×54×42	铜	—
				B	100×54×42		
				C	120×54×42		
JXTXLB-34-25	22.0～33.0	BJ260 (WR34)	25	A	220×92×72	铜	
				B	225×92×72		
				C	245×92×72		
JXTXLB-28-10	26.5～40.0	BJ320 (WR28)	10	A,B	35×17×15	铜	
				C	60×17×15		
JXTXLB-28-15	26.5～40.0	BJ320 (WR28)	15	A	36×20.2×16.6	铜	
				B	55×20.2×16.6		
				C	61×20.2×16.6		

续表

型　号	频率（GHz）	波导型号	增益（dBi）	类型	尺寸 $L×W×H$（mm×mm×mm）	材料	测量报告下载
JXTXLB-28-20	26.5～40.0	BJ320 (WR28)	20	A	70×40.5×32	铜	
				B	80×40.5×32		
				C	95×40.5×32		
JXTXLB-28-25	26.5～40.0	BJ320 (WR28)	25	A	172×71×59	铜	
				B	180×71×59		
				C	197×71×59		
JXTXLB-22-10	33.0～50.0	BJ400 (WR22)	10	A	36×10.8×7.9	铜	—
JXTXLB-22-15	33.0～50.0	BJ400 (WR22)	15	A	30×20.5×14	铜	
JXTXLB-22-20	33.0～50.0	BJ400 (WR22)	20	A	51.4×35×27	铜	—
JXTXLB-22-25	33.0～50.0	BJ400 (WR22)	25	A	136×59×46	铜	—
JXTXLB-19-10	40.0～60.0	BJ500 (WR19)	10	A	40×9×6.4	铜	—
JXTXLB-19-15	40.0～60.0	BJ500 (WR19)	15	A	25×17×12	铜	—
JXTXLB-19-20	40.0～60.0	BJ500 (WR19)	20	A	70×31.4×25.3	铜	
JXTXLB-19-25	40.0～60.0	BJ500 (WR19)	25	A	130×49×41	铜	—
JXTXLB-15-10	50.0～75.0	BJ620 (WR15)	10	A	40×7.5×5.3	铜	—
JXTXLB-15-15	50.0～75.0	BJ620 (WR15)	15	A	40×13.5×10	铜	
JXTXLB-15-20	50.0～75.0	BJ620 (WR15)	20	A	36.4×23×18	铜	—
JXTXLB-15-25	50.0～75.0	BJ620 (WR15)	25	A	91.4×38×31	铜	
JXTXLB-12-10	60.0～90.0	BJ740 (WR12)	10	A	20×5.9×4.5	铜	—
JXTXLB-12-15	60.0～90.0	BJ740 (WR12)	15	A	25×11×7.7	铜	—
JXTXLB-12-20	60.0～90.0	BJ740 (WR12)	20	A	31.4×20×16	铜	
JXTXLB-12-25	60.0～90.0	BJ740 (WR12)	25	A	82×32×26	铜	—
JXTXLB-10-10	75.0～110.0	BJ900 (WR10)	10	A	20×5.3×4	铜	
JXTXLB-10-15	75.0～110.0	BJ900 (WR10)	15	A	25×10.4×7.9	铜	
JXTXLB-10-20	75.0～110.0	BJ900 (WR10)	20	A	31.4×16×13	铜	
JXTXLB-10-25	75.0～110.0	BJ900 (WR10)	25	A	70×28×22	铜	

附录 B

微波传输线参考资料

B1 波导传输线

B1.1 标准方形波导管数据

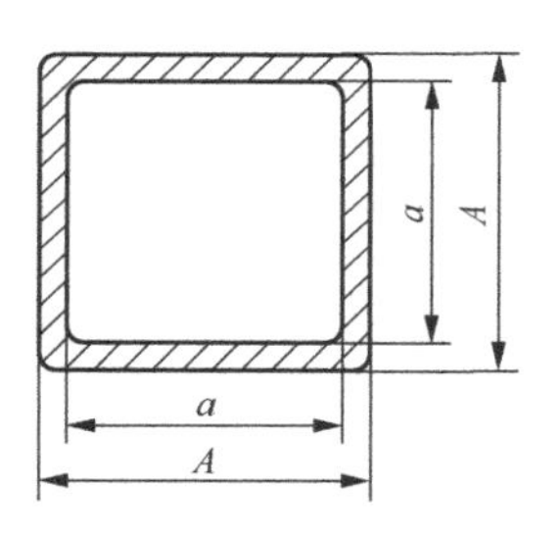

执行标准：GB/T 11450.6—1989

国标型号	国际标型号	频率范围（GHz）	内截面尺寸（mm）		外截面尺寸（mm）		每米质量（kg）	
			基本宽度 *a*	宽和高的偏差（±）	基本宽度 *A*	宽和高的偏差（±）	铜波导	铜波导
BF41	Q41	3.5～4.29	48.00	0.096	52.06	0.096	3.616	1.097
BF49	Q49	4.31～5.15	40.00	0.080	44.06	0.080	3.037	0.921
BF54	Q54	4.79～5.73	36.00	0.072	40.06	0.072	2.748	0.834
BF61	Q61	5.39～6.44	32.00	0.064	36.06	0.064	2.459	0.746
BF65	Q65	5.75～6.87	30.00	0.060	34.06	0.060	2.315	0.702
BF70	Q70	6.16～7.36	28.00	0.056	31.25	0.056	1.714	0.520
BF75	Q75	6.63～7.93	26.00	0.052	29.25	0.052	1.598	0.485
BF85	Q85	7.5～8.96	23.00	0.046	26.25	0.005	1.425	0.432
BF100	Q100	8.84～0.54	19.50	0.039	22.75	0.005	1.222	0.371
BF115	Q115	10.14～2.12	17.00	0.034	19.54	0.005	0.826	0.251
BF130	Q130	11.49～13.74	15.00	0.030	17.54	0.005	0.74	0.223

B1.2 标准矩形波导管数据

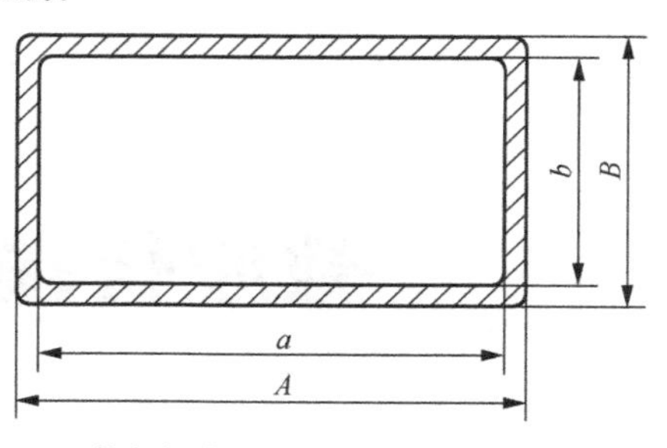

执行标准：GB/T 11450.2—1989

矩形波导的截止频率 f_c=149.9/a（GHz）
矩形波导的起始频率=1.25f_c（GHz）=187.375/a（GHz）
矩形波导的终止频率=1.9 f_c（GHz）=284.81/a（GHz）

国标型号	国际标型号	频率范围（GHz）	内截面尺寸（mm）		宽和高偏差（±）	外截面尺寸（mm）		每米质量（kg）	
			宽度 a	高度 b		宽度 A	高度 B	铜波导	铜波导
BJ3	WR2300	0.32～0.49	584.2	292.1	待定	待定	待定	无	28.781
BJ4	WR2100	0.35～0.53	533.4	266.7	待定	待定	待定	无	21.873
BJ5	WR1800	0.41～0.62	457.2	228.6	0.51	待定	待定	无	18.787
BJ6	WR1500	0.49～0.75	381	190.5	0.38	待定	待定	无	9.923
BJ8	WR1150	0.64～0.98	292.1	146.05	0.38	待定	待定	无	7.633
BJ9	WR975	0.76～1.15	247.65	123.82	待定	待定	待定	无	6.488
BJ12	WR770	0.96～1.46	195.58	97.79	待定	待定	待定	无	5.147
BJ14	WR650	1.13～1.73	165.10	82.55	0.33	169.16	86.61	9.10	2.79
BJ18	WR510	1.45～2.20	129.54	64.77	0.26	133.60	68.83	7.17	2.20
BJ22	WR430	1.72～2.61	109.22	54.61	0.22	113.28	58.67	6.07	1.86
BJ26	WR340	2.17～3.30	86.36	43.18	0.17	90.42	47.24	4.83	1.46
BJ32	WR248	2.60～3.95	72.14	34.04	0.14	76.20	38.10	3.98	1.22
BJ40	WR229	3.22～4.90	58.17	29.08	0.12	61.42	32.33	2.62	0.80
BJ48	WR187	3.94～5.99	47.549	22.149	0.095	50.80	25.40	2.11	0.65
BJ58	WR159	4.64～7.05	40.386	20.193	0.081	43.64	23.44	1.85	0.57
BJ70	WR137	5.38～8.17	34.849	15.799	0.070	38.10	19.05	1.56	0.48
BJ84	WR112	6.57～9.99	28.499	12.624	0.057	31.75	15.88	1.28	0.39
BJ10	WR90	8.20～12.5	22.860	10.160	0.046	25.40	12.70	0.80	0.25
BJ120	WR75	9.84～15.0	19.050	9.525	0.038	21.59	12.06	0.70	0.22
BJ140	WR62	11.9～18.0	15.799	7.899	0.031	17.83	9.93	0.47	0.14
BJ180	WR51	14.5～22.0	12.954	6.477	0.026	14.99	8.51	0.39	0.12

续表

国标型号	国际标型号	频率范围（GHz）	内截面尺寸（mm）		宽和高偏差（±）	外截面尺寸（mm）		每米重量（kg）	
			宽度 *a*	高度 *b*		宽度 *A*	高度 *B*	铜波导	铜波导
BJ220	WR42	17.6～26.7	10.668	4.318	0.021	12.70	6.35	0.31	0.09
BJ260	WR34	21.7～33.0	8.636	4.318	0.020	10.67	6.35	0.27	0.08
BJ320	WR28	26.3～40.0	7.112	3.556	0.020	9.14	5.59	0.23	0.07
BJ400	WR22	32.9～50.1	5.690	2.845	0.020	7.72	4.88	0.20	0.06
BJ500	WR18	39.2～59.6	4.775	2.388	0.020	6.81	4.42	0.17	0.05
BJ620	WR14	49.8～75.8	3.759	1.880	0.020	5.79	3.91	0.14	0.04
BJ740	WR12	60.5～91.9	3.0988	1.5494	0.0127	5.13	3.58	0.12	0.037
BJ900	WR10	73.8～112	2.5400	1.2700	0.0127	4.57	3.30	0.11	0.032
BJ1200	WR8	92.2～140	2.032	1.016	0.0076	3.556	2.54	无	无
BJ1400	WR7	113～173	1.651	0.8255	0.0064	3.175	2.35	无	无
BJ1800	WR5	145～220	1.2954	0.6477	0.0064	2.819	2.172	无	无
BJ2200	WR4	172～261	1.0922	0.5461	0.0051	2.616	2.07	无	无
BJ2600	WR3	217～330	0.8636	0.4318	0.0051	2.338	1.956	无	无

B1.3　标准及中等偏矩形波导管数据

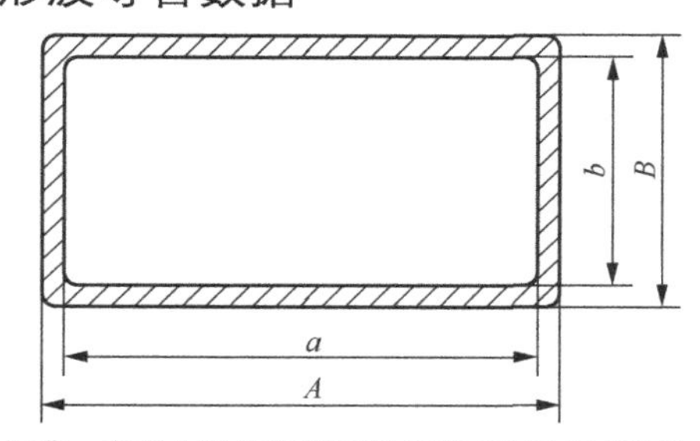

执行标准：中华人民共和国国家标准 GB/T 11450.6—1989

波导名称	标准型号		主模频率范围（GHz）		内截面尺寸（mm）		外截面尺寸（mm）	
	中国－国家标准	153-IEC 标准	起始频率	终止频率	基本宽度 *a*	基本高度 *b*	基本宽度 *A*	基本高度 *B*
标准扁矩形	BB22	F22	1.72	2.61	109.22	13.1	113.28	17.16
标准扁矩形	BB26	F26	2.17	3.30	86.36	10.4	90.42	14.46
标准扁矩形	BB32	F32	2.6	3.95	72.14	8.6	76.20	12.66
标准扁矩形	BB40	F40	3.22	4.9	58.17	7.0	61.42	10.25
标准扁矩形	BB48	F48	3.94	5.99	47.55	5.7	50.80	8.95
标准扁矩形	BB58	F58	4.64	7.05	40.39	5.0	43.64	8.25
标准扁矩形	BB70	F70	5.38	8.17	34.85	5.0	38.1	8.25
标准扁矩形	BB84	F84	6.57	9.99	28.499	5.0	31.75	8.25

续表

波导名称	标准型号		主模频率范围（GHz）		内截面尺寸（mm）		外截面尺寸（mm）	
	中国－国家标准	153-IEC 标准	起始频率	终止频率	基本宽度 *a*	基本高度 *b*	基本宽度 *A*	基本高度 *B*
中等扁矩形	BZ12	M12	0.96	1.46	195.58	48.9	201.98	55.3
中等扁矩形	BZ14	M14	1.14	1.73	165.1	41.3	169.16	45.36
中等扁矩形	BZ18	M18	1.45	2.2	129.54	32.4	133.6	36.46
中等扁矩形	BZ22	M22	1.72	2.2	109.22	27.3	113.28	31.36
中等扁矩形	BZ26	M26	2.17	3.3	86.36	21.6	90.42	25.66
中等扁矩形	BZ32	M32	2.6	3.95	72.136	18	76.2	22.06
中等扁矩形	BZ40	M40	3.22	4.9	58.166	14.5	61.42	17.75
中等扁矩形	BZ48	M48	3.94	4.9	47.549	11.9	58.8	15.15
中等扁矩形	BZ58	M58	4.64	7.05	40.386	10.1	43.64	13.35
中等扁矩形	BZ70	M70	5.38	8.17	34.849	8.7	38.1	11.95
中等扁矩形	BZ100	M100	8.2	12.5	22.86	5	25.4	7.54

B2 射频同轴电缆

B2.1 射频同轴电缆技术指标(来源：深圳市金信诺电缆技术有限公司)

系 列	名 称	型 号	频率（GHz）	衰减（dB/m）	功率（CW.W）	内导体（mm）	外径（mm）
半刚系列	镀锡铝管	SMT680-141 AL/TP	0.5～20	0.26～2.09	436.5～56.6	0.92	3.58
	镀银紫铜管	SMT680-160	0.01～18	0.03～1.95	5kV	1.08	4.20
	低损耗外导体紫铜管	SMT690-250	0.1～18	0.06～0.83	4338～274	1.78	6.35
半柔系列	护套蓝色 FEP	670－086 SXE	0.5～20	0.45～3.29	173.5～243	0.51	2.50
		670－141 SXE	0.5～20	0.26～2.10	436.5～56.6	0.92	4.10
	蓝色 FEP	670－250 SXE	0.01～18	0.02～1.45	—	1.65	7.00
RG 军标系列	外套 PVC	RG6	0.005～1000	0.02～0.22	3000VMS	1.02	7.07
	护套 FEP	RG178	0.1～3	0.453～2.572	—	7×0.102	1.83
低损耗电缆		K-LMR500	0.003～15.8	0.02～10.29	4400～260	3.61	12.7
		MS2-250	0.5～18.0	0.187～1.262	—	7×0.56	6.4
		MS2-480	0.5～10.0	0.082～0.416	—	7×1.23	12.4

续表

系 列	名 称	型 号	频率（GHz）	衰减（dB/m）	功率（CW.W）	内导体（mm）	外径（mm）
测试稳相电缆		MaXflex086	0.01～18.0	0.063～3.386	—	0.51	2.54
		MaXflex250	0.01～18.0	0.021～1.449	—	1.65	6.73
轧纹铜管系列护套 PVC		7D-FB500mm	0.1～2.5	0.043～0.257	—	2.60	9.80
轧纹铜管		1/4″	0.1～3	0.0425～0.261	1870～300	2.4	9.1
		7/8″	0.1～3.0	0.0117～0.076	8620～1330	9.0	27.7
漏泄电缆		1/2″	0.075～2.4	0.02～0.14	—	4.8	15.7
辐射型漏泄电缆		1/2″	0.15～0.9	0.033～0.091	—	4.8	15.5
辐射型漏泄		1-5/8″	0.15～0.9	0.0088～0.027	—	17.5	48.3

B2.2　CATV 常用高发泡射频同轴电缆性能参数

参 数		型号 SYWV（Y）-75			
		–5	–7	–9	–12
内导体（mm）		1.00	1.66	2.15	2.75
绝缘体（mm）		4.80	7.25	9.0	11.50
外导体（mm）		≤5.8	≤8.3	≤10.3	≤12.5
外护套（mm）		7.0	10.0	12.0	15.0
波速比		84%	86%	86%	86%
电容（PF/m）		54	53	53	51
特性电抗（Ω）		75±3.0	75±2.5	75±2.5	75±2.5
衰减系数（±0.5%）（dB/100m）	800（MHz）	19.0	12.8	9.9	7.2
	1000（MHz）	21.5	14.4	11.2	8.1

附录 C

卫星资源表

卫星轨位	卫星名称	频率（MHz） 极化（垂直极化 V、水平极化 H、左旋圆极化 L、右旋圆极化 R） 波束形状
176.0° E	NSS 11	12250.50 V (Global) or H (Omni) / 12251.50 V (Global) or H (Omni) / 12749.50 V (Global) or H (Omni)
174.0° E	Eutelsat 174A（倾斜轨道）	3703.50 H / 4199.50 V / 11199.00 H / 12749.00 V
172.0° E	Eutelsat 172B	4198.90 H / 4199.90 V / 11200.60 V or R or L / 12250.10 H or R or L / 19202.00 R
169.0° E	Horizons 3e	4197.75 L or H / 4198.25 L or H / 4198.75 L or H / 4199.25 L or H / 4199.75 H / 11451.00 R / 12200.25 R
166.1° E	Intelsat 5 （倾斜轨道）	11451.00 V or H or R (Global) / 11452.00 V or H or R (Global) / 11454.00 R (Global) / 11454.00 L (Global)
166.0° E	Intelsat 19	3700.50 H (Global) / 4199.50 V (Global) / 12253.50 V or L (Global) / 12254.00 V or L (Global) / 12256.00 V or L (Global) / 12256.50 V or L (Global) / 12257.00 V (Global)
163.5° E	Yamal 202 （倾斜轨道）	3448.80 R
160.0° E	Optus D1	12243.25 H / 12245.25 H / 12749.50 L
159.0° E	ABS 6	3400.50 V / 3999.50 H / 12500.50 V / 12749.50 H
157.1° E	Intelsat 1R （倾斜轨道）	11696.00 L or H (Global) or 11696.00 V (US/Mexico) / 11697.00 L or H (Global) or 11697.00 V (US/Mexico) / 11699.00 R (Global) / 11699.00 L (Global)
156.0° E	Optus 10	12202.10 L (Australia+New Zealand) / 12233.50 V or R (FNA/BNA or Global) / 12235.50 V or R (FNA/BNA or Global) / 12237.50 V or R (FNA/BNA or Global)
155.7° E	Optus C1（倾斜轨道）	12747.75 H or R / 12748.75 H or R / 12750.00 L
154.0° E	JCSAT 14 (2B)	4199.375 H / 11451.00 H / 12748.00 V / 12748.30 / 12749.50
152.0° E	Optus D2	12243.25 H / 12245.25 H / 12200.10 L
150.5° E	BriSat	4193.50 H or L / 4195.50 H or L
150.0° E	JCSAT 18 (Kacific 1)	12748.50 V or R / 12749.50 V or R
147.5° E	AsiaSat 4 （倾斜轨道）	4198.25 H (C-Band Beam) / 4199.25 H (C-Band Beam) or R (Global) / 12252.00 V (Australia) / 12253.00 V (East Asia) / 12254.00 H (East Asia)
146.0° E	Nusantara Satu (PSN-6)	4196.00 R or H or V / 4198.00 R or H or V
145.0° E	Express AMU-7	3404.80 R
144.8° E	Sky Muster II (NBN-1B)	19345.00 L / 19347.00 L

续表

卫星轨位	卫星名称	频率（MHz） 极化（垂直极化 V、水平极化 H、左旋圆极化 L、右旋圆极化 R） 波束形状
144.0° E	Superbird 7 (C2)	12199.00 V / 12250.00 V / 12252.00 H / 12254.00 V / 12255.00 H / 12749.75 V
143.5° E	Inmarsat4F1（倾斜轨道）	3947.00 L
142.0° E	APStar 9	3402.00 V / 3627.00 V / 4199.20 H
140.7° E	Himawari 9	12475.00 L
140.2° E	Sky Muster I (NBN-1A)	19341.00 / 19343.00
140.0° E	Express AM5	3405.70 R (Global or Omni) / 3850.00 R (Global) / 3850.50 L (Global) / 11199.50 R (Global) / 18565.20 R / 19690.00 L
139.8° E	Express AT2	11705.00 V / 11705.50 V / 12497.00 / 12499.00
138.0° E	APStar 5C (Telstar 18V)	3623.00 L or V / 3625.00 L or V / 4199.00 L or H
136.0° E	JCSAT 17（倾斜轨道）	12200.50 / 12201.00
134.0° E	APStar 6D	20.2GHz L/R
132.0° E	JCSAT 12 (RA)	4199.50 V (Asia & Hawaii) / 12248.50 H (Asia) / 12747.20 V (Asia) / 12748.35 V or 12749.75 V (Japan or Omni) / 12748.35 H or 12749.75 H (Global)
131.9° E	VINASAT 2	3694.50 V / 3695.50 V
130.0° E	ChinaSat 6C	
128.5° E	LaoSat 1	3695.00 H / 3699.00 V / 3717.00 H / 10946.00 H / 10948.00 V 8300 R /8070 L
128.2° E	GEO-Kompsat 2B	2283.212 R
128.0° E	JCSAT 3A	3930.00 H / 3930.00 V / 12747.20 V / 12248.50 H
125.0 E	中星 6D	12251 H/12250.5 V
124.0° E	JCSAT 13 (4B)	12748.00 / 12749.00
122.0° E	AsiaSat 9	4198.65 H or L / 4199.65 H or L / 12251.00
120.0° E	AsiaSat 6 (Thaicom 7)	4198.75 V or L / 4199.85 V or L
119.5° E	Thaicom4 (iPStar 1)	11451.00 / 11453.00 / 20199.827 H
119.1° E	Bangabandhusat 1	3703.00 / 4199.80
118.0° E	Telkom 3S	3700.50 L or R or V / 4199.61 L or R or H / 11611.00 H
116.2° E	Koreasat 116	20150.00 / 20435.00
116.0° E	Koreasat 7	12250.10 H or Circular / 12749.90 V or Circular
115.6° E	ChinaSat 6B	3701.00 V / 4199.00 H
113.1° E	Koreasat 5A	12252.50 H or Circular / 12747.50 V or Circular
113.0° E	Koreasat 5	7745.00 L / 12250.50 H / 12749.50 V / 7742.5 L
111.6° E	Fengyun 2F（倾斜轨道）	1702.50 / 2275.20 / 2289.50 / 2280.00 / 4169.88 / 4192.02
110.5° E	ChinaSat 10	3701.00 V / 4199.00 H / 12741.00 V / 12745.00 H
110.0° E	JCSAT 15 (JCSAT 110A)	11701.50/12201.00 H or R / 12203.00 H or R
109.8° E	BSAT 4B	11704.30 L / 11705.70 / 11708.50 L

续表

卫星轨位	卫星名称	频率（MHz） 极化（垂直极化 V、水平极化 H、左旋圆极化 L、右旋圆极化 R） 波束形状
108.3° E	SES 9	11199.50 H or V or R / 11702.50 H or V or R / 12246.50 H or V or R
108.0° E	Telkom 4 (Merah Putih)	3701.75 L or V / 4199.875 R or H
105.5° E	AsiaSat 7	4199.25 H / 4199.85 H / 12749.30 H
103.0° E	Express AMU-3	3405.40 R / 11199.75 R (Global - Beacon on Station)
100.5° E	AsiaSat 5	4198.00 H / 4199.00 H / 12251.25 H / 12749.75 V
99.6° E	Fengyun 2G （倾斜轨道）	1702.50 / 2275.20 / 2289.50 / 2280.00 / 4169.88 / 4192.02
98° E	ChinaSat 11	20600.00 L
97.3° E	GSAT 9	4194.00 L / 4197.504 L / 11698.50 V / 11699.50 H
95.2° E	Skynet 5A （倾斜轨道）	2227.50 R (Omni) / 2252.50 R (Omni) / 2259.50 R (Omni)
95.0° E	SES 12	11449.50 V (Global) or L or R (Omni) / 11703.50 H (Global) or L or R (Omni) / 18199.00 L
93.5° E	GSAT 17	4195.776 L / 4197.504 L
93.0° E	JCSAT 16	12201.50 H / 12203.50 H
92.2° E	ChinaSat 9	4190.40 V / 4195.00 H / 11701.00 R / 12199.00 L
91.5° E	Measat 3B	4189.00 / 4192.50 / 8120.00 V / 12201.50 H or 12202.00 V
90.0° E	Yamal 401	3448.40 R / 3770.00
88.0° E	ST-2	3695.75 V / 3698.50 R / 3699.50 R / 11450.25 H / 11196.00 V / 12500.25 H
88.4° E		7600.00
87.5° E	ChinaSat 12	3701.60 V / 4199.30 H / 11699.80 L / 12251.00 R / 75502.00 R
86.5° E	KazSat 2	11199.50 R
86.2° E	Fengyun 2E （倾斜轨道）	1702.50 / 2275.20 / 2289.50 / 2280.00 / 4169.88 / 4192.02
85.2° E	Intelsat 15	10951.00 H (Global) / 10952.00 V (Global) / 11451.00 H (Global) / 11451.00 V (Global) / 11698.00 V or R (Global) / 11699.00 V or R (Global) / 12748.00 V (Global) 12749.00 H (Global)
84.5° E	TDRS 7（倾斜轨道）	2211.00 (Omni)
83.0° E	GSAT 30	4195.776 L / 4199.28 L/11698.50 H
82.5° E	GSAT 6	4194.00 L / 4197.504 L
82.1° E	INSAT 3D	4188.768 L / 4196.928 L

续表

卫星轨位	卫星名称	频率（MHz）　极化（垂直极化 V、水平极化 H、左旋圆极化 L、右旋圆极化 R）　波束形状
80.0° E	Express-80	3404.80 R
78.5° E	Thaicom 8	4196.00 V or L / 4197.00 V or L / 11451.00 ? / 11451.50 ?
76.5° E	APStar 7	3626.30 V / 4199.30 H / 11699.80 L / 12251.00 R
74.9° E	ABS 2	4183.25 L or H / 4184.25 L or V / 11200.00 L / 11700.00 R / 12500.00 R
74.0° E	GSAT 11/14	4194.864 L / 4198.56 L / 10701.00 H / 10701.00 V / 12750.00 R / 19701.50 H / 19701.50 V
60° E		76047.5

参考文献

[1] BAIRD R C, NEWELL A C, STUBENRAUCH C F. A brief history of near-field measurements of antennas at the National Bureau of Standards[J]. IEEE Transactions on Antennas and Propagation, 1988, 36(6): 727-733.

[2] D.M.Kerns. Analytical techniques for the correction of near-field antenna measurements made with an arbitrary but known measuring antenna. in Abstracts of URSI-IRE Meeting, Washington, DC, 1963: 1-7 .

[3] F.Jensen. Electromagnetic near-field far-field correlations. Ph.D. dissertation, Tech. Univ. Denmark,1970.

[4] LEWIS R, WITTMANN R. Improved spherical and hemispherical scanning algorithms[J]. IEEE Transactions on Antennas and Propagation, 1987, 35(12): 1381-1388.

[5] LEACH W, PARIS D. Probe compensated near-field measurements on a cylinder[J]. IEEE Transactions on Antennas and Propagation, 1973, 21(4): 435-445.

[6] Yaghjian, A.D. Near-field antenna measurements on a cylinder surface. IEEE Trans. AP, 1973, 21(6): 435-445.

[7] HANSEN T B, YAGHJIAN A D. Planar near-field scanning in the time domain.1. Formulation[J]. IEEE Transactions on Antennas and Propagation, 1994, 42(9): 1280-1291.

[8] HANSEN T B, YAGHJIAN A D. Planar near-field scanning in the time domain.2. Sampling theorems and computation schemes[J]. IEEE Transactions on Antennas and Propagation, 1994, 42(9): 1292-1300.

[9] HANSEN T B, YAGHJIAN A D. Formulation of probe-corrected planar near-field scanning in the time domain[J]. IEEE Transactions on Antennas and Propagation, 1995, 43(6): 569-584.

[10] DE JOUGH R V, HAJIAN M, LIGTHART L P. Antenna time-domain measurement techniques[J]. IEEE Antennas and Propagation Magazine, 1997, 39(5): 7-11.

[11] 陈国华. 天线平面时域近场测试误差仿真分析研究[D]. 北京：北京理工大学，2004：45-51.

[12] 刘超，薛正辉，高本庆，刘瑞祥，杨仕明. 时域近场测量采样平面选择分析[J]. 电波科学学报，2000, 15(4): 512-516.

[13] 刘超，薛正辉，高本庆，刘瑞祥，杨仕明. 时域近场测试中的采样面截断误差分析与修正[J]. 微波学报，2001, 17(2): 81-84.

[14] 刘超，薛正辉，高本庆，刘瑞祥，杨仕明. 时域近场测试中的探头误差分析与修正[J]. 电子学报，2001, 29(12): 1689-1692.

[15] WANG N, XUE Z H, YANG S M, et al. Antenna time domain planar near field measurement system [J].International Journal on Wireless and Optical Communications, 2006, 3(2): 1-7.

[16] 王楠，薛正辉，杨仕明，等. 超宽带超低副瓣相控阵天线时域远场辐射特性研究[J]. 电子学报，2006, 34(9): 1605-1609.

[17] WANG N, XUE Z H, YANG S M, et al. Time base correction technique in antenna time domain planar near field measurement[C]//Proceedings of 2007 International Conference on Microwave and Millimeter Wave Technology. Piscataway: IEEE Press, 2007: 1-4.http://dx.doi.org/10.1109/8.318649.

[18] WANG N, XUE Z H, YANG S M, et al. Fast sample technique in antenna time domain near field measurement[C]//Proceedings of 2007 International Symposium on Electromagnetic Compatibility. Piscataway: IEEE Press, 2007. 507-510.

[19] A.3. 爱金堡著. 毕德显，保铮，等译. 超高频天线[M]. 北京：人民邮电出版社，1961.

[20] 王楠. 时域近场测量相控阵天线的若干技术问题研究[D]. 北京：北京理工大学，2005: 122-124.

[21] 方大纲. 电磁理论中的谱域方法[M]. 合肥：安徽教育出版社，1995:118-129.

[22] A.C.Newell. Upper-bound errors in far-field antenna parameters determined from planar near-field measurement, Part 2: Analysis and computers simulation. NBS Short Cours Notes , Boulder, CO, July 1975.

[23] NEWELL A C. Error analysis techniques for planar near-field measurements[J]. IEEE Transactions on Antennas and Propagation, 1988, 36(6): 754-768.

[24] NEWELL A C, STUBENRAUCH C F. Effect of random errors in planar near-field measurement[J]. IEEE Transactions on Antennas and Propagation, 1988, 36(6): 769-773.

[25] F. Jensen. Computer simulation as a design tool in near field testing, 1978.

[26] COREY L, JOY E. On computation of electromagnetic fields on planar surfaces from fields specified on nearby surfaces[J]. IEEE Transactions on Antennas and Propagation, 1981, 29(2): 402-404.

[27] HOFFMAN J B, GRIMM K R. Far-field uncertainty due to random near-field measurement error[J]. IEEE Transactions on Antennas and Propagation, 1988, 36(6): 774-780.

[28] 杨乃恒，林守远. 由电缆运动而引起的天线近场测量误差的消除[J]. 现代雷达，1995, 17(1): 55-58.

[29] 曲晓云，邵江达. 平面近场测量中取样位置误差修正方法的研究[J]. 微波学报，2000, 16(4): 428-433.

[30] 于丁，傅德民，刘其中，毛乃宏. 墙壁散射对超低副瓣天线平面近场测量的影响[J]. 电波科学学报，2002, 17(2): 166-172.

[31] 毛乃宏，俱新德，等. 天线测量手册[M]. 北京：国防工业出版社, 1987.

[32] 秦顺友，许德森. 卫星通信地面站天线工程测量技术[M]. 北京：人民邮电出版社，2006.

[33] 中国电子科技集团公司第四十一研究所：AV3629 高性能微波一体化矢量网络分析仪用

户手册.
[34] John D Kraus Ronald J. Marhefka. 章文勋，译. 天线. 北京：电子工业出版社.
[35] 张祖稷，金林，束咸荣编著. 雷达天线技术[M]. 北京：电子工业出版社，2005.
[36] Agilent Technologies PNA Series Network Analyzers.
[37] Agilent Antenna Test Selection Guide.
[38] Edited by Richard Collier and Doug Skinner :Microwave Measurements, 3rd edition.
[39] 林昌禄. 天线工程手册[M]. 北京：电子工业出版社，2002.
[40] YD/T1484-2006 移动台空间射频辐射功率和接收机性能测量方法.
[41] 刘征，李青风，李勇. 基于三维测量系统的手机天线性能测试[J]. 电子科技，2009, 22(6): 55-57.
[42] 刘少迪. 多频段手机天线的设计与测量[D]. 西安：西安电子科技大学，2015.
[43] 张霄. 移动终端天线进网检验及问题分析. 北京：通信电磁兼容质量监督检验中心.
[44] ZHANG Z J. Antenna Design for Mobile Devices[M]. Singapore: John Wiley & Sons Singapore Pte. Ltd, 2017.
[45] 王楠，薛正辉. 手机天线效率测试系统研制技术方案报告. 北京：北京理工大学，2006.
[46] Michael. Foegelle Compliance Engineering Antenna Pattern Measurement:Concepts Techniques.
[47] 刘元云. 导弹天线罩电性能测试平台研究与设计[D]. 大连：大连理工大学，2013.
[48] 贾蕾，曹群生. 相机载天线罩电性能的仿真研究与测试分析[D]. 南京：南京航空航天大学，2012.
[49] 尹凯，毕波. W 波段天线罩电气性能测试技术研究[J]. 微波学报，2010, 26(S1): 215-217.
[50] 徐杰，黄敬健，张光甫，等. 导弹天线罩电性能测试系统集成与实现[J]. 计算机测量与控制，2008, 16(12): 1900-1902.
[51] 严继军. 相控阵雷达天线电性能测试平台设计与实现[D]. 大连：大连理工大学，2015.
[52] 崔雷，安刚. 相控阵天线波束指向的近场测试方法[J]. 空间电子技术，2014, 11(4): 23-26.
[53] 尚军平. 相控阵天线快速测量与校准技术研究[D]. 西安：西安电子科技大学，2010.
[54] 张光义，赵玉洁. 相控阵雷达技术[M]. 北京：电子工业出版社，2006.